全国二级建造师执业资格考试辅导用书

公路工程管理与实务
应 试 指 导

全国二级建造师执业资格考试辅导用书编写委员会　编写

中国建筑工业出版社

图书在版编目（CIP）数据

公路工程管理与实务应试指导／全国二级建造师执
业资格考试辅导用书编写委员会编写. — 北京：中国建
筑工业出版社，2022.11
全国二级建造师执业资格考试辅导用书
ISBN 978-7-112-28206-7

Ⅰ．①公… Ⅱ．①全… Ⅲ．①道路工程－施工管理－
资格考试－自学参考资料 Ⅳ．①U415.1

中国版本图书馆 CIP 数据核字（2022）第 221958 号

责任编辑：田立平　牛　松　张国友
责任校对：张　颖

全国二级建造师执业资格考试辅导用书
公路工程管理与实务应试指导
全国二级建造师执业资格考试辅导用书编写委员会　编写
*
中国建筑工业出版社出版、发行（北京海淀三里河路 9 号）
各地新华书店、建筑书店经销
北京红光制版公司制版
北京建筑工业印刷厂印刷
*
开本：787 毫米×1092 毫米　1/16　印张：17½　字数：424 千字
2022 年 12 月第一版　　2022 年 12 月第一次印刷
定价：**40.00** 元
ISBN 978-7-112-28206-7
（40649）

前　　言

全国二级建造师执业资格考试辅导用书系列图书由教学名师编写，是在多年教学和培训的基础上开发出的新体系，能有效帮助考生快速掌握考试内容，特别适合那些没有时间和精力深入系统学习考试用书的考生。

本系列图书秉承"极简极不同"的理念，将理论化、系统化和学科化的考试用书进行再加工，去粗（低频考点）取精（高频考点），删繁就简。创新运用图示和表格的形式精心编排一部内容全面而又重点突出的辅导用书，节省了考生进行自我总结和查找各方面资料的时间和精力，真正实现了考生自学也能快速通过考试的目的。考生只要能系统掌握本辅导教材的知识点，决胜考场将成为易如反掌之事。

本系列图书以真题为基石，重在应考能力的提升。辅导教材的编写体系遵循如下思路：

【考点图谱】对知识点进行概括，运用思维导图绘制考点图谱，帮助考生明晰知识点之间的逻辑关系，形成完备的知识体系。

【考点精析】图表结合讲解，考点简明总结。全书创新运用图示和表格的形式，通过数百幅图表简单明了地分析了考试涉及的知识。考点一目了然，省却了考生进行总结的过程，达到事半功倍的复习效果。

【考点归纳】为了提升考生的应试能力，尤其是对相关知识的综合掌握能力，全书又编写了综合归纳的部分，将相同、相似、易混的知识点进行归纳总结，图表结合讲解，考点简明总结。

本系列图书作为建造师执业资格考试的辅导教材，既源于考试用书，同时又有自身鲜明特色。是对考试用书的整理和总结，是考生考前复习的必备用书。相比较传统意义上的辅导教材，本系列辅导教材更加符合考生的学习规律和考前心理，能帮助考生从模拟试卷的题海中脱离出来，摒弃盲目押题和无凭据的猜题做法，以回归书本的认真态度，严谨细致地编排工作，实现与考生的共同成长。

本系列图书的作者都是一线教学和科研人员，有着丰富的教育教学经验，同时与实务界保持着密切的联系，熟知考生的知识背景和基础水平，编排的辅导教材在日常培训中取得了较好的效果。

本系列图书在编写过程中，参考了大量的资料，尤其是考试用书和历年真题，限于篇幅恕不一一列示致谢。在编写的过程中，立意较高颇具创新，但由于时间仓促、水平有限，虽经仔细推敲和多次校核，书中难免出现纰漏和瑕疵，敬请广大考生、读者批评和指正。

目 录

上篇 考点图谱与考点精析

下篇　考点归纳

上篇　考点图谱与考点精析

2B310000　公路工程施工技术

2B311000　路基工程

2B311010　路基施工技术

【考点图谱】

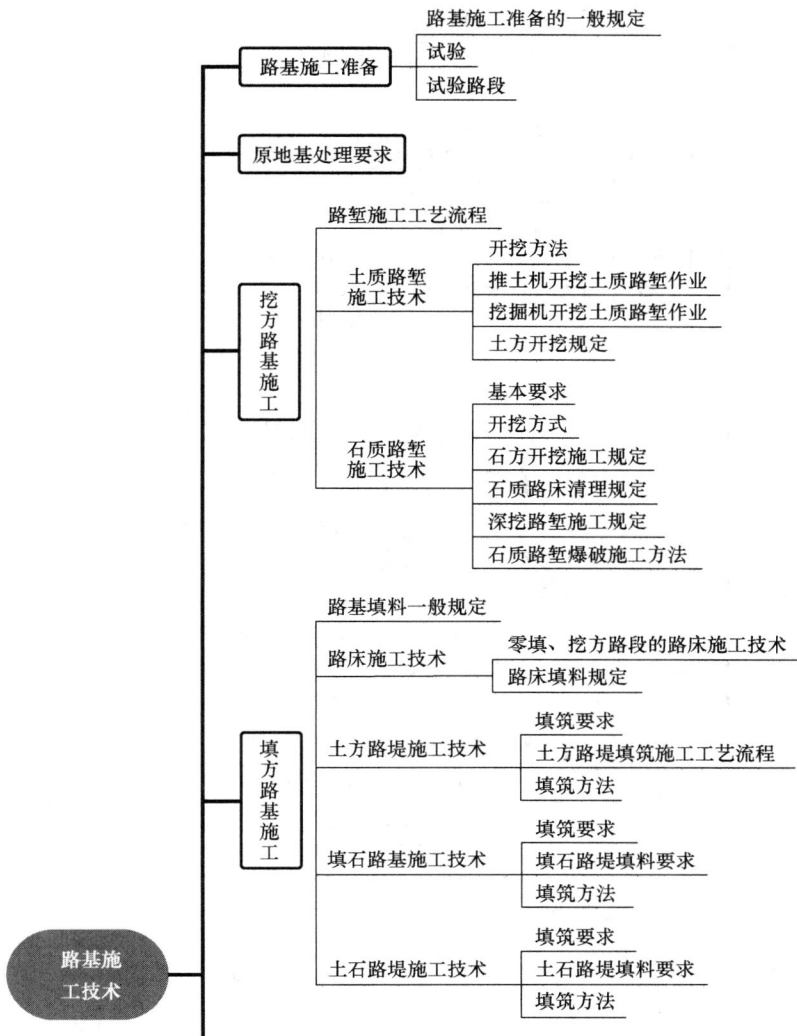

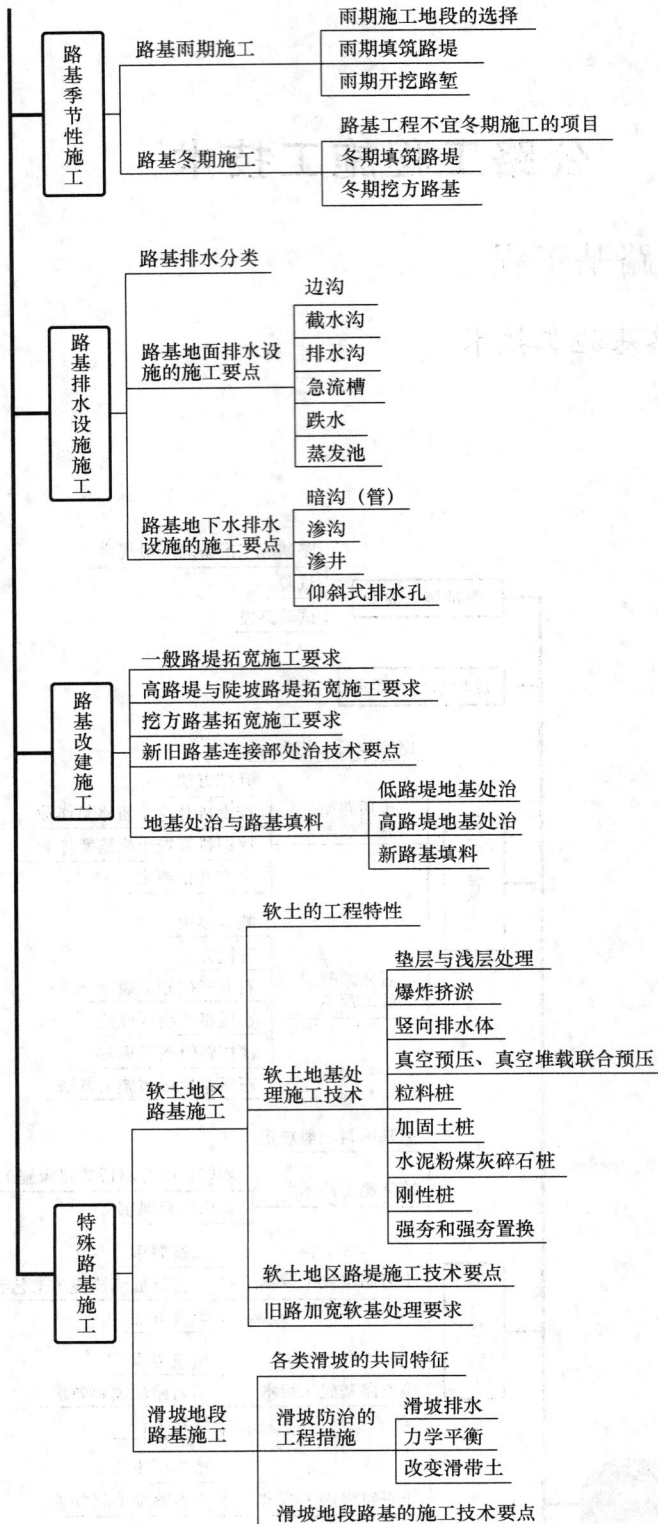

```
                              ┌─ 雨期施工地段的选择
              ┌─ 路基雨期施工 ─┼─ 雨期填筑路堤
        路    │               └─ 雨期开挖路堑
        基    │
        季    │               ┌─ 路基工程不宜冬期施工的项目
        节 ───┤               │
        性    │               ├─ 冬期填筑路堤
        施    └─ 路基冬期施工 ─┤
        工                    └─ 冬期挖方路基


              ┌─ 路基排水分类
              │
        路    │                    ┌─ 边沟
        基    │                    ├─ 截水沟
        排    │                    ├─ 排水沟
        水 ───┼─ 路基地面排水设 ───┼─ 急流槽
        设    │   施的施工要点      ├─ 跌水
        施    │                    └─ 蒸发池
        施    │
        工    │                    ┌─ 暗沟（管）
              │   路基地下水排水 ──┼─ 渗沟
              └─ 设施的施工要点    ├─ 渗井
                                   └─ 仰斜式排水孔


              ┌─ 一般路堤拓宽施工要求
        路    ├─ 高路堤与陡坡路堤拓宽施工要求
        基    ├─ 挖方路基拓宽施工要求
        改 ───┼─ 新旧路基连接部处治技术要点
        建    │                    ┌─ 低路堤地基处治
        施    │                    │
        工    └─ 地基处治与路基填料 ┼─ 高路堤地基处治
                                   └─ 新路基填料


              ┌─ 软土的工程特性
              │                    ┌─ 垫层与浅层处理
              │                    ├─ 爆炸挤淤
              │                    ├─ 竖向排水体
        特    │                    ├─ 真空预压、真空堆载联合预压
        殊    │   软土地区 ┌─ 软土地基处 ┤
        路    │   路基施工 │  理施工技术  ├─ 粒料桩
        基 ───┤           │             ├─ 加固土桩
        施    │           │             ├─ 水泥粉煤灰碎石桩
        工    │           │             ├─ 刚性桩
              │           │             └─ 强夯和强夯置换
              │           ├─ 软土地区路堤施工技术要点
              │           └─ 旧路加宽软基处理要求
              │
              │                    ┌─ 各类滑坡的共同特征
              │                    │               ┌─ 滑坡排水
              └─ 滑坡地段 ─────────┼─ 滑坡防治的 ──┼─ 力学平衡
                  路基施工          │   工程措施    └─ 改变滑带土
                                   └─ 滑坡地段路基的施工技术要点
```

4

考点1 路基施工准备

路基施工准备

序号	项目	内容
1	试验要求	（1）路基施工前，应建立具备相应试验检测能力的工地试验室。 （2）路基填前碾压前，应对路基基底原状土进行取样试验。每公里至少取2个点，并应根据土质变化增加取样点数。 （3）应及时对拟作为路堤填料的材料进行取样试验。土的试验项目应包括天然含水率、液限、塑限、颗粒分析、击实、CBR等，必要时还应做相对密度、有机质含量、易溶盐含量、冻胀和膨胀量等试验。对特殊土（如黄土、软土、盐渍土、红黏土、高液限黏土和膨胀土等），还要进行相关试验以确定其性质及处置方案。 （4）使用特殊材料作为填料时，应按相关标准进行相应试验检验，经批准后方可使用
2	试验长度	试验路段应选择地质条件、路基断面形式等具有代表性的地段，长度宜不小于200m
3	试验路段施工	（1）二级及二级以上公路路堤。 （2）填石路堤、土石路堤。 （3）特殊填料路堤。 （4）特殊路基。 （5）拟采用新技术、新工艺、新材料、新设备的路基
4	路堤试验路段施工内容	（1）填料试验、检测报告等。 （2）压实工艺主要参数：机械组合、压实机械规格、松铺厚度、碾压遍数、碾压速度、最佳含水率及碾压时含水率范围等。 （3）过程工艺控制方法。 （4）质量控制标准。 （5）施工组织方案及工艺的优化。 （6）原始记录、过程记录。 （7）对施工图的修改建议等。 （8）安全保障措施。 （9）环保措施

考点2 原地基处理要求

原地基处理要求

1. 地基表层碾压处理压实度控制标准为：二级及二级以上公路一般土质应不小于90%；三、四级公路应不小于85%。低路堤应对地基表层土进行超挖、分层回填压实，其处理深度应不小于路床厚度。

2. 原地面坑、洞、穴等，应在清除沉积物后，用合格填料分层回填、分层压实，压实度应符合规定。对可能存在空洞隐患的，应结合具体情况采取相应的处置措施。

3. 泉眼或露头地下水，应按设计要求采取有效导排措施，将地下水引离后方可填筑路堤。

4. 地基为耕地、松散土质、水稻田、湖塘、软土、过湿土等时，应按设计要求进行处理，局部软弹的部分应采取有效的处理措施。

5. 陡坡地段、填挖结合部、土石混合地段、高填方地段地基等应按设计要求进行处理。

6. 地下水位较高时，应按设计要求进行处理。

7. 特殊地段路基应先核对地勘资料，确定设计资料与实际的符合性、处理方法的适用性，必要时重新补勘地质、水文资料，根据结果重新确定处理方案。

考点3 挖方路基施工

土质路堑施工技术

序号	项目	内容
1	开挖方法	（1）横向挖掘法包括适用于挖掘浅且短的路堑的单层横向全宽挖掘法和挖掘深且短的路堑的多层横向全宽挖掘法。 （2）纵向挖掘法分为分层纵挖法、通道纵挖法、分段纵挖法。 （3）混合式挖掘法为多层横向全宽挖掘法和通道纵挖法混合使用
2	推土机开挖土质路堑作业	（1）推土机开挖土方作业由切土、运土、卸土、倒退（或折返）、空回等过程组成一个循环。 （2）影响作业效率的主要因素是切土和运土两个环节。 （3）推土机开挖土质路堑作业方法与填筑路基相同的有下坡推土法、槽形推土法、并列推土法、接力推土法和波浪式推土法，另有斜铲推土法和侧铲推土法
3	挖掘机开挖土质路堑作业	作业方法有侧向开挖和正向开挖
4	土方开挖规定	（1）开挖应自上而下逐级进行，严禁掏底开挖。 （2）开挖至边坡线前，应预留一定宽度，预留的宽度应保证刷坡过程中设计边坡线外的土层不受扰动。 （3）拟作为路基填料的土方，应分类开挖、分类使用。非适用材料作为弃方时，应按规定进行处理。 （4）开挖至零填、路堑路床部分后，应及时进行路床施工；如不能及时进行，宜在设计路床顶标高以上预留至少300mm厚的保护层。 （5）应采取临时排水措施，确保施工作业面不积水。 （6）挖方路基施工遇到地下水时，应采取排导措施，将水引入路基排水系统，不得随意堵塞泉眼。路床土含水量高或为含水层时，应采取设置渗沟、换填、改良土质等处理措施，路床填料除应符合相关规定外，还应具有良好的透水性能

石质路堑施工技术

序号	项目	内容
1	基本要求	（1）保证开挖质量和施工安全。 （2）符合施工工期和开挖强度的要求。 （3）有利于维护岩体完整和边坡稳定。 （4）可以充分发挥施工机械的生产能力。 （5）辅助工程量少

序号	项目	内容
2	开挖方式	(1) 钻爆开挖：有薄层开挖、分层开挖（梯段开挖）、全断面一次开挖和特高梯段开挖等方式。 (2) 直接应用机械开挖：不适于破碎坚硬岩石。 (3) 静态破碎法
3	石方开挖施工规定	(1) 应根据岩石的类别、风化程度、岩层产状、岩体断裂构造、施工环境等因素确定开挖方案。 (2) 应逐级开挖，逐级按设计要求进行防护。 (3) 施工过程中，每挖深3～5m应进行边坡边线和坡率的复测。 (4) 爆破作业应符合现行《爆破安全规程》GB 6722的有关规定。 (5) 严禁采用峒室爆破，靠近边坡部位的硬质岩应采用光面爆破或预裂爆破。 (6) 爆破法开挖石方，应先查明空中缆线、地下管线的位置，开挖边界线外可能受爆破影响的建筑物结构类型、居民居住情况等，对不能满足安全距离的石方宜采用化学静态爆破或机械开挖。 (7) 边坡应逐级进行整修，同时清除危石及松动石块
4	石质路床清理规定	(1) 欠挖部分应予凿除，超挖部分应采用强度高的砂砾、碎石进行找平处理，不得采用细粒土找平。 (2) 路床底面有地下水时，可设置渗沟进行排导，渗沟应采用硬质碎石回填。 (3) 路床的边沟应与路床同步施工
5	深挖路堑施工规定	(1) 应根据地形特征设置边坡观测点，施工过程中应对深挖路堑的稳定性进行监测。 (2) 施工过程中，应核查地质情况，如与设计不符应及时反馈处理。 (3) 每挖深3～5m应复测一次边坡
6	石质路堑常用爆破方法	(1) 光面爆破：在开挖限界的周边，适当排列一定间隔的炮孔，在有侧向临空面的情况下，用控制抵抗线和药量的方法进行爆破，使之形成一个光滑平整的边坡。 (2) 预裂爆破：在开挖限界处按适当间隔排列炮孔，在没有侧向临空面和最小抵抗线的情况下，用控制药量的方法，预先炸出一条裂缝，使拟爆体与山体分开，作为隔震减震带，起到保护和减弱开挖限界以外山体或建筑物的地震破坏作用。 (3) 微差爆破：两相邻药包或前后排药包以毫秒的时间间隔（一般为15～75ms）依次起爆，称为微差爆破，亦称毫秒爆破。 (4) 定向爆破：利用爆破能将大量土石方按照指定的方向，搬移到一定的位置并堆积成路堤的一种爆破施工方法，称为定向爆破

综合爆破施工技术

序号	项目	适用范围	特点	优点
1	钢钎炮	炮眼直径和深度分别小于70mm和5m	炮眼浅，用药少，每次爆破的方数不多，并全靠人工清除；不利于爆破能量的利用。由于眼浅，以致响声大而炸下的石方不多，所以工效较低	比较灵活，主要用于地形艰险及爆破量较小地段（如打水沟、开挖便道、基坑等）；在综合爆破中是一种改造地形、为其他炮型服务的辅助炮型，因而又是一种不可缺少的炮型

7

序号	项目	适用范围	特点	优点
2	深孔爆破	孔径大于75mm、深度在5m以上、采用延长药包	炮孔需用大型的潜孔凿岩机或穿孔机钻孔,如用挖运机械清方可以实现石方施工全面机械化,是大量石方(万方以上)快速施工的发展方向之一	劳动生产率高,一次爆落的方量多,施工进度快,爆破时比较安全
3	药壶炮	深2.5~3.0m以上的炮眼底部用小量炸药经一次或多次烘膛,使眼底成葫芦形,将炸药集中装入药壶中进行爆破	主要用于露天爆破,其使用条件是:岩石应在Ⅺ级以下,不含水分,阶梯高度(h)小于10~20m,自然地面坡度在70°左右。药壶炮最好用于Ⅶ~Ⅸ级岩石,中心挖深4~6m,阶梯高度在7m以下	装药量可根据药壶体积而定,一般介于10~60kg,最多可超过100kg。每次可炸岩石数十立方米至数百立方米,是小炮中最省工、省药的一种方法
4	猫洞炮	炮洞直径为0.2~0.5m,洞穴成水平或略有倾斜(台眼),深度小于5m,用集中药包在炮洞中进行爆炸	充分利用岩体本身的崩塌作用,能用较浅的炮眼爆破较高的岩体,一般爆破可炸松15~150m³	在有裂缝的软石、坚石中,阶梯高度大于4m,药壶炮药壶不易形成时,采用这种爆破方法,可以获得好的爆破效果

考点4 填方路基施工

路基与路床填料施工的规定

序号	项目	内容
1	路基填料一般规定	(1)宜选用级配好的砾类土、砂类土等粗粒土作为填料。 (2)含草皮、生活垃圾、树根、腐殖质的土严禁作为填料。 (3)泥炭土、淤泥、冻土、强膨胀土、有机质土及易溶盐超过允许含量的土等,不得直接用于填筑路基;确需使用时,应采取技术措施进行处理,经检验满足要求后方可使用。 (4)粉质土不宜直接用于填筑二级及二级以上公路的路床,不得直接用于填筑冰冻地区的路床及浸水部分的路堤。 (5)路基填料最小承载比和最大粒径应符合规定
2	零填、挖方路段的路床施工技术	(1)路床范围原状土符合要求的,可直接进行成形施工。 (2)路床范围为过湿土时应进行换填处理,设计有规定时按设计厚度填,设计未规定时按以下要求换填:高速公路、一级公路换填厚度宜为0.8~1.2m,若过湿土的总厚度小于1.5m,则宜全部换填;二级公路的换填厚度宜为0.5~0.8m。 (3)高速公路、一级公路路床范围为崩解性岩石或强风化软岩时应进行换填处理,设计有规定时按设计厚度换填,设计未规定时换填厚度宜为0.3~0.5m。 (4)路床填筑,每层最大压实厚度宜不大于300mm,顶面最后一层压实厚度应不小于100mm
3	路床填料规定	高速公路、一级公路路床填料宜采用砂砾、碎石等水稳性好的粗粒料,也可采用级配好的碎石土、砾石土等;粗粒料缺乏时,可采用无机结合料改良细粒土

土方路堤施工技术

序号	项目	内容
1	填筑要求	（1）性质不同的填料，应水平分层、分段填筑，分层压实。同一层路基应采用同一种填料，不得混合填筑。每种填料的填筑层压实后的连续厚度宜不小于500mm。路基上部宜采用水稳性好或冻胀敏感性小的填料。有地下水的路段或浸水路堤，应填筑水稳性好的填料。 （2）在透水性差的压实层上填筑透水性好的填料前，应在其表面设2%～4%的双向横坡，并采取相应的防水措施。不得在透水性好的填料所填筑的路堤边坡上覆盖透水性差的填料。 （3）每种填料的松铺厚度应通过试验确定。 （4）每一填筑层压实后的宽度不得小于设计宽度。 （5）路堤填筑时，应从最低处起分层填筑，逐层压实。 （6）填方分几个作业段施工时，接头部位如不能交替填筑，先填路段应按1∶1～1∶2坡度分层留台阶；如能交替填筑，应分层相互交替搭接，搭接长度应不小于2m。 （7）填土路堤施工过程质量控制：施工过程中，每一压实层均应进行压实度检测，检测频率为每1000m²不少于2点。压实度检测可采用灌砂法、环刀法等方法，检测应符合现行《公路路基路面现场测试规程》JTG 3450的有关规定。施工过程中，每填筑2m高宜检测路线中线和宽度。 （8）土质路基压实度应符合规定
2	填筑方法	（1）分层填筑法 ① 水平分层填筑法：填筑时按照横断面全宽分成水平层次，逐层向上填筑。是路基填筑的常用方法。 ② 纵向分层填筑法：依路线纵坡方向分层，逐层向坡向填筑。宜用于用推土机从路堑取土填筑距离较短的路堤。 （2）竖向填筑法 ① 从路基一端或两端按横断面全部高度，逐步推进填筑。填土过厚，不易压实。仅用于无法自下而上填筑的深谷、陡坡、断岩、泥沼等机械无法进场的路堤。 ② 竖向填筑因填土过厚不易压实，施工时需采取选用振动或夯击式压实机械、选用沉降量小及颗粒均匀的砂石材料、暂不修建高级路面等措施，一般要进行沉降量及稳定性测定。 （3）混合填筑法 ① 路堤下层用竖向填筑而上层用水平分层填筑。适用于因地形限制或填筑堤身较高，不宜采用水平分层填筑法或竖向填筑法自始至终进行填筑的情况。 ② 单机或多机作业均可，一般沿线路分段进行，每段距离以20～40m为宜，多在地势平坦或两侧有可利用的山地土场的场合采用

填石路基施工技术

序号	项目	内容
1	填筑要求	（1）填石路堤应分层填筑压实。在陡峻山坡地段施工特别困难时，三级及三级以下砂石路面公路的下路堤可采用倾填的方式填筑。 （2）岩性相差较大的填料应分层或分段填筑，软质石料与硬质石料不得混合使用。 （3）填石路堤顶面与细粒土填土层之间应填筑过渡层或铺设无纺土工布隔离层。 （4）压实机械宜选用自重不小于18t的振动压路机。 （5）填石路堤采用强夯、冲击压路机进行补压时，应避免对附近构造物造成影响。 （6）中硬、硬质石料填筑路堤时，应进行边坡码砌。码砌防护的石料强度、尺寸应满足设计要求。边坡码砌与路基填筑应基本同步进行。 （7）采用易风化岩石或软质岩石石料填筑时，应按设计要求采取边坡封闭和底部设置排水垫层、顶部设置防渗层等措施。 （8）填石路堤施工过程质量控制：施工过程中每一压实层，应采用试验路段确定的工艺流程、工艺参数控制，压实质量可采用沉降差指标进行检测。施工过程中，每填高3m宜检测路基中线和宽度。 （9）不同强度的石料，应分别采用不同的填筑层厚和压实控制标准。填石路堤的压实质量标准采用孔隙率作为控制指标，并符合要求

序号	项目	内容
2	填石路堤填料要求	（1）硬质岩石、中硬岩石可用于路堤和路床填筑；软质岩石可用于路堤填筑，不得用于路床填筑；膨胀岩石、易溶性岩石和盐化岩石不得用于路基填筑。 （2）路基的浸水部位，应采用稳定性好、不易膨胀崩解的石料填筑。 （3）路堤填料粒径应不大于 500mm，并宜不超过层厚的 2/3。路床底面以下 400mm 范围内，填料最大粒径不得大于 150mm，其中小于 5mm 的细料含量应不小于 30%。 （4）填石路堤的压实质量宜采用施工参数（压实功率、碾压速度、压实遍数、铺筑层厚等）与压实质量检测联合控制。填石路堤压实质量采用压实沉降差或孔隙率进行检测，孔隙率的检测应采用水袋法进行
3	填筑方法	（1）竖向填筑法（倾填法） ① 主要用于二级及二级以下且铺设中低级路面的公路在陡峻山坡施工特别困难或大量爆破移挖作填路段，以及无法自下而上分层填筑的陡坡、断岩、泥沼地区和水中作业的填石路堤。 ② 该方法施工路基压实、稳定问题较多。 （2）分层压实法（碾压法） ① 分层压实法是普遍采用并能保证填石路堤质量的方法。该方法自下而上水平分层，逐层填筑，逐层压实。 ② 高速公路、一级公路和铺设高级路面的其他等级公路的填石路堤采用此方法。 ③ 填石路堤将填方路段划分为四级施工台阶、四个作业区段、八道工艺流程进行分层施工。四级施工台阶是：在路基面以下 0.5m 为第 1 级台阶，0.5～1.5m 为第 2 级台阶，1.5～3.0m 为第 3 级台阶，3.0m 以下为第 4 级台阶。四个作业区段是：填石区段、平整区段、碾压区段、检验区段。 ④ 施工中填方和挖方作业面形成台阶状，台阶间距视具体情况和适应机械化作业而定，一般长为 100m 左右。 ⑤ 填石作业自最低处开始，逐层水平填筑，每一分层先是机械摊铺主集料，平整作业铺撒嵌缝料，将填石空隙以小石或石屑填满铺平，采用重型振动压路机碾压，压至填筑层顶面石块稳定。 ⑥ 八道工艺流程是：施工准备、填料装运、分层填筑、摊铺平整、振动碾压、检测签认、路基成型、路基整修。 （3）冲击压实法 利用冲击压实机的冲击碾周期性、大振幅、低频率地对路基填料进行冲击，压密填方，称为冲击压实法。 （4）强力夯实法 ① 填石分层强夯施工，要求分层填筑与强夯交叉进行，各分层厚度的松铺系数，第一层可取 1.2，以后各层根据第一层的实际情况调整。 ② 每一分层连续挤密式夯击，夯后形成夯坑，夯坑以同类型石质填料填补。 ③ 由于分层厚度 4～5m，填筑作业以堆填法施工，装运须由大型装载机和自卸汽车配合作业，铺筑须大型履带式推土机摊铺和平整，夯坑回填也须由推土机完成，每层主夯和面层的主夯与满夯由起重机和夯锤实施，路基面须振动压路机进行最后的压实平整作业。 ④ 强夯法与碾压法相比，只是夯实与压实的工艺不同，而填料粒径控制、铺填厚度控制都要进行，强夯法控制夯击击数，碾压法控制压实遍数，机械装运摊铺平整作业完全一样，强夯法须进行夯坑回填

土石路堤施工技术

序号	项目	内容
1	填筑要求	（1）压实机械宜选用自重不小于18t的振动压路机。 （2）应分层填筑压实，不得倾填。 （3）应使大粒径石料均匀分散在填料中，石料间孔隙应填充小粒径石料和土。 （4）土石混合料来自不同料场，其岩性或土石比例相差大时，宜分层或分段填筑。 （5）填料由土石混合材料变化为其他填料时，土石混合材料最后一层的压实厚度应小于300mm，该层填料最大粒径宜小于150mm，压实后表面应无孔洞。 （6）中硬、硬质石料填土石路堤时，宜进行边坡码砌，码砌与路堤填筑宜同步进行，软质石料土石路堤的边坡按土质路堤边坡处理。 （7）采用强夯、冲击压路机进行补压时，应避免对附近构造物造成影响。 （8）土石路堤施工过程质量控制：中硬及硬质岩石的土石路堤填筑施工过程中每一压实层，应采用试验路段确定的工艺流程、工艺参数，压实质量可采用沉降差指标进行检测。软质石料的土石路堤填筑质量标准应符合规定。施工过程中，每填筑3m高宜检测路线中线和宽度
2	土石路堤填料要求	（1）膨胀岩石、易溶性岩石等不宜直接用于路基填筑，崩解性岩石和盐化岩石等不得用于路基填筑。 （2）天然土石混合填料中，中硬、硬质石料的最大粒径不得大于压实层厚的2/3；石料为强风化石料或软质石料时，其CBR值应符合规定，石料最大粒径不得大于压实层厚
3	填筑方法	土石路堤不得采用倾填方法，只能采用分层填筑，分层压实。宜用推土机铺填，松铺厚度控制在40cm以内，接近路堤设计标高时，需改用土方填筑

考点5　路基季节性施工

路基雨期施工

序号	项目	内容
1	雨期施工地段的选择	（1）雨期路基施工地段一般应选择丘陵和山岭地区的砂类土、碎砾石和岩石地段和路堑的弃方地段。 （2）重黏土、膨胀土及盐渍土地段不宜在雨期施工；平原地区排水困难，不宜安排雨期施工
2	雨期填筑路堤	（1）填料应选用透水性好的碎石土、卵石土、砂砾、石方碎渣和砂类土等。利用挖方土作填料，含水率符合要求时，应随挖随填，及时压实。含水率过大难以晾晒的土不得用作雨期施工填料。 （2）每一填筑层表面应做成2%～4%双向路拱横坡以利于排水，低洼地带或高出设计洪水位0.5m以下部位应选用透水性好、饱水强度高的填料分层填筑，并及时施作护坡、坡脚等防护工程。 （3）雨期填筑路堤需借土时，取土坑的设置应满足路基稳定的要求。 （4）路堤应分层填筑，并及时碾压
3	雨期开挖路堑	（1）挖方边坡不宜一次挖到设计坡面，应预留一定厚度的覆盖层，待雨期过后再修整到设计坡面。 （2）雨期开挖路堑，当挖至路床顶面以上300～500mm时应停止开挖，并在两侧挖好临时排水沟，待雨期过后再进行施工。 （3）雨期开挖岩石路基，炮眼宜水平设置

路基冬期施工

序号	项目	内容
1	冬期施工含义	在季节性冻土地区，昼夜平均温度在－3℃以下且连续 10d 以上，或者昼夜平均温度虽在－3℃以上但冻土没有完全融化时，均应按冬期施工办理
2	路基工程不宜冬期施工的项目	（1）高速公路、一级公路的土质路堤和地质不良地区的公路路堤不宜进行冬期施工。土质路堤基床以下 1m 范围内，不得进行冬期施工。半填半挖地段、填挖交界处不得在冬期施工。 （2）铲除原地面的草皮、挖掘填方地段的台阶。 （3）整修路基边坡。 （4）在河滩低洼地带将被水淹的填土路堤
3	冬期填筑路堤	（1）路堤填料应选用未冻结的砂类土、碎石、卵石土、石渣等透水性好的材料，不得用含水率大的黏质土。 （2）填筑路堤应按横断面全宽平填，每层松铺厚度应比正常施工减少 20%～30%，且松铺厚度不得超过 300mm。当天填土应当天完成碾压。 （3）当填筑高程距路床底面 1m 时，碾压密实后应停止填筑，在顶面覆盖防冻保温层，待冬期过后整理复压，再分层填至设计高程。 （4）冬期过后应对填方路堤进行补充压实
4	冬期挖方路基	（1）挖方边坡不得一次挖到设计线，应预留一定厚度的覆盖层，待到正常施工季节后再修整到设计坡面。 （2）路基挖至路床顶面以上 1m 时，完成临时排水沟后，应停止开挖，待冬期过后再进行施工。 （3）河滩地段可利用冬期水位低的特点，开挖基坑修建防护工程，但应采取措施保证工程质量。 （4）冬期施工开挖路堑表层冻土的方法： ① 爆破冻土法：当冰冻深度达 1m 以上时可用此法炸开冻土层。炮眼深度取冻土深度的 0.75～0.9 倍，炮眼间距取冰冻深度的 1～1.3 倍，并按梅花形交错布置。 ② 机械破冻法：1m 以下的冻土层可选用专用破冻机械，如冻土犁、冻土锯和冻土铲等，予以破碎清除。 ③ 人工破冻法：当冰冻层较薄，破冻面积不大，可用日光暴晒法、火烧法、热水开冻法、水针开冻法、蒸汽放热解冻法和电热法等方法胀开或融化冰冻层，并辅以人工撬挖

考点 6 路基排水设施施工

路基排水分类

序号	项目	类型	作用
1	地面排水	可采用边沟、截水沟、排水沟、跌水、急流槽、拦水带、蒸发池等设施	是将可能停滞在路基范围内的地面水迅速排除，防止路基范围内的地面水流入路基内
2	地下排水	有排水沟、暗沟（管）、渗沟、渗井、检查井等	是将路基范围内的地下水位降低或拦截地下水并将其排出路基范围以外

路基地面排水设施的施工要点

序号	项目	内容
1	边沟	（1）挖方地段和填土高度小于边沟深度的填方地段均应设置边沟。路堤靠山一侧的坡脚应设置不渗水的边沟。 （2）边沟沟底纵坡应衔接平顺。平曲线处边沟施工时，沟底纵坡应与曲线前后沟底纵坡平顺衔接，不允许曲线内侧有积水或外溢现象发生。曲线外侧边沟应适当加深，其增加值等于超高值。 （3）土质地段的边沟纵坡大于3％时应采取加固措施。采用干砌片石对边沟进行铺砌时，应选用有平整面的片石，各砌缝要用小石子嵌紧；采用浆砌片石铺砌时，砌缝砂浆应饱满，沟身不漏水；若沟底采用抹面时，抹面应平整压光
2	截水沟	（1）截水沟的位置。在无弃土堆的情况下，截水沟的边缘离开挖方路基坡顶的距离视土质而定，以不影响边坡稳定为原则。如系一般土质，至少应离开5m，对黄土地区不应小于10m，并应进行防渗加固。截水沟挖出的土，可在路堑与截水沟之间修成土台并夯实，台顶应筑成2％倾向截水沟的横坡。 （2）路基上方有弃土堆时，截水沟应离开弃土堆脚1～5m，弃土堆坡脚离开路基挖方坡顶不应小于10m，弃土堆顶部应设2％倾向截水沟的横坡。 （3）山坡上路堤的截水沟离开路堤坡脚至少2m，并用挖截水沟的土填在路堤与截水沟之间，修筑向沟倾斜坡度为2％的护坡道或土台，使路堤内侧地面水流入截水沟排出。 （4）截水沟长度超过500m时应选择适当的地点设出水口，将水引至山坡侧的自然沟中或桥涵进水口，截水沟必须有牢靠的出水口，必要时须设置排水沟、跌水或急流槽。截水沟的出水口必须与其他排水设施平顺衔接。 （5）截水沟应先行施工，与其他排水设施衔接时应平顺，纵坡宜不小于0.3％。不良地质路段、土质松软路段、透水性大或岩石裂隙多的路段的截水沟沟底、沟壁、出水口应进行防渗及加固处理
3	排水沟	（1）将边沟、截水沟、取（弃）土场和路基附近低洼处汇集的水引向路基以外时，应设置排水沟。 （2）排水沟线形应平顺，转弯处宜为弧线形。 （3）排水沟的出水口应设置跌水或急流槽，水流应引出路基或引入排水系统
4	急流槽	（1）基础应嵌入稳固的基面内，底面应按设计要求砌筑抗滑平台或凸榫。对超挖、局部坑洞，应采用相同材料与急流槽同时施工。 （2）浆砌片石砌体应砂浆饱满，砌缝应不大于40mm，槽底表面应粗糙。 （3）急流槽应分节砌筑，分节长度宜为5～10m，接头处应采用防水材料填缝。混凝土预制块急流槽，分节长度宜为2.5～5.0m，接头应采用榫接。 （4）急流槽进水口的喇叭形水簸箕应与排水设施衔接平顺，汇集路面水流的水簸箕底口不得高于接口的路肩表面
5	跌水	（1）跌水槽施工应符合急流槽的有关规定。 （2）无消力池的跌水，其台阶高度应小于600mm，每个台阶高度与长度之比应与原地面坡度相协调。 （3）消力池的基底应采取防渗措施

序号	项目	内容
6	蒸发池	（1）蒸发池与路基之间的距离应满足路基稳定要求。 （2）底面与侧面应采取防渗措施。 （3）池底宜设 0.5% 的横坡，入口处应与排水沟平顺连接。 （4）蒸发池应远离村镇等人口密集区，四周应采用隔离栅进行围护，高度应不低于 1.8m，并设置警示牌

路基地下水排水设施的施工要点

序号	项目	内容
1	暗沟（管）	（1）路基基底范围有泉水外涌时，宜设置暗沟（管）将水引排至路堤坡脚外或路堑边沟内。 （2）沟底应埋入不透水层内，沟壁最低一排渗水孔应高出沟底 200mm 以上。进口应采取截水措施。 （3）暗沟、暗管设在路基侧面时，宜沿路线方向布置。 （4）暗沟、暗管设在低洼地带或天然沟谷时，宜沿沟谷走向布置。 （5）寒冷地区的暗沟应做好防冻保温处理，出水口坡度宜不小于 5%。 （6）暗沟采用混凝土或浆砌片石砌筑时，在沟壁与含水层接触面应设置一排或多排向沟中倾斜的渗水孔，沟壁外侧应填筑粗粒透水性材料或土工合成材料形成反滤层。沿沟槽底每隔 10～15m 或在软、硬岩层分界处应设置沉降缝和伸缩缝。 （7）暗沟顶面应设置混凝土盖板或石料盖板，板顶上填土厚度应不小于 500mm。 （8）暗管宜使用钢筋混凝土圆管、PVC 管、钢波纹管等材料，在管壁与含水层接触面应设置渗水孔，沟壁外侧应填筑粗粒透水性材料或设置土工合成材料形成反滤层。 （9）暗沟、暗管及检查井应采用透水性材料分层回填，层厚宜不大于 150mm，材料粒径宜不大于 50mm
2	渗沟	（1）有地下水出露的挖方路基、斜坡路堤、路基填挖交替地段，当地下水埋藏浅或无固定含水层时，为降低地下水位或拦截地下水，可在地面以下设置渗沟。渗沟有填石渗沟、管式渗沟、洞式渗沟、边坡渗沟、支撑渗沟等。 （2）填石渗沟通常为矩形或梯形，在渗沟的底部和中间用较大碎石或卵石（粒径 3～5cm）填筑，在碎石或卵石的两侧和上部，按一定比例分层（层厚约 15cm），填较细颗粒的粒料（中砂、粗砂、砾石）做成反滤层，逐层的粒径比例，由下至上大致按 4:1 递减。砂石料颗粒小于 0.15mm 的含量不应大于 5%。用土工合成材料包裹有孔的硬塑管时，管四周填以大于塑管孔径的等粒径碎、砾石，组成渗沟。顶部做封闭层，用双层反铺草皮或其他材料（如土工合成的防渗材料）铺成，并在其上夯填厚度不小于 0.5m 的黏土防水层。 （3）管式渗沟适用于地下水引水较长、流量较大的地区。当管式渗沟长度 100～300m 时，其末端宜设横向泄水管分段排除地下水。 （4）洞式渗沟适用于地下水流量较大的地段，洞壁宜采用浆砌片石砌筑，洞顶应用盖板覆盖，盖板之间应留有空隙，使地下水流入洞内，洞式渗沟的高度要求同管式渗沟。 （5）边坡渗沟用于疏干潮湿边坡和引排坡上局部出露的上层滞水或泉水，并起支撑边坡作用。边波渗沟适用于坡度不陡于 1:1 的土质路堑边坡，也常用于加固潮湿的、容易发生表土坍塌的土质路堤边坡。 （6）支撑渗沟是指路堑边坡有滑动可能，在坡脚砌筑一个渗沟，此渗沟起排水和支撑坡体的作用。 （7）渗沟应设置排水层、反滤层和封闭层。

序号	项目	内容
2	渗沟	（8）渗水材料应采用洁净的砂砾、粗砂、碎石、片石，其中粒径小于2mm的颗粒含量不得大于5%。渗沟沟壁反滤层应采用透水土工织物或中粗砂，渗水管可选用带孔的HPPE管、PVC管、PE管、软式透水管、无砂混凝土管等。 （9）渗沟宜从下游向上游分段开挖，开挖作业面应根据土质选用合理的支撑形式，并应边挖边支撑，渗水材料应及时回填。 （10）渗水材料的顶面不得低于原地下水位。当用于排除层间水时，渗沟底部应埋置在最下面的不透水层。在冰冻地区，渗沟埋置深度不得小于当地最小冻结深度，渗沟出口应进行防冻处理。 （11）渗沟基底应埋入不透水层内不小于0.5m，沟壁的一侧应设反滤层汇集水流，另一侧用黏土夯实或用浆砌片石拦截水流。渗沟沟底不能埋入不透水层时，两侧沟壁均应设置反滤层。 （12）粒料反滤层应分层填筑。坑壁土质为黏质土、粉砂、细砂，采用无砂混凝土板作反滤层时，在无砂混凝土板的外侧，应加设100～150mm厚的中粗砂或渗水土工织物。 （13）渗沟顶部封闭层宜采用干砌片石水泥砂浆勾缝或浆砌片石等，寒冷地区应设保温层，并加大出水口附近纵度。保温层可采用炉渣、砂砾、碎石或草皮等。 （14）路基基底的填石渗沟，应采用水稳性好的石料，其饱水抗压强度应不小于30MPa，粒径应为100～300mm。 （15）管式渗沟宜间隔一定距离设置疏通井和横向泄水管，分段排除地下水。渗水孔应在管壁上交错布置，间距宜不大于200mm。 （16）洞式渗沟顶部应设置封闭层，厚度应不小于500mm。 （17）边坡渗沟的基底应设置在潮湿土层以下的干燥地层内，阶梯式泄水坡度宜为2%～4%，基底应铺砌防渗层，沟壁应设反滤层，其余部分用透水性材料填充。 （18）支撑渗沟的基底埋入滑动面以下宜不小于500mm，排水坡度宜为2%～4%。当滑动面缓时，可做成台阶式支撑渗沟，台阶宽度宜不小于2m。渗沟侧壁及顶面宜设反滤层。出水口宜设置端墙。端墙内的出水口底高程，应高于地表排水沟常水位200mm以上，寒冷地区宜不小于500mm。承接渗沟排水的排水沟应进行加固
3	渗井	（1）当地下水埋藏较深或为固定含水层时，可采用渗水隧洞、渗井。渗井宜用于地下含水层较多，但路基水量不大，且渗沟难以布置的地段，将地面水或地下水经渗井通过下透水层中的钻孔流入下层透水层中排除。 （2）渗井应边开挖边支撑，并应采取照明、通风、排水措施。 （3）填充料应在开挖完成后及时回填。不同区域的填充料采用单一粒径分层填筑，小于2mm的颗粒含量不得大于5%。透水层范围宜填碎石或卵石，不透水范围宜填粗砂或砾石。井壁与填充料之间应设反滤层，填充料与反滤层应分层同步施工。 （4）渗井顶部四周应采用黏土填筑围护，并应加盖封闭
4	仰斜式排水孔	（1）当坡面有集中地下水时，可设置仰斜式排水孔。仰斜式排水孔排出的水宜引入路堑边沟排除。 （2）钻孔成孔直径宜为75～150mm，仰角宜不小于6°，孔深应伸至富水部位或潜在滑动面。 （3）排水管直径宜为50～100mm，渗水孔宜梅花形排列，渗水段及渗水管端头宜裹1～2层透水无纺土工布。 （4）排水管安装就位后，应采用不透水材料堵塞钻孔与渗水管出水口段之间的间隙，长度宜不小于600mm

考点 7 路 基 改 建 施 工

路基拓宽施工要求

序号	项目	内容
1	一般路堤拓宽施工要求	（1）拓宽路堤填筑前，应拆除原有排水沟、隔离栅等设施。拓宽部分的基底清除原地表土应不小于0.3m，清理后的场地应进行平整压实。老路堤坡面，清除的法向厚度应不小于0.3m。 （2）拓宽路基的地基处理应符合设计和施工规范有关规定。 （3）上边坡的既有防护工程宜与路基开挖同步拆除，下边坡的防护工程拆除时应采取措施保证既有路堤的稳定。 （4）既有路基的护脚挡土墙及抗滑桩可不拆除。路肩式挡土墙路基拼接时，上部支挡结构物应予拆除，宜拆除至路床底面以下。 （5）既有路基有包边土时，宜去除包边土后再进行拼接。 （6）从老路堤坡脚向上开挖台阶时，应随挖随填，台阶高度应不大于1.0m，宽度应不小于1.0m。 （7）拼接宽度小于0.75m时，可采取超宽填筑再削坡或翻挖既有路堤等措施。 （8）宜在新、老路基结合部铺设土工合成材料。 （9）拓宽路基应进行沉降观测，观测点应按设计要求设置。高路堤与陡坡路堤路段尚应进行稳定性监测
2	高路堤与陡坡路堤拓宽施工要求	（1）原坡脚支挡结构不宜拆除，结构物邻近处可用小型机具薄层夯实。 （2）老路底部设置有渗沟或盲沟时，应做好排水通道的衔接施工。 （3）高路堤与陡坡路堤拓宽施工，尚应符合现行《公路路基施工技术规范》JTG/T 3610中"4.7 高路堤与陡坡路堤"的相关规定
3	挖方路基拓宽施工要求	（1）应在既有路基边缘设置防止飞石或落石的安全防护措施，并应设置警示标志。 （2）边通车边施工时，宜采用机械开挖或静力爆破方式进行开挖。 （3）采用爆破方式时，应按爆破施工方案组织施工，宜统一规定爆破时间段，爆破时应临时封闭交通。 （4）拓宽施工中的挖方路基施工，尚应符合现行《公路路基施工技术规范》JTG/T 3610中"4.3 挖方路基"的相关规定
4	新旧路基连接部处治技术要点	（1）清除地表植物、有机土、种植土及不符合强度要求的原土后按规定进行压实，并进行密实度检验，使之符合施工验收规范及检评标准。 （2）严格按照施工规范中对新老路基衔接的要求开挖台阶，更利于新老路基的结合。在部分填方较高的路段应采取逐步开挖的方式施工，同时做好排水与安全防护工作。 （3）如果原有路肩质量较差，达不到设计要求，则应将土路肩翻晒或掺灰重新碾压，以达到质量要求。可以采用修建试验段来改进路基开挖台阶的方案，即从土路肩开始下挖台阶，改为从硬路肩开始下挖台阶。这种改进方案可以消除老路基边坡压实度不足的弊病，可加强新老路基的结合程度，减少新老路基结合处的不均匀沉降。 （4）严格控制新老路基结合带的压实度，对新老路基结合带（大型压路机的压实施工死角）用打夯机分薄层填筑压实，必要时可采用冲击碾加强压实。 （5）在路槽纵向开挖的台阶上铺设跨施工缝的土工格栅，以加强新老路基的横向联系，减少裂缝反射。土工格栅的宽度不宜小于2m，且跨在老路基一侧的格栅宽度宜为其总宽度的1/3～1/2

地基处治与路基填料

序号	项目	内容
1	低路堤地基处治	对于低路堤,当地基土不是十分软弱时,新拓宽段地基部分可以按一般路基进行填筑,必要时可进行换填和加固。施工中应尽量利用原状土结构强度,不扰动下卧层。在路基填筑时如有必要,可铺设土工格栅或土工布,以加强地基的整体强度及板体作用,防止路基因不均匀沉降而产生反射裂缝
2	高路堤地基处治	(1) 高路堤拓宽部分地基必须进行特殊处理。如果高路堤拓宽部分为软土地基,就应采取措施加强处治。施工中为了确保路基稳定、减少路工后沉降,对高路堤拓宽可采取粉喷桩、砂桩、塑料排水体、碎石桩等处理措施,并配合填筑轻型材料。在高路堤的处治过程中,不宜单独采用只适合于浅层处治以及路基填土较低等情况的换填砂石或加固土处治。 (2) 高路堤路基一侧拓宽时,应防止新路基失稳,防止施工过快,导致路基滑动。高路堤拓宽时,一定要进行路基稳定性验算,采取有效措施,防止路基失稳
3	新路基填料	(1) 采用粉煤灰、石灰等轻质填料填筑的路堤,不仅可以降低新路堤的自重,减小路堤的压缩变形,而且还可以提高新路堤的强度和刚度,减小路基在行车荷载作用下的塑性累积变形。轻质填料路堤同时起到了减小新旧路基间刚度差异和不均匀沉降的作用,从理论和工程实践分析,是旧路基加宽方案中较为理想的一种措施。 (2) 砂砾石可压缩性较小,采用砂砾石填料可大大减小路堤的压缩变形,提高承载力。如石料来源紧张,可用砖渣等代替,同时还可采用隔层填筑的方法,即每填筑4~5层土后,再用碎砖灰土填筑一层,起补强作用,使填料更具整体性

考点 8　特 殊 路 基 施 工

垫层和浅层处理

序号	项目	内容
1	一般规定	垫层类型按材料可分为碎石垫层、砂砾垫层、石屑垫层、矿渣垫层、粉煤灰垫层以及灰土垫层等。浅层处理可采用浅层置换、浅层改良、抛石挤淤等方法,处理深度不宜大于3m
2	砂砾、碎石垫层施工规定	(1) 砂砾、碎石垫层宜采用级配好的中、粗砂,砂砾或碎石,含泥量应不大于5%,最大粒径宜小于50mm。 (2) 垫层宜分层铺筑、压实。垫层应水平铺筑。当地形有起伏时,应开挖台阶,台阶宽度宜为0.5~1m。 (3) 垫层宽度应宽出路基坡脚0.5~1m,两侧宜用片石护砌或采用其他方式防护
3	铺设土工合成材料规定	(1) 土工合成材料技术指标应满足设计要求。土工合成材料在存放及铺设过程中不得在阳光下长时间暴露。与土工合成材料直接接触的填料中不得含强酸性、强碱性物质。 (2) 施工中应采取措施防止土工合成材料受损,出现破损时应及时修补或更换
4	浅层置换施工规定	置换宜选用强度高的砂砾、碎石土等水稳性和透水性好的材料。施工时,应分层填筑、压实
5	浅层改良施工规定	(1) 对非饱和黏质土的软弱表层,可添加石灰、水泥等进行改良处置。 (2) 施工前应先完善排水设施,施工期间不得积水。 (3) 石灰、水泥等应与土拌合均匀,严格控制含水率。施工时,应分层填筑、压实

序号	项目	内容
6	抛石挤淤施工规定	(1) 应采用不易风化的片石、块石，石料直径宜不小于 300mm。 (2) 当软土地层平坦，横坡缓于 1：10 时，应沿路线中线向前呈等腰三角形渐次向两侧对称抛填至全宽，将淤泥挤向两侧；当横坡陡于 1：10 时，应自高侧向低侧渐次抛填，并在低侧边部多抛投形成不小于 2m 宽的平台。 (3) 当抛石高出水面后，应采用重型机具碾压密实

爆炸挤淤

序号	项目	内容
1	含义及适用范围	(1) 爆炸挤淤是将炸药放在软土或泥沼中爆炸，利用爆炸时的张力作用，把淤泥或泥沼扬弃，然后回填强度较高的渗水性土壤，如砂砾、碎石等。 (2) 爆炸挤淤法适用于处理海湾滩涂等淤泥和淤泥质土地基。处理厚度不宜大于 15m
2	爆炸挤淤施工规定	(1) 宜采用布药机进行布药。当淤泥顶面高、露出水面时间长，且装药深度小于 2.0m 时，可采用人工简易布药法。 (2) 抛填前应根据软基深度、宽度、水深等环境条件和施工设备；确定抛填高度、宽度及进尺。抛填高度应高于潮水位。抛填进尺最小宜不小于 3m，最大宜不大于 10m。 (3) 爆炸挤淤施工应采取控制噪声、有害气体和飞石，减少粉尘、冲击波等环境保护措施。 (4) 爆炸挤淤后应采用钻孔或物探方法探测检查置换层厚度、残留混合层厚度。置换层底面和下卧地基层设计顶面之间的残留淤泥碎石混合层厚度应不大于 1m

竖向排水体

序号	项目	内容
1	一般要求	(1) 竖向排水体适用于深度大于 3m 的软土地基处理。用于对淤泥质土和淤泥地基进行处理时，宜与加载预压或真空预压方案联合使用。采用竖向排水体处理软土地基时，应保证有足够的预压期。 (2) 竖向排水体可采用袋装砂井和塑料排水板。竖向排水体可按正方形或等边三角形布置。 (3) 袋装砂井和塑料排水板可采用沉管式打桩机施工，塑料排水板也可用插板机施工。袋装砂井宜采用圆形套管，套管内径宜略大于砂井直径；塑料排水板宜采用矩形套管，也可采用圆形套管。宜配置能够检测排水体施工深度的设备
2	工艺程序	(1) 袋装砂井施工工艺程序：整平原地面→摊铺下层砂垫层→机具定位→打入套管→沉入砂袋→拔出套管→机具移位→埋铺袋头→摊铺上层砂垫层。 (2) 塑料排水板施工工艺程序：整平原地面→摊铺下层砂垫层→机具就位→塑料排水板穿靴→插入套管→拔出套管→割断塑料排水板→机具移位→摊铺上层砂垫层
3	袋装砂井施工规定	(1) 宜采用中、粗砂，粒径大于 0.5mm 颗粒的含量宜大于 50%，含泥量应小于 3%，渗透系数应大于 $5×10^{-2}$mm/s。砂袋的渗透系数应不小于砂的渗透系数。 (2) 套管起拔时应垂直起吊，防止带出或损坏砂袋。发生砂袋带出或损坏时，应在原孔位边缘重打。 (3) 砂袋在孔口外的长度应不小于 300mm，并顺直伸入砂砾垫层。 (4) 袋装砂井施工质量应符合规定

序号	项目	内容
4	塑料排水板施工规定	（1）塑料排水板技术指标应满足设计要求，露天堆放时应有遮盖。 （2）施工中应防止泥土等杂物进入套管内。 （3）塑料排水板不得搭接，预留长度不小于500mm，并及时弯折埋设于砂垫层中。 （4）塑料排水板施工质量应符合规定

真空预压、真空堆载联合预压

序号	项目	内容
1	一般规定	（1）真空预压法适用于对软土性质很差、土源紧缺、工期紧的软土地基进行处理。 （2）真空预压的抽真空设备宜采用射流真空泵。真空泵空抽时必须达到95kPa以上的真空吸力。真空泵的数量应根据加固面积确定，每个加固场地至少应设两台真空泵
2	真空预压、真空堆载联合预压施工规定	（1）密封膜应采用抗老化性能好、韧性好、抗穿刺能力强的不透气材料。 （2）密封膜连接宜采用热合粘结缝平搭接，搭接宽度应不小于15mm。 （3）滤管应不透砂。滤管距泥面、砂垫层顶面的距离均应大于50mm。滤管周围应采用砂填实，不得架空、漏填。 （4）密封膜的周边应埋入密封沟内。密封沟的宽度宜为0.6～0.8m，深度宜为1.2～1.5m。 （5）真空表测头应埋设于砂垫层中间，每块加固区应不少于2个真空度测点。 （6）真空预压施工应按排水系统施工、抽真空系统施工、密封系统施工及抽气的顺序进行。 （7）采用真空堆载联合预压时，应先抽真空，当真空压力达到设计要求并稳定后，再进行堆载，并继续抽气。堆载时应在膜上铺设土工布等保护材料。 （8）施工监测规定： ①预压过程中，应进行密封膜下真空度、孔隙水压力、表面沉降、深层沉降及水平位移等预压参数的监测。膜下真空度每隔4h测一次，表面沉降每2d测一次。 ②当连续五昼夜实测地面沉降小于0.5mm/d，地基固结度已达到设计要求的80%时，经验收，即可终止抽真空。 ③停泵卸荷后24h，应测量地表回弹值

粒料桩

序号	项目	内容
1	方法及适用范围	（1）粒料桩可采用振冲置换法或振动沉管法成桩。 （2）振冲置换法适用于处理十字板抗剪强度不小于15kPa的软土地基。 （3）振动沉管法适用于处理十字板抗剪强度不小于20kPa的软土地基
2	振冲置换法施工要求	（1）振冲置换法施工可采用振冲器、吊机或施工专用平车和水泵。 （2）振冲器的功率应与设计的桩间距相适应，桩间距1.3～2.0m时可采用30kW的振冲器；桩间距1.4～2.5m时可采用50kW的振冲器；桩间距1.5～3.0m时可采用75kW的振冲器。 （3）起吊机械可采用履带或轮胎吊机、自行井架式专用平车或抗扭胶管式专用汽车等，吊机的起吊能力宜为10～20t。 （4）采用自行井架式专用平车时桩深度不宜超过15m，采用抗扭胶管式专用汽车时桩深度不宜超过12m。 （5）水泵出口水压宜为400～600kPa，流量宜为20～30m³/h，每台振冲器宜配一台水泵。 （6）主要用振冲器、吊机或施工专用平车和水泵，将砂、碎石、砂砾、废渣等粒料（粒径宜为20～50mm，含泥量不应大于10%）按整平地面→振冲器就位对中→成孔→清孔→加料振密→关机停水→振冲器移位的施工工艺程序进行施工

序号	项目	内容
3	振动沉管法施工要求	（1）振动沉管法施工宜采用振动打桩机和钢套管。应选用能顺利出料和有效挤压桩孔内粒料的桩尖形式，软黏土地基宜选用平底形桩尖。 （2）振动沉管法成桩可采用一次拔管成桩法、逐步拔管成桩法和重复压管成桩法三种工艺。 （3）重复压管成桩法的施工工序为：①清理平整场地→②测量放样→③机具就位→④沉管至设计深度→⑤加料→⑥振动拔管→⑦振动下压管→⑧振动拔管→⑨机具移位。其中⑤～⑧重复循环至桩顶，直至桩管拔出地面
4	粒料桩施工规定	（1）砂桩宜采用中、粗砂，粒径大于 0.5mm 颗粒含量宜占总质量的 50% 以上，含泥量应小于 3%，渗透系数应大于 5×10^{-2}mm/s；也可使用砂砾混合料，含泥量应小于 5%。 （2）碎石桩宜采用级配好、不易风化的碎石或砾石，最大粒径宜不大于 50mm，含泥量应小于 5%。 （3）施工前应进行成桩工艺和成桩挤密试验。 （4）粒料桩可采用振冲置换法或振动沉管法，宜从中间向外围或间隔跳打。邻近结构物施工时，应沿背离结构物的方向施工。 （5）粒料桩施工质量应符合相关规定。 （6）碎石桩密实度抽查频率应为 2%，用重Ⅱ型动力触探测试，贯入量 100mm 时，击数应大于 5 次

加固土桩

序号	项目	内容
1	方法及适用范围	（1）加固土桩适用于处理十字板抗剪强度不小于 10kPa、有机质含量不大于 10% 的软土地基。 （2）加固土桩包括粉喷桩与浆喷桩
2	施工准备	（1）粉喷桩与浆喷桩的施工机械必须安装喷粉（浆）量自动记录装置，并应对该装置定期标定。应定期检查钻头磨损情况，当直径磨损量大于 10mm 时，必须更换钻头。 （2）施工前应进行成桩工艺和成桩强度试验。当成桩质量不满足设计要求时，应在调整设计与施工有关参数后，重新进行试验或改变设计
3	加固土桩施工规定	（1）加固土桩的固化剂宜采用生石灰或水泥。生石灰应采用磨细Ⅰ级生石灰，应无杂质，最大粒径应小于 2mm。水泥宜采用强度等级不低于 32.5 级的普通硅酸盐水泥。 （2）加固土桩施工前应进行成桩试验，桩数宜不少于 5 根，且应满足下列要求： ① 应取得满足设计喷入量的各种技术参数，如钻进速度、提升速度、搅拌速度、喷气压力、单位时间喷入量等。 ② 应确定能保证胶结料与加固软土拌合均匀性的工艺。 ③ 掌握下钻和提升的阻力情况，选择合理的技术措施。 ④ 根据地层、地质情况确定复喷范围。 （3）施工中发现喷粉量或喷浆量不足，应整桩复打，复打的量应不小于设计用量。中断施工时，应及时记录深度，并在 12h 内进行复打，复打重叠长度应大于 1m；超过 12h，应采取补桩措施。 （4）加固土桩施工质量应符合规定

水泥粉煤灰碎石桩

序号	项目	内容
1	适用范围	水泥粉煤灰碎石桩（CFG桩）适用于处理十字板抗剪强度不小于20kPa的软土地基
2	施工准备	CFG桩宜采用振动沉管灌注法成桩，施工设备宜采用振动沉管打桩机。施工前应进行成桩工艺和成桩强度试验。当成桩质量不满足设计要求时，应在调整设计与施工有关参数后，重新进行试验或改变设计
3	水泥粉煤灰碎石桩施工规定	（1）集料可采用碎石或砾石，泵送混合料时砾石最大粒径宜不大于25mm；碎石最大粒径宜不大于20mm；振动沉管灌注混合料时，集料最大粒径宜不大于50mm。水泥宜选用32.5级普通硅酸盐水泥。粉煤灰宜选用Ⅱ、Ⅲ级粉煤灰。 （2）施工前应进行成桩试验，成桩试验需要确定施工工艺、速度、投料数量和质量标准。 （3）群桩施工应合理设计打桩顺序，控制打桩速度，宜采用隔桩跳打的打桩顺序，相邻桩打桩间隔时间应不小于7d。 （4）水泥粉煤灰碎石桩施工质量应符合规定

刚性桩

序号	项目	内容
1	一般规定	（1）刚性桩主要包括现浇混凝土大直径管桩与预制管桩。 （2）刚性桩适用于处理深厚软土地基上荷载较大、变形要求较严格的高路堤段、桥头或通道与路堤衔接段。 （3）刚性桩可按正方形或等边三角形布置。 （4）刚性桩桩顶应设桩帽，形状可采用圆柱体、台体或倒锥台体。 （5）桩帽直径或边长宜为1.0～1.5m，厚度宜为0.3～0.4m，宜采用水泥混凝土现场浇筑而成
2	施工准备	（1）现浇混凝土大直径管桩宜采用振动沉管设备施工。 （2）预制管桩宜采用工厂预制。 （3）施工前应进行成桩工艺试验，预应力混凝土薄壁管桩试桩数量不得少于2根，现浇混凝土大直径管桩试桩数量应根据施工工艺要求确定。 （4）预应力混凝土薄壁管桩宜采用静力压桩机施工，也可采用锤击沉桩机施工，施工现场应配有起吊设备，其起吊能力宜大于5t
3	现浇混凝土大直径管桩施工规定	（1）粗集料宜优先选用卵石。采用碎石时，宜适当增加含砂率。集料最大粒径宜不大于63mm。混凝土坍落度宜为80～100mm，在运输和灌注过程中无离析、泌水。 （2）桩尖、桩帽混凝土强度等级宜不低于C30。桩尖表面应平整、密实，桩尖内外面圆度偏差不得大于1%，桩尖端头支承面应平整。 （3）邻近有建筑物或构造物时，应采取有效的隔振措施。 （4）群桩施工，应合理设计打桩顺序，控制打桩速度，防止影响邻桩成桩质量。 （5）现浇混凝土大直径管桩施工质量应符合相关规定

序号	项目	内容
4	预制管桩施工规定	(1) 管桩堆放场地应平整、坚实，应有排水措施，不得产生不均匀沉陷。 (2) 施工前检查成品桩，先张法薄壁预应力混凝土管桩应符合现行《先张法预应力混凝土管桩》GB 13476、《先张法预应力混凝土薄壁管桩》JC 888 的规定。 (3) 预制管桩宜采用静压方式施工，也可采用锤击沉桩方式施工。 (4) 桩的打设次序宜由路基中心线向两侧打设，由结构物向路堤方向打设。 (5) 沉桩过程中应严格控制桩身的垂直度。 (6) 每根桩宜一次性连续沉至设计高程，沉桩过程中停歇时间不应过长。 (7) 中止沉桩宜采用贯入度控制。 (8) 桩帽钢筋笼应插入管桩内，连接混凝土应与桩帽混凝土一起灌注。 (9) 预制管桩施工质量应符合规定

强夯和强夯置换

序号	项目	内容
1	适用范围	(1) 强夯法适用于处理碎石土、低饱和度的粉土与黏性土、杂填土和软土等地基。 (2) 强夯置换法适用于处理高饱和度的粉土与软塑、流塑的软黏土地基，处理深度不宜大于 7m。 (3) 强夯处理范围应超出路堤坡脚，每边超出坡脚的宽度不宜小于 3m。 (4) 强夯置换处理范围应为坡脚外增加一排置换桩。对独立基础或条形基础应根据基础形状与宽度布置
2	施工准备	(1) 采用强夯法处理软土地基时，应在地基中设置竖向排水体。对于地下水位较高的地基，强夯前应采取降水措施，将地下水位降至加固层深度以下。强夯置换桩顶应铺设一层厚度不小于 0.5m 的粒料垫层，垫层材料可与桩体材料相同，粒径不宜大于 100mm。 (2) 起吊夯锤用的机械设备宜选用履带式起重机。夯锤重量大、落距大时，可在吊臂两侧辅以门架，以提高起重能力，并防止落锤时机架倾覆。履带式起重机脱钩装置应有足够的强度，使用灵活，脱钩快速、安全。 (3) 夯锤可采用钢筋混凝土锤或铸钢锤，夯锤上宜设置 2~4 个上下贯通的透气孔。强夯加固黏性土地基时，宜采用较大底面积的锤。强夯置换宜采用细长的铸钢锤。在强夯能级不变的条件下，宜采用重锤、低落距
3	强夯与强夯置换施工规定	(1) 强夯置换材料应采用级配好的片石、碎石、矿渣等坚硬的粗颗粒材料，粒径宜不大于夯锤底面直径的 0.2 倍，含泥量宜不大于 10%，粒径大于 300mm 的颗粒含量宜不大于总质量的 30%。 (2) 应采取隔振、防振措施消除强夯对邻近建筑物的有害影响。 (3) 施工前应选择有代表性并不小于 500m² 的路段进行试夯，确定最佳夯击能、间歇时间、夯间距、夯击次数、夯击遍数等参数。 (4) 夯点可采用正方形或等边三角形布置，间距宜为 5~7m。在强夯能级不变的条件下，宜采用重锤、低落距。 (5) 强夯和强夯置换施工前应在地表铺设一定厚度的垫层。强夯施工垫层材料宜采用透水性好的砂、砂砾、石屑、碎石土等，强夯置换施工垫层材料宜与桩体材料相同。垫层宜分层摊铺压实。 (6) 施工前应检查锤重和落距，单击夯击能量应满足设计要求。 (7) 强夯施工结束 30d 后，应通过标准贯入、静力触探等原位测试，测量地基的夯后承载能力是否达到设计要求。 (8) 强夯置换施工结束 30d 后，宜采用动力触探试验检查置换墩着底情况及承载力，检验数量不少于墩点数的 1%，且不少于 3 点。检查置换墩直径与深度，应满足设计要求

软土地区路堤和滑坡地段路基施工技术要点

序号	项目	内容
1	软土地区路堤施工技术要点	（1）软土地区路堤施工应尽早安排，施工计划中应考虑地基所需固结时间。 （2）填筑过程中，应严格控制填筑速率，并应进行动态观测。 （3）施工期间，路堤中心线地面沉降速率24h应不大于10～15mm，坡脚水平位移速率24h应不大于5mm。应结合沉降和位移观测结果综合分析地基稳定性。填筑速率应以水平位移控制为主，超过标准应立即停止填筑。 （4）桥台、涵洞、通道以及加固工程应在预压沉降完成后再进行施工。 （5）应按设计要求的预压荷载、预压时间进行预压。堆载预压的填料宜采用上路床填料，并分层填筑压实。 （6）在软土地基上直接填筑路堤，应符合下列规定： ① 水面以下部分应选择透水性好的填料，水面以上可用一般土或轻质材料填筑。 ② 填筑路基的土宜从取土场取用。在两侧取土时，取土坑距路堤坡脚的距离应满足路堤稳定的要求。 ③ 反压护道宜与路堤同时填筑。分开填筑时，应在路堤达到临界高度前完成反压护道施工
2	旧路加宽软基处理要求	（1）软基路段路基加宽台阶应开挖一层、填筑一层，上层台阶应在下层填筑完成后再开挖，台阶开挖应满足台阶宽度和新老路基处理设计要求。 （2）确定加宽软基处理施工工艺和方案时，应考虑软基处理时挤土、震动对老路堤或邻近构筑物的影响。 （3）施工期间应对旧路开挖边坡进行覆盖，并设置必要的临时排水设施。 （4）旧路加宽路段应同步进行拼宽路基和老路基的沉降观测，观测点宜布置在同一断面上。观测点设置宜为老路路中、老路路肩、拼宽部分中部、拼宽部分外侧。老路路中、老路路肩沉降观测点设置可采用在路表埋设观测点的方法，拼宽部分宜采用埋设沉降板的方法

滑坡防治的工程措施

序号	项目	内容
1	滑坡排水	（1）环形截水沟：对于滑坡顶面的地表水，应采取截水沟等措施处理，不让地表水流入滑动面内。截水沟应采用浆砌片石防护。在石料缺乏的地方，可用预制混凝土块铺砌防护。 （2）树枝状排水沟：主要作用是排除滑体坡面上的径流。 （3）平整夯实滑坡体表面的土层，防止地表水渗入滑体坡面造成高低不平，不利于地表水的排除，易于积水，应将坡面做适当平整。滑坡体上的裂隙和裂缝应采取灌浆、开挖回填夯实等措施予以封闭。当坡面上有封闭的洼地或泉水露头时，应设水沟将其排出滑坡坡面，疏干积水。 （4）排除地下水：有支撑渗沟、边坡渗沟、暗沟、平孔等
2	力学平衡	（1）对于滑坡的处治，应分析滑坡的外表地形、滑动面、滑坡体的构造、滑动体的土质及饱水情况，以了解滑坡体的形式和形成的原因，根据公路路基通过滑坡体的位置、水文、地质等条件，充分考虑路基稳定的施工措施。 （2）当挖方路基上边坡发生的滑坡不大时，可采用刷方（台阶）减重、打桩或修建挡土墙进行处理以达到路基边坡稳定。

序号	项目	内容
2	力学平衡	（3）经过地质调查、勘探和综合分析，确定滑坡性质为推动式，或为由错落转化成的滑坡后，可采用刷方（台阶）减重的方法。 （4）牵引式滑坡、具有膨胀性质的滑坡不宜用滑坡减重法。 （5）填方路堤发生的滑坡，可采用反压土方或修建挡土墙等方法处理。 （6）沿河路基发生滑坡，可修建河流调治构造物（堤坝、丁坝、稳定河床等）及挡土墙方法处理
3	改变滑带土	（1）焙烧法：利用导洞焙烧滑坡脚部的滑带，使之形成地下"挡墙"而稳定滑坡的一种措施。 （2）电渗排水：利用电场作用把地下水排除，达到稳定滑坡的一种方法。 （3）爆破灌浆法：用炸药爆破破坏滑动面，随之把浆液灌入滑带中以置换滑带水并固结滑带土，从而达到使滑坡稳定的一种治理方法

滑坡地段路基的施工技术要点

序号	项目	内容
1	截水、排水施工规定	（1）应在滑坡后缘的稳定地层上，修筑具有防渗功能的环形截水沟、排水沟。 （2）滑坡体上的裂隙和裂缝应采取灌浆、开挖回填夯实等措施予以封闭，滑坡体的洼地及松散坡面应平整夯实。 （3）滑坡范围大时，应在滑坡坡面上修筑具有防渗功能的临时或永久排水沟。 （4）有地下水时，应设置截水渗沟。反滤材料采用碎石时，碎石粒径应符合要求，含泥量应小于3‰
2	削坡减载施工规定	（1）应自上而下逐级开挖，严禁采用爆破法施工。 （2）开挖坡面不得超挖，开挖面上有裂缝时应灌浆封闭或开挖夯填。 （3）支挡及排水工程在边坡上分级实施时，宜开挖一级、实施一级
3	填筑反压施工规定	（1）反压措施应在滑坡体前缘抗滑段实施。 （2）反压填料不得堵塞地下水出口，地下排水设施应在填筑反压前完成。反压填料宜予压实。 （3）应采取措施使受影响的天然河沟保持排水顺畅
4	抗滑支挡工程施工规定	（1）抗滑支挡工程施工应符合现行《公路路基施工技术规范》JTG/T 3610中第6章"路基防护与支挡工程"的有关规定。 （2）应在滑坡体处于相对稳定的状态下施工，滑坡体具有滑动迹象或已经发生滑动时，应采取反压填筑等措施。 （3）抗滑桩与挡土墙共同支挡时，应先施作抗滑桩。挡土墙后有支撑渗沟及其他排水工程时应先施工。 （4）抗滑桩、锚索施工应从两端向滑坡主轴方向逐步推进。 （5）采取微型钢管桩、山体注浆等加固措施或注浆作为其他处置方案的配套措施时，应采用相应的成孔设备和注浆方式。 （6）各种支挡结构的基底应置于滑动面以下，并应嵌入稳定地层

2B311020 路基防护与支挡

【考点图谱】

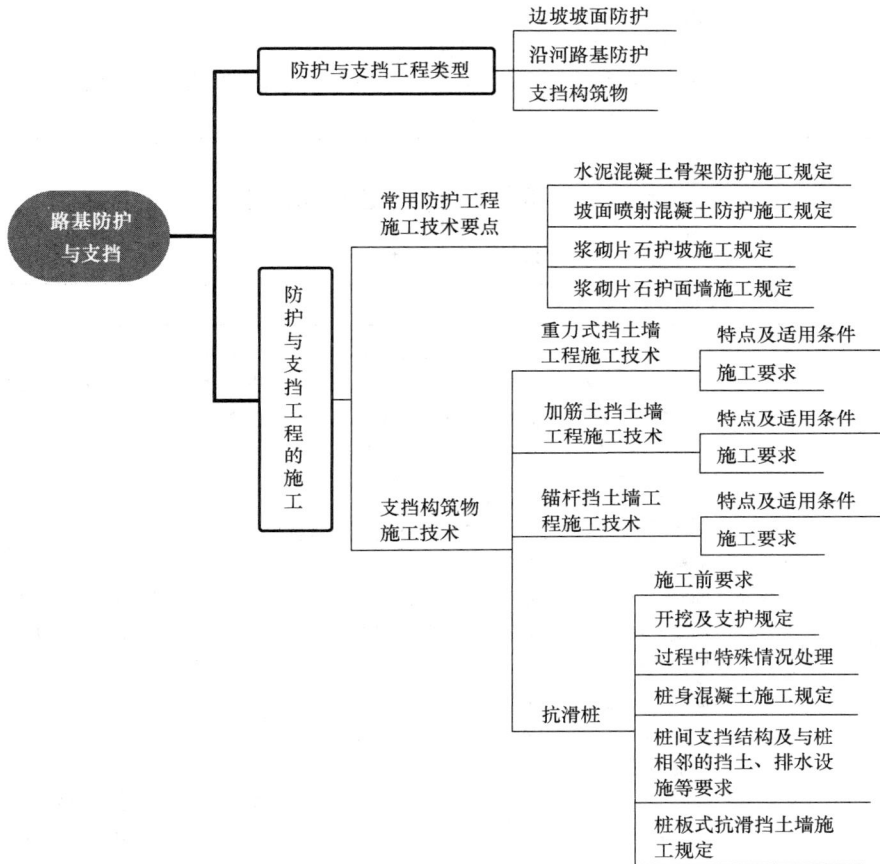

【考点精析】

考点1 防护与支挡工程类型

防护与支挡工程

序号	项目	内容
1	边坡坡面防护	（1）植物防护：种草、铺草皮、客土喷播、植生袋、三维植物网、植树等。 （2）骨架植物防护：浆砌片石（或混凝土）骨架植草、水泥混凝土空心块护坡、锚杆混凝土框架植草。 （3）圬工防护：喷浆、喷射混凝土、干砌片石护坡、浆砌片（卵）石护坡、浆砌片石护面墙、锚杆钢丝网喷浆或喷射混凝土护坡、封面、捶面

序号	项目	内容
2	沿河路基防护	（1）沿河路基防护用于防护水流对路基的冲刷与淘刷。 （2）可分为植物防护、砌石护坡、混凝土护坡、土工织物软体沉排、石笼防护、浸水挡土墙、护坦防护、抛石防护、排桩防护、丁坝、顺坝等
3	支挡构筑物	（1）用以防止路基变形或支挡路基本体或山体的位移，以保证其稳定性，常用的类型有挡土墙、边坡锚固、土钉支护、抗滑桩等。 （2）挡土墙有重力式挡土墙、半重力式挡土墙、石笼式挡土墙、悬臂式挡土墙、护壁式挡土墙、锚杆挡土墙、锚定板挡土墙、加筋土挡土墙、桩板式挡土墙等

考点 2　防护与支挡工程的施工

常用防护工程施工技术要点

序号	项目	内容
1	水泥混凝土骨架防护施工规定	（1）骨架施工前应修整坡面，填补超挖形成或原生的坑洞和空腔。 （2）混凝土浇筑应从护脚开始，由下而上进行浇筑。浇筑过程中采用插入式振捣器振捣。 （3）骨架宜完全嵌入坡面内，保证骨架紧贴坡面，防止产生变形或破坏。 （4）混凝土浇筑完成后应及时养护。养护时间宜不少于 14d
2	坡面喷射混凝土防护施工规定	（1）混凝土强度应满足设计要求。 （2）作业前应进行试喷，选择合适的水胶比和喷射压力。 （3）混凝土喷射厚度应符合设计规定，且临时支护厚度宜不小于 60mm，永久支护厚度宜不小于 80mm。永久支护面钢筋的喷射混凝土保护层厚度应不小于 50mm。 （4）混凝土喷射每层应自下而上进行。当混凝土厚度大于 100mm 时，宜分两次喷射。在第二次喷射混凝土作业前，应清除结合面上的浮浆和松散碎屑。 （5）面层表面应抹平、压实修整。 （6）喷射混凝土面层应在长度方向上每 30m 设伸缩缝，缝宽 10～20mm。 （7）喷射混凝土初凝后，应立即开始养护。养护期宜不少于 7d。 （8）喷射混凝土表面质量应密实、平整，无裂缝、脱落、漏喷、漏筋、空鼓和渗漏水等
3	浆砌片石护坡施工规定	（1）宜在路堤沉降稳定后施工，砌筑前应整平坡面，按设计完成垫层施工。受冻胀影响的土质边坡，护坡底面的碎石或砂砾垫层厚度应不小于 100mm。 （2）片石砌体应分层砌筑，2～3 层组成的工作面宜找平。 （3）所有石块均应坐于新拌砂浆之上。 （4）每 10～15m 应设置一道伸缩缝，缝宽宜为 20～30mm。基底地质有变化处，应设沉降缝。伸缩缝与沉降缝可合并设置。 （5）砂浆初凝后，应立即进行养护。砂浆终凝前，砌体应覆盖。 （6）泄水孔的位置和反滤层的设置应满足设计要求。如设计无要求，应符合下列规定： ① 泄水孔宜为 50mm×100mm、100mm×100mm、150mm×200mm 的矩形或直径为 50～100mm 的圆形。 ② 泄水孔间距宜为 2～3m，干旱地区可适当加大，渗水量大时应适当加密。上下排泄水孔应交错布置，左右排泄水孔应避开伸缩缝与沉降缝，与相邻伸缩缝间宜不小于 500mm。 ③ 泄水孔应向外倾斜，最下一排泄水孔出口应高出地面或边沟、排水沟及积水地区的常水位 0.3m。 ④ 最下面一排泄水孔进水口周围 500mm×500mm 范围内应设置具有反滤作用的粗粒料，反滤层底部应设置厚度不小于 300mm 的黏土隔水层

序号	项目	内容
4	浆砌片石护面墙施工规定	（1）修筑护面墙前，应清除边坡风化层至新鲜岩面。对风化迅速的岩层，清挖到新鲜岩面后应立即修筑护面墙。 （2）基础施工前应核实地基承载能力和埋深。地基承载能力不足时，应采取加固措施。冰冻地区应埋置在冰冻深度以下至少250mm。 （3）护面墙背面应与路基面密贴，边坡局部凹陷处应挖成台阶后用与墙身相同的圬工砌补，不得回填土石或干砌片石。坡顶护面墙与坡面之间应按设计要求做好防渗处理。 （4）应按设计要求做好伸缩缝。当护面墙基础修筑在不同岩层上时，应在变化处设置沉降缝。 （5）泄水孔的位置和反滤层的设置应满足设计要求。 （6）护面墙防滑坎应与墙身同步施工

挡土墙工程施工

序号	项目	特点及适用条件	施工要求
1	重力式挡土墙工程施工技术	重力式挡土墙墙背形式可分为仰斜、俯斜、垂直、凸形折线（凸折式）和衡重式五种。 （1）仰斜墙背适用于路堑墙及墙趾处地面平坦的路肩墙或路堤墙。 （2）俯斜墙背通常在地面横坡陡峻时，借助陡直的墙面，俯斜墙背可做成台阶形，以增加墙背与填土间的摩擦力。 （3）垂直墙背的特点，介于仰斜和俯斜墙背之间。 （4）凸折式墙背多用于路堑墙，也可用于路肩墙。 （5）衡重式墙背适用于山区地形陡峻处的路肩墙和路堤墙，也可用于路堑墙。由于衡重台以上有较大的容纳空间，上墙墙背加缓冲料后，可作为拦截崩坠石之用	（1）基坑开挖：①基坑开挖宜分段跳槽进行，分段位置宜结合伸缩缝、沉降缝等设置确定。②设计挡土墙基底为倾斜面时，应严格控制基底高程，不得超挖填补。③土质或易风化软质岩石雨季开挖基坑时，应在基坑挖好后及时封闭坑底。 （2）开挖完成后应及时进行检验，检验合格后应及时进行下道工序施工。 （3）基础施工：①施工前应检查基础底面，清除基底表面风化、松软的土石和杂物。②硬质岩石上的浆砌片石基础宜满坑砌筑。浆砌片石底面应卧浆铺砌，立缝要填浆补实，不得有空隙和立缝贯通现象。③台阶式基础宜与墙体连续砌筑，基底及墙趾台阶转折处不得砌成垂直通缝，砌体与台阶壁间的缝隙砂浆应饱满。④基础应在基础砂浆强度达到设计强度的75%后及时分层回填夯实。回填应在表面留3%的向外斜坡。 （4）墙身施工：①砌石墙身应分层错缝砌筑，咬缝应不小于砌块长度的1/4，且不得出现贯通竖缝。②片石、砌块应大面朝下砌筑，砌块不应直接接触，间距宜不小于20mm。③混凝土墙身应水平分层浇筑，分层振捣。分层厚度应不超过300mm。④混凝土浇筑应连续进行。如间断，间断时间应小于前层混凝土的初凝时间，否则按施工缝处理。⑤浇筑过程中应有专人检查模板及支撑工作情况，发现问题及时处理。⑥挡土墙端部伸入路堤或嵌入挖方部分应与墙体同时砌筑。挡土墙顶应找平抹面或勾缝，其与边坡间的空隙应采用黏土或其他材料夯填封闭。⑦墙身施工完毕后应及时养护。 （5）伸缩缝与沉降缝内两侧壁应竖直、平齐，无搭叠。缝中防水材料应按设计要求施工。 （6）挡土墙与桥台、隧道洞门连接处应协调施工，必要时可设置临时支撑，确保与墙相接的填方或山体的稳定。 （7）挡土墙混凝土或砂浆强度达到设计强度的75%时，应及时进行墙背回填。距墙背0.5~1.0m内，不得使用重型振动压路机碾压。 （8）墙背填料：①宜采用砂性土、卵石土、砾石土或块石土等透水性好、抗剪强度高的材料。②采用黏质土作为填料时，应在墙背设置厚度不小于300mm的砂砾或其他透水性材料排水层。排水层顶部应采用黏质土层封闭，土层厚度宜不小于500mm。③填料中不得含有有机物、冰块、草皮、树根及生活垃圾。不得使用腐殖土、盐渍土、淤泥、白垩土、硅藻土、生活垃圾及有机物等作为墙背填料

序号	项目	特点及适用条件	施工要求
2	加筋土挡土墙工程施工技术	（1）加筋土挡土墙由填料、在填料中布置的拉筋以及墙面板三部分组成。一般应用于地形较为平坦且宽敞的填方路段上，在挖方路段或地形陡峭的山坡，由于不利于布置拉筋，一般不宜使用。 （2）加筋土是柔性结构物，能够适应地基轻微的变形。加筋土挡土墙的拉筋应按设计采用抗拉强度高、延伸率和蠕变小、抗老化、耐腐蚀和化学稳定性好的材料，表面应有足够的粗糙度。钢拉筋应按设计进行防腐处理	（1）墙背拉筋锚固段填料宜采用具有一定级配、透水性好的砂类土或碎砾石土，土中的粗颗粒不应含有在压实过程中可能破坏拉筋的带尖锐棱角的颗粒。 （2）拉筋应按设计位置水平铺设在已经整平、压实的土层上，单根拉筋应垂直于面板，多根拉筋应按设计扇形铺设。聚丙烯土工带拉筋安装应平顺，不得打折、扭曲，不得与硬质、棱角填料直接接触，其他要求应符合现行的相关规定。 （3）墙面板安设应根据高度和填料情况设置适当的仰斜，斜度宜为1∶0.05～1∶0.02。安设好的面板不得外倾。 （4）拉筋与面板之间的连接应牢固，连接部位强度应不低于拉筋强度。拉筋贯通整个路基时，宜采用单根拉筋拉住两侧面板。 （5）填料摊铺、碾压应从拉筋中部开始平行于墙面进行，不得平行于拉筋方向碾压。应先向拉筋尾部逐步摊铺、压实，然后再向墙面方向进行。 （6）路基施工分层厚度及每层碾压遍数，应根据拉筋间距、碾压机具和密实度要求，通过试验确定，不得使用羊足碾碾压。靠近墙面板1m范围内，应使用小型机具夯实或人工夯实，不得使用重型压实机械压实。严禁车辆在未经压实的填料上行驶。 （7）施工过程中应加强对墙身变形的观测，发现异常变化应及时处理
3	锚杆挡土墙工程施工技术	（1）锚杆挡土墙是利用锚杆技术形成的一种挡土结构物。按墙面的结构形式可分为柱板式锚杆挡土墙和壁板式锚杆挡土墙。 （2）锚杆挡土墙适用于缺乏石料的地区和挖基困难的地段，一般用于岩质路堑路段，但其他具有锚固条件的路堑墙也可使用，还可应用于陡坡路堤。壁板式锚杆挡土墙多用于岩石边坡防护	（1）施工时应针对地层和岩石特点，采用与其相适配并能斜孔钻进的钻机，并根据岩质选择钻头。 （2）锚孔直径应满足设计要求，钻孔时宜保持孔壁粗糙。 （3）挡土板和锚杆的施工应逐层由下向上同步进行，挡土板之间的安装缝应均匀，缝宽宜小于10mm。同一肋柱上两相邻跨的挡土板搭接处净间距宜不小于30mm，并应按施工缝处理。 （4）挡土板安装时应防止与肋柱相撞，避免损坏角隅或开裂。 （5）挡土板后的防排水设施及反滤层应与挡土板安装同步进行

抗滑桩

序号	项目	内容
1	施工准备	（1）抗滑桩施工前，应采取卸载、反压、排水等措施使滑坡体保持基本稳定，严禁在滑坡急剧变形阶段进行抗滑桩施工。 （2）施工期间应根据实际地质情况考虑开挖时的预加固措施。 （3）应整平孔口地面，并设置地表截、排水及防渗设施。 （4）应设置滑坡变形、移动监测点，并进行连续观测。 （5）雨期施工时，应在孔口搭设雨棚，做好锁口，孔口地面上应加筑适当高度的围埝

序号	项目	内容
2	开挖及支护规定	（1）相邻桩不得同时开挖。开挖桩群应从两端沿滑坡主轴间隔开挖，桩身强度达到设计强度的75％后方可开挖邻桩。 （2）开挖应分节进行。分节不宜过长，每节宜为0.5～1.0m。不得在土石层变化处和滑动面处分节。 （3）应开挖一节、支护一节。灌注前应清除孔壁上的松动石块、浮土。围岩松软、破碎、有水时，护壁宜设泄水孔。 （4）开挖应在上一节护壁混凝土终凝后进行，护壁混凝土模板支撑应在混凝土强度达到能保持护壁结构不变形后方可拆除。 （5）在围岩松软、破碎和有滑动面的节段，应在护壁内顺滑动方向设置临时横撑加强支护，并观察其受力情况，及时进行加固。 （6）开挖时应采取照明、排水等措施，保证施工安全。 （7）挖除的渣土弃渣不得堆放在滑坡范围内
3	桩身混凝土施工规定	（1）灌注前，应检查断面净空，清洗混凝土护壁。 （2）钢筋笼搭接接头不得设在土石分界和滑动面处。钢筋保护层厚度应满足设计要求。 （3）灌注应连续进行，不得中断
4	桩板式抗滑挡土墙施工规定	（1）挡土板应在桩身混凝土达到设计强度后安装。挡土板安装时，应边安装边回填，并做好挡土板后排水设施。 （2）桩间采用土钉墙或喷锚支护时，桩间土体应分层开挖、分层加固。 （3）应严格控制墙背填土的压实度，压实时应保护好锚索
5	其他规定	（1）桩基开挖过程中，应随时核对滑动面情况，及时进行岩性资料编录。当实际情况与设计不符时，应及时反馈处理。 （2）桩间支挡结构及与桩相邻的挡土、排水设施等应与抗滑桩正确连接，配套完整。 （3）施工过程中应对地下水位、滑坡体位移和变形进行监测

2B311030 路基试验检测技术

【考点图谱】

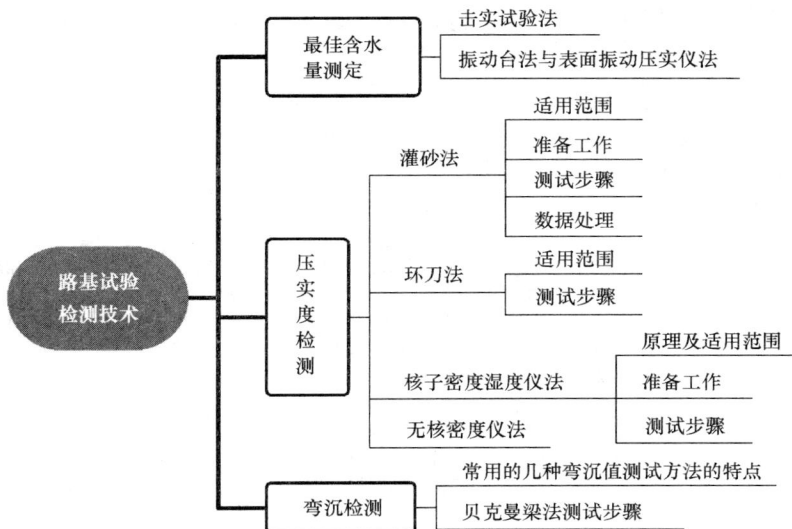

29

考点 1　最佳含水量测定

最佳含水量测定方法

序号	项目	内容
1	击实试验法	（1）击实试验可分为重型和轻型击实。 （2）击实试验中按采集土样的含水量，分湿土法和干土法。 （3）按土能否重复使用，也分为两种，即土能重复使用和不能重复使用。 （4）对于高含水量土宜选用湿土法，对于非高含水量土则选用干土法。 （5）除易击碎的试样外，试样可以重复使用
2	振动台法与表面振动压实仪法	（1）两者均是采用振动方法测定土的最大干密度。前者是整个土样同时受到垂直方向的振动作用，而后者是振动作用自土体表面垂直向下传递的最大干密度。 （2）用于测定无粘聚性自由排水粗粒土和巨粒土的最大干密度，这两种方法的测定结果基本一致，但前者试验设备及操作较复杂，表面振动压实仪法相对容易，且更接近于现场振动碾压的实际状况

考点 2　压 实 度 检 测

现场密度的测定方法

序号	方法	适用范围	测试步骤
1	灌砂法	现场挖坑，利用灌砂测定体积，计算密度。适用路基土压实度检测，不宜用于填石路堤等有大孔洞或大孔隙材料的测定。在路面工程中也适用于基层或底基层、砂石路面的压实度检测。试样最大粒径不得超过 60mm，测定密度层的厚度为 150～200mm	（1）在试验地点，选一块平坦表面，将其清扫干净，面积不得小于基板面积。 （2）将基板放在平坦表面上。当表面的粗糙度较大时，将盛有量砂（m_1）的灌砂筒放在基板中孔上，做好基板位置标识。将灌砂筒的开关打开，让砂流入基板中孔内，直到储砂筒内的砂不再下流时关闭开关。取下灌砂筒，并称量储砂筒内砂的质量（m_5），准确至 1g。 （3）取走基板，收回留在试验地点未混入杂质的量砂，重新将表面清扫干净。 （4）将基板放回原处并固定，沿基板中孔凿洞（洞的直径与灌砂筒直径一致）。在凿洞过程中，不应使凿出的材料丢失，并随时将凿松的材料取出装入塑料袋中或大铝盒内密封，防止水分蒸发。试洞的深度应等于测试层厚度，但不得有下层材料混入。称取洞内材料质量 m_w，准确至 1g。当需要测试厚度时，应先测量厚度后再称量材料总质量。 （5）从挖出的全部材料中取有代表性的试样，放在铝盒或洁净的搪瓷盘中，按照《公路土工试验规程》JTG 3430—2020 的有关规定测试其水率（ω）。单组取样数量如下：用小灌砂筒测试时，对于细粒土，不少于 100g；对于各种中粒土，不少于 500g。用中灌砂筒测试时，对于细粒土，不少于 200g；对于各种中粒土，不少于 1000g；对于粗粒土或水泥、石灰、粉煤灰等无机结合料稳定材料，宜将取出的材料全部烘干，且不少于 2000g，称其质量（m_d）。用大型灌砂筒测试时，宜将取出的材料全部烘干，称其质量（m_d）。 （6）储砂筒内放满砂到要求质量 m_1，将基板安放在试坑原位上。灌砂筒安放在基板中间，下口对准基板中孔，打开灌砂筒开关，让砂流入试坑内。在此期间，不应碰灌砂筒，直到储砂筒内的砂不再下流时，关闭开关。取走灌砂筒，并称量筒内剩余砂的质量（m_4），准确至 1g。 （7）如清扫干净的平坦表面粗糙度不大，也可省去（2）和（3）的操作。在试洞挖好后，将灌砂筒直接对准试坑，中间不需要放基板。打开灌砂筒开关，让砂流入试坑内。在此期间，不应碰灌砂筒，直到储砂筒内的砂不再下流时，关闭开关。取走灌砂筒，并称量筒内剩余砂的质量（m_4'），准确至 1g。 （8）取出储砂筒内的量砂，以备下次试验时再用。 （9）取走基板，将留在试坑内未混入杂质的量砂收回；将坑内剩余量砂清理干净后，回填与被测结构同材质的填料，并用铁锤分 3～4 层夯实。 （10）回收的量砂烘干、过筛，并放置 24h 以上，使其与空气的湿度达到平衡后可以继续使用。若量砂中混有杂质，则应废弃

序号	方法	适用范围	测试步骤
2	环刀法	用于现场测试细粒土及龄期不超过 2d 的无机结合料稳定细粒土结构的密度,并计算施工压实度	(1) 对结构层填料进行击实试验,得到最大干密度及最佳含水率。 (2) 在现场选取位置相邻的两处作为平行试验的测点。 (3) 黏性土及无机结合料稳定细粒土可采用人工取土器测试其密度;砂性土或砂层可采用人工取土器测试其密度,如为湿润的砂土,试验时不宜使用击实锤和定向筒。对于无机结合料细粒土和硬塑土,还可用电动取土器测试其密度
3	核子密度湿度仪法	本方法可采用散射和直接透射两种方式进行。其中,散射方式宜用于测试沥青混合料面层的压实密度或硬化混凝土等难以打孔材料的密度。直接透射方式宜用于测试厚度不大于 30cm 的土基、基层材料或非硬化水泥混凝土等可以打孔材料的密度及含水率	(1) 确定测试位置,距路面边缘或其他物体的最小距离不得小于 30cm。 (2) 检查核子仪周围 8m 之内是否存在其他放射源(含另外的核子仪),如果有,应移开或重新选点。 (3) 当用散射法测试沥青路面密度时,应先用细砂填平测点表面孔隙,再将仪器置于测点上。 (4) 当使用直接透射法测试时,用导板、钻杆等在测点表面打孔,孔深应大于测试深度,且插进探杆后仪器不倾斜,将探杆插入测试孔内,前后或左右移动仪器,使之稳固。 (5) 开机并选定测试时间后进行测量,测试人员退出核子仪 2m 以外。到达测试时间后,测试人员读取并记录示值,迅速关机,将手柄置于安全位置,结束本次测试。 (6) 测试结束后,核子仪应装入专用的仪器箱内,放置在符合核辐射安全规定的地方。 (7) 根据相关性试验结果确定材料的湿密度和含水率,并计算干密度及压实度;对于沥青混合料面层,用所确定的材料湿密度直接计算压实度。 用散射法时,一组测值不应少于 13 点,取平均值作为该段落的压实结果
4	无核密度仪法	测试结果不宜用于评定验收,主要用于施工过程中的质量控制	使用无核密度仪前,应严格用标准密度块标定,通过相关性试验检验,确认其可靠性。可快速测试当日铺筑且未开放交通的沥青路面各层沥青混合料的密度,并计算压实度

考点3 弯 沉 检 测

常用的几种弯沉值测试方法的特点

序号	项目	特点	应用范围
1	贝克曼梁法	传统检测方法,速度慢,静态测试,试验方法成熟,目前为规范规定的标准方法	可用于测定各类路基路面的回弹弯沉,以评定其整体承载能力。不适用于路基冻结后的回弹弯沉检测
2	自动弯沉仪法	属于静态试验范畴,但测定的是总弯沉,因此使用应时采用贝克曼梁法进行标定换算	可对进行高密集点的强度测量,适用于路基路面施工质量控制、验收和路面养护管理
3	落锤弯沉仪(FWD)法	属于动态无损检测,使用时应采用贝克曼梁法进行标定换算。它具有无破损、测速快、精度高等优点,并很好地模拟了行车荷载作用,检测结果为弯沉盆数据	主要是在路面养护管理方面

贝克曼梁法测试步骤

1. 在测试路段布置测点,其距离随测试需要确定。测点应在轮迹带上,并用白油漆或粉笔画上记号。

2. 将试验车后轮对准测点后约 3~5cm 处位置上。

3. 将弯沉仪插入汽车后轮之间的缝隙处，与汽车方向一致，梁臂不能碰到轮胎，弯沉仪测头置于测点上（轮隙中心前方 3~5cm）并安装百分表于弯沉仪的测定杆上，百分表调零，用手指轻轻叩打弯沉仪，检查百分表是否稳定回零。

4. 测定者吹哨发令指挥汽车缓缓前进，百分表随路面变形的增加而持续向前转动。当指针转动到最大值时，迅速读取初读数，汽车仍在前进，表针反向回转，待汽车驶出弯沉影响半径（3.0m 以上）之后，吹口哨或挥动红旗指挥停车。待表针回转稳定后读取最终读数，汽车行进速度宜为 5km/h 左右。

5. 测得的数字整理计算，求得代表弯沉值。

2B311040 公路工程施工测量技术

【考点图谱】

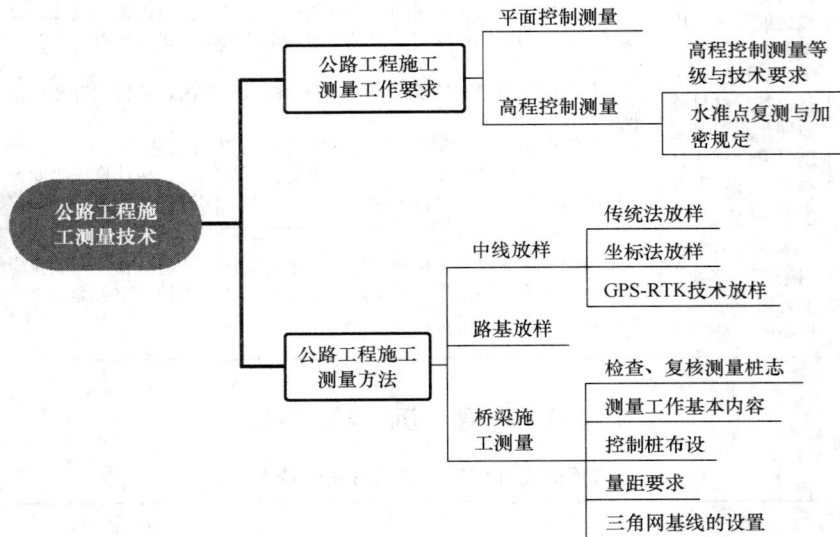

【考点精析】

考点 1　公路工程施工测量工作要求

平面控制测量

序号	项目	内容
1	平面控制测量方法	应采用卫星定位测量、导线测量、三角测量或三边测量方法进行
2	导线复测规定	（1）导线测量精度应符合规范的规定。 （2）原有导线点不能满足施工需要时，应增设满足相应精度要求的附合导线点。 （3）同一建设项目内相邻施工段的导线应闭合，并满足同等级精度要求。 （4）可能受施工影响的导线点，施工前应加固或改移，并应保持其精度。 （5）导线桩点应进行不定期检查和定期复测，复测周期应不超过 6 个月

高程控制测量

序号	项目	内容
1	高程控制测量方法	应采用水准测量或三角高程测量的方法
2	水准点复测与加密规定	（1）水准点精度应符合规范的规定。 （2）同一建设项目应采用同一高程系统，并应与相邻项目高程系统相衔接。 （3）沿路线每 500m 宜有一个水准点，高速公路、一级公路宜加密，每 200m 有一个水准点。在结构物附近、高填深挖路段、工程量集中及地形复杂路段，宜增设水准点。临时水准点应符合相应等级的精度要求，并与相邻水准点闭合。 （4）对可能受施工影响的水准点，施工前应加固或改移，并应保持其精度。 （5）水准点应进行不定期检查和定期复测，复测周期应不超过 6 个月

考点2 公路工程施工测量方法

中线放样

序号	项目	内容
1	一般要求	（1）路基开工前，应进行全段中线放样并固定路线主要控制桩，如交点、转点、圆曲线、缓和曲线的起讫点等。宜采用坐标法进行测量放样。 （2）中线放样时，应注意路线中线与结构物中心、相邻施工段的中线闭合，发现问题应及时查明原因，进行处理。 （3）实际放样与设计图纸不符时，应查明原因后进行处理
2	测量放样方法	（1）传统法放样 ① 切线支距法：在没有全站仪的情况下，利用经纬仪和钢尺，以曲线起（终）点为直角坐标原点，计算出待放点 x、y 坐标，进行放样的一种方法。 ② 偏角法：是在没有全站仪的情况下，利用经纬仪和钢尺，以曲线起（终）点为极坐标极点，计算出待放点偏角 Δ 和距离 d，进行放样的一种方法。 （2）坐标法放样 根据设计单位布设的导线点和设计单位提供的逐桩坐标表进行放样的一种方法。 （3）GPS-RTK 技术放样 GPS-RTK 技术达到厘米级的精度。GPS-RTK 技术具有多种放样功能。在进行道路中线施工放样之前，首先要计算出线路上里程桩的坐标，然后才能用 GPS-RTK 的放样功能计算放样点的平面位置

路基放样

序号	项目	内容
1	一般要求	（1）施工前应对原地面进行复测，核对或补充横断面。 （2）施工前应设置标识桩，将路基用地界、路堤坡脚、路堑坡顶、取土坑、护坡道、弃土堆等的具体位置标识清楚。 （3）深挖高填路段，每挖填一个边坡平台或者 3～5m，应复测中线和横断面
2	路基横断面边桩放样方法	（1）图解法 路基横断面图为供路基施工的主要图纸，可根据已戴好"帽子"的横断面放样路基边桩。坡脚点与中桩的水平距离可以从横断面图上按比例量出，然后在地面上用皮尺沿横断面方向量出距中桩的水平距离即可定出边桩。此法一般用于较低等级的公路路基边桩放样。

33

序号	项目	内容
2	路基横断面边桩放样方法	（2）计算法 现场没有横断面设计图，只有施工填挖高度时，可用计算法放样路基边桩。本法比图解法精度高，主要用于公路平坦地形或地面横坡较均匀一致地段的路基边桩放样。 （3）渐近法 在分段丈量水平距离的同时，用仪器测出该段地面的高差，最后累计出边桩与中桩点的高程差，用计算法的公式验证其水平距离是否正确，如有不符，就逐渐移动边桩，到正确位置为止。该法精度高，适用于各级公路。 （4）坐标法 根据路基桩点与中线的距离计算、横断面方向的方位角，计算求出路基边桩的坐标值$(x，y)$，即可在导线点上用全站仪直接放样出路基边桩的桩位。适用于高等级公路

桥梁施工测量

序号	项目	内容
1	检查、复核测量桩志	查对复核建设单位所交付的桥涵中线位置、三角网基点及水准基点等桩志和有关测量资料，如有桩志不足、不妥、位置移动或精度与要求不符，均须进行补测、加固，并将校测结果通知建设单位
2	测量工作基本内容	（1）补充施工需要的桥涵中线桩。 （2）测定墩、台中线和基础桩的位置。 （3）测定桥涵锥坡、翼墙及导流构造的位置。 （4）补充施工需要的水准点。 （5）在施工过程中，测定并检查施工部分的位置和标高。 （6）其他施工测量与放样定位
3	控制桩布设	（1）为防止出现差错，施工单位自行测定的重要标志，必须至少由两组相互检查核对，并作测量和检查核对记录。 （2）桥涵施工的主要控制桩（或其护桩），均应稳固可靠，保留至工程结束。 （3）大桥、特大桥的主要控制桩（或其护桩），均应测定其坐标、相互间的距离、角度、高程等，以免弄错和便于寻找
4	量距要求	桥涵中线位置、桩间距离的检查校核及墩台位置放样，当有良好的丈量条件时，均应直接丈量或用检验过的电磁波测距仪测量。丈量距离时，应对尺长、温度、拉力、垂度和倾斜度进行改正计算
5	三角网基线的设置	三角网的基线不应少于2条，依据当地条件，可设于河流的一岸或两岸，基线一端应与桥轴线连接，并尽量接近于垂直。当桥轴线长度超过500m时，应尽可能两岸均设基线。基线一般采用直线形，其长度一般不小于桥轴长度的0.5～0.7倍。设计单位的基线桩应予以利用。三角网所有角度宜布设在30°～120°，困难情况下不应小于25°

2B311050 路基工程质量通病及防治措施

【考点图谱】

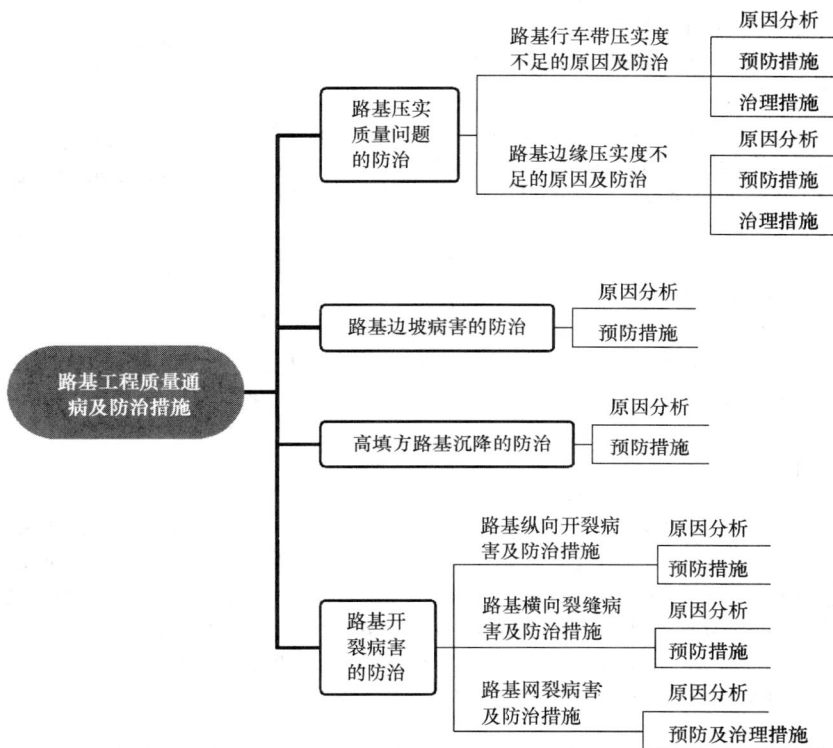

【考点精析】

考点1 路基压实质量问题的防治

路基压实质量问题的原因、预防和治理

序号	对比项目	路基行车带压实度不足	路基边缘压实度不足
1	原因分析	(1) 压实遍数不够。 (2) 压实机械与填土土质、填土厚度不匹配。 (3) 碾压不均匀，局部有漏压现象。 (4) 含水量偏离最佳含水量，超过有效压实规定值。 (5) 没有对紧前层表面浮土或松软层进行处治。 (6) 土场土质种类多，出现不同类别土混填。 (7) 填土颗粒过大（>10cm），颗粒之间空隙过大，或者填料不符合要求，如粉质土、有机土及高塑性指数的黏土等	(1) 路基填筑宽度不足，未按超宽填筑要求施工。 (2) 压实机具碾压不到边。 (3) 路基边缘漏压或压实遍数不够。 (4) 采用三轮压路机碾压时，边缘带（0~75cm）碾压频率低于行车带

序号	对比项目	路基行车带压实度不足	路基边缘压实度不足
2	预防措施	(1) 确保压路机的碾压遍数符合规范要求。 (2) 选用与填土土质、填土厚度匹配的压实机械。 (3) 压路机应进退有序，碾压轮迹重叠、铺筑段落搭接超压应符合规范要求。 (4) 填筑土应在最佳含水量±2%时进行碾压，并保证含水量的均匀。 (5) 当紧前层因雨松软或干燥起尘时，应彻底处置至压实度符合要求后，再进行当前层的施工。 (6) 不同类别的土应分别填筑，不得混填，每种填料层累计厚度一般不宜小于0.6m。 (7) 优先选择级配较好的粗粒土等作为路堤填料，填料的最小强度应符合规范要求。 (8) 填土应水平分层填筑，分层压实，压实厚度通常不超过20cm，路床顶面最后一层通常不超过15cm，且满足最小厚度要求	(1) 路基施工应按设计的要求进行超宽填筑。 (2) 控制碾压工艺，保证机具碾压到边。 (3) 认真控制碾压顺序，确保轮迹重叠宽度和段落搭接超压长度。 (4) 提高路基边缘带压实遍数，确保边缘带碾压频率高于或不低于行车带
3	治理措施	(1) 因含水量不适宜未压实时，洒水或翻晒至最佳含水量时再重新进行碾压。 (2) 因填土土质不适宜未压实时，清除不适宜填料土，换填良性土后重新碾压。 (3) 对产生"弹簧土"的部位，可将其过湿土翻晒，或掺生石灰粉翻拌，待其含水量适宜后重新碾压；或挖除换填含水量适宜的良性土壤后重新碾压	校正坡脚线位置，路基填筑宽度不足时，返工至满足设计和"规范"要求（注意：亏坡补宽时应开挖台阶填筑，严禁贴坡），控制碾压顺序和碾压遍数

考点2 路基边坡病害的防治

路基边坡病害的防治

序号	项目	内容
1	原因分析	(1) 设计对地震、洪水和水位变化影响考虑不充分。 (2) 路基基底存在软土且厚度不均。 (3) 换填土时清淤不彻底。 (4) 填土速率过快，施工沉降观测、侧向位移观测不及时。 (5) 路基填筑层有效宽度不够，边坡二期贴补。 (6) 路基顶面排水不畅。 (7) 纵坡大于12%的路段未采用纵向水平分层法分层填筑施工。 (8) 用透水性较差的填料填筑路堤，处理不当。 (9) 边坡植被不良。 (10) 未处理好填挖交界面。 (11) 路基处于陡峭的斜坡面上

序号	项目	内容
2	预防措施	（1）路基设计时，充分考虑使用年限内地震、洪水和水位变化给路基稳定带来的影响。 （2）软土处理要到位，及时发现暗沟、暗塘并妥善处治。 （3）加强沉降观测和侧向位移观测，及时发现滑坡苗头。 （4）掺加稳定剂提高路基层位强度，酌情控制填土速率。 （5）路基填筑过程中严格控制有效宽度。 （6）加强地表水、地下水的排除，提高路基的水稳定性。 （7）减轻路基滑体上部重量或采用支挡、锚拉工程维持滑体的力学平衡；同时设置导流、防护设施，减少洪水对路基的冲刷侵蚀。 （8）原地面坡度大于12%的路段，应采用纵向水平分层法施工，沿纵坡分层，逐层填压密实。 （9）用透水性较差的土填筑于路堤下层时，应做成4%的双向横坡；如用于填筑上层时，除干旱地区外，不应覆盖在由透水性较好的土所填筑的路堤边坡上。 （10）重视边坡植被防护，提高抗冲刷能力。 （11）路基所处的原地面斜坡面（横断面）陡于1:5时，原地面应开挖反坡台阶

考点3　高填方路基沉降的防治

高填方路基沉降的防治

序号	项目	内容
1	原因分析	（1）按一般路堤设计，没有验算路堤稳定性、地基承载力和沉降量。 （2）地基处理不彻底，压实度达不到要求，或地基承载力不够。 （3）高填方路堤两侧超填宽度不够。 （4）工程地质不良，且未作地基孔隙水压力观察。 （5）路堤受水浸泡部分边坡陡，填料土质差。 （6）路堤填料不符合规定，随意增大填筑层厚度，压实不均匀，且达不到规定要求。 （7）路堤固结沉降
2	预防措施	（1）高填方路堤应按相关规范要求进行特殊设计，进行路堤稳定性、地基承载力和沉降量验算。 （2）地基应按规范进行场地清理，并碾压至设计要求的地基承载压实度，当地基承载力不符合设计要求时，应进行基底改善加固处理。 （3）高填方路堤应严格按设计边坡度填筑，路堤两侧必须做足，不得贴补帮宽；路堤两侧超填宽度一般控制在30～50cm，逐层填压密实，然后削坡整形。 （4）对软弱土地基，应注意观察地基土孔隙水压力情况，根据孔隙水压确定填筑速度；除对软基进行必要处理外，从原地面以上1～2m高度范围内不得填筑细粒土。 （5）高填方路堤受水浸泡部分应采用水稳性及透水性好的填料，其边坡如设计无特殊要求时，不宜陡于1:2。 （6）严格控制高路堤填料，控制其最大粒径、强度，填筑层厚度要与土质和碾压机械相适应，控制碾压时含水量、碾压遍数和压实度。 （7）路堤填土的压实不能代替土体的固结，而土体固结过程中产生沉降，沉降速率随时间递减，累积沉降量随时间增加，因而，高填方路堤应设沉降预留超高，开工后先施工高填方段，留足填土固结时间

考点 4　路基开裂病害的防治

路基纵向开裂病害及防治措施

序号	项目	内容
1	原因分析	(1) 清表不彻底，路基基底存在软弱层或坐落于古河道处。 (2) 沟、塘清淤不彻底、回填不均匀或压实度不足。 (3) 路基压实不均。 (4) 旧路利用路段，新旧路基结合部未挖台阶或台阶宽度不足。 (5) 半填半挖路段未按规范要求设置台阶并压实。 (6) 使用渗水性、水稳性差异较大的土石混合料时，错误地采用了纵向分幅填筑。 (7) 高速公路因边坡过陡、行车渠化、交通频繁振动而产生滑坡，最终导致纵向开裂
2	预防措施	(1) 应认真调查现场并彻底清表，及时发现路基底暗沟、暗塘，消除软弱层。 (2) 彻底清除沟、塘淤泥，并选用水稳性好的材料严格分层回填，严格控制压实度，满足设计要求。 (3) 提高填筑层压实均匀度。 (4) 半填半挖路段，地面横坡大于1∶5及旧路利用路段，应严格按规范要求将原地面挖成宽度不小于1.0m的台阶并压实。 (5) 渗水性、水稳性差异较大的土石混合料应分层或分段填筑，不宜纵向分幅填筑。 (6) 若遇有软弱层或古河道，填土路基完工后应进行超载预压，预防不均匀沉降。 (7) 严格控制路基边坡，符合设计要求，杜绝亏坡现象

路基横向裂缝病害及防治措施

序号	项目	内容
1	原因分析	(1) 路基填料直接使用了液限大于50%、塑性指数大于26的土。 (2) 同一填筑层路基填料混杂，塑性指数相差悬殊。 (3) 路基顶填筑层作业段衔接施工工艺不符合规范要求。 (4) 路基顶下层平整度填筑层厚度相差悬殊，且最小压实厚度小于8cm。 (5) 暗涵结构物基底沉降或涵背回填压实度不符合规定
2	预防措施	(1) 路基填料禁止直接使用液限大于50%、塑性指数大于26的土；当选材困难，必须直接使用时，应采取相应的技术措施。 (2) 不同种类的土应分层填筑，同一填筑层不得混用。 (3) 路基顶填筑层分段作业施工，两段交接处应按要求处理。 (4) 严格控制路基每一填筑层的标高、平整度，确保路基顶填筑层压实厚度不小于8cm。 (5) 暗涵结构物施工时检查基底承载力，控制暗涵结构物沉降；涵背回填透水性材料，层厚宜为15cm一层，在场地狭窄时可用小型压路机压实，控制压实度符合规定

路基网裂病害及防治措施

序号	项目	内容
1	原因分析	(1) 土的塑性指数偏高或为膨胀土。 (2) 路基碾压时土含水量偏大，且成型后未能及时覆土。 (3) 路基压实后养护不到位，表面失水过多。 (4) 路基下层土过湿
2	预防及治理措施	(1) 采用合格的填料，或采取掺加石灰、水泥改性处理措施。 (2) 选用塑性指数符合规范要求的土填筑路基，控制填土最佳含水量时碾压。 (3) 加强养护，避免表面水分过分损失。 (4) 认真组织，科学安排，保证设备匹配合理，施工衔接紧凑。 (5) 若因下层土过湿，应查明其层位，采取换填土或掺加生石灰粉等技术措施处治

2B312000 路面工程

2B312010 路面基层（底基层）施工技术

【考点图谱】

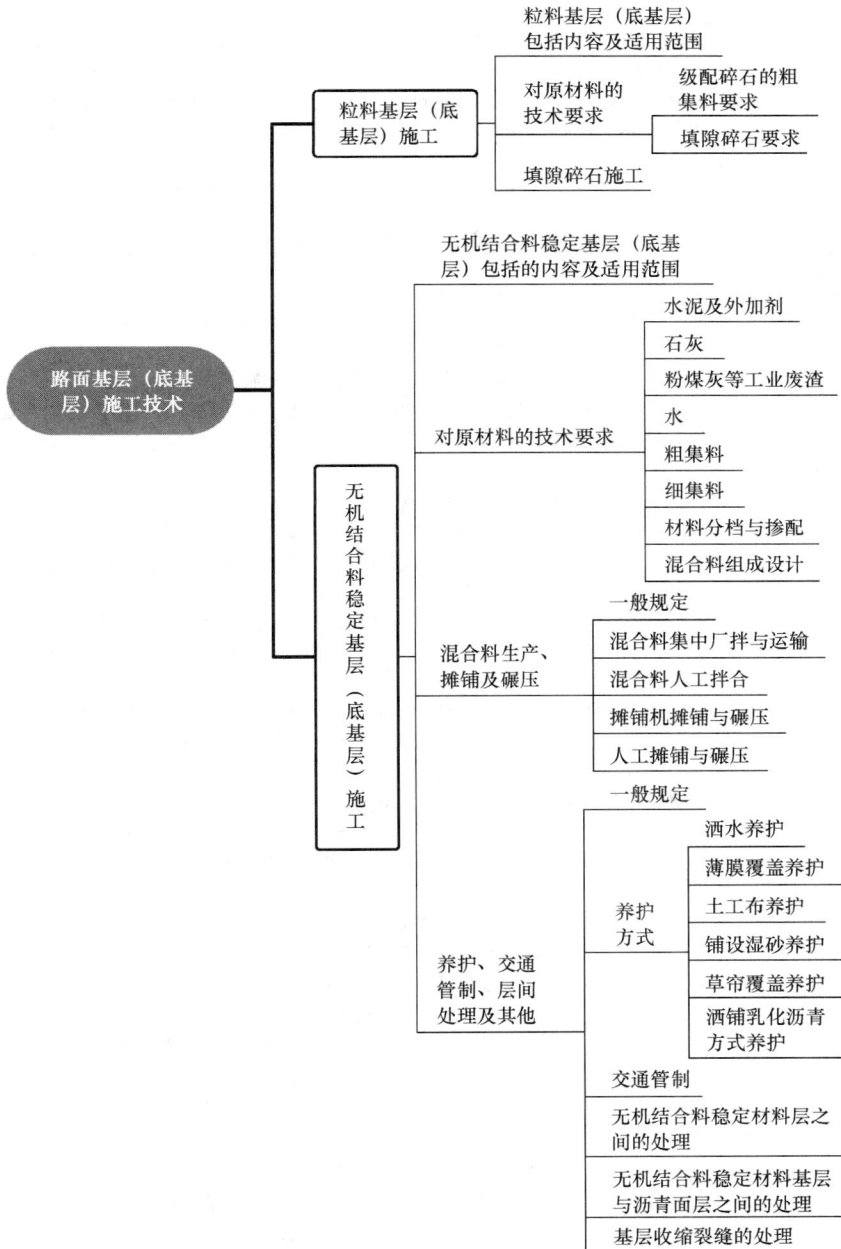

考点1 粒料基层（底基层）施工

粒料基层（底基层）类型

序号	项目	内容
1	嵌锁型	包括泥结碎石、泥灰结碎石、填隙碎石等，其中填隙碎石可用于各等级公路的底基层和二级以下公路的基层
2	级配型	包括级配碎石、级配砾石、符合级配的天然砂砾、部分砾石经轧制掺配而成的级配砾、碎石等，其中级配碎石可用于各级公路的基层和底基层；级配砾石、级配碎砾石以及符合级配、塑性指数等技术要求的天然砂砾，可适用于轻交通的二级和二级以下公路的基层以及各级公路的底基层

填隙碎石施工

序号	项目	内容
1	一般规定	(1) 填隙碎石可采用干法或湿法施工。干旱缺水地区宜采用干法施工。单层填隙碎石的压实厚度宜为公称最大粒径的 1.5～2.0 倍。 (2) 填隙碎石施工前，应按有关规定准备下承层和施工放样。 (3) 应根据各路段基层或底基层的宽度、厚度及松铺系数，计算各段需要的集料数量，并应根据运料车辆的车厢体积，计算每车料的堆放距离。填隙料的用量宜为集料质量的 30%～40%。 (4) 材料装车时，应控制每车料的数量基本相等。 (5) 应由远到近将集料按计算的距离卸置于下承层上，应严格控制卸料距离。 (6) 用平地机或其他合适的机具将集料均匀地摊铺在预定的范围内，表面应平整，并有规定的路拱。应同时摊铺路肩用料。 (7) 应检验松铺材料层的厚度，不满足要求时应减料或补料
2	填隙碎石施工要求	(1) 填隙料应干燥。 (2) 宜采用振动压路机碾压，碾压后，表面集料间的空隙应填满，但表面应看得见集料。填隙碎石层上为薄沥青面层时，宜使集料的棱角外露 3～5mm。 (3) 碾压后基层的固体体积率宜不小于 85%，底基层的固体体积率宜不小于 83%。 (4) 填隙碎石基层未洒透层沥青或未铺封层时，不得开放交通
3	填隙碎石的干法施工规定	(1) 初压宜用两轮压路机碾压 3～4 遍，使集料稳定就位，初压结束时，表面应平整，并具有规定的路拱和纵坡。 (2) 填隙料应采用石屑撒布机或类似的设备均匀地撒铺在已压稳的集料层上。松铺厚度宜为 25～30mm，必要时，可用人工或机械扫匀。 (3) 应采用振动压路机慢速碾压，将全部填隙料振入集料间的空隙中。无振动压路机时，可采用重型振动板。路面两侧宜多压 2～3 遍。 (4) 再次撒布填隙料，松铺厚度宜为 20～25mm，应用人工或机械扫匀。 (5) 同第 (3) 款，再次振动碾压；局部多余的填隙料应扫除。 (6) 碾压后，应对局部填隙料不足之处进行人工找补，并用振动压路机继续碾压，直到全部空隙被填满，应将局部多余的填隙料扫除。 (7) 填隙碎石表面空隙全部填满后，宜再用重型压路机碾压 1～2 遍。在碾压过程中，不应有任何蠕动现象。在碾压之前，宜在表面洒少量水，洒水量宜不少于 3kg/m²。 (8) 需分层铺筑时，应将已压成的填隙碎石层表面集料外露 5～10mm，然后在其上摊铺第二层集料，并按第 (1)～(7) 款要求施工

序号	项目	内容
4	填隙碎石湿法施工要求	（1）开始工序应与填隙碎石的干法施工规定第（1）～（7）款要求相同。 （2）集料层表面空隙全部填满后，宜立即用洒水车洒水，直到饱和。 （3）宜用重型压路机跟在洒水车后碾压。应将湿填隙料及时扫入出现的空隙中；必要时，宜再添加新的填隙料。 （4）应洒水碾压至填隙料和水形成粉浆，粉浆应填塞全部空隙，并在压路机轮前形成微波纹状。 （5）碾压完成的路段应让水分蒸发一段时间，结构层变干后，应将表面多余的细料以及细料覆盖层扫除干净。 （6）需分层铺筑时，宜待结构层变干后，将已压成的填隙碎石层表面的填隙料扫除一些，使表面集料外露 5～10mm，然后在其上摊铺第二层集料

考点 2　无机结合料稳定基层（底基层）施工

无机结合料稳定基层（底基层）包括的内容及适用范围

序号	项目	包括内容	适用范围
1	水泥稳定土	包括水泥稳定级配碎石、未筛分碎石、砂砾、碎石土、砂砾土、煤矸石、各种粒状矿渣等	适用于各级公路的基层和底基层，但水泥稳定细粒土不能用作二级和二级以上公路高级路面的基层
2	石灰稳定土	包括石灰稳定级配碎石、未筛分碎石、砂砾、碎石土、砂砾土、煤矸石、各种粒状矿渣等	适用于各级公路的底基层，以及二级和二级以下公路的基层，但石灰土不得用做二级公路的基层和二级以上公路高级路面的基层
3	石灰工业废渣稳定土	分为石灰粉煤灰类与石灰其他废渣类两大类。除粉煤灰外，可利用的工业废渣包括煤渣、高炉矿渣、钢渣（已经过崩解达到稳定）及其他冶金矿渣、煤矸石等	石灰工业废渣稳定土适用于各级公路的基层和底基层，但二灰、二灰土和二灰砂不应作二级和二级以上公路高级路面的基层

对原材料的技术要求

序号	项目	内容
1	水泥及外加剂	（1）强度等级为 32.5 或 42.5，且技术标准满足规范要求的普通硅酸盐水泥等均可使用。 （2）所用水泥初凝时间应大于 3h，终凝时间应大于 6h 且小于 10h。 （3）在水泥稳定材料中掺加缓凝剂或早强剂时，应对混合料进行试验验证
2	石灰	（1）生石灰技术要求：在有效氧化钙加氧化镁含量、未消化残渣含量、氧化镁含量三个指标方面，应符合相关规范的规定。 （2）消石灰技术要求：在有效氧化钙加氧化镁含量、含水率、细度、氧化镁含量四个指标方面，应符合相关规范的规定。 （3）高速公路和一级公路用石灰应不低于Ⅱ级技术要求，二级公路用石灰应不低于Ⅲ级技术要求，二级以下公路宜不低于Ⅲ级技术要求。 （4）高速公路和一级公路的基层，宜采用磨细消石灰。 （5）二级以下公路使用等外石灰时，有效氧化钙含量应在 20% 以上，且混合料强度应满足要求

序号	项目	内容
3	粉煤灰等工业废渣	（1）干排或湿排的硅铝粉煤灰和高钙粉煤灰等均可用作基层或底基层的结合料。 （2）各等级公路的底基层、二级及二级以下公路的基层使用的粉煤灰，通过率指标不满足规范要求时，应进行混合料强度试验。 （3）煤矸石、煤渣、高炉矿渣、钢渣及其他冶金矿渣等工业废渣可用于修筑基层或底基层，使用前应崩解稳定，且宜通过不同龄期条件下的强度和模量试验以及温度收缩和干湿收缩试验等评价混合料性能。 （4）水泥稳定煤矸石不宜用于高速公路和一级公路。 （5）工业废渣类作为集料使用时，公称最大粒径应不大于 31.5mm，颗粒组成宜有一定级配，且不宜含杂质
4	水	（1）符合现行要求的饮用水可直接作为基层、底基层材料拌合与养护用水。 （2）养护用水可不检验不溶物含量
5	粗集料	（1）用作被稳定材料的粗集料宜采用各种硬质岩石或砾石加工成的碎石，也可直接采用天然砾石。 （2）高速公路和一级公路极重、特重交通荷载等级基层的 4.75mm 以上粗集料应采用单一粒径的规格料。 （3）作为高速公路、一级公路底基层和二级及二级以下公路基层、底基层被稳定材料的天然砾石材料应级配稳定、塑性指数不大于 9。 （4）应选择适当的碎石加工工艺，用于破碎的原石粒径应为破碎后碎石公称最大粒径的 3 倍以上。高速公路基层用碎石，应采用反击破碎的加工工艺。 （5）用作级配碎石或砾石的粗集料应采用具有一定级配的硬质石料，且不应含有黏土块、有机物等。 （6）级配碎石或砾石用作基层时，高速公路和一级公路公称最大粒径应不大于 26.5mm，二级及二级以下公路公称最大粒径应不大于 31.5mm；用作底基层时，公称最大粒径应不大于 37.5mm
6	细集料	（1）细集料应洁净、干燥、无风化、无杂质，并有适当的颗粒级配。 （2）高速公路和一级公路，细集料中小于 0.075mm 的颗粒含量应不大于 15%；二级及二级以下公路，细集料中小于 0.075mm 的颗粒含量应不大于 20%。 （3）级配碎石或砾石中的细集料可使用细筛余料，或专门轧制的细碎石集料
7	材料分档与掺配	（1）用于二级及二级以上公路基层和底基层的级配碎石或砾石，应由不少于 4 种规格的材料掺配而成。 （2）级配碎石或砾石类材料中宜掺加石屑、粗砂等材料。 （3）级配碎石或砾石细集料的塑性指数应不大于 12。不满足要求时，可加石灰、无塑性的砂或石屑掺配处理
8	混合料组成设计	（1）无机结合料稳定材料组成设计应包括原材料检验、混合料的目标配合比设计、混合料的生产配合比设计和施工参数确定四部分。 （2）原材料检验应包括结合料、被稳定材料及其他相关材料的试验。所有检测指标均应满足相关设计标准或技术文件的要求。 （3）目标配合比设计应包括下列技术内容： ①选择级配范围； ②确定结合料类型及掺配比例； ③验证混合料相关的设计及施工技术指标。

序号	项目	内容
8	混合料组成设计	(4) 生产配合比设计应包括下列技术内容： ① 确定料仓供料比例； ② 确定水泥稳定材料的容许延迟时间； ③ 确定结合料剂量的标定曲线； ④ 确定混合料的最佳含水率、最大干密度。 (5) 施工参数确定应包括下列技术内容： ① 确定施工中结合料的剂量； ② 确定施工合理含水率及最大干密度； ③ 验证混合料强度技术指标。 (6) 确定无机结合料稳定材料最大干密度指标时宜采用重型击实方法，也可采用振动压实方法。 (7) 用于基层的无机结合料稳定材料，强度满足要求时，宜检验其抗冲刷和抗裂性能

混合料生产、摊铺及碾压技术要点

序号	项目	技术要点
1	一般规定	(1) 稳定材料层宽 11～12m 时，每一流水作业段长度以 500m 为宜；稳定材料层宽大于 12m 时，作业段宜相应缩短。 (2) 对水泥稳定材料或水泥粉煤灰稳定材料，宜在 2h 之内完成碾压成型。 (3) 石灰稳定材料或石灰粉煤灰稳定材料层宜在当天碾压完成，最长不应超过 4d。 (4) 无机结合料稳定材料在过分潮湿路段上施工时应采取措施，降低潮湿程度、消除积水。过分潮湿路段指路段湿度水平超过所用无机结合料稳定材料所适应的湿度水平的上限。 (5) 无机结合料稳定材料结构层施工应选择适宜的气候环境，针对当地气候变化制订相应的处置预案，并应符合下列规定： ① 宜在气温较高的季节组织施工。无机结合料稳定材料施工期的日最低气温应在 5℃ 以上，在有冰冻的地区，应在第一次重冰冻到来的 15～30d 之前完成施工。 ② 应避免在雨期施工。 (6) 应将室内重型击实试验法确定的干密度作为压实度评价的标准密度。 (7) 对级配碎石材料，基层压实度应不小于 99%，底基层压实度应不小于 97%。 (8) 高速公路和一级公路在极重、特重交通荷载等级下，基层和底基层的压实标准可提高 1～2 个百分点
2	混合料集中厂拌与运输	(1) 混合料的拌合能力与混合料摊铺能力应相匹配。 (2) 拌合厂应安置在地势相对较高的位置，并做好排水设施。 (3) 拌合厂场地应平整并具有足够的承载能力。高速公路和一级公路的拌合厂，场地应采用混凝土硬化，混凝土强度等级应不低于 C15，厚度应不小于 200mm。 (4) 工程所需的原材料严禁混杂，应分档隔仓堆放，并有明显的标志。 (5) 细集料、水泥、石灰、粉煤灰等原材料应有覆盖。对高速公路和一级公路，上述材料严禁露天堆放，应放置于专门搭建的防雨棚内或库房内。 (6) 对高速公路和一级公路，应采用专用稳定材料拌合设备拌制混合料。稳定细粒材料集中拌合时，土块应粉碎，最大尺寸应不大于 15mm。 (7) 无机结合料稳定中、粗粒材料的拌合生产设备应满足下列要求： ① 对高速公路和一级公路，混合料拌合设备的产量宜大于 500t/h。 ② 拌合设备的料仓数目应与规定的备料档数相匹配，宜较规定的备料档数增加 1 个。

序号	项目	技术要点
2	混合料集中厂拌与运输	③ 各个料仓之间的挡板高度应不小于 1m。 ④ 高速公路的基层施工时，每个料斗与料仓下面应安装称量精度达到±0.5%的电子秤。 （8）装水泥的料仓应密闭、干燥，同时内部应装有破拱装置。对高速公路，水泥料仓应配备计重装置，不宜通过电机转速计量水泥的添加量。 （9）气温高于 30℃时，水泥进入拌缸温度宜不高于 50℃；高于 50℃时应采取降温措施。气温低于 15℃时，水泥进入拌缸温度应不低于 10℃。 （10）加水量的计量应采用流量计的方式。对高速公路和一级公路，水的流量数值应在中央控制室的控制面板上显示。 （11）高速公路基层的混合料拌合时，宜采用两次拌合的生产工艺，也可采用间歇式拌合生产工艺，拌合时间应不少于 15s。 （12）对高速公路和一级公路，应从拌合厂取料，每隔 2h 测定一次含水率，每隔 4h 测定一次结合料的剂量，并做好记录。 （13）混合料运输车装好料后，应用篷布将厢体覆盖严密，直到摊铺机前准备卸料时方可打开。 （14）对高速公路和一级公路，水泥稳定材料从装车到运输至现场，时间宜不超过 1h，超过 2h 时应作为废料处置
3	混合料人工拌合	（1）下承层为路基时，宜用 12～15t 三轮压路机或等效的碾压机械碾压 3～4 遍。 （2）下承层为粒料底基层时，应检测弯沉值。 （3）下承层为原路面时，应检查其材料是否符合底基层材料的技术要求；不符合要求时，应翻松原路面并采取必要的处理措施。 （4）底基层或原路面上存在低洼和坑洞时，应填补及压实；对搓板和辙槽应刮除；如松散应耙松洒水并重新碾压，达到平整密实。 （5）新完成的底基层或路基，应按相关标准的规定验收，验收合格后方可铺筑上层稳定材料层。 （6）在槽式断面的路段，宜在两侧路肩上每隔 5～10m 交错开挖泄水沟。 （7）应在底基层或原路面或路基上恢复中线，直线段应每 15～20m 设一桩，平曲线段应每 10～15m 设一桩，并应在两侧路肩边缘外设指示桩。 （8）在两侧指示桩上应用明显标记标出稳定材料层边缘的设计高程。 （9）堆料前应用两轮压路机碾压 1～2 遍，整平表面，并在预定堆料的路段上洒水，使其表面湿润，但不宜过分潮湿。 （10）材料在下承层上的堆置时间不宜过长。材料运送宜比摊铺工序提前 1～2d。 （11）路肩用料与稳定材料层用料不同时，应先将两侧路肩培好。路肩料层的压实厚度应与稳定材料层的压实厚度相同。在两侧路肩上，宜每隔 5～10m 交错开挖临时泄水沟。 （12）混合料松铺系数可采用规范的推荐值，也可通过试验确定。 （13）人工摊铺的土层整平后，应采用两轮压路机碾压 1～2 遍，使其表面平整，并有一定的压实度。 （14）拌合过程结束时，应及时检测含水率，含水率宜略大于最佳值。含水率不足时，宜用喷管式洒水车补充洒水。洒水车不应在正在拌合以及当天计划拌合的路段上掉头和停留。 （15）洒水后，应及时再次拌合。 （16）混合料拌合均匀后应色泽一致，没有灰条、灰团和花面，以及无明显粗细集料离析现象。 （17）使用在料场已拌合均匀的级配碎石或砾石混合料，摊铺后有粗细颗粒离析现象时，应用平地机补充拌合

序号	项目	技术要点
4	摊铺机摊铺与碾压	（1）混合料摊铺应保证足够的厚度，碾压成型后每层的摊铺厚度宜不小于160mm，最大厚度宜不大于200mm。 （2）应在下承层施工质量检测合格后，开始摊铺上面结构层。采用两层连续摊铺时，下层质量出现问题时，上层应同时处理。 （3）下承层是稳定细粒材料时，宜先将下承层顶面拉毛或采用凸块式压路机碾压，再摊铺上层混合料；下承层是稳定中、粗粒材料时，应先将下承层清理干净，并洒铺水泥净浆，再摊铺上层混合料。 （4）应采用摊铺功率不低于120kW的沥青混凝土摊铺机或稳定材料摊铺机摊铺混合料。 （5）采用两台摊铺机并排摊铺时，两台摊铺机的型号及磨损程度宜相同。在施工期间，两台摊铺机的前后间距宜不大于10m，且两个施工段面纵向应有300～400mm的重叠。 （6）对高速公路和一级公路，在摊铺过程中宜设立纵向模板。 （7）二级以下公路没有摊铺机时，可采用摊铺箱摊铺混合料。 （8）水泥稳定材料结构层施工时，应在混合料处于或略大于最佳含水率的状态下碾压。气候炎热干燥时，碾压时的含水率可比最佳含水率增加0.5～1.5个百分点。 （9）石灰稳定材料和石灰粉煤灰稳定材料碾压时应处于最佳含水率或略大于最佳含水率状态，含水率宜增加1～2个百分点。 （10）应根据施工情况配备足够的碾压设备，并应符合下列规定： ① 双向四车道高速公路或一级公路的半幅摊铺时，应配备不少于4台重型压路机。 ② 双向六车道的半幅摊铺时，应配备不少于5台重型压路机。 （11）采用钢轮压路机初压时，宜采用双钢轮压路机稳压2～3遍，再用激振力大于35t的重型振动压路机、18～21t三轮压路机或25t以上的轮胎压路机继续碾压密实，最后采用双钢轮压路机碾压，消除轮迹。 （12）采用胶轮压路机初压时，应采用25t以上的重胶轮压路机稳压1～2遍，错轮不超过1/3的轮迹带宽度，再采用重型振动压路机碾压密实，最后采用双钢轮压路机碾压，消除轮迹。 （13）对稳定细粒材料，在采用上述碾压工艺时，最后的碾压收面可采用凸块式压路机碾压。 （14）在碾压过程中出现软弹现象时，应及时将该路段混合料挖出，重新换填新料碾压。 （15）混合料摊铺时，应保持连续。对水泥稳定材料，因故中断时间大于2h时，应设置横向接缝。 （16）摊铺时宜避免纵向接缝，分两幅摊铺时，纵向接缝处应加强碾压。存在纵向接缝时，纵缝应垂直相接，严禁斜接。 （17）碾压贫混凝土等强度较高的基层材料成型后可采用预切缝措施，应符合下列规定： ① 预切缝的间距宜为8～15m。 ② 宜在养护的3～5d内切缝。 ③ 切缝深度宜为基层厚度的1/3～1/2，切缝宽度约5mm。 ④ 切缝后应及时清理缝隙，并用热沥青填满
5	人工摊铺与碾压	（1）混合料拌合均匀后，应及时用平地机初步整形。 （2）在初平的路段上，应用拖拉机、平地机或轮胎压路机快速碾压一遍。 （3）整形前，对局部低洼处应用齿耙将其表层50mm以上的材料耙松，并用新拌的混合料找平，再碾压一遍。

序号	项目	技术要点
5	人工摊铺与碾压	(4) 应用平地机再整形一次，应将高处料直接刮出路外，严禁形成薄层贴补现象。 (5) 反复整形，直至满足技术要求，每次整形都应达到规定的坡度和路拱。 (6) 人工整形时，应用锹和耙先将混合料摊平，用路拱板整形。用拖拉机初压 1～2 遍后，应根据实测松铺系数确定纵横断面高程，并设置标记和挂线。 (7) 在整形过程中，严禁任何车辆通行，并应保持无明显的粗细集料离析现象。 (8) 应根据路宽、压路机的轮宽和轮距的不同，制订碾压方案，使各部分碾压到的次数尽量相同，路面的两侧宜多压 2～3 遍。 (9) 整形后，混合料的含水率满足要求时，应立即对结构层进行全宽碾压。在直线段和不设超高的平曲线段，宜从两侧路肩向路中心碾压，且轮迹应重叠 1/2 轮宽，后轮应超过两段的接缝处。碾压次数宜为 6～8 遍。 (10) 压路机前两遍的碾压速度宜为 1.5～1.7km/h，以后宜为 2.0～2.5km/h。 (11) 采用人工摊铺和整形的稳定材料层，宜先用拖拉机或 6～8t 两轮压路机或轮胎压路机碾压 1～2 遍，再用重型压路机碾压。 (12) 严禁压路机在已完成的或正在碾压的路段上掉头或紧急制动。 (13) 碾压过程中，无机结合料稳定材料的表面应始终保持湿润，水分蒸发过快时，宜及时补洒少量的水，严禁大量洒水。 (14) 碾压过程中，出现"弹簧"、松散、起皮等现象时，应及时翻开重新拌合或用其他方法处理。 (15) 在碾压结束前，应用平地机终平一次，纵坡、路拱和超高应符合设计要求。终平时，应将局部高出部分刮除并扫出路外；对局部低洼处，不再找补。 (16) 碾压应达到要求的压实度，并没有明显的轮迹

无机结合料基层（底基层）交通管制、层间处理及其他

序号	项目	内容
1	交通管制	(1) 正式施工前宜建好施工便道。对高速公路和一级公路，无施工便道，不应施工。 (2) 无机结合料稳定材料养护期间，小型车辆和洒水车的行驶速度应小于 40km/h。 (3) 无机结合料稳定材料养护 7d 后，施工需要通行重型货车时，应有专人指挥，按规定的车道行驶，且车速应不大于 30km/h。 (4) 级配碎石、级配砾石基层未做透层沥青或铺设封层前，严禁开放交通。 (5) 无法安排施工便道而需要车辆通行时，应符合下列规定： ① 合理安排施工工序，保障 7～15d 的养护期。 ② 宜在硬路肩或临时停车带的位置划出专用车道，设专人负责指挥车辆通行。 ③ 无机结合料稳定材料应适当提高早期强度。 ④ 限定载重车辆的轴载，应不大于 13t
2	无机结合料稳定材料层之间的处理	(1) 在上层结构施工前，应将下层养护用材料彻底清理干净。 (2) 应采用人工、小型清扫车以及洒水冲刷的方式将下层表面的浮浆清理干净。下承层局部存在松散现象时，也应彻底清理干净。 (3) 下承层清理后应封闭交通。在上层施工前 1～2h，宜撒布水泥或洒铺水泥净浆。 (4) 可采用上下结构层连续摊铺施工的方式，每层施工应配备独立的摊铺和碾压设备，不得采用一套设备在上下结构层来回施工。 (5) 稳定细粒材料结构层施工时，根据土质情况，最后一道碾压工艺可采用凸块式压路机碾压

46

序号	项目	内容
3	无机结合料稳定材料基层与沥青面层之间的处理	（1）在沥青面层施工前1～2d内，应清理基层顶面。 （2）应彻底清除基层顶面养护期间的覆盖物。 （3）应采用人工清扫、小型清扫车、空压机以及洒水冲刷等方式将基层表面的浮浆清理干净。 （4）在基层表面干燥的状态下，可洒铺透层油。透层油宜采用稀释沥青、煤沥青或乳化沥青。 （5）透层油施工后严禁一切车辆通行，直至上层施工。 （6）下封层或粘层应在透层油挥发、破乳完成后施工，并封闭交通。 （7）对极重、特重交通荷载等级或较薄的沥青面层，基层顶面应采用热洒沥青的方式加强层间结合，并应符合下列规定： ① 根据工程情况，热洒沥青可采用普通沥青、改性沥青或橡胶沥青。对高速公路和一级公路的极重、特重交通荷载等级，或沥青面层厚度小于150mm时，宜选择SBS改性沥青或橡胶沥青。 ② 高速公路和一级公路，不宜采用同步碎石施工设备，应采用分离式的施工设备
4	基层收缩裂缝的处理	基层在养护过程中出现裂缝，经过弯沉检测，结构层的承载能力满足设计要求时，可继续铺筑上面的沥青面层，也可采取下列措施处理裂缝： （1）在裂缝位置灌缝。 （2）在裂缝位置铺设玻璃纤维格栅。 （3）洒铺热改性沥青

无机结合料基层（底基层）养护

序号	项目	内容
1	一般规定	（1）无机结合料稳定材料层碾压完成并经压实度检查合格后，应及时养护。 （2）无机结合料稳定材料的养护期宜不少于7d，养护期宜延长至上层结构开始施工的前2d。 （3）养护可采取洒水养护（宜作为水泥稳定材料的基本养护方式）、薄膜覆盖养护、土工布覆盖养护、铺设湿砂养护、草帘覆盖养护、洒铺乳化沥青养护等方式，宜结合工程实际情况选择适宜的方式。 （4）养护期间应封闭交通，除洒水车和小型通勤车辆外严禁其他车辆通行。 （5）无机结合稳定材料层过冬时应采取必要的保护措施。 （6）根据结构层位的不同和施工工序的要求，应择机进行层间处理
2	洒水养护	（1）每天洒水次数应视气候而定。高温期施工，宜上、下午各洒水2次。 （2）养护期间，稳定材料层表面应始终保持湿润。 （3）对于石灰稳定或石灰粉煤灰稳定材料层应注意表层情况，必要时，可用两轮压路机补充压实

序号	项目	内容
3	薄膜覆盖养护	(1) 混合料摊铺碾压成型后，可覆盖薄膜，薄膜厚度宜不小于1mm。 (2) 薄膜之间应搭接完整，避免漏缝，薄膜覆盖后应用砂土等材料呈网格状堆填，局部薄膜破损时，应及时更换。 (3) 养护至上层结构层施工前1～2d，方可将薄膜掀开。 (4) 对蒸发量较大的地区或养护时间大于15d的工程，在养护过程中应适当补水
4	土工布覆盖养护	(1) 宜采用透水式土工布全断面覆盖，也可铺设防水土工布。 (2) 铺设过程中应注意缝之间的搭接，不应留有间隙。 (3) 铺设土工布后，应注意洒水，每天洒水次数应视气候而定。高温期施工，上、下午宜各洒水一次。 (4) 养护至上层结构层施工前1～2d，方可将土工布掀开。 (5) 在养护过程中应采取有效措施防止土工布破损
5	铺设湿砂养护	(1) 砂层厚宜为70～100mm。 (2) 砂铺匀后，宜立即洒水，并在整个养护期间保持砂的潮湿状态，不得用湿黏性土覆盖。 (3) 养护结束后，应将覆盖物清除干净
6	草帘覆盖养护	(1) 全断面铺设草帘。 (2) 草帘铺设后应注意洒水，每天洒水的次数应视气候而定。高温期施工，上、下午宜各洒水一次，每次洒水应将草帘浸湿。 (3) 必要时可采用土工布与草帘双层覆盖养护
7	洒铺乳化沥青养护（用于沥青面层厚度大于20cm的结构或二级及二级以下公路的无机结合料稳定材料的基层）	(1) 表面干燥时，宜先喷洒少量水，再喷洒沥青乳液。 (2) 采用稀释沥青时，宜待表面略干时再喷洒沥青。 (3) 在用乳液养护前，应将基层清扫干净。 (4) 沥青乳液的沥青用量宜采用 0.8～1.0kg/m²，分两次喷洒。 (5) 第一次喷洒时，宜采用沥青含量约35%的慢裂沥青乳液，第二次宜喷洒浓度较大的沥青乳液。 (6) 不能避免施工车辆通行时，应在乳液破乳后撒布粒径4.75～9.5mm的小碎石，做成下封层

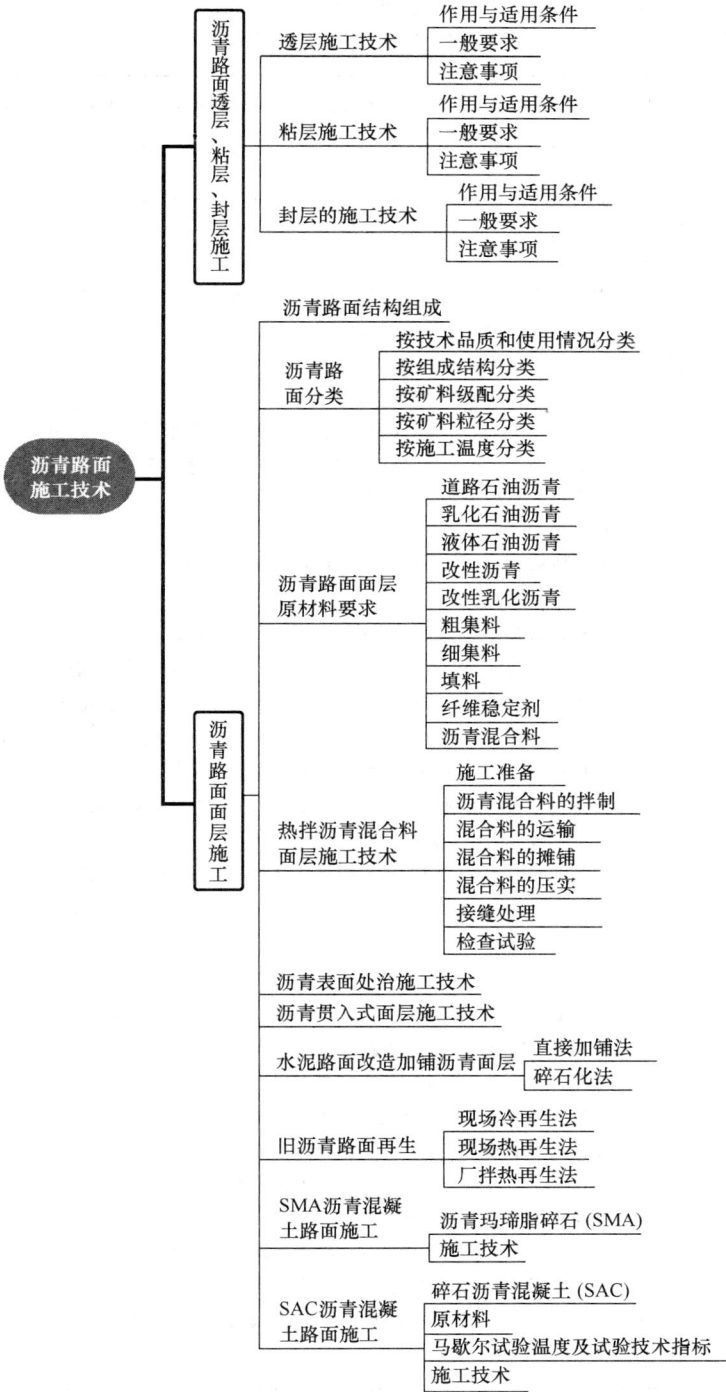

2B312020 沥青路面施工技术

【考点图谱】

沥青路面施工技术
- 沥青路面透层、粘层、封层施工
  - 透层施工技术
    - 作用与适用条件
    - 一般要求
    - 注意事项
  - 粘层施工技术
    - 作用与适用条件
    - 一般要求
    - 注意事项
  - 封层的施工技术
    - 作用与适用条件
    - 一般要求
    - 注意事项
- 沥青路面面层施工
  - 沥青路面结构组成
  - 沥青路面分类
    - 按技术品质和使用情况分类
    - 按组成结构分类
    - 按矿料级配分类
    - 按矿料粒径分类
    - 按施工温度分类
  - 沥青路面面层原材料要求
    - 道路石油沥青
    - 乳化石油沥青
    - 液体石油沥青
    - 改性沥青
    - 改性乳化沥青
    - 粗集料
    - 细集料
    - 填料
    - 纤维稳定剂
    - 沥青混合料
  - 热拌沥青混合料面层施工技术
    - 施工准备
    - 沥青混合料的拌制
    - 混合料的运输
    - 混合料的摊铺
    - 混合料的压实
    - 接缝处理
    - 检查试验
  - 沥青表面处治施工技术
  - 沥青贯入式面层施工技术
  - 水泥路面改造加铺沥青面层
    - 直接加铺法
    - 碎石化法
  - 旧沥青路面再生
    - 现场冷再生法
    - 现场热再生法
    - 厂拌热再生法
  - SMA沥青混凝土路面施工
    - 沥青玛瑞脂碎石 (SMA)
    - 施工技术
  - SAC沥青混凝土路面施工
    - 碎石沥青混凝土 (SAC)
    - 原材料
    - 马歇尔试验温度及试验技术指标
    - 施工技术

考点1　沥青路面透层、粘层、封层施工

透层施工技术

序号	项目	内容
1	透层的作用	为使沥青面层与基层结合良好，在基层上浇洒乳化沥青、煤沥青或液体沥青而形成的透入基层表面的薄层
2	适用条件	沥青路面各类基层都必须喷洒透层油，沥青层必须在透层油完全渗透入基层后方可铺筑。基层上设置下封层时，透层油不宜省略
3	一般要求	(1) 根据基层类型选择渗透性好的液体沥青、乳化沥青、煤沥青作透层油，喷洒后通过钻孔或挖掘确认透层油渗透入基层的深度宜不小于5（无机结合料稳定集料基层）～10mm（无机结合料基层），并能与基层联结成为一体。 (2) 透层油的黏度通过调节稀释剂的用量或乳化沥青的浓度得到适宜的黏度，基质沥青的针入度通常宜不小于100。透层用乳化沥青的蒸发残留物含量允许根据渗透情况适当调整，当使用成品乳化沥青时可通过稀释得到要求的黏度。透层用液体沥青的黏度通过调节煤油或轻柴油等稀释剂的品种和掺量经试验确定。 (3) 透层油的用量通过试洒确定。 (4) 用于半刚性基层的透层油宜紧接在基层碾压成型后表面稍变干燥、但尚未硬化的情况下喷洒。 (5) 在无机结合料粒料基层上洒布透层油时，宜在铺筑沥青层前1～2d洒布。 (6) 透层油宜采用沥青洒布车一次喷洒均匀，使用的喷嘴宜根据透层油的种类和黏度选择并保证喷洒均匀，沥青洒布车喷洒不均匀时宜改用手工沥青洒布机喷洒。 (7) 喷洒透层油前应清扫路面，遮挡防护路缘石及人工构造物避免污染，透层油必须洒布均匀，有花白遗漏应人工补洒，喷洒过量的立即撒布石屑或砂吸油，必要时作适当碾压。透层油洒布后不得在表面形成能被运料车和摊铺机粘起的油皮，透层油达不到渗透深度要求时，应更换透层油稠度或品种。 (8) 透层油洒布后的养护时间随透层油的品种和气候条件由试验确定，确保液体沥青中的稀释剂全部挥发，乳化沥青渗透且水分蒸发，然后尽早铺筑沥青面层，防止工程车辆损坏透层
4	注意事项	(1) 透层油洒布后应不致流淌，应渗入基层一定深度，不得在表面形成油膜。 (2) 气温低于10℃或大风、即将降雨时不得喷洒透层油。 (3) 应按设计喷油量一次均匀洒布，当有漏洒时，应人工补洒。 (4) 喷洒透层油后一定要严格禁止人和车辆通行。 (5) 在摊铺沥青前，应将局部尚有多余的未渗入基层的沥青清除。 (6) 透层油洒布后应待充分渗透，一般不少于24h后才能摊铺上层，但也不能在透层油喷洒后很久不做上层施工，应尽早施工。 (7) 对无机结合料稳定的半刚性基层喷洒透层油后，如果不能及时铺筑面层时，并还需开放交通，应铺撒适量的石屑或粗砂，此时宜将透层油增加10%的用量。用6～8t钢筒式压路机稳压一遍，并控制车速。在摊铺上层时发现局部沥青剥落，应修补，还需清扫浮动石屑或砂

粘层施工技术

序号	项目	内容
1	粘层的作用	使上下层沥青结构层或沥青结构层与结构物（或水泥混凝土路面）完全粘结成一个整体
2	适用条件	（1）双层式或三层式热拌热铺沥青混合料路面的沥青层之间。 （2）水泥混凝土路面、沥青稳定碎石基层或旧沥青路面上加铺沥青层。 （3）路缘石、雨水进水口、检查井等构造物与新铺沥青混合料接触的侧面
3	粘层沥青的技术要求	粘层油宜采用快裂或中裂乳化沥青、改性乳化沥青，也可采用快、中凝液体石油沥青，其规格和质量应符合规范的要求，所使用的基质沥青标号宜与主层沥青混合料相同
4	粘层沥青的品种用量的选择	粘层油品种和用量，应根据下卧层的类型通过试洒确定。当粘层油上铺筑薄层大空隙排水路面时，粘层油的用量宜增加到 $0.6\sim1.0L/m^2$。在沥青层之间兼作封层而喷洒的粘层油宜采用改性沥青或改性乳化沥青，其用量宜不少于 $1.0L/m^2$
5	注意事项	（1）喷洒表面一定清扫干净，并表面干燥。用水洗刷后需待表面干燥后喷洒。 （2）气温低于10℃时不得喷洒粘层油，寒冷季节施工不得不喷洒时可以分成两次喷洒。路面潮湿时不得喷洒粘层油。 （3）粘层油宜采用沥青洒布车喷洒，并选择适宜的喷嘴，洒布速度和喷洒量保持稳定。当采用机动或手摇的手工沥青洒布机喷洒时，必须由熟练的技术工人操作，均匀洒布。 （4）喷洒的粘层油必须成均匀雾状，在路面全宽度内均匀分布成一薄层，不得有洒花漏空或成条状，也不得有堆积。喷洒不足的要补洒，喷洒过量处应予刮除。 （5）粘层油宜在当天洒布，待乳化沥青破乳、水分蒸发完成，或稀释沥青中的稀释剂基本挥发完成后，紧跟着铺筑沥青层，确保粘层不受污染。 （6）喷洒粘层油后，严禁运料车外的其他车辆和行人通过

封层的施工技术

序号	项目	内容
1	封层的作用	（1）是封闭某一层起着保水防水作用。 （2）是起基层与沥青表面层之间的过渡和有效联结作用。 （3）是路的某一层表面破坏离析松散处的加固补强。 （4）是基层在沥青面层铺筑前，要临时开放交通，防止基层因天气或车辆作用出现水毁
2	适用条件	（1）裂缝较细、较密时，可采用涂洒类密封剂、软化再生剂等涂刷罩面。 （2）对二级及二级以下公路的旧沥青路面可以采用普通的乳化沥青稀浆封层，也可在喷洒道路石油沥青后撒布石屑（砂）后碾压作封层。 （3）对高速公路、一级公路有轻微损坏的宜铺筑微表处。 （4）对用于改善抗滑性能的上封层可采用稀浆封层、微表处或改性沥青集料封层
3	一般要求	（1）使用层铺法沥青表面处治铺筑封层时，施工方法按层铺法表面处治工艺施工。其材料用量要求应符合有关规定。 （2）封层宜选择在干燥和较热的季节施工，并在最高温度低于15℃到来以前半个月及雨期前结束。

序号	项目	内容
3	一般要求	（3）使用乳化沥青稀浆封层施工上、下封层。 ① 稀浆封层必须使用专用的摊铺机进行摊铺。 ② 稀浆封层的矿料类型应根据封层的目的、道路等级进行选择；矿料级配应根据铺筑厚度、集料尺寸及摊铺用量等因素选用。 ③ 稀浆封层可采用普通乳化沥青或改性乳化沥青，其品种和质量应符合规范的要求。 ④ 稀浆封层和微表处的混合料中乳化沥青及改性乳化沥青的用量应通过配合比设计确定。 ⑤ 混合料的湿轮磨耗试验的磨耗损失不宜大于 $800g/m^2$；轮荷压砂试验的砂吸收量不宜大于 $600g/m^2$。 ⑥ 稀浆封层混合料的加水量应根据施工摊铺和易性由稠度试验确定，要求的稠度应为 $2\sim3cm$。 ⑦ 稀浆封层两幅纵缝搭接的宽度不宜超过 80mm，横向接缝宜做成对接缝。分两层摊铺时，第一层摊铺后至少应开放交通 24h 后方可进行第二层摊铺
4	注意事项	（1）稀浆封层施工前，应彻底清除原路面的泥土、杂物，修补坑槽、凹陷，较宽的裂缝宜清理灌缝。 （2）稀浆封层施工时应在干燥情况下进行。 （3）稀浆封层铺筑后，必须待乳液破乳、水分蒸发、干燥成型后方可开放交通。 （4）稀浆封层施工气温不得低于 10℃，严禁在雨期施工，摊铺后尚未成型混合料遇雨时应予铲除

考点 2　沥青路面面层施工

沥青路面结构组成（由面层、基层、底基层、垫层组成）

序号	组成项目	内容
1	面层	（1）直接承受车轮荷载反复作用和自然因素影响的结构层，可由1～3层组成。 （2）表面层应根据使用要求设置抗滑耐磨、密实稳定的沥青层；中面层、下面层应根据公路等级、沥青层厚度、气候条件等选择适当的沥青结构层
2	基层	（1）设置在面层之下，并与面层一起将车轮荷载的反复作用传布到底基层、垫层、土基，起主要承重作用的层次。 （2）基层视公路等级或交通量的需要可设置一层或两层。当基层较厚需分两层施工时，可分别称为上基层、下基层
3	底基层	（1）设置在基层之下，并与面层、基层一起承受车轮荷载反复作用，并起承重作用的层次。 （2）底基层材料的强度指标要求可比基层材料略低。 （3）底基层视公路等级或交通量的需要可设置一层或两层。底基层较厚需分两层施工时，可分别称为上底基层、下底基层
4	垫层	设置在底基层与土基之间的结构层，起排水、隔水、防冻、防污等作用

沥青路面分类

序号	标准	分类
1	按技术品质和使用情况分类	（1）沥青混凝土路面：较高的粘结力使路面具有较高的强度，可以承受比较繁重的车辆交通。但沥青混凝土路面的允许拉应变值较小，会产生规则横向裂缝，因而要求坚强的基层。对高温稳定性与低温稳定性均有要求。较小的空隙率使沥青混凝土路面具有透水性小、水稳性好、耐久性高、有较大的抵抗自然因素的能力，使用年限达 15 年以上。沥青混凝土路面适用于各级公路面层。 （2）沥青碎石路面：高温稳定性好，路面不易产生波浪，冬季不易产生冻缩裂缝，行车荷载作用下裂缝少；路面较易保持粗糙，有利于高速行车；对石料级配和沥青规格要求较宽，材料组成设计比较容易满足要求；沥青用量少，且不用矿粉，造价低。但其孔隙较大，路面容易渗水和老化。热拌沥青碎石适宜用于三、四级公路。中粒式、粗粒式沥青碎石宜用作沥青混凝土面层下层、联结层或整平层。 （3）沥青贯入式：形成整体的稳定结构层，温度稳定性好，热天不易出现推移、壅包，冷天不易出现低温裂缝。贯入式路面的最上层应撒布封层料或加铺拌合层。沥青贯入式适用于三、四级公路，也可作为沥青混凝土面层的联结层。 （4）沥青表面处治：一般用于三、四级公路，也可用作沥青路面的磨耗层、防滑层
2	按组成结构分类	（1）密实—悬浮结构：工程中常用的 AC-I 型沥青混凝土就是这种结构的典型代表。 （2）骨架—空隙结构：工程中使用的沥青碎石混合料（AM）和排水沥青混合料（OGFC）是典型的骨架—空隙型结构。 （3）密实—骨架结构：沥青碎石玛琋脂混合料（SMA）是一种典型的密实—骨架型结构
3	按矿料级配分类	（1）密级配沥青混凝土混合料：代表类型有沥青混凝土、沥青稳定碎石。 （2）半开级配沥青混合料：代表类型有改性沥青稳定碎石，用 AM 表示。 （3）开级配沥青混合料：代表类型有排水式沥青磨耗层混合料，以 OGFC 表示；另有排水式沥青稳定碎石基层，以 ATPB 表示。 （4）间断级配沥青混合料：代表类型有沥青玛琋脂碎石（SMA）
4	按矿料粒径分类	分为砂粒式沥青混合料、细粒式沥青混合料、中粒式沥青混合料、粗粒式沥青混合料和特粗式沥青混合料
5	按施工温度分类	分为热拌热铺沥青混合料和常温沥青混合料

道路沥青的适用范围

序号	沥青等级	适用范围
1	A 级沥青	各个等级的公路，适用于任何场合和层次
2	B 级沥青	（1）高速公路、一级公路沥青下面层及以下层次，二级及二级以下公路的各个层次。 （2）用作改性沥青、乳化沥青、改性乳化沥青、稀释沥青的基质沥青
3	C 级沥青	三级及三级以下公路的各个层次

沥青路面面层原材料要求

序号	项目	内容
1	道路石油沥青	（1）对高速公路、一级公路，夏季温度高、高温持续时间长、重载交通、山区及丘陵区上坡路段、服务区、停车场等行车速度慢的路段，尤其是汽车荷载剪应力大的层次，宜采用稠度大、黏度大的沥青，也可提高高温气候分区的温度水平选用沥青等级；对冬季寒冷的地区或交通量小的公路、旅游公路宜选用稠度小、低温延度大的沥青；对温度日温差、年温差大的地区宜注意选用针入度指数大的沥青。当高温要求与低温要求发生矛盾时应优先考虑满足高温性能的要求。 （2）当缺乏所需标号的沥青时，可采用不同标号掺配的调和沥青，其掺配比例由试验决定
2	乳化石油沥青	（1）乳化沥青适用于沥青表面处治、沥青贯入式路面、冷拌沥青混合料路面，修补裂缝、喷洒透层、粘层与封层等。 （2）在高温条件下宜采用黏度较大的乳化沥青，寒冷条件下宜使用黏度较小的乳化沥青。 （3）阳离子乳化沥青可适用于各种集料品种，阴离子乳化沥青适用于碱性石料。 （4）乳化沥青宜存放在立式罐中，并保持适当搅拌。贮存期以不离析、不冻结、不破乳为度
3	液体石油沥青	（1）液体石油沥青适用于透层、粘层及拌制冷拌沥青混合料。根据使用目的与场所，可选用快凝、中凝、慢凝的液体石油沥青。 （2）液体石油沥青宜采用针入度较大的石油沥青，使用前按先加热沥青后加稀释剂的顺序，掺配煤油或轻柴油，经适当的搅拌、稀释制成。掺配比例根据使用要求由试验确定。 （3）液体石油沥青在制作、贮存、使用的全过程中必须通风良好，并有专人负责，确保安全。基质沥青的加热温度严禁超过140℃，液体沥青的贮存温度不得高于50℃
4	改性沥青	（1）改性沥青可单独或复合采用高分子聚合物、天然沥青及其他改性材料制作。 （2）用作改性剂的SBR胶乳中的固体物含量小，宜少于45%，使用中严禁长时间暴晒或遭冰冻。 （3）改性沥青的剂量以改性剂占改性沥青总量的百分数计算，胶乳改性沥青的剂量应以扣除水以后的固体物含量计算。 （4）改性沥青宜在固定式工厂或在现场设厂集中制作，也可在拌合厂现场边制造边使用，改性沥青的加工温度不宜超过180℃。胶乳类改性剂和制成颗粒的改性剂可直接投入拌合缸中生产改性沥青混合料。 （5）用溶剂法生产改性沥青母体时，挥发性溶剂回收后的残留量不得超过5%
5	改性乳化沥青	（1）喷洒型改性乳化沥青：粘层、封层、桥面防水粘结层用。 （2）拌合用乳化沥青：改性稀浆封层和微表处用
6	粗集料	（1）沥青层用粗集料包括碎石、破碎砾石、筛选砾石、钢渣、矿渣等，但高速公路和一级公路不得使用筛选砾石和矿渣。粗集料必须由具有生产许可证的采石场生产或施工单位自行加工。 （2）粗集料应该洁净、干燥、表面粗糙。当单一规格集料的质量指标达不到要求，而按照集料配合比计算的质量指标符合要求时，工程上允许使用。对受热易变质的集料，宜采用经拌合机烘干后的集料进行检验。 （3）破碎砾石应采用粒径大于50mm、含泥量不大于1%的砾石轧制。 （4）筛选砾石仅适用于三级及三级以下公路的沥青表面处治路面。 （5）经过破碎且存放期超过6个月以上的钢渣可作为粗集料使用。钢渣在使用前应进行活性检验，要求钢渣中的游离氧化钙含量不大于3%，浸水膨胀率不大于2%

序号	项目	内容
7	细集料	（1）沥青面层的细集料可采用天然砂、机制砂、石屑。细集料必须由具有生产许可证的采石场、采砂场生产。 （2）细集料应洁净、干燥、无风化、无杂质，并有适当的颗粒级配。细集料的洁净程度，天然砂以小于0.075mm含量的百分数表示，石屑和机制砂以砂当量（适用于0～4.75mm）或亚甲蓝值（适用于0～2.36mm或0～0.15mm）表示。 （3）天然砂可采用河砂或海砂，通常宜采用粗、中砂。热拌密级配沥青混合料中天然砂的用量通常不宜超过集料总量的20%，SMA和OGFC混合料不宜使用天然砂。 （4）高速公路和一级公路的沥青混合料，宜将S14与S16组合使用，S15可在沥青稳定碎石基层或其他等级公路中使用。 （5）机制砂宜采用专用的制砂机制造，并选用优质石料生产，其级配应符合S16的要求
8	填料	（1）沥青混合料的矿粉必须采用石灰岩或岩浆岩中的强基性岩石等憎水性石料经磨细得到的矿粉，原石料中的泥土杂质应除净。矿粉应干燥、洁净，能自由地从矿粉仓流出。 （2）拌合机的粉尘可作为矿粉的一部分回收使用。但每盘用量不得超过填料总量的25%，掺有粉尘填料的塑性指数不得大于4%。 （3）高速公路、一级公路的沥青面层不宜采用粉煤灰做填料
9	纤维稳定剂	（1）宜选用木质素纤维、矿物纤维等。 （2）纤维应在250℃的干拌温度下不变质、不发脆。 （3）矿物纤维宜采用玄武岩等矿石制造，易影响环境及造成人体伤害的石棉纤维不宜直接使用。 （4）纤维应存放在室内或有棚盖的地方，松散纤维在运输及使用过程中应避免受潮，不结团。 （5）纤维稳定剂的掺加比例以沥青混合料总量的质量百分率计算，通常情况下用于SMA路面的木质素纤维不宜低于0.3%，矿物纤维不宜低于0.4%，必要时可适当增加纤维用量
10	沥青混合料	沥青混合料主要分为沥青混凝土（简称AC）和沥青碎石混合料（简称AM）

热拌沥青混合料面层施工技术（适用于各种等级公路的沥青面层）

序号	项目	内容
1	施工准备	（1）做好配合比设计并报送监理工程师审批，对各种原材料进行符合性检验。 （2）在验收合格的基层上恢复中线（底面层施工时）在边线外侧0.3～0.5m处每隔5～10m钉边桩进行水平测量，拉好基准线，画好边边线。 （3）对下承层进行清扫，底面层施工前两天在基层上洒透层油。在中底面层上喷洒粘层油。 （4）试验段开工前28d安装好试验仪器和设备，配备好后试验人员报请监理工程师审核。各层开工前14d在监理工程师批准的现场备齐全部机械设备进行试验段铺筑，以确定松铺系数、施工工艺、机械配备、人员组织、压实遍数，并检查压实度、沥青含量、矿料级配、沥青混合料马歇尔各项技术指标等

序号	项目	内容
2	沥青混合料的拌制	（1）沥青的加热温度控制在规范规定的范围之内，即 145～170℃。集料的加热温度视拌合机类型决定，间歇式拌合机集料的加热温度比沥青温度高 10～30℃，连续式拌合机集料的加热温度比沥青温度高 5～10℃；混合料的出料温度控制在 135～170℃。当混合料出料温度过高即废弃。混合料运至施工现场的温度控制在不低于 135～150℃。 （2）出厂的混合料须均匀一致，无白花料，无粗细料离析和结块现象，不符合要求时废弃
3	混合料的运输	（1）运输车的车厢内保持干净，涂防粘薄膜剂。运输车配备覆盖篷布以防雨和热量损失。 （2）已离析、硬化在运输车箱内的混合料，低于规定铺筑温度或被雨淋的混合料应予以废弃
4	混合料的摊铺	（1）根据路面宽度选用 1～2 台具有自动调节摊铺厚度及找平装置，可加热的振动熨平板，并选用运行良好的高密度沥青混凝土摊铺机进行摊铺。 （2）下、中面层采用走线法施工，表面层采用平衡梁法施工。 （3）摊铺机均匀行驶，行走速度和拌合站产量相匹配，以确保所摊铺路面的均匀不间断地摊铺。在摊铺过程中不准随意变换速度，尽量避免中途停顿。 （4）沥青混合料的摊铺温度根据气温变化进行调节。一般正常施工控制在不低于 125～140℃，在摊铺过程中随时检查并做好记录。 （5）开铺前将摊铺机的熨平板进行加热至不低于 100℃。 （6）采用双机或三机梯进式施工时，相邻两机的间距控制在 10～20m。两幅应有 30～60mm 宽度的搭接。 （7）在摊铺过程中，随时检查摊铺质量，出现离析、边角缺料等现象时人工及时补洒料，换补料。 （8）在摊铺过程中随时检查高程及摊铺厚度，并及时通知操作手。 （9）摊铺机无法作业的地方，在监理工程师同意后采取人工摊铺施工
5	混合料的压实	（1）压路机采用 2～3 台双轮双振压路机及 2～3 台重量不小于 16t 胶轮压路机组成。 （2）初压：采用钢轮压路机静压 1～2 遍，正常施工情况下，温度应不低于 120℃并紧跟摊铺机进行，当对摊铺后初始压实度较大，经实践证明采用振动压路机或轮胎压路机直接碾压无严重推移而有良好效果时，可免去初压；复压：紧跟在初压后开始，不得随意停顿。密级配沥青混凝土优先采用胶轮压路机进行搓揉碾压，以增加密水性，总质量不宜小于 25t。边角部分压路机碾压不到的位置，使用小型振动压路机碾压。 （3）采用雾状喷水法，以保证沥青混合料碾压过程中不粘轮。 （4）不在新铺筑的路面上进行停机、加水、加油活动，以防各种油料、杂质污染路面。压路机不准停留在温度尚未冷却至自然气温以下已完成的路面上。 （5）碾压进行中，压路机不得中途停留、转向或制动，压路机每次由两端折回的位置阶梯形随摊铺机向前推进，使折回处不在同一横断面上，振动压路机在已成型的路面上行驶应关闭振动
6	接缝处理	（1）梯队作业采用热接缝。 （2）半幅施工不能采用热接缝时，采用人工顺直刨缝或切缝。铺另半幅前必须将边缘清扫干净，并涂洒少量粘层沥青
7	检查试验	（1）按施工技术规范要求的频率认真做好各种原材料、施工温度、矿料级配、马歇尔试验、压实度等试验工作。 （2）在施工过程中随时检查铺筑厚度、平整度、宽度、横坡度、高程。 （3）所有检验结果资料报监理工程师审批和申报计量支付

沥青表面处治和沥青贯入式面层施工技术

序号	项目	含义	适用范围	施工工艺
1	沥青表面处治施工技术	由沥青和细粒碎石按比例组成的一种不大于3cm的薄层路面	适用于三级及三级以下公路的沥青面层	（1）通常采用层铺法施工，按照洒布沥青及铺撒矿料的层次的多少，可分为单层式、双层式和三层式3种，单层式和双层式为三层式的一部分。沥青表面处治宜选择在干燥和较热的季节施工，并在最高温度低于15℃到来以前半个月及雨期前结束。 （2）三层法施工工序是：施工准备→洒透层油→洒第一层沥青→撒第一层集料→碾压→洒第二层沥青→撒第二层集料→碾压→洒第三层沥青→撒第三层集料→碾压→初期养护成型
2	沥青贯入式面层施工技术	在初步压实的碎石（或破碎砾石）上，分层浇洒沥青、撒布嵌缝料，或再在上部铺筑热拌沥青混合料封层	三级及三级以下公路，也可作为沥青路面的联结层或基层	（1）清扫基层→洒透层或粘层沥青（乳化沥青贯入式或沥青贯入式厚度小于5cm）→撒主层矿料→碾压→洒布第一遍沥青→撒第一遍嵌缝料→碾压→洒布第二遍沥青→撒第二遍嵌缝料→碾压→洒布第三遍沥青→撒封层料→碾压→初期养护。 （2）沥青贯入式面层宜选择在干燥和较热的季节施工，并宜在日最高温度降低至15℃以前的半个月结束，使贯入式结构层通过开放交通碾压成型

水泥路面改造加铺沥青面层施工方法

序号	项目	内容
1	直接加铺法	（1）对边角破碎损坏较深和较宽的路面，先用切割机切除损坏部分，然后浇筑同强度等级混凝土；对破损较浅、较窄的，可凿除5cm以上，然后用细石拌制的混凝土混合料填平。 （2）对发生错台或板块网状开裂，应首先考虑是路基质量出现问题，必须将整个板全部凿除，重新夯实路基及基层，对换板部位基层顶面进行清理维护，换板部分基层调平均由新浇筑的水泥混凝土面板一次进行，不再单独选择材料调平。浇筑同强度等级混凝土，传力杆按原水泥混凝土面板的设置情况进行设置。 （3）对于板块脱空、桥头沉陷、板的不均匀沉陷及弯沉较大的部位，应钻穿板块，然后用水泥浆高压灌注处理。具体的工艺流程：定位→钻孔→制浆→灌浆→灌浆孔封堵→交通控制→弯沉检测。压浆完成后的板块，禁止车辆通行，待灰浆强度达到3MPa时可开放交通。强度达到要求后，复测压浆板四角的回弹弯沉值，当弯沉值超过0.3mm时，应重新钻孔补压。 （4）对接缝的处理。对纵横缝清缝，清除缝内原有的填充物和杂物，再用手持式注射枪进行沥青灌缝，然后用改性沥青油毡等材料贴缝，有必要时再加铺一层特殊沥青材料的过渡层，吸收或抵抗纵横缝的向上扩展的能量，防止产生反射裂缝
2	碎石化法	（1）路面碎石化前的处理。 （2）特殊路段的处理：在路面破碎之前对该工程全线可能存在的严重病害的软弱路段进行修复处理，首先清除混凝土路面并开挖至稳定层，然后换填监理工程师认可的材料。 （3）构造物的标记和保护。 （4）路面碎石化施工：路面破碎时，先破碎路面侧边的车道，然后破碎中部的行车道。 （5）破碎后的压实：破碎后的路面采用Z型压路机振动压实2～3遍，测标高进行级配碎石调平，检测平整度，光轮压路机振动压实3～4遍，压实速度不超过5km/h。 （6）乳化沥青透层的洒布：乳化沥青透层表面再撒布适量石屑后进行光轮静压，石屑用量以不粘轮为标准

旧沥青路面再生施工方法

序号	项目	内容
1	现场冷再生法	（1）原路面材料就地实现再生利用，节省了材料转运费用；施工过程能耗低、污染小；适用范围广。 （2）缺点是：施工质量较难控制；一般需要加铺沥青面层，再生利用的经济性不太明显。 （3）一般适用于病害严重的一级以下公路沥青路面的翻修、重建，冷再生后的路面一般需要加铺一定厚度的沥青罩面
2	现场热再生法	（1）现场热再生法施工简单方便，多用于基层承载能力良好、面层因疲劳而龟裂的路段，特别适用于老化不太严重，但平整度较差的路面。 （2）现场热再生工艺的优点是施工速度快，而且原路面材料就地实现再生利用，节省了材料转运费用。但这种工艺的缺点是再生深度通常在 2.5～6cm，难以深入；对原路面材料的级配调整幅度有限，也难以去除不适合再生的旧料；再生后路面的质量稳定性和耐久性有所减弱。 （3）具体方法包括：整形再生法、重铺再生法、复拌再生法
3	厂拌热再生法	（1）优点是再生工艺易于控制，再生后的沥青混合料性能也比较理想，若采用适当的配合比设计和严格的质量控制措施，再生路面具有与普通沥青路面相同或相近的路用性能和耐久性。 （2）缺点是再生成本较高

SMA 沥青混凝土路面施工（用作高速公路、一级公路的抗滑表层材料）

序号	项目	内容
1	配合比设计	首先应进行沥青、矿料、纤维等材料选择及试验，进行配合比设计，通过目标配合比设计进行计算得到一组配合比，经按生产配合比设计进行试拌及试验段铺筑检验后，确定生产用的标准配合比
2	SMA 混合料的拌合	（1）沥青混合料必须在沥青拌合厂采用拌合机械拌制，拌合厂的设置应符合国家有关环境保护、消防和安全等规定。 （2）纤维类掺加剂必须有可靠的掺加设备，该设备应计量正确以保证混合料的质量，沥青混合料应采用间歇式拌合机拌合，拌合机应有防止矿粉飞扬散失的密填充性能及除尘设备，并有检测拌合温度的装置。 （3）沥青混合料拌合时间应以混合料拌合均匀、纤维掺加剂均匀分布在混合料中、所有矿料颗粒全部裹覆沥青结合料为度。 （4）在试拌时，视混合料情况，拌合时间可相应增减。 （5）采用颗粒状纤维，纤维应在粗细集料投料后立即加入，干拌时间较常规混合料生产增加 5～10s，喷入沥青后，湿拌时间较常规混合料生产至少增加 5s。采用纯纤维，纤维随沥青喷入后，由专用设备打散、喷入，湿拌时间较常规混合料生产至少增加 5s
3	SMA 的施工温度	SMA 拌合、摊铺和碾压温度均较常规路面施工温度要求高，不得在天气温度低于 10℃ 的气候条件下和雨期施工

序号	项目	内容
4	SMA混合料的运输	（1）混合料应采用大吨位自卸车运输，为防止沥青与车厢板粘结，车厢侧板的底板可涂一薄层水混合液，但不得有余液积聚在车厢底部。 （2）为了保证连续摊铺，开始摊铺时，现场待卸料车辆不得太少。 （3）在卸料时，运输车辆不得撞击摊铺机，如条件允许最好采用间接输送的办法或沥青混合料转运车，以保证摊铺出的路面的平整度。 （4）沥青混合料在运输过程中必须加盖篷布，防止混合料表面结硬
5	SMA混合料的摊铺	（1）摊铺前必须将工作面清扫干净，如用水冲，必须晒干后才能进行下一步作业。摊铺前必须洒一层粘层油，粘层油可使用改性沥青（丁苯胶乳改性沥青或其他），用量为0.25～0.4kg/m²。 （2）为了保证路面的平整度，要按照规范要求做到缓慢、均匀、连续不间断地摊铺，摊铺过程中不得随意变换速度或中途停顿
6	SMA结构路面碾压施工	（1）SMA混合料内部含有大量沥青玛璃脂胶浆，黏度大，温度低时很难压实，因而确保摊铺碾压温度尤为重要。 （2）SMA的碾压遵循"紧跟、慢压、高频、低幅"的原则。碾压温度越高越好，摊铺后应立即压实，不得等候。SMA路面碾压宜采用钢轮压路机初压1～2遍、复压2～4遍、终压1遍的组合方式。 （3）SMA面层施工切忌使用胶轮压路机或组合式压路机
7	SMA路面接缝处理	（1）SMA路面接缝处理较常规热拌沥青混合料要困难，因而施工中要尽可能避免冷接缝。 （2）当采用两台摊铺机时，纵向接缝应采用热接缝。 （3）横向接缝应先处理原铺沥青路面

SAC沥青混凝土路面施工

序号	项目	内容
1	适用范围	超载车辆、交通量大的高速公路应选用改性沥青
2	马歇尔试验温度及试验技术指标	试验技术指标包括空隙率应符合3%～4%，沥青饱和度应符合65%～75%，稳定度应大于7.5kN，流值应符合20～40(0.1mm)，残留稳定度应大于75%
3	防止离析现象的发生	（1）集料的堆放：堆料采用小料堆，避免大料堆放时大颗粒流到外侧，集料产生离析。 （2）填料的含量：填料的含量应严格控制，减少混合料中小于0.075mm颗粒的含量
4	拌合时间	通常的干拌时间不少于10s，对于粗集料级配混合料的干拌时间应是13～15s。混合料的湿拌时间一般在35s左右
5	压实度与空隙率	（1）应提高沥青面层的压实度。建议：表面层不小于98%；中、下面层不小于97%。 （2）建议的现场空隙率标准为：表面层≤6%；中、下面层≤7%

2B312030 水泥混凝土路面施工技术

【考点图谱】

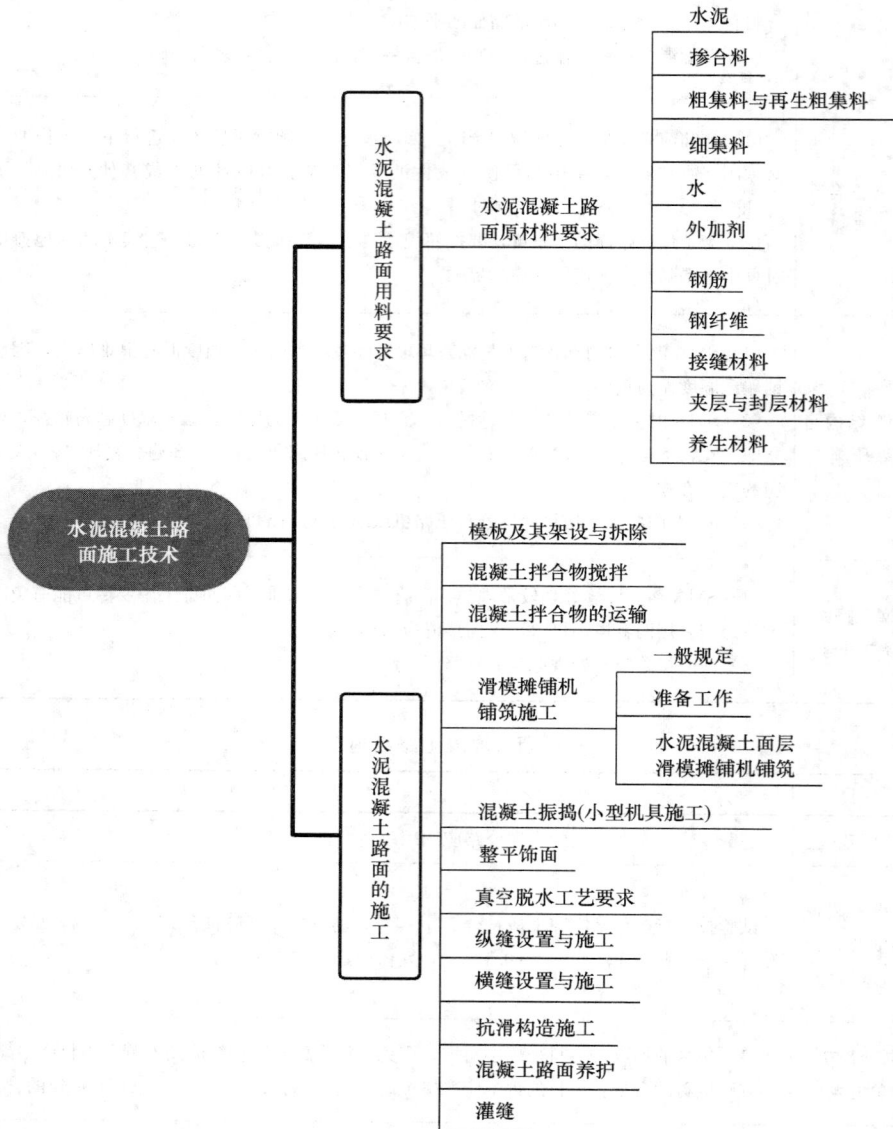

考点1 水泥混凝土路面用料要求

水泥混凝土路面原材料要求

序号	项目	内容
1	水泥	（1）极重、特重、重交通荷载等级公路面层水泥混凝土应采用旋窑生产的道路硅酸盐水泥、硅酸盐水泥、普通硅酸盐水泥，中、轻交通荷载等级公路面层水泥混凝土可采用矿渣硅酸盐水泥。高温期施工宜采用普通型水泥，低温期宜采用早强型水泥。面层水泥混凝土所用的水泥各龄期的实测抗折强度、抗压强度应符合规定。 （2）各交通荷载等级公路面层水泥混凝土用水泥的成分、物理指标等路用品质要求应符合相关规范的规定。 （3）选用水泥时应对拟采用厂家水泥进行混凝土配合比对比试验，根据所制的混凝土弯拉强度、耐久性和工作性，选择适宜的水泥品种、强度等级。 （4）采用滑模摊铺机铺筑时，宜选用散装水泥。高温期施工时，散装水泥的入罐最高温度不宜高于60℃；低温期施工时，水泥进入搅拌缸前的温度不宜低于10℃
2	掺合料	（1）使用道路硅酸盐水泥或硅酸盐水泥时，可在混凝土中掺入适量粉煤灰；使用其他水泥时，不应掺入粉煤灰。 （2）面层水泥混凝土可单独或复配掺用符合规定的粉状低钙粉煤灰、矿渣粉或硅灰等掺合料，不得掺用结块或潮湿的粉煤灰、矿渣粉或硅灰。不得掺用高钙粉煤灰或Ⅲ级及Ⅲ级以下低钙粉煤灰。粉煤灰进货应有等级检验报告。 （3）掺加于面层水泥混凝土中的矿渣粉、硅灰，其质量应满足相关规定。使用矿渣硅酸盐水泥时不得再掺加矿渣粉。高温期施工时不宜掺用硅灰。 （4）各种掺合料在使用前，应进行混凝土配合比试配检验与掺量优化试验，确认面层水泥混凝土弯拉强度、工作性、抗磨性、抗冰冻性、抗盐冻性等指标满足设计要求
3	粗集料与再生粗集料	（1）粗集料应使用质地坚硬、耐久、干净的碎石、破碎卵石或卵石。极重、特重、重交通荷载等级公路面层混凝土用的粗集料质量不应低于Ⅱ级，中、轻交通荷载等级公路面层混凝土可使用Ⅲ级粗集料。 （2）中、轻交通荷载等级公路面层水泥混凝土可使用再生粗集料，其质量应符合相关规定。再生粗集料可单独或掺配新集料后使用，但应通过配合比试验验证，确定混凝土性能满足设计要求，并符合下列规定： ①有抗冰冻、抗盐冻要求时，再生粗集料不应低于Ⅱ级；无抗冰冻、抗盐冻要求时，可使用Ⅲ级再生粗集料。 ②再生粗集料不得用于裸露粗集料的水泥混凝土抗滑表层。 ③不得使用出现碱活性反应的混凝土为原料破碎生产的再生粗集料。 （3）粗集料与再生粗集料应根据混凝土配合比的公称最大粒径分为2～4个单粒级的集料，并掺配使用。粗集料与再生粗集料的合成级配及单粒级配范围宜符合相关的要求。不得使用不分级的统料
4	细集料	（1）细集料应采用质地坚硬、耐久、洁净的天然砂或机制砂，不宜使用再生细集料。使用天然砂或机制砂时，应符合各自对应的质量标准。极重、特重、重交通荷载等级公路面层水泥混凝土用的天然砂质量不应低于Ⅱ级，中、轻交通荷载等级公路面层混凝土可使用Ⅲ级天然砂。

序号	项目	内容
4	细集料	（2）天然砂的级配范围宜符合相关规定。面层水泥混凝土使用的天然砂细度模数宜在2.0～3.7。 （3）机制砂宜采用碎石作为原料，并用专用设备生产。极重、特重、重交通荷载等级公路面层水泥混凝土用机制砂的质量标准不应低于Ⅱ级，中、轻交通荷载等级公路面层水泥混凝土可使用Ⅲ级机制砂。 （4）机制砂的级配范围宜符合相关规定。面层水泥混凝土使用的机制砂细度模数宜在2.3～3.1之间。 （5）细集料的使用尚应满足下列规定：配筋混凝土路面及钢纤维混凝土路面中不得使用海砂；细度模数差值超过0.3的砂应分别堆放，分别进行配合比设计；采用机制砂时，外加剂宜采用引气高效减水剂或聚羟酸高性能减水剂
5	水	符合现行《生活饮用水卫生标准》GB 5749 的饮用水可直接作为混凝土搅拌和养护用水。非饮用水应进行水质检验，并符合规范规定。此外，还应与蒸馏水进行水泥凝结时间与水泥胶砂强度的对比试验；对比试验的水泥初凝与终凝时间差均不应大于30min，水泥胶砂 3d 和28d强度不应低于蒸馏水配制的水泥胶砂 3d 和28d强度的90%。养护用水可不检验不溶物质含量和其他杂质，其他指标应符合规范规定
6	外加剂	（1）外加剂品种主要有：普通减水剂、高效减水剂、早强减水剂、缓凝高效减水剂、缓凝减水剂、引气减水剂、引气高效减水剂、引气缓凝高效减水剂、早强高效减水剂、引气早强高效减水剂、早强剂、缓凝剂、引气剂、阻锈剂等。其产品质量应符合相应技术指标。外加剂产品出厂报告中应标明其主要化学成分和使用注意事项。面层水泥混凝土的各种外加剂应经有相应资质的检测机构检验合格，并提供检验报告后方可使用。 （2）外加剂产品应使用工程实际采用的水泥、集料和拌合用水进行试配，检验其性能，确定合理掺量。外加剂复配使用时，不得有絮凝现象，应使用工程实际采用的水泥、集料和拌合用水进行试配，确定其性能满足要求后方可使用。 （3）各种可溶外加剂均应充分溶解为均匀水溶液，按配合比计算的剂量加入。采用非水溶的粉状外加剂时，应保证其分散均匀、搅拌充分，不得结块。 （4）滑模摊铺施工的水泥混凝土面层宜采用引气高效减水剂；高温施工混凝土拌合物的初凝时间短于 3h 时，宜采用缓凝引气高效减水剂；低温施工混凝土拌合物终凝时间长于 10h时；宜采用早强引气高效减水剂。 （5）有抗冰冻、抗盐冻要求时，各级公路水泥混凝土面层及暴露结构物混凝土应掺入引气剂；无抗冻要求地区的二级及二级以上公路水泥混凝土面层宜掺入引气剂。 （6）处在海水、海风、氯离子环境或冬季撒除冰盐的路面或桥面钢筋混凝土、钢纤维混凝土中可掺用或复配阻锈剂，阻锈剂产品的质量标准、检验方法及应用技术应符合相关规定
7	钢筋	（1）水泥混凝土、钢筋混凝土及连续配筋混凝土面层所用钢筋、钢筋网、传力杆、拉杆等应符合国家和行业现行相关标准的规定。 （2）钢筋不得有裂纹、断伤、刻痕、表面油污和锈蚀；配筋混凝土路面与桥面用钢筋宜采用环氧树脂涂层或防锈漆涂层等保护措施。传力杆应无毛刺，两端应加工成圆锥形或半径为2～3mm的圆倒角。 （3）胀缝传力杆应在一端设置镀锌钢管帽或塑料套帽，套帽厚度不应小于2.0mm，并应密封不透水，套帽长度宜为100mm，套帽内活动空隙长度宜为30mm。 （4）传力杆钢筋应采取喷塑、镀锌、电镀或涂防锈漆等防锈措施，防锈层不得局部缺失。拉杆钢筋应在中部不小于100mm范围内采取涂防锈漆等防锈措施

序号	项目	内容
8	纤维	(1) 用于公路混凝土路面和桥面水泥混凝土的钢纤维除应满足现行《纤维混凝土应用技术规程》JGJ/T 221 要求外，尚应符合下列规定： ① 钢纤维抗拉强度不宜低于 600 级； ② 钢纤维应进行有效的防锈蚀处理； ③ 钢纤维的几何参数及形状精度应满足相关规定。钢丝切断型钢纤维或波形、带倒钩的钢纤维不应使用。 (2) 钢纤维表面不应沾染油污及妨碍水泥粘结及凝结硬化的物质，结团、粘结连片的钢纤维不得使用。 (3) 用于面层水泥混凝土的玄武岩短切纤维的外观应为金褐色，匀质、表面无污染，二氧化硅含量应在 48% ～60% 之间。其表面浸润剂应为亲水型。玄武岩纤维、玄武岩短切纤维的规格、尺寸及其精度应符合相关规定。 (4) 用于面层水泥混凝土的合成纤维可采用聚丙烯腈（PANF）、聚丙烯（PPF）、聚酰胺（PAF）和聚乙烯醇（PVAF）等材料制成的单丝纤维或粗纤维，其质量应符合相关规定，且实测单丝抗拉强度最小值不得小于 450MPa。 (5) 合成纤维的规格、加工精度及分散性应满足相关规定
9	接缝材料	(1) 高速公路、一级公路胀缝板宜采用塑胶板、橡胶（泡沫）板或沥青纤维板；其他等级公路也可采用浸油木板。聚氨酯类常温施工式填缝料质量应符合相关规定。聚氨酯类填缝料中不得掺入碳黑等无机充填料。 (2) 硅酮类、聚氨酯类常温施工式填缝料可用于各等级公路水泥混凝土面层；橡胶沥青、改性沥青类填缝料可用于二级及二级以下公路，不宜用于高速公路和一级公路；道路石油沥青类填缝料可用于三、四级公路，不宜用于二级公路，不得用于高速公路和一级公路。 (3) 严寒及寒冷地区宜采用低模量型填缝料，其他地区宜采用高模量型填缝料。橡胶沥青应根据当地所处的气候区划选用四类中适宜的一类。严寒、寒冷地区宜使用 70 号石油沥青和/或 SBS 类 I-C；炎热、温暖地区宜使用 50 号石油沥青和/或 SBS 类 I-D。 (4) 填缝背衬垫条应具有弹性良好、柔韧性好、不吸水、耐酸碱腐蚀及高温不软化等性能。背衬垫条可采用橡胶条、发泡聚氨酯、微孔泡沫塑料等制成，其形状宜为可压缩圆柱形，直径宜比接缝宽度大 2～5mm
10	夹层与封层材料	(1) 沥青混凝土夹层用材料应符合现行《公路沥青路面施工技术规范》JTG F40 的规定。 (2) 热沥青表处与改性乳化沥青稀浆封层用材料应符合现行《公路沥青路面施工技术规范》JTG F40 的规定。 (3) 封层用薄膜材料的质量、规格与外观应符合相关的规定
11	养护材料	(1) 水泥混凝土面层用养护剂应采用由石蜡、适宜的高分子聚合物与适量稳定剂、增白剂经胶体磨制成水乳液，不得采用以水玻璃为主要成分的养护剂。养护剂宜为白色胶体乳液，不宜为无色透明的乳液。养护剂的质量应符合相关规定。 (2) 使用养护剂时，高速公路、一级公路水泥混凝土面层应使用满足一级要求的养护剂，其他等级公路可使用满足合格品要求的养护剂。 (3) 水泥混凝土面层用节水保湿养护膜应由高分子吸水保水树脂和不透水塑料面膜制成，其质量应符合相关规定。 (4) 高温期施工时，宜选用白色反光面膜的节水保湿养护膜；低温期施工时，宜选用黑色或蓝色吸热面膜的产品

考点 2　水泥混凝土路面的施工

水泥混凝土路面的施工前期工作

序号	项目	内容
1	模板及其架设与拆除	（1）施工模板应采用刚度足够的槽钢、轨模或钢制边侧模板，不应使用木模板、塑料模板等易变形模板。 （2）支模前在基层上应进行模板安装及摊铺位置的测量放样，核对路面标高、面板分板、胀缝和构造物位置。 （3）纵横曲线路段应采用短模板，每块横板中点应安装在曲线切点上。 （4）模板安装应稳固、平顺、无扭曲，应能承受摊铺、振实、整平设备的负载行进，冲击和振动时不发生位移。 （5）模板与混凝土拌合物接触表面应涂隔离剂。 （6）模板拆除应在混凝土抗压强度不小于 8.0MPa 时方可进行
2	混凝土拌合物搅拌	（1）搅拌楼的配备，应优先选配间歇式搅拌楼，也可使用连续搅拌楼。 （2）每台搅拌楼在投入生产前，必须进行标定和试拌。在标定有效期满或搅拌楼搬迁安装后，均应重新标定。施工中应每 15d 校验一次搅拌楼计量精确度。搅拌楼配料计量偏差不得超过规定。不满足时，应分析原因，排除故障，确保拌合计量精确度。采用计算机自动控制系统的搅拌楼时，应使用自动配料生产，并按需要打印每天（周、旬、月）对应路面摊铺桩号的混凝土配料统计数据及偏差。 （3）应根据拌合物的黏聚性、均质性及强度稳定性试拌确定最佳拌合时间。 （4）外加剂应以稀释溶液加入，其稀释用水和原液中的水量，应从拌合水量中扣除。 （5）拌合引气混凝土时，搅拌楼一次拌合量不应大于其额定搅拌量的 90%。纯拌合时间应控制在含气量最大或较大时
3	混凝土拌合物的运输	（1）应根据施工进度、运量、运距及路况，选配车型和车辆总数。总运力应比总拌合能力略有富余。确保新拌混凝土在规定时间内运到摊铺现场。 （2）运输到现场的拌合物必须具有适宜摊铺的工作性。不同摊铺工艺的混凝土拌合物从搅拌机出料到运输、铺筑完毕的允许最长时间应符合时间控制的规定。不满足时应通过试验、加大缓凝剂或保塑剂的剂量。 （3）混凝土运输过程中应防止漏浆、漏料和污染路面，途中不得随意耽搁。自卸车运应减小颠簸，防止拌合物离析。车辆起步和停车应平稳

滑模摊铺机铺筑施工

序号	项目	内容
1	一般规定	（1）滑模摊铺工艺宜用于高速、一级、二级公路普通水泥混凝土面层、配筋混凝土面层、纤维混凝土面层、钢筋混凝土桥面、隧道混凝土面层、混凝土路缘石、路肩石及护栏等的滑模施工。 （2）采用滑模摊铺机在基层上行走的铺筑方案时，基层侧边缘到滑模摊铺面层边缘的宽度不宜小于 650mm。 （3）传力杆和胀缝拉杆钢筋宜采用前置支架法施工，也可采用滑模摊铺机配备的自动插入装置（DBI）施工。 （4）上坡纵坡大于 5%、下坡纵坡大于 6%、平面半径小于 50m 或超高横坡超过 7% 的路段，不宜采用滑模摊铺机进行摊铺。 （5）滑模摊铺水泥混凝土路面时，摊铺机应配备自动抹平板装置。 （6）滑模摊铺机械系统应配套齐全，生产设备的数量和生产能力应满足铺筑进度要求，可按下列要求进行配备： ① 滑模铺筑无传力杆水泥混凝土路面时，布料可使用轻型挖掘机或推土机。 ② 滑模铺筑连续配筋混凝土路面、钢筋混凝土路面、桥面和桥头搭板、路面中设传力杆钢筋支架、胀缝钢筋支架时，布料应采用侧向上料的布料机或供料机。 ③ 应采用刻槽机制作宏观抗滑构造。 ④ 面层切缝可使用软锯缝机、支架式硬锯缝机或普通锯缝机

序号	项目	内容
2	准备工作	（1）摊铺段夹层或封层质量应检验合格，对于破损或缺失部位，应及时修复。表面应清扫干净并洒水润湿，并采取防止施工设备和机械碾坏封层的措施。 （2）应检查并平整滑模摊铺机的履带行走区。行走区应坚实，不存在湿陷等病害，应清除砖、瓦、石块、废弃混凝土块等杂物。 （3）摊铺前应检查并调试施工设备。滑模摊铺机首次作业前，应挂线对铺筑位置、几何参数和机架水平度进行设置、调整和校准，满足要求后方可用于摊铺作业。 （4）滑模摊铺面层前，应准确架设基准线。基准线架设与保护应符合下列规定： ①滑模摊铺高速公路、一级公路时，应采用单向坡双线基准线；横向连接摊铺时，连接一侧可依托已铺成的路面，另一侧设置单线基准线。 ②滑模整体铺筑二级公路的双向坡路面时，应设置双线基准线，滑模摊铺机底板应设置为路拱形状。 ③基准线桩纵向间距直线段不宜大于10m，桥面铺装、隧道路面及竖曲线和平曲线路段宜为5~10m，大纵坡与急弯道可加密布置。基准线桩最小距离不宜小于2.5m。 ④基层顶面到夹线臂的高度宜为450~750mm。基准线桩夹线臂夹口到桩的水平距离宜为300mm。基准线桩应固定牢固。 ⑤单根基准线的最大长度不宜大于450m。架设长度不宜大于300m。 ⑥基准线宜使用钢绞线。采用直径2.0mm的钢绞线时，张线拉力不宜小于1000N；采用直径3.0mm钢绞线时，不宜小于2000N。 ⑦基准线设置后，应避免扰动、碰撞和振动。多风季节施工，宜缩小基准线桩间距。 （5）当面层传力杆、胀缝钢筋采用前置支架法施工时，应在表面先准确安装和固定支架，保证传力杆中部对中缩缝切割位置，且不会因布料、摊铺而导致推移。支架可采用与锚固入基层的钢筋焊接等方法固定
3	水泥混凝土面层滑模摊铺机铺筑	（1）滑模摊铺机的施工参数设定及校准应符合下列规定： ①振捣棒应均匀排列，间距宜为300~450mm；混凝土摊铺厚度较大时，应采用较小间距。两侧最边缘振捣棒与摊铺边缘距离不宜大于200m。振捣棒下缘位置应位于挤压底板最低点以上。 ②挤压底板的前倾角宜设置为3°。提浆夯板位置宜在挤压底板前缘以下5~10mm。 ③边缘超铺高度应根据拌合物稠度确定，宜为3~8mm；板厚较厚、坍落度较小时，边缘超铺高度宜采用较小值。 ④搓平梁前沿宜调整到与挤压底板后沿高程相同的位置；搓平梁的后沿应比挤压底板后沿低1~2mm，并与路面高程相同。 ⑤符合铺筑精度要求的摊铺机设置应加以固定和保护。当基底高程等摊铺条件发生变化，铺筑精度超出范围时，可由操作手在行进中通过缓慢微调加以调整。 （2）滑模摊铺机前布料，应采用机械完成，布料高度应均匀一致，不得采用翻斗车直接卸料的方式。 （3）滑模摊铺机起步时，应先开启振捣棒，在2~3min内调整振捣到适宜振捣频率，使进入挤压底板前缘拌合物振捣密实，无大气泡冒出破灭，方可开动滑模机平稳推进摊铺。当天摊铺施工结束，摊铺机脱离拌合物后，应立即关闭振捣棒组。 （4）滑模摊铺应缓慢、匀速、连续不间断地作业。滑模摊铺速度应根据板厚、混凝土工作性能、布料能力、振捣排气效果等确定，可在0.75~2.5m/min选择，宜采用1m/min。 （5）滑模摊铺水泥混凝土面层时，严禁快速推进、随意停机与间歇摊铺。 （6）滑模摊铺振捣频率应根据板厚、摊铺速度和混凝土工作性能确定，以保证拌合物不发生过振、欠振或漏振。振捣频率可在100~183Hz之间调整，宜为150Hz。 （7）可根据拌合物的稠度大小，采取调整摊铺的振捣频率或速度等措施，保证摊铺质量稳定，当拌合物稠度发生变化时，宜先采用调振捣频率的措施，后采取改变摊铺速度的措施。 （8）抗滑纹理做毕，应立即开始保湿养护。养护龄期不应少于5d，且混凝土强度满足要求后，方可连接摊铺相邻车道面板。履带在新铺面层上行走时，钢履带底部应铺橡胶垫或使用有橡胶垫履带的摊铺机。纵缝横向连接高差不应大于2mm。 （9）摊铺中应经常检查振捣棒的工作情况和位置。面层出现条带状麻面现象时，应停机检查振捣棒是否损坏；振捣棒损坏时，应更换振捣棒。摊铺面层上出现发亮的砂浆条带时，应检查振捣棒位置是否异常；振捣棒位置异常时，应将振捣棒调整到正常位置

振捣、整平与脱水技术

序号	项目	内容
1	混凝土振捣（小型机具施工）技术	（1）在待振横断面上，每车道路面应使用2根振捣棒，组成横向振捣棒组，沿横断面连续振捣密实，并应注意路面板底、内部和边角处不得欠振或漏振。 （2）振捣棒在每一处的持续时间，应以拌合物全面振动液化、表面不再冒气泡和泛水泥浆为限，不宜过振，也不宜少于30s。振捣棒的移动间距不宜大于500mm；至模板边缘的距离不宜大于200mm。应避免碰撞模板、钢筋、传力杆和拉杆。 （3）在振捣棒已完成振实的部位，可开始振动板纵横交错两遍，全面提浆振实，每车道路面应配备1块振动板。 （4）振动板移位时，应重叠100～200mm，振动板在一个位置的持续振捣时间不应少于15s。振动板须由两人提位振捣和移位，不得自由放置或长时间持续振动。移位控制以振动板底部和边缘泛浆厚度3±1mm为限。 （5）缺料的部位，应辅以人工补料找平。 （6）振动梁振实，每车道路面宜使用1根振动梁。振动梁应具有足够的刚度和质量，振动梁应垂直路面中线沿纵向拖行，往返2～3遍，使表面泛浆均匀平整
2	整平饰面	（1）每车道路面应配备1根滚杠（双车道两根）。振动梁振实后，应拖动滚杠往返2～3遍提浆整平。 （2）拖滚后的表面宜采用3m刮尺，纵横各1遍整平饰面，或采用叶片式或圆盘式抹面机往返2～3遍压实整平饰面。 （3）在抹面机完成作业后，应进行清边整缝，清除粘浆，修补缺边、掉角。整平饰面后的面板表面应无抹面印痕，致密均匀，无露骨，平整度应达到规定要求
3	真空脱水工艺要求	（1）小型机具施工三、四级公路混凝土路面时，应优先采用在拌合物中掺外加剂，无掺外加剂条件时，应使用真空脱水工艺，该工艺适用于面板厚度不大于240mm混凝土面板施工。 （2）使用真空脱水工艺时，混凝土拌合物的最大单位用水量可比不采用外加剂时增大3～12kg/m³；拌合物适宜坍落度：高温天30～50mm；低温天20～30mm

辅助工艺技术要求

序号	项目	内容
1	抗滑构造施工	（1）摊铺完毕或精整平表面后，宜使用钢支架拖挂1～3层叠合麻布、帆布或棉布，洒水湿润后做拉毛处理。人工修整表面时，宜使用木抹。用钢抹修整过的光面，必须再做拉毛处理，以恢复细观抗滑构造。 （2）当日施工进度超过500m时，抗滑沟槽制作宜选用拉毛机械施工，没有拉毛机时，可采用人工拉槽方式。 （3）特重和重交通混凝土路面宜采用硬刻槽，凡使用圆盘、叶片式抹面机整平后的混凝土路面、钢纤维混凝土路面必须采用硬刻槽方式制作抗滑沟槽
2	混凝土路面养护	（1）混凝土路面铺筑完成或软作抗滑构造完毕后立即开始养护。机械摊铺的各种混凝土路面、桥面及搭板宜采用喷洒养护剂同时保湿覆盖的方式养护。在雨天或养护用水充足的情况下，也可采用覆盖保湿膜、土工毡、土工布、麻袋、草袋、草帘等洒水湿养护方式，不宜使用围水养护方式。 （2）养护时间根据混凝土弯拉强度增长情况而定，不宜小于设计弯拉强度的80%，应特别注重前7d的保湿（温）养护。一般养护天数宜为14～21d，高温天不宜小于14d，低温天不宜小于21d。掺粉煤灰的混凝土路面，最短养护时间不宜少于28d，低温天应适当延长。 （3）混凝土板养护初期，严禁人、畜、车辆通行，在达到设计强度40%后，行人方可通行。在路面养护期间，平交道口应搭建临时便桥。面板达到设计弯拉强度后，方可开放交通
3	灌缝	常温施工式填缝料的养护期，低温天宜为24h，高温天宜为12h。加热施工式填缝料的养护期，低温天宜为12h，高温天宜为6h。在灌缝料养护期间应封闭交通

2B312040 路面防、排水施工技术

【考点图谱】

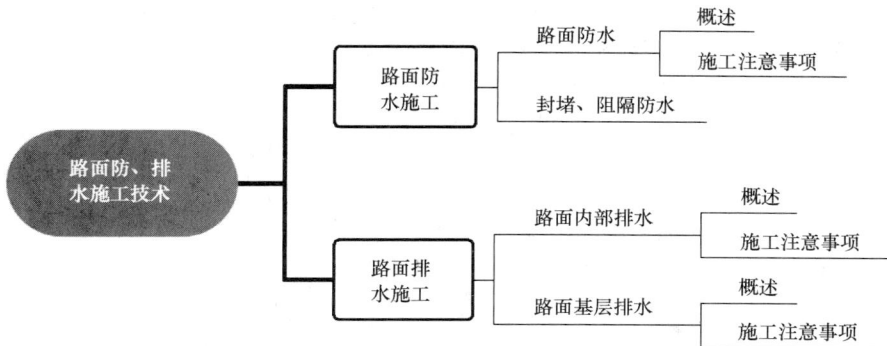

【考点精析】

考点 1 路 面 防 水 施 工

路面防水

序号	项目	内容
1	概述	路面表面防排水设施由路拱横坡、路肩坡度和拦水带等组成。路面防排水的任务是迅速将降落在路面和路肩表面的雨水排走，以免造成路面积水而影响安全
2	施工注意事项	（1）降落在路面上的雨水，应通过路面横向坡度向两侧排走，避免行车道路面范围内出现积水。 （2）在路线纵坡平缓、汇水量不大、路堤较低且边坡坡面不会受到冲刷的情况下，应采用在路堤边坡上横向漫流的方式排除路面表面水。 （3）在路堤较高，边坡坡面未做防护而易遭受路面表面水流冲刷，或者坡面虽已采取防护措施但仍有可能受到冲刷时，应沿路肩外侧边缘设置拦水带，汇集路面表面水，然后通过泄水口和急流槽排除路堤。 （4）设置拦水带汇集路面表面水时，拦水带过水断面内的水面，在高速公路及一级公路上不得漫过右侧车道外边缘，在二级及二级以下公路不得漫过右侧车道中心线。拦水缘石一般采用混凝土预制块或用路缘石成型机现场铺筑的沥青混凝土，拦水缘石高出路肩 12cm，顶宽 8～10cm。 （5）当路基横断面为路堑时，横向排流的表面水汇集于边沟内。当路基横断面为路堤时，可采用两种方式排除路面表面水：一种是让路面表面水以横向漫流形式向路堤坡面分散排放；另一种方式是在路肩外侧边缘放置拦水带，将路面表面水汇集在拦水带同路肩铺面（或者路肩和部分路面铺面）组成的浅三角形过水断面内，当硬路肩汇水量较大时，可在土路肩上设置"U"形混凝土预制构件砌筑的排水沟，沟底纵坡同路肩纵坡，并不小于 0.3%，在适当长度内（20～50cm)设置泄水口配合急流槽将路面积水排于路基之外

考点 2　路 面 排 水 施 工

路面内部排水

序号	项目	内容
1	概述	（1）路面内部排水的目的是将渗入路面结构内的水分迅速排除。 （2）路面内部排水系统的使用条件： ① 年降水量在 600mm 以上的湿润和多雨地区，路基由渗水差的细粒土（渗透系数不大于 10^{-5} cm/s）组成的高速公路、一级公路或重要的二级公路。 ② 路基两侧有滞水，可能渗入路面结构内。 ③ 严重冰冻地区，路基由粉性土组成的潮湿、过湿路段。 ④ 现有路面改建或改善工程，需排除积滞在路面结构内的水分
2	施工注意事项	（1）路面内部排水系统中各项排水设施的泄水能力均应大于渗入路面结构内的水量，且下游排水设施的泄水能力应超过上游排水设施的泄水能力。 （2）渗入水在路面结构内的最大渗流时间，冰冻区不应超过 1h，其他地区不超过 2（重交通）～4h（轻交通）。渗入水在路面结构内渗流路径长度不宜超过 45～60m。 （3）各项排水设施不应被渗流从路面结构、路基或路肩中带来的细料堵塞，以保证系统的排水能力不随时间推移而很快丧失

路面基层排水

序号	项目	内容
1	概述	路面基层排水系统是直接在面层下设置透水性排水基层，在其边缘设置纵向集水沟和排水管以及横向出水管等，组成排水基层排水系统，采用透水性材料做基层，使渗入路面结构内的水分，先通过竖向渗流进入排水层，然后横向渗流进入纵向集水和排水管，再由横向出水管引出路基
2	施工注意事项	（1）排水层也采用横贯路基整个宽度的形式，不设纵向集水沟和排水管以及横向出水管。渗入排水层内的自由水，横向渗流，直接排泄到路基坡面外。在一些特殊地段，如连续长纵坡坡段、曲线超高过渡段和凹形竖曲线段等，排水层内渗流的自由水有可能被堵封或者渗流路径超过 45～60m。在这些路段，应增设横向排水管以拦截水流，缩短渗流长度。 （2）排水层的透水性材料可以采用经水泥或沥青处治，或者未经处治的开级配碎石集料。用作水泥面层的排水基层时，宜采用水泥处治开级配碎石集料，最大粒径可选用 25mm。而用作沥青混凝土面层的排水层时，则宜采用沥青处治碎石集料，最大粒径宜为 20mm。材料的透水性同集料的颗粒组成情况有关，孔隙率大的组成材料，其渗透系数也大，需通过透水试验确定。 （3）纵向集水沟布置在路面横坡的下方。行车道路面采用双向坡路拱时，在路面两侧都设纵向集水沟。集水沟内侧边缘可设在行车道面层边缘处，但有时为了避免排水管被面层施工机械压裂，或者避免路肩铺面受集水沟沉降变形的影响，将集水沟向外侧移出 60～90cm。路肩采用水泥混凝土铺面时，集水沟内侧边缘可外移到路肩面层边缘处。 （4）排水基层下必须设置不透水垫层或反滤层，以防止表面水向下渗入垫层，浸湿垫层和路基，同时防止垫层或路基土中的细粒进入排水基层而造成堵塞

2B312050 路面试验检测技术

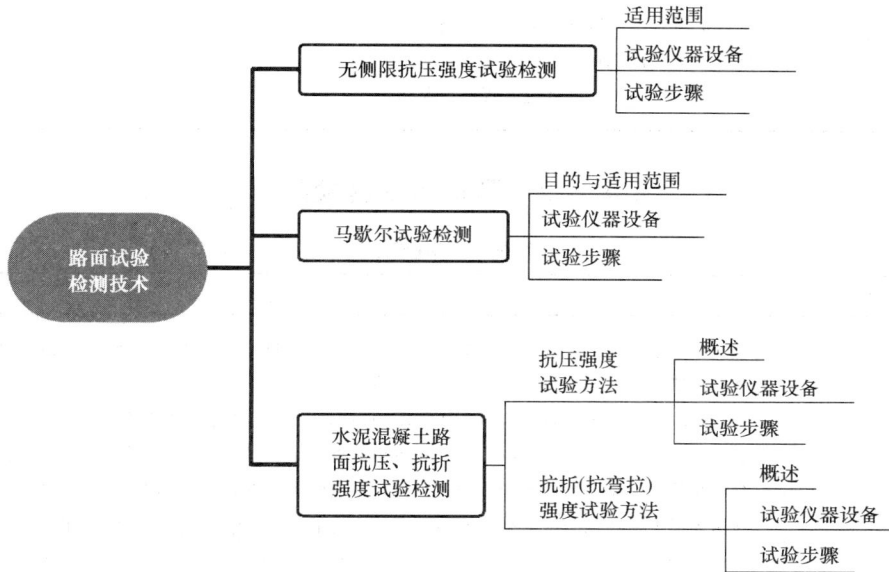

考点1 无侧限抗压强度试验检测

无侧限抗压强度试验检测适用范围和试验步骤

序号	项目	内容
1	适用范围	（1）适用于测定无机结合料稳定土（包括稳定细粒土、中粒土和粗粒土）试件的无侧限抗压强度，有室内配合比设计试验及现场检测，本试验包括：按照预定的干密度用静力压实法制备试件以及用锤击法制备试件，试件都是高∶直径＝1∶1的圆柱体。应该尽可能用静力压实法制备干密度的试件。 （2）室内配合比设计试验和现场检测，两者在试料准备上是不同的。前者根据设计配合比称取试料并拌合，按要求制备试件；后者则在工地现场取拌合的混合料作试件，并按要求制备试件

序号	项目	内容
2	试验步骤	(1) 试料准备。 (2) 确定最佳含水量和最大干密度。 (3) 配制混合料。 (4) 按预定的干密度制作试件。 (5) 成型后试件应立即放入恒温室养护。 (6) 无侧限抗压强度试验。 (7) 整理数字、强度评定并提供试验报告

考点 2　马歇尔试验检测

目的与适用范围

序号	项目	内容
1	试验指标	(1) 马歇尔稳定度试验是对标准击实的试件在规定的温度和速度等条件下受压，测定沥青混合料的稳定度和流值等指标所进行的试验。 (2) 空隙率是评价沥青混合料压实程度的指标。沥青饱和度是指压实沥青混合料试件中沥青实体体积占矿料骨架实体以外的空间体积的百分率，又称为沥青填隙率。稳定度是指沥青混合料在外力作用下抵抗变形的能力，在规定试验条件下，采用马歇尔仪测定的沥青混合料试件达到最大破坏的极限荷载。流值是评价沥青混合料抗塑性变形能力的指标
2	适用范围	(1) 本方法适用于马歇尔稳定度试验和浸水马歇尔稳定度试验。马歇尔稳定度试验主要用于沥青混合料的配合比设计及沥青路面施工质量检验。浸水马歇尔稳定度试验（根据需要，也可进行真空饱和水马歇尔试验）主要是检验沥青混合料受水损害时抵抗剥落的能力，通过测试其水稳定性检验配合比设计的可行性。 (2) 本方法适用于标准马歇尔试件圆柱体，也适用于大型马歇尔试件圆柱体

考点 3　水泥混凝土路面抗压、抗折强度试验检测

水泥混凝土路面抗压、抗折（抗弯拉）强度试验检测

序号	项目	内容
1	水泥混凝土抗压强度试验	(1) 目前混凝土抗压强度试件以边长为 150mm 的正立方体为标准试件，混凝土强度以该试件标准养护到 28d，按规定方法测得的强度为准。通过水泥混凝土抗压强度试验，以确定混凝土强度等级，作为评定混凝土品质的重要指标。 (2) 当混凝土抗压强度采用非标准试件时应进行换算
2	水泥混凝土抗折（抗弯拉）强度试验	(1) 水泥混凝土抗折强度是以 150mm×150mm×550mm 的梁形试件在标准养护条件下达到规定龄期后，净跨径 450mm，双支点荷载作用下的弯拉破坏，并按规定的计算方法得到强度值。 (2) 水泥混凝土抗折强度是混凝土主要力学指标之一，通过试验取得的检测结果是路面混凝组成设计的重要参数

2B312060 路面工程质量通病及防治措施

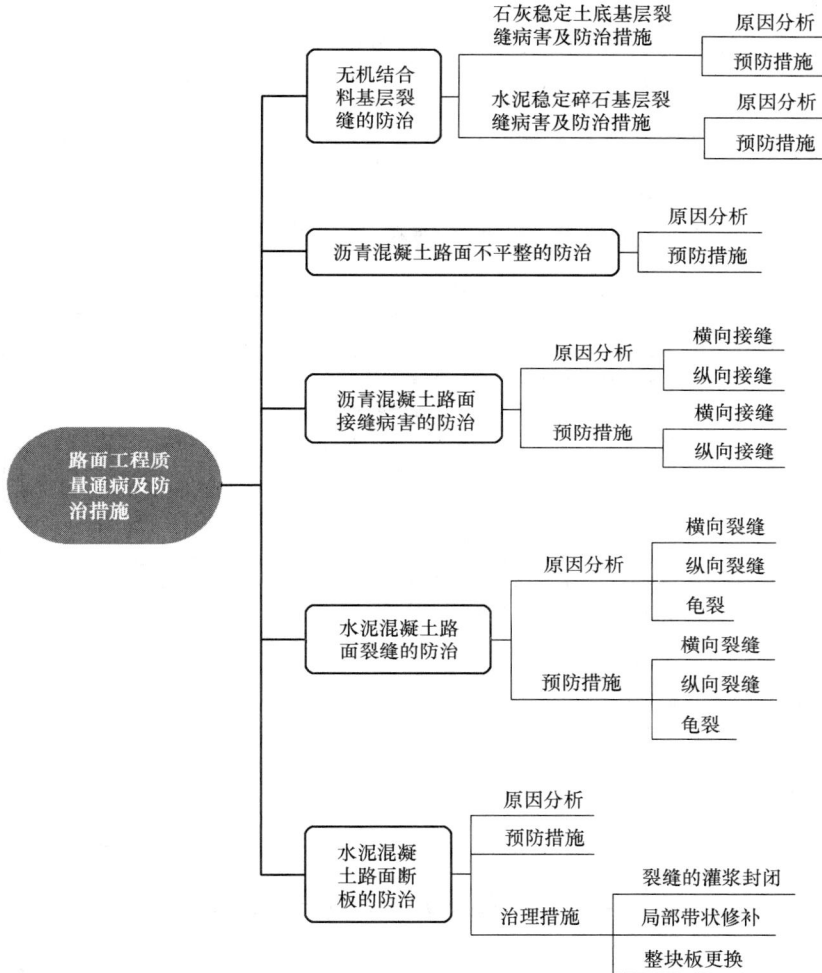

考点1 无机结合料基层裂缝的防治

石灰稳定土底基层裂缝病害及防治措施

序号	项目	内容
1	原因分析	（1）石灰土成型后未及时做好养护。 （2）土的塑性指数较高，黏性大，石灰土的收缩裂缝随土的塑性指数的增高而增多、加宽。

序号	项目	内容
1	原因分析	(3) 拌合不均匀，石灰剂量越高，越容易出现裂缝。 (4) 含水量控制不好。 (5) 工程所在地温差大，一般情况下，土的温缩系数比干缩系数大 4~5 倍，所以进入晚秋、初冬之后，温度收缩裂缝尤为加剧
2	预防措施	(1) 石灰土成型后应及时洒水或覆盖塑料薄膜养护，或铺上一层素土覆盖。 (2) 选用塑性指数合适的土，或适量掺入砂性土、粉煤灰和其他粒料，改善施工用土的土质。 (3) 加强剂量控制，使石灰剂量准确，保证拌合遍数和石灰土的均匀性。 (4) 控制压实含水量，在较大含水量下压实的石灰土，具有较大的干裂，宜在最佳含水量±1%时压实。 (5) 尽量避免在不利季节施工，最好在第一次冰冻来临一个半月前结束施工

水泥稳定碎石基层裂缝病害及防治措施

序号	项目	内容
1	原因分析	(1) 水泥剂量偏大或水泥稳定性差。 (2) 碎石级配中细粉料偏多，石粉塑性指数偏高。 (3) 集料中黏土含量大，因为黏土含量越大，水泥稳定碎石的干缩、温缩裂纹越大。 (4) 碾压时混合料含水量偏大，不均匀。 (5) 混合料碾压成型后养护不及时，易造成基层开裂。 (6) 养护结束后未及时铺筑封层
2	预防措施	(1) 控制水泥质量，在保证强度的情况下，应适当降低水泥稳定碎石混合料的水泥用量。 (2) 碎石级配因接近要求级配范围的中值。 (3) 应严格控制集料中黏土含量。 (4) 应严格控制加水量。 (5) 混合料碾压成型后及时洒水养护，保持碾压成型混合料表面的湿润。 (6) 养护结束后应及时铺筑下封层。 (7) 宜在春季末和气温较高的季节组织施工，工期的最低温度在 5℃ 以上，并在第一次冰冻到来之前一个月内完成，基层表面在冬期上冻前应做好覆盖层（下封层或摊铺下面层或覆盖土）

考点 2 沥青混凝土路面不平整的防治

沥青混凝土路面不平整病害及防治措施

序号	项目	内容
1	原因分析	(1) 基层标高、平整度不符合要求，松铺厚度不同或混合料局部集中离析，混合料压缩量的不同，导致了高程厚度上的不平整。 (2) 摊铺机自动找平装置失灵，摊铺时产生上下漂浮。 (3) 基准线拉力不够，钢钎较其他位置高而造成波动。 (4) 摊铺过程中摊铺机停机，熨平板振动下沉，重新启动后形成凹点。 (5) 摊铺过程中载料车装卸时撞击摊铺机，推移熨平板而减少夯实，形成松铺压实凹点。 (6) 压路机碾压时急停急转，随意停车加水、小修，推拥热的沥青混合料而形成鼓楞。 (7) 基层顶面清理不干净，或摊铺现场随地有漏散混合料，摊铺机滑靴或履带时常碾压在漏散混合料上，导致沥青混合料摊铺厚度不均匀。 (8) 施工缝接茬处理不好，新旧摊铺压实厚度不一，与构造物伸缩缝衔接不好

序号	项目	内容
2	预防措施	（1）控制基层标高和平整度，控制混合料局部集中离析。 （2）在摊铺机及找平装置使用前，应仔细设置和调整，使其处于良好的工作状态，并根据实铺效果进行随时调整。 （3）用拉力器校准基准线拉力，保证基准线水平，防止造成波动。 （4）现场应设置专人指挥运输车辆，每次摊铺之前，应由不少于5部载料车在摊铺机前等候，以保证摊铺机的均匀连续作业，摊铺机不得中途停顿，不得随意调整摊铺机的行驶速度。 （5）应严格控制载料车装卸时撞击摊铺机，使摊铺机均匀连续作业，不形成跳点。 （6）针对混合料中沥青性能特点，确定压路机的机型及重量，并确定出施工的初压温度，合理选择碾压速度，严禁在未成型的油面表层急刹车或快速起步，并选择合理的振频、振幅。 （7）在摊铺机前设专人清除掉在"滑靴"前的混合料及摊铺机履带下的混合料。 （8）沥青路面纵缝应采用热接缝，施工横缝控制好接头新摊混合料的松铺厚度和碾压措施，为改进构造物伸缩缝与沥青路面衔接部位的牢固及平顺，先摊铺沥青混凝土面层，再做构造物伸缩缝

考点3　沥青混凝土路面接缝病害的防治

沥青混凝土路面横向接缝病害的防治

序号	项目	内容
1	原因分析	（1）采用平接缝，边缘未处理成垂直面。采用斜接缝时，施工方法不当。 （2）新旧混合料的粘结不紧密。 （3）摊铺、碾压不当
2	预防措施	（1）尽量采用平接缝。将已摊铺的路面尽头边缘在冷却但尚未结硬时锯成垂直面，并与纵向边缘成直角，或趁未冷透时用凿岩机或人工垂直刨除端部层厚不足的部分。采用斜接缝时，注意搭接长度，一般为0.4~0.8m。 （2）预热软化已压实部分路面，加强新旧混合料的粘结。 （3）摊铺机起步速度要慢，并调整好预留高度，摊铺结束后立即碾压，压路机先进行横向碾压（从先铺路面上跨缝逐渐移向新铺面层），再纵向碾压成为一体，碾压速度不宜过快。同时也要注意碾压的温度符合要求

沥青混凝土路面纵向接缝病害的防治

序号	项目	内容
1	原因分析	（1）施工方法不当。 （2）摊铺、碾压不当
2	预防措施	（1）尽量采用热接茬施工，采用两台或两台以上摊铺机梯队作业。当半幅路施工或因特殊原因而产生纵向冷接茬时，宜加设挡板或加设切刀切齐，也可在混合料尚未冷却前用镐刨除边缘留下毛茬的方式。铺另半幅前必须将缝边缘清扫干净，并涂洒少量粘层沥青。 （2）将已摊铺混合料留10~20cm暂不碾压，作为后摊铺部分的高程基准面，待后摊铺部分完成后一起碾压。纵缝如为热接缝时，应以1/2轮宽进行跨缝碾压；纵缝如为冷接缝时，应先在已压实路上行走，只压新铺层的10~15cm，随后将压实轮每次再向新铺面移动10~15cm。 （3）碾压完成后，用3m直尺检查，用钢轮压路机处理棱角

73

考点 4　水泥混凝土路面裂缝的防治

水泥混凝土路面横向裂缝的原因与防治

序号	项目	内容
1	原因分析	（1）混凝土路面切缝不及时，由于温缩和干缩发生断裂。混凝土连续浇筑长度越长，浇筑时气温越高，基层表面越粗糙越易断裂。 （2）切缝深度过浅，由于横断面没有明显削弱，应力没有释放，因而在临近缩缝处产生新的收缩缝。 （3）混凝土路面基础发生不均匀沉陷（如穿越河浜、沟槽，拓宽路段处），导致板底脱空而断裂。 （4）混凝土路面板厚度与强度不足，在行车荷载和温度应用下产生强度裂缝。 （5）水泥干缩性大；混凝土配合比不合理，水胶比大；材料计量不准确；养护不及时。 （6）混凝土施工时，振捣不均匀
2	预防措施	（1）严格掌握混凝土路面的切缝时间、切缝方式和切缝深度。 （2）当连续浇捣长度很长，切缝设备不足时，可在 1/2 长度处先锯，之后再分段锯；可间隔几十米设一条压缝，以减少收缩应力的积聚。 （3）保证基础稳定、无沉陷。在沟槽、河浜回填处必须按规范要求，做到密实、均匀。 （4）混凝土路面的结构组合与厚度设计应满足交通需要，特别是重车、超重车的路段。 （5）选用干缩性较小的硅酸盐水泥或普通硅酸盐水泥。严格控制材料用量，保证计量准确，并及时养护。 （6）混凝土施工时，振捣要均匀

水泥混凝土路面纵向裂缝的原因与防治

序号	项目	内容
1	原因分析	（1）路基发生不均匀沉陷，如由于纵向沟槽下沉、路基拓宽部分沉陷；路堤一侧积水、排灌等导致路基基础下沉，板块脱空而产生裂缝。 （2）由于基础不稳定，在行车荷载和水温的作用下，产生塑性变形或者由于基层材料水稳性不良，产生湿软膨胀变形，导致各种形式的开裂，纵缝也是其中一种破坏形式。 （3）混凝土板厚度与基础强度不足产生的荷载型裂缝
2	预防措施	（1）对于填方路基，应分层填筑、碾压，保证均匀、密实。 （2）对新旧路基界面处的施工应设置台阶或格栅处理，保证路基衔接部位的严格压实，防止相对滑移。 （3）河浜地段，淤泥必须彻底清除；沟槽地段，应采取措施保证回填材料有良好的水稳性和压实度，以减少沉降。 （4）在上述地段应采用半刚性基层，并适当增加基层厚度；在拓宽路段应加强土基，使其具有略高于旧路的强度，并尽可能保证有一定厚度的基层能全幅铺筑；在容易发生沉陷地段，混凝土路面板应铺设钢筋网或改用沥青路面。 （5）混凝土路面板厚度与基层结构应按现行规范设计，以保证应有的强度和使用寿命。基层必须稳定。宜优先采用水泥、石灰稳定类基层

水泥混凝土路面龟裂的原因与防治

序号	项目	内容
1	原因分析	（1）混凝土浇筑后，表面没有及时覆盖，在炎热或大风天气，表面游离水分蒸发过快，体积急剧收缩，导致开裂。 （2）混凝土拌制时水胶比过大；模板与垫层过于干燥，吸水大。 （3）混凝土配合比不合理，水泥用量和砂率过大。 （4）混凝土表面过度振捣或抹平，使水泥和细集料过多上浮至表面，导致缩裂

序号	项目	内容
2	预防措施	(1) 混凝土路面浇筑后，及时用潮湿材料覆盖，认真浇水养护，防止强风和暴晒。在炎热季节，必要时应搭棚施工。 (2) 配制混凝土时，应严格控制水胶比和水泥用量，选择合适的粗集料级配和砂率。 (3) 在浇筑混凝土路面时，将基层和模板浇水湿透，避免吸收混凝土中的水分。 (4) 干硬性混凝土采用平板振捣器时，应防止过度振捣而使砂浆积聚表面。砂浆层厚度应控制在 2～5mm 范围内。抹面时不必过度抹平

考点 5　水泥混凝土路面断板的防治

水泥混凝土路面断板的防治

序号	项目	内容
1	原因分析	(1) 混凝土板的切缝深度不够、不及时以及压缝距离过大。 (2) 车辆过早通行。 (3) 原材料不合格。 (4) 由于基层材料的强度不足，水稳性不良，以致受力不均，出现应力集中而导致的开裂断板。 (5) 基层标高控制不严和不平整。 (6) 混凝土配合比不当。 (7) 施工工艺不当。 (8) 边界原因
2	预防措施	(1) 做好压缝并及时切缝。 (2) 控制交通车辆。 (3) 合格的原材料是保证混凝土质量的必要条件。 (4) 强度、水稳性、基层标高及平整度的控制。 (5) 施工工艺的控制。 (6) 边界影响的控制
3	治理措施	(1) 裂缝的灌浆封闭：对于轻微断裂、裂缝无剥落或轻微剥落、裂缝宽度小于 3mm 的断板，宜采用灌入胶粘剂的方法灌缝封闭。灌缝工艺有直接灌浆法、压注灌浆法、扩缝灌注法。 (2) 局部带状修补： ① 对轻微断裂、裂缝有轻微剥落的，先画线放样，按画线范围凿开成深 5～7cm 的长方形凹槽，刷洗干净后，用快凝小石子填补。 ② 对轻微断裂、裂缝较宽且有轻微剥落的断板，应按裂缝两侧至少各 20cm 的宽度放样，按画线范围开凿成深至板厚一半的凹槽，此凹槽底部裂缝应与中线垂直，刷洗干净凹槽，在凹槽底部裂缝的两侧用冲击钻沿与中线平行方向，间距 30～40cm，打眼贯通至板厚达基层表面，然后再清洗凹槽和孔眼，在孔眼安设Ⅱ形钢筋，冲击钻钻头采用 ϕ30 规格，Ⅱ形钢筋采用 ϕ22 热轧带肋钢筋制作，安设钢筋完成后，用高强度砂浆填塞孔眼至密实，最后用与原路面相同强度的快凝混凝土浇筑至路面齐平。 ③ 较为彻底的办法是将凹槽凿至贯通板厚，在凹槽边缘两侧板厚中央打洞，深 10cm，直径 4cm，水平间距 30～40cm。每个洞应先将其周围润湿，插入一根直径 18～20mm、长约 200mm 的钢筋，然后用快凝砂浆填塞捣实，待砂浆硬后浇筑快凝混凝土夯捣实齐平路面即可。 (3) 整块板更换：对于严重断裂，裂缝处有严重剥落，板被分割成 3 块以上，有错台或裂块已开始活动的断板，应采用整块板更换的措施

2B313000　桥涵工程

2B313010　桥梁工程

【考点图谱】

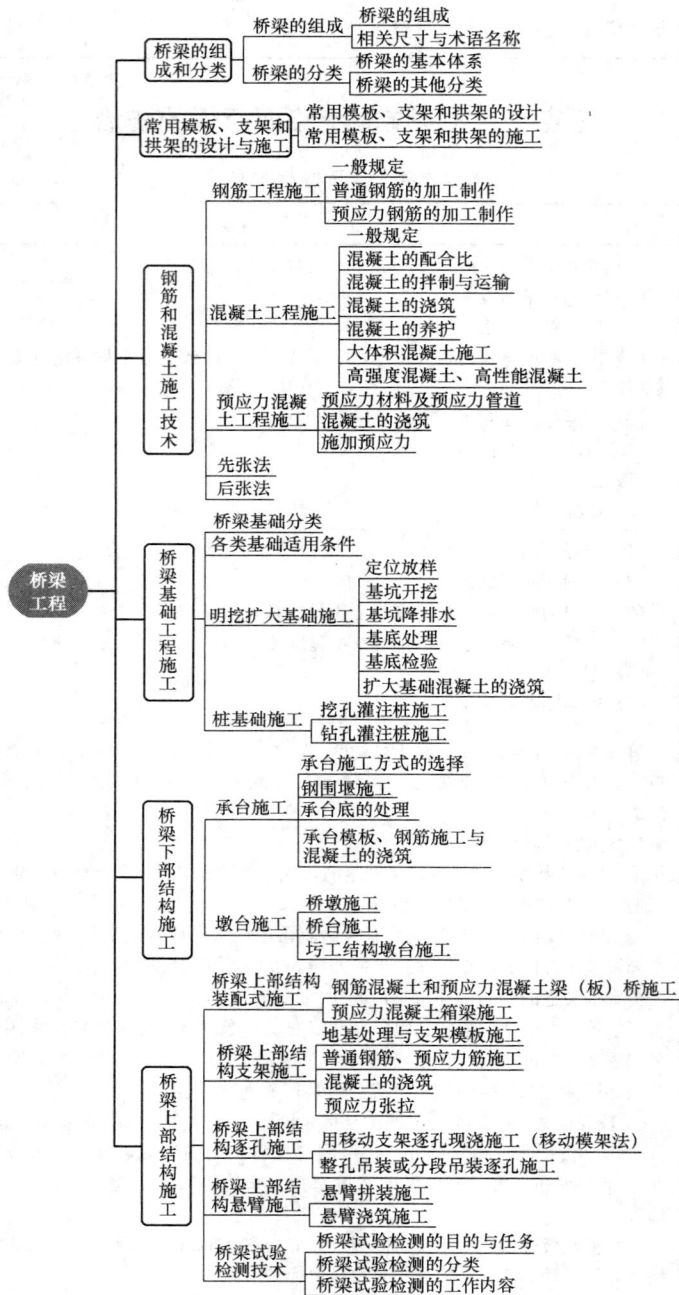

考点1 桥梁的组成和分类

桥梁的组成

序号	项目	内容
1	上部结构	上部结构通常又称为桥跨结构，是在线路中断时跨越障碍的主要承重结构
2	下部结构	下部结构包括桥墩、桥台和基础
3	支座系统	
4	附属设施	（1）桥梁附属设施包括桥面系、伸缩缝、桥头搭板和锥形护坡等。 （2）桥面系包括桥面铺装、排水防水系统、栏杆、灯光照明等

相关尺寸与术语名称

序号	项目	内容
1	净跨径	对于梁式桥是设计洪水位上相邻两个桥墩（或桥台）之间的净距，用 l_0 表示；对于拱式桥则是每孔拱跨两个拱脚截面最低点之间的水平距离
2	总跨径	是多孔桥梁中各孔净跨径的总和，也称桥梁孔径（$\sum l_0$），它反映了桥下宣泄洪水的能力
3	计算跨径	对于具有支座的桥梁，是指桥跨结构相邻两个支座中心之间的距离，用 l 表示。对于拱式桥，拱圈（或拱肋）各截面形心点的连线称为拱轴线，计算跨径为拱轴线两端点之间的水平距离
4	桥梁全长	简称桥长，是桥梁两端两个桥台的侧墙或八字墙后端点之间的距离，以 L 表示。对于无桥台的桥梁为桥面系行车道的全长
5	桥梁高度	简称桥高，是指桥面与低水位之间的高差，或为桥面与桥下线路路面之间的距离。桥高在某种程度上反映了桥梁施工的难易性
6	桥下净空高度	是设计洪水位或计算通航水位至桥跨结构最下缘之间的距离，以 H 表示，它应保证能安全排洪，并不得小于对该河流通航所规定的净空高度
7	桥梁建筑高度	是桥上行车路面（或轨顶）标高至桥跨结构最下缘之间的距离，它不仅与桥梁结构的体系和跨径的大小有关，而且还随行车部分在桥上布置的高度位置而异。公路（或铁路）定线中所确定的桥面（或轨顶）标高，与通航净空顶部标高之差，又称为容许建筑高度。桥梁的建筑高度不得大于其容许建筑高度，否则就不能保证桥下的通航要求
8	净矢高	是从拱顶截面下缘至相邻两拱脚截面下线最低点之连线的垂直距离，用 f_0 表示；计算矢高：是从拱顶截面形心至相邻两拱脚截面形心之连线的垂直距离，用 f 表示
9	矢跨比	是指拱桥中拱圈（或拱肋）的计算矢高 f 与计算跨径 l 之比 $\left(\dfrac{f}{l}\right)$，也称拱矢度，它是反映拱桥受力特性的一个重要指标

桥梁的基本体系

序号	项目	内容
1	梁式桥	(1) 梁作为承重结构是以它的抗弯能力来承受荷载的。 (2) 梁分为简支梁、悬臂梁、固端梁和连续梁等。 (3) 悬臂梁、固端梁和连续梁都是利用支座上的卸载弯矩去减少跨中弯矩，使梁跨内的内力分配更合理，以同等抗弯能力的构件断面就可建成更大跨径的桥梁
2	拱式桥	(1) 拱式体系的主要承重结构是拱肋（或拱箱），以承压为主，可采用抗压能力强的圬工材料（石、混凝土与钢筋混凝土）来修建。 (2) 拱分单铰拱、双铰拱、三铰拱和无铰拱。拱是有水平推力的结构，对地基要求较高，一般常建于地基良好的地区
3	刚架桥	(1) 刚架桥是介于梁与拱之间的一种结构体系，它是由受弯的上部梁（或板）结构与承压的下部柱（或墩）整体结合在一起的结构。 (2) 刚架分直腿刚架与斜腿刚架。刚架桥施工较复杂，一般用于跨径不大的城市桥或公路高架桥和立交桥
4	悬索桥	(1) 是指以悬索为主要承重结构的桥。 (2) 构造简单，受力明确；在同等条件下，跨径越大，单位跨度的材料耗费越少、造价越低。 (3) 悬索桥是大跨桥梁的主要形式
5	组合体系桥	(1) 梁、拱组合体系：这类体系中有系杆拱、桁架拱、多跨拱梁结构等。它们利用梁的受弯与拱的承压特点组成联合结构，梁和拱都是主要承重结构，两者相互配合共同受力。 (2) 斜拉桥：它是由承压的塔、受拉的索与承弯的梁体组合起来的一种梁—索组合结构体系

考点 2　常用模板、支架和拱架的设计与施工

常用模板、支架和拱架的设计

序号	项目	内容
1	设计审批	承包人应在制作模板、拱架和支架前 14d，向监理工程师提交模板、拱架和支架的施工方案，施工方案应包括工艺图和强度、刚度与稳定性等的计算书，经监理工程师批准后才能制作和架设。监理工程师的批准及制作、架设过程中的检查，并不免除承包人对此应负的责任
2	施工图设计内容	(1) 工程概况和工程结构简图。 (2) 结构设计的依据和设计计算书。 (3) 总装图和细部构造图。 (4) 制作、安装的质量及精度要求。 (5) 安装、拆除时的安全技术措施及注意事项。 (6) 材料的性能质量要求及材料数量表。 (7) 设计说明书和使用说明书

序号	项目	内容
3	设计要求	（1）模板宜采用钢材、胶合板或其他适宜的材料制作；支架宜采用钢材或常备式定型钢构件等材料制作。 （2）模板和支架应具有足够的强度、刚度和稳定性，应能承受施工过程中所产生的各种荷载。 （3）模板的板面应平整，接缝处应严密且不漏浆；模板与混凝土的接触面应涂刷隔离剂，但不得采用废机油等油料，且不得污染钢筋及混凝土的施工缝。 （4）模板背面应设置主肋和次肋作为其支承系统，主肋和次肋的布置应根据模板的荷载和刚度要求进行。次肋的配置方向应与模板的长度方向相垂直，应能直接承受模板传递的荷载，其间距按荷载数值和模板的力学性能计算确定；主肋应承受次肋传递的荷载，且应能起到加强模板结构的整体刚度和调整平直度的作用，支架或支撑的着力点应设置在主肋上。 （5）在模板上设置的吊环应采用HPB300级钢筋，严禁采用冷加工钢筋制作。每个吊环应按两肢截面计算，在模板自重标准值作用下，吊环的拉应力应不大于65MPa。 （6）支架应稳定、坚固，应能抵抗在施工过程中可能发生的振动和偶然撞击。 （7）支架不得与应急安全通道相连接。 （8）支架的立杆之间应根据其受力要求和结构特点设置水平和斜向等支撑连接杆件，增强支架的整体刚度和稳定性。 （9）托架结构宜设置成三角形，且与预埋件的连接固定方式应可靠
4	普通模板荷载计算	（1）振捣混凝土时产生的荷载，对水平面模板可采用2.0kN/m²，对垂直面模板可采用4.0kN/m²，且作用范围在新浇筑混凝土侧压力的有效压头高度之内。 （2）当采用内部振捣器时，新浇筑混凝土作用于模板的侧压力，可按公式计算，并取其中的较小值
5	拱架设计荷载验算	拱架设计荷载应根据结构特点和施工荷载特性分析取用，拱圈的自重荷载宜乘以1.2倍系数。在计算荷载作用下，应按可能产生的最不利荷载组合验算拱架的强度、刚度和稳定性
6	验算模板、支架的刚度允许变形值	（1）结构表面外露的模板，挠度为模板构件跨度的1/400。 （2）结构表面隐蔽的模板，挠度为模板构件跨度的1/250。 （3）支架受载后挠曲的杆件（盖梁、纵梁），其弹性挠度为相应结构跨度的1/400。 （4）钢模板的面板变形为1.5mm。 （5）钢模板的钢棱和柱箍变形为$L/500$和$B/500$（其中L为计算跨径，B为柱宽）
7	设计与验算的其他规定	（1）验算模板、支架在自重和风荷载等作用下的抗倾覆稳定性时，其抗倾覆稳定系数应不小于1.3。 （2）对拱架各截面的强度进行验算时，应根据拱架的结构形式和所受的荷载大小，按分环分段浇筑或砌筑施工的工况，分别验算其拱顶、拱脚和1/4跨等特征截面的应力，并应对特征拱架节点进行受力分析。 （3）应严格控制拱架的刚度，拱架受载后，对落地式拱架，其弹性挠度应不大于相应结构跨度的1/2000；对拱式拱架，其弹性挠度应不大于相应结构跨度的1/1000。 （4）稳定性的验算应包括拱架的整体稳定和局部稳定，抗倾覆稳定系数应不小于1.5。对拱架在拼装过程中的稳定性亦应进行验算，当不能满足拼装要求时，应采取必要的辅助稳定措施。 （5）拱架的地基与基础设计应符合现行《公路桥涵地基与基础设计规范》JTG 3363的规定，并应对地基承载力进行验算

<h3 style="text-align:center">模板、支架和拱架设计计算的荷载组合</h3>

序号	模板、支架结构类别	荷载组合	
		计算强度	验算刚度
1	梁、板和拱的底模板以及支承板、支架及拱等	(1)＋(2)＋(3)＋(4)＋(7)＋(8)	(1)＋(2)＋(7)＋(8)
2	缘石、人行道、栏杆、柱、梁、板、拱等的侧模板	(4)＋(5)	(5)
3	基础、墩台等厚大建筑物的侧模板	(5)＋(6)	(5)

注：1. 模板、支架自重；
2. 新浇筑混凝土、钢筋、预应力筋或其他圬工结构物的重力；
3. 施工人员及施工设备、施工材料等荷载；
4. 振捣混凝土时产生的振动荷载；
5. 新浇筑混凝土对模板侧面的压力；
6. 混凝土入模时产生的水平方向的冲击荷载；
7. 设于水中的支架所承受的水流压力、波浪力、流冰压力、船只及其他漂浮物的撞击力；
8. 其他可能产生的荷载，如风荷载、雪荷载、冬季保温设施荷载、温度应力等。

<h3 style="text-align:center">模板的制作及安装</h3>

序号	项目	内容
1	施工工艺流程	选择模板及支撑材料→模板设计与绘图→构件基础平整及支撑系统施工→模板加工制作与安装→模板表面及接缝处理→模板安装质量检验→钢筋安装及质量检验→混凝土浇筑→混凝土养护→拆除模板
2	模板制作	(1) 钢模板应按批准的加工图进行制作，成品经检验合格后方可使用。组装前应对零部件的几何尺寸和焊缝进行全面检查，合格后方可进行组装。面板变形及整体刚度应符合现行《公路桥涵施工技术规范》JTG/T 3650 相关规定。 (2) 制作钢木组合模板时，钢与木之间的接触面应贴紧。面板采用防水胶合板的模板，除应使胶合板与背楞之间密贴外，对在制作过程中裁切过的防水胶合板茬口，应按产品的要求及时涂刷防水涂料。 (3) 木模板与混凝土接触的表面应刨光且应保持平整。木模板的接缝可制作成平缝、搭接缝或企口缝，当采用平缝时，应有防止漏浆的措施；转角处应加嵌条或做成斜角。 (4) 采用其他材料（高分子合成材料面板、硬塑料或玻璃钢）制作模板时，其接缝应严密，边肋及加强肋应安装牢固，并应与面板成一整体
3	模板的安装规定	(1) 模板应按设计要求准确就位，且不宜与脚手架连接。 (2) 安装侧模板时，支撑应牢固，应防止模板在浇筑混凝土时产生移位。 (3) 模板在安装过程中，必须设置防倾覆的临时固定设施。 (4) 模板安装完成后，其尺寸、平面位置和顶部高程等应符合设计要求，节点联系应牢固。 (5) 梁、板等结构的底模板宜根据需要设置预拱度。 (6) 固定在模板上的预埋件和预留孔洞均不得遗漏，安装应牢固，位置应准确
4	采用提升模板施工时的要求	应设置脚手平台、接料平台、挂吊脚手及安全网等辅助设施

序号	项目	内容
5	采用翻转模板和爬升模板施工时的要求	其结构应满足强度、刚度及稳定性要求。液压爬模应由专业单位设计和制造，并应有检验合格证明及操作说明书。施工应符合下列规定： （1）混凝土的强度应达到规定的数值后方可拆模并进行模板的翻转或爬架爬升。作用于爬模上接料平台、脚手平台和拆模吊篮的荷载应均衡，不得超载，严禁混凝土吊斗碰撞爬模系统。 （2）模板沿墩身周边方向应始终保持顺向搭接。在施工过程中，应随时检查爬模的中线、水平位置和高程等，发现问题应及时纠正
6	采用滑升模板时的要求	除应符合现行《滑动模板工程技术标准》GB/T 50113 的规定外，尚应符合下列规定： （1）模板的高度宜根据结构物的实际情况确定；模板的结构应具有足够的强度、刚度和稳定性；支承杆及提升设备应能保证模板竖直均衡上升。组装时应使各部尺寸的精度符合设计要求，组装完毕应经全面检查试验合格后，方可正式投入使用。 （2）模板的滑升速度宜不大于 250mm/h，滑升时应检测并控制其位置。滑升模板的施工宜连续进行，因故中断时，宜在中断前将混凝土浇筑齐平，中断期间模板仍应继续缓慢地滑升，直到混凝土与模板不致粘住时为止

支架、拱架的制作及安装

序号	项目	内容
1	支架的制作规定	（1）支架宜采用标准化、系列化、通用化的钢构件制作拼装。 （2）制作木支架时，两相邻立柱的连接接头宜分设在不同的水平面上，并应减少长杆件接头。主要压力杆的接长连接，宜使用对接法，并宜采用木夹板或铁夹板夹紧；次要构件的连接可采用搭接法
2	支架的安装规定	（1）支架应按施工图设计的要求进行安装。立柱应垂直，节点连接应可靠。 （2）高支架应设置足够的斜向连接、扣件或缆风绳，横向稳定应有保证措施。 （3）支架在安装完成后，应对其平面位置、顶部高程、节点连接及纵、横向稳定性进行全面检查，符合要求后，方可进行下一工序
3	支架预压的规定	支架宜根据其结构形式、所用材料和地基情况的不同，在施工前确定是否对其进行预压，并应符合下列规定： （1）对位于刚性地基上的刚度较大且非弹性变形可确定控制在一定范围内的支架，在经计算并通过一定审核程序，确认其满足强度、刚度和稳定性等要求的前提下，可不预压；但在施工过程中应对支架的材料和安装施工质量采取严格的管控措施。 （2）对位于软土地基或软硬不均地基上的支架，宜通过预压的方式，消除地基的不均匀沉降和支架的非弹性变形。 （3）对支架进行预压时，预压荷载宜为支架所承受荷载的 1.05～1.10 倍，预压荷载的分布宜模拟需承受的结构荷载及施工荷载
4	支架预拱度和卸落装置规定	支架应结合模板的安装一并考虑设置预拱度和卸落装置，并应符合下列规定： （1）设置的预拱度值，应包括结构本身需要的预拱度和施工需要的预拱度两部分。 （2）施工预拱度应考虑下列因素：模板、支架承受施工荷载引起的弹性变形；受载后由于杆件接头的挤压和卸落装置压缩而产生的非弹性变形；支架地基在受载后的沉降变形。 （3）专用支架应按其产品的要求进行模板的卸落；自行设计的普通支架应在适当部位设置相应的木楔、木马、砂筒或千斤顶等卸落模板的装置，并应根据结构形式、承受的荷载大小确定卸落量

序号	项目	内容
5	拱架的有关要求	（1）拱架在安装前，应对桥轴线、拱轴线、跨径和高程等进行校核，确认无误后方可进行拼装。拼装应根据拱架的构造确定适宜的方法进行，分片或分段拼装时应有保证拱架稳定的临时措施，必要时应设置缆风绳进行固定；拱架拼装时尚应设置足够的平联、斜撑和剪刀撑，保证其横向的稳定。 （2）拱架应设置施工预拱度和卸落装置，其施工要求除应符合前述支架相关规定外，拱式拱架尚应考虑其受载后产生水平位移所引起的拱圈挠度。各类拱架的顶部高程应符合拱圈下缘加预拱度后的几何线形，允许偏差宜为±10mm；拱架纵轴的平面位置偏差应不大于跨度的 1/1000，且宜不大于 30mm。 （3）拱架安装完成后，应按设计荷载进行预压；并应对其平面位置、顶部高程、节点连接及纵横向的稳定性进行全面检查，符合要求后，方可进行下一工序

模板、支架和拱架的拆除

序号	项目	内容
1	审批程序	（1）承包人应在拟定拆模时间的 12h 以前，向监理工程师报告拆模建议，并应取得监理工程师同意。 （2）如果由于拆模不当而引起混凝土损坏，其修补费用应由承包人承担。 （3）卸落拱架时应用仪器观测拱圈挠度和墩台变位情况，并作好记录，供监理工程师查阅和随时控制
2	模板、支架的拆除规定	（1）模板、支架的拆除期限和拆除程序等应根据结构物特点、模板部位和混凝土所应达到的强度要求确定，并应严格按其相应的施工图设计的要求进行。 （2）非承重侧模板应在混凝土抗压强度达到 2.5MPa，且能保证其表面及棱角不致因拆模而受损坏时方可拆除。 （3）芯模和预留孔道的内模，应在混凝土强度能保证其表面不发生塌陷或裂缝现象时，方可拆除。 （4）钢筋混凝土结构的承重模板、支架，应在混凝土强度能承受其自重荷载及其他可能的叠加荷载时，方可拆除。 （5）对预应力混凝土结构，其侧模应在预应力钢束张拉前拆除；底模及支架应在结构建立预应力后方可拆除。 （6）模板、支架的拆除应遵循后支先拆、先支后拆的原则顺序进行。墩、台的模板宜在其上部结构施工前拆除。 （7）拆除梁、板等结构的承重模板时，应在横向同时、纵向对称均衡卸落。简支梁、连续梁结构的模板宜从跨中向支座方向依次循环卸落；悬臂梁结构的模板宜从悬臂端开始顺序卸落。 （8）模板、支架拆除时，不得损伤混凝土结构
3	拱架的拆卸规定	（1）现浇混凝土拱圈的拱架，其拆除期限应符合设计规定；设计未规定时，应在拱圈混凝土强度达到设计强度的 85% 后，方可卸落拆除。 （2）卸落拱架应按提前拟定的卸落程序进行，且宜分步卸落；在纵向应对称均衡卸落，在横向应同时一起卸落。满布式落地拱架卸落时，可从拱顶向拱脚依次循环卸落；拱式拱架可在两支座处同时均匀卸落；多孔拱桥拱架时，若桥墩允许承受单孔施工荷载，可单孔卸落，否则应多孔同时卸落，或各连续孔分阶段卸落。卸落拱架时，应设专人对拱圈的挠度和墩台的位移等情况进行监测，当有异常时，应暂停卸落，查明原因并采取相应措施后方可继续进行。 （3）石拱桥的拱架卸落时间应符合下列要求： ① 浆砌石拱桥，应待砂浆强度达到设计强度的 85% 后方可卸落；设计另有规定时，应从其规定。 ② 跨径小于 10m 的小拱桥，宜在拱上建筑全部完成后卸架；中等跨径的实腹式拱，宜在护拱砌完后卸架；大跨径空腹式拱，宜在拱上小拱横墙砌好（未砌小拱圈）时卸架。 ③ 当需要进行裸拱卸架时，应对裸拱进行截面强度及稳定性验算，并采取必要的辅助稳定措施

考点3 钢筋和混凝土施工技术

钢筋工程施工的一般规定

1. 钢筋应具有出厂质量证明书和试验报告单，进场时除应检查其外观和标志外，尚应按不同的钢种、等级、牌号、规格及生产厂家分批抽取试样进行力学性能检验，检验试验方法应符合现行国家标准的规定。

2. 钢筋经进场检验合格后方可使用。钢筋在运输过程中应避免锈蚀、污染或被压弯；在工地存放时，应按不同品种、规格，分批分别堆置整齐，不得混杂，并应设立识别标志，存放的时间宜不超过6个月。

3. 钢筋的级别、种类和直径应按设计规定采用，当需要代换时，应得到设计认可。预制构件的吊环，必须采用未经冷拉的热轧光圆钢筋制作，且其使用时的计算拉应力应不大于65MPa。

普通钢筋的加工制作

序号	项目	内容
1	钢筋的基本要求	钢筋的表面应洁净，使用前应将表面油渍、漆皮、鳞锈等清除干净，钢筋外表有严重锈蚀、麻坑、裂纹夹砂和夹层等缺陷时应予剔除，不得使用。钢筋应平直，无局部弯折，成盘的钢筋和弯曲的钢筋均应调直才能使用
2	钢筋的弯制和末端的弯钩	(1) 钢筋的弯制和末端的弯钩应符合设计要求，如设计无规定时，应符合现行《公路桥涵施工技术规范》JTG/T 3650 的规定。 (2) 箍筋的末端应做弯钩，弯钩的弯曲直径应大于被箍受力主钢筋的直径，且 HPB300 级钢筋应不小于箍筋直径的 2.5 倍，HRB400 级钢筋应不小于箍筋直径的 5 倍。弯钩平直部分的长度，一般结构应不小于箍筋直径的 5 倍，有抗震要求的结构，应不小于箍筋直径的 10 倍
3	钢筋的连接	钢筋的连接宜采用焊接接头或机械连接接头。绑扎接头仅当钢筋构造复杂施工困难时方可采用，绑扎接头的钢筋直径宜不大于 28mm，对轴心受压和偏心受压构件中的受压钢筋可不大于 32mm；轴心受拉和小偏心受拉构件不应采用绑扎接头
4	钢筋的焊接	(1) 钢筋的焊接接头宜采用闪光对焊，或采用电弧焊、电渣压力焊或气压焊，但电渣压力焊仅可用于竖向钢筋的连接，不得用作水平钢筋和斜筋的连接。 (2) 每批钢筋焊接前，应先选定焊接工艺和焊接参数，按实际条件进行试焊，并检验接头外观质量及规定的力学性能，试焊质量经检验合格后方可正式施焊。焊接时，对施焊场地应有适当的防风、雨、雪、严寒的设施。 (3) 电弧焊宜采用双面焊缝，仅在双面焊无法施焊时，方可采用单面焊缝。采用搭接电弧焊时，两钢筋搭接端部应预先折向一侧，两接合钢筋的轴线应保持一致；采用帮条电弧焊时，帮条应采用与主筋相同的钢筋，其总截面面积应不小于被焊接钢筋的截面面积。电弧焊接头的焊缝长度，对双面焊缝应不小于 $5d$，单面焊缝应不小于 $10d$（d 为钢筋直径）。电弧焊接与钢筋弯曲处的距离应不小于 $10d$，且不宜位于构件的最大弯矩处
5	钢筋的机械连接	钢筋的机械连接宜采用镦粗直螺纹、滚扎直螺纹或套筒挤压连接接头。且适用于 HRB400、HRBF400、HRB500 和 RRB400 级热轧带肋钢筋；各类接头的性能均应符合现行行业标准《钢筋机械连接技术规程》JGJ 107 的规定，并应符合下列规定： (1) 钢筋机械连接接头的等级应选用 I 级或 II 级。 (2) 钢筋机械连接件的最小混凝土保护层厚度，应符合设计受力主筋混凝土保护层厚度的规定，且不得小于 20mm；连接件之间或连接件与钢筋之间的横向净距应不小于 25mm。 (3) 连接套筒、锁母、丝头在运输和储存过程中应采取防护措施，防止雨淋、沾污和损伤

序号	项目	内容
6	受力钢筋焊接或绑扎接头规定	受力钢筋焊接或绑扎接头应设置在内力较小处,并错开布置,对于绑扎接头,两接头间距离不小于1.3倍搭接长度。对于焊接接头和机械接头,在接头长度区段内,同一根钢筋不得有两个接头,配置在接头长度区段内的受力钢筋,其接头的截面面积占总截面面积的百分率应符合规定
7	钢筋骨架的焊接拼装规定	钢筋骨架的焊接拼装应在坚固的工作台上进行,操作时应符合下列要求: (1) 拼装前应按设计图纸放大样,放样时应考虑焊接变形的预留拱度。拼装时,在需要焊接的位置宜采用楔形卡卡紧,防止焊接时局部变形。 (2) 骨架焊接时,不同直径钢筋的中心线应在同一平面上,较小直径的钢筋在焊接时,下面宜垫以厚度适当的钢板。施焊顺序宜由中到边对称地向两端进行,先焊骨架下部,后焊骨架上部。相邻的焊缝应采用分区对称跳焊,不得顺方向一次焊成
8	钢筋安设、支承及固定要求	(1) 安装钢筋时,钢筋的级别、直径、根数、间距等应符合设计的规定。对多层多排钢筋,宜根据安装需要在其间隔处设立一定数量的架立钢筋或短钢筋,但架立钢筋或短钢筋的端头不得伸入混凝土保护层内。半成品钢筋和钢筋骨架采用整体方式安装时,宜设置专用胎架及卡具等进行辅助定位,安装过程中应采用保证整体刚度及防止变形的措施。当钢筋过密,将会影响到混凝土浇筑质量时,应及时与设计协商解决。 (2) 钢筋与模板之间应设置垫块,混凝土垫块应具有不低于结构本体混凝土的强度,并应有足够的密实性;采用其他材料制作垫块时,除应满足其使用强度的要求外,其材料中不应含有对混凝土产生不利影响的成分。垫块的制作厚度不应出现负误差,正误差不大于1mm。垫块应相互错开、分散设置在钢筋与模板之间,但不应横贯混凝土保护层的全部截面进行设置。垫块在结构或构件侧面和底面所布设的数量应不少于4个/m²,重要部位宜适当加密
9	灌注桩钢筋骨架的制作、运输与安装规定	(1) 制作时应采取必要措施,保证骨架的刚度,主筋的接头应错开布置。大直径长桩的钢筋骨架宜在胎架上分段制作,且宜编号,安装时应按编号顺序连接。 (2) 应在骨架外侧设置控制混凝土保护层厚度的垫块,垫块的间距在竖向应不大于2m,在横向圆周不应少于4处。 (3) 钢筋骨架在运输过程中,应采取适当的措施防止其变形。骨架的顶端应设置吊环

预应力钢筋的加工制作

序号	项目	内容
1	质量要求	预应力混凝土结构所采用的钢丝、钢绞线、螺纹钢筋等材料的性能和质量,应符合现行国家标准的规定。钢丝应符合现行《预应力混凝土用钢丝》GB/T 5223的规定;钢绞线应符合现行《预应力混凝土用钢绞线》GB/T 5224的规定;螺纹钢筋应符合现行《预应力混凝土用螺纹钢筋》GB/T 20065的规定
2	验收要求	预应力筋进场时应分批验收,验收时,除应对其质量证明书、包装、标志和规格等进行检查外,尚须按下列规定进行检查: (1) 钢丝:钢丝分批检验时每批质量应不大于60t,检验时应先从每批中抽查5%且不少于5盘,进行表面质量检查。如检查不合格,则应对该批钢丝逐盘检查。在每盘钢丝的两端取样进行抗拉强度、弯曲和伸长率的试验,其力学性能应符合现行《公路桥涵施工技术规范》JTG/T 3650附录的有关规定要求。 (2) 钢绞线:钢绞线分批检验时每批质量应不大于60t,检验时应从每批钢绞线中任取3盘,并从每盘所选的钢绞线端部正常部位截取一组试样进行表面质量、直径偏差和力学性能试验。 (3) 螺纹钢筋:螺纹钢筋分批检验时每批质量应不大于100t,对表面质量应逐根目视检查,外观检查合格后在每批中任选2根钢筋截取试件进行拉伸试验

序号	项目	内容
3	预应力筋的试验	预应力筋的实际强度不得低于现行国家标准的规定。预应力筋的试验方法应按现行国家标准的规定执行。用作拉伸试验的试件，不允许进行任何形式的加工。在对预应力筋进行拉伸试验中，应同时测定其弹性模量
4	预应力筋制作时的下料规定	(1) 预应力筋的下料长度应通过计算确定，计算时应考虑结构的孔道长度或台座长度、锚夹具厚度、千斤顶长度、镦头预留量、冷拉伸长值、弹性回缩值、张拉伸长值和张拉工作长度等因素。 (2) 钢丝束两端采用镦头锚具时，宜采用等长下料法对钢丝进行下料。 (3) 预应力筋的下料，应采用切断机或砂轮锯切断，严禁采用电弧切割
5	高强度钢丝的镦头	高强度钢丝的镦头宜采用液压冷镦，镦头前应确认钢丝的可镦性，钢丝镦头的强度不得低于钢丝强度标准值的98%
6	制作挤压锚规定	(1) 模具与挤压锚应配套使用，挤压锚具的外表面应涂润滑介质，挤压力和挤压操作应符合产品使用说明书的规定。 (2) 挤压后的预应力筋外端应露出挤压套筒2~5mm。 (3) 应从每一工作班制作的成型挤压锚中抽取至少3个试件，进行握裹力试验。 (4) 钢绞线压花锚挤压成型时，表面应清洁、无油污，梨形头的尺寸和直线段长度应不小于设计值。 (5) 环氧涂层钢绞线不得用于制作压花锚
7	编束要求	预应力筋由多根钢丝或钢绞线组成且当采取整束穿入孔道内时应预先编束，编束时应将钢丝或钢绞线逐根理顺，防止缠绕，并应每隔1~1.5m捆绑一次，使其绑扎牢固、顺直

混凝土工程施工的一般规定和配合比要求

序号	项目	内容
1	一般规定	(1) 在进行混凝土强度试配和质量检测时，混凝土的抗压强度应以边长为150mm的立方体尺寸标准试件测定，且应取其保证率为95%。试件以同龄期者三块为一组，并以同等条件制作和养护，每组试件的抗压强度应以三个试件测值的算术平均值为测定值，如有一个测值与中间值的差值超过中间值的15%时，则取中间值为测定值；如有两个测值与中间值的差值均超过15%时，则该组试件无效。 (2) 混凝土抗压强度应为标准方式成型的试件，置于标准养护条件下（温度为20±2℃及相对湿度不低于95%）养护28d所测得的抗压强度值（MPa）进行评定。采用蒸汽养护的混凝土抗压强度，试件应先随构件同条件蒸汽养护，再转入标准条件下养护，累计养护时间应为28d。当混凝土中掺用粉煤灰等矿物掺合料时，确定混凝土抗压强度时的龄期应符合设计规定
2	混凝土的配合比	(1) 混凝土的配合比，应以质量比计，并应通过设计和试配选定。试配时应使用施工实际采用的材料，配制的混凝土拌合物应满足和易性、凝结时间等施工技术条件；制成的混凝土应满足配制强度、力学性能和耐久性能的设计要求。 (2) 不同强度等级混凝土的最大水胶比、胶凝材料用量宜符合规定。 (3) 公路桥涵工程使用的外加剂，与水泥、矿物掺合料之间应具有良好的相容性。所采用的外加剂，应是经过具备相关资质的检测机构检验并附有检验合格证明的产品，在混凝土中掺入外加剂时，应符合下列规定： ① 在钢筋混凝土和预应力混凝土中，均不得掺用氯化钙、氯化钠等氯盐。

序号	项目	内容
2	混凝土的配合比	② 减水剂宜采用聚羧酸类减水剂。 ③ 各种外加剂中的氯离子总含量宜不大于混凝土中胶凝材料总质量的 0.02%，硫酸钠含量宜不大于减水剂干重的 15%。 ④ 从各种组成材料引入的氯离子总含量（折合氯盐含量）应不超过现行《公路桥涵施工技术规范》JTG/T 3650 规定的限值。 ⑤ 掺入引气剂的混凝土，其含气量应按不同环境类别和作用等级确定。 （4）混凝土膨胀剂的品种和掺量应通过试验确定。掺入膨胀剂的混凝土宜采取有效的持续保湿养护措施，且宜按不同结构和温度适当延长养护时间。掺合料应保证其产品品质稳定，来料均匀。掺合料应由生产单位专门加工，进行产品检验并出具产品合格证书。混凝土中需要掺用粉煤灰、粒化高炉矿渣粉、硅灰等掺合料时，其掺入量应在使用前通过试验确定。掺合料在运输与储存中，应有明显标识，严禁与水泥等其他粉状材料混淆。 （5）除应对由各种组成材料带入混凝土中的碱含量进行控制外，尚应控制混凝土的总碱含量。每立方米混凝土的总碱含量，对一般桥涵宜不大于 3.0kg/m³，对特大桥、大桥和重要桥梁宜不大于 2.1kg/m³。当混凝土结构处于受严重侵蚀的环境时，不得使用有碱活性反应的集料。 （6）泵送混凝土的配合比宜符合下列规定： ① 胶凝材料用量宜不小于 300kg/m³。水泥宜选用硅酸盐水泥、普通硅酸盐水泥、矿渣硅酸盐水泥或粉煤灰硅酸盐水泥；细集料宜采用中砂，且其通过 300μm 筛孔的颗粒含量宜不少于 15%，砂率宜为 35%~45%；粗集料宜采用连续级配，其针片状颗粒含量宜不大于 10%，粗集料的最大公称粒径与输送管径之比宜符合现行《公路桥涵施工技术规范》JTG/T 3650 的规定。 ② 应通过试验掺用适量的泵送剂或减水剂，且宜掺用矿物掺合料。 ③ 试配时应考虑坍落度经时损失。 （7）通过设计和试配确定配合比后，应填写试配报告单，提交施工监理工程师或有关方面批准。混凝土配合比使用过程中，应根据混凝土质量的动态信息，及时进行调整、报批。通过设计和试配确定的配合比，应经批准后方可使用，且应在混凝土拌制前将理论配合比换算为施工配合比

混凝土的拌制、运输、浇筑与养护

序号	项目	内容
1	混凝土的拌制	（1）混凝土的配料宜采用自动计量装置，各种衡器的精度应符合要求，计量应准确。计量器具应定期标定，迁移后应重新进行标定。 （2）混凝土拌合物应搅拌均匀、颜色一致，不得有离析和泌水现象，对在施工现场集中拌制的混凝土，应检测其拌合物的均匀性。 （3）混凝土搅拌完毕后，应检测混凝土拌合物的坍落度及其损失，宜在搅拌地点和浇筑地点分别取样检测，每一工作班或每一单元结构物应不少于两次，评定时应以浇筑地点的测值为准。当混凝土拌合物从搅拌机出料起至浇筑入模的时间不超过 15min 时，其坍落度可仅在搅拌地点取样检测
2	混凝土的运输	（1）混凝土的运输能力应与混凝土的凝结速度和浇筑速度相匹配，应使浇筑工作不间断且混凝土运到浇筑地点时仍能保持其均匀性及适宜浇筑的坍落度。 （2）混凝土采用泵送方式时应符合下列规定： ① 混凝土的供料宜使输送混凝土的泵能连续工作，泵送的间歇时间宜不超过 15min。在泵送过程中，受料斗内应具有足够的混凝土，应防止吸入空气产生阻塞。

序号	项目	内容
2	混凝土的运输	② 输送管应顺直，转弯处应圆缓，接头应严密、不漏气。 ③ 向低处泵送混凝土时，应采取必要措施，防止混凝土离析或堵塞输送管。 （3）用搅拌运输车运输已拌成的混凝土时，途中应以 2～4r/min 的慢速进行搅动，卸料前应采用快挡旋转搅拌罐不少于 20s。 （4）混凝土运至浇筑地点后发生离析、严重泌水或坍落度不符合要求时，应进行第二次搅拌。二次搅拌时不得任意加水，确有必要时，可同时加水、相应的胶凝材料和外加剂并保持其原水胶比不变；二次搅拌仍不符合要求时，则不得使用
3	混凝土的浇筑	（1）浇筑混凝土前应进行以下准备工作： ① 应根据待浇筑结构物的情况、环境条件及浇筑量等制订合理的浇筑工艺方案，工艺方案应对施工缝设置、浇筑顺序、浇筑工具、防裂措施、保护层的控制等作出明确规定。 ② 应对支架、模板、钢筋和预埋件等进行检查，模板内的杂物、积水及钢筋上的污物应清理干净。模板如有缝隙或孔洞时，应堵塞严密且不漏浆。 ③ 应对混凝土的均匀性和坍落度等性能进行检测。 （2）自高处向模板内倾卸混凝土时，应防止混凝土离析。直接倾卸时，其自由倾落高度宜不超过 2m；超过 2m 时，应通过串筒、溜管（槽）或振动溜管（槽）等设施下落；倾落高度超过 10m 时，应设置减速装置。 （3）混凝土应按一定厚度、顺序和方向分层浇筑，应在下层混凝土初凝或能重塑前浇筑完成上层混凝土。上下层同时浇筑时，上层与下层前后浇筑距离应保持 1.5m 以上。在倾斜面上浇筑混凝土时，应从低处开始逐层扩展升高，保持水平分层。混凝土分层浇筑厚度宜不超过规定。 （4）采用振动器振捣混凝土时，应符合下列规定： ① 插入式振动器的移位间距应不超过振动器作用半径的 1.5 倍，与侧模应保持 50～100mm 的距离，且插入下层混凝土中的深度宜为 50～100mm。 ② 表面振动器的移位间距应使振动器平板能覆盖已振实部分不小于 100mm。 ③ 附着式振动器的布置距离，应根据结构物形状和振动器的性能通过试验确定。 ④ 每一振点的振捣延续时间宜为 20～30s，以混凝土停止下沉、不出现气泡、表面呈现浮浆为度。 （5）混凝土的浇筑应连续进行，如因故必须间断时，其间断时间应小于前层混凝土的初凝时间或能重塑的时间。混凝土的运输、浇筑及间歇的全部时间宜不超出规定；超出时应按浇筑中断处理，并应留置施工缝，同时应作出记录。 （6）施工缝的位置应在混凝土浇筑之前确定，且宜设置在结构受剪力和弯矩较小且便于施工的部位，对施工缝的处理应符合下列规定： ① 施工缝处混凝土表面的光滑表层、松弱层应予凿除，凿毛的最小深度应不小于 8mm。对施工缝处混凝土的强度，当采用水冲洗凿毛时，应达到 0.5MPa；人工凿除时，应达到 2.5MPa；采用风动机凿毛时，应达到 10MPa。 ② 经凿毛处理后的混凝土面，新混凝土浇筑前应采用洁净水冲洗干净。 ③ 重要部位及有抗震要求的混凝土结构或钢筋稀疏的钢筋混凝土结构，宜在施工缝处补插适量的锚固钢筋，补插的锚固钢筋直径可比结构主筋小一个规格，间距宜不小于 150mm，插入和外露的长度均不宜小于 300mm；有抗渗要求的混凝土，其施工缝宜做成凹形、凸形或设置止水带；施工缝为斜面时宜浇筑或凿成台阶状。 （7）在环境相对湿度较小、风速较大的条件下浇筑混凝土时，应采取适当措施防止混凝土表面过快失水。浇筑混凝土期间，应随时检查支架、模板、钢筋、预应力管道和预埋件等的稳固情况，并应及时填写混凝土施工记录。新浇筑混凝土的强度达到 2.5MPa 之前，不得使其承受行人、运输工具、模板、支架及脚手架等荷载

序号	项目	内容
4	混凝土的养护	（1）对于在施工现场集中养护的混凝土，应根据施工对象、环境、水泥品种、外加剂以及对混凝土性能的要求，提出具体的养护方案，并应严格执行规定的养护制度。 （2）混凝土浇筑完成后，应在其收浆后尽快予以覆盖和洒水养护。对干硬性混凝土、高强度和高性能混凝土、炎热天气浇筑的混凝土以及桥面等大面积裸露的混凝土，应加强初始保温养护，具备条件的可在浇筑完成后立即加设棚罩，待收浆后再予以覆盖和洒水养护。覆盖时不得损伤或污染混凝土的表面。 （3）混凝土的养护严禁采用海水。混凝土的洒水保湿养护时间应不少于7d，对重要工程或有特殊要求的混凝土，应根据环境湿度、温度、水泥品种以及掺用的外加剂和掺合料等情况，酌情延长养护时间，并应使混凝土表面始终保持湿润状态。当气温低于5℃时，应采取保温养护措施，不得向混凝土表面洒水。当采用喷洒养护剂对混凝土进行养护时，所使用的养护剂应不会对混凝土产生不利影响，且应通过试验验证其养护效果。 （4）新浇筑的混凝土与流动的地表水或地下水接触时，应采取临时防护措施，保证混凝土在7d以内且强度达到设计强度的50%以前，不受水的冲刷侵袭；当环境水具有侵蚀作用时，应保证混凝土在10d以内且强度达到设计强度的70%以前，不受水的侵袭。混凝土处于冻融循环作用的环境时，宜在结冰期到来4周前完成浇筑施工，且在混凝土强度未达到设计强度等级的80%前不得受冻，否则应采取技术措施，防止发生冻害

大体积混凝土施工

序号	项目	内容
1	配合比设计要求	（1）宜选用低水化热和凝结时间长的水泥品种。粗集料宜采用连续级配，细集料宜采用中砂。宜掺用可降低混凝土早期水化热的外加剂和掺合料，外加剂宜采用缓凝剂、减水剂；掺合料宜采用粉煤灰、粒化高炉矿渣粉等。 （2）进行配合比设计时，在保证混凝土强度、和易性及坍落度要求的前提下，宜采取改善粗集料级配、提高掺合料和粗集料的含量、降低水胶比等措施，减少单方混凝土的水泥用量。 （3）大体积混凝土进行配合比设计及质量评定时，可按60d龄期的抗压强度控制
2	浇筑要求	（1）对大体积混凝土进行温度控制时，应使其内部最高温度不大于75℃、内表温差不大于25℃，混凝土表面与大气温差不大于20℃。 （2）大体积混凝土可分层、分块浇筑，分层、分块的尺寸宜根据温控设计的要求及浇筑能力合理确定；当结构尺寸相对较小或能满足温控要求时，可全断面一次浇筑。 （3）分层浇筑时，在上层混凝土浇筑之前应对下层混凝土的顶面作凿毛处理，且新浇混凝土与下层已浇筑混凝土的温差宜小于20℃，并应采取措施将各层间的浇筑间歇期控制在7d以内。 （4）分块浇筑时，块与块之间的竖向接缝面宜平行于结构物的短边，并应在浇筑完成拆模后按施工缝的要求进行凿毛处理。分块施工所形成的后浇段，应在对大体积混凝土实施温度控制且其温度场趋于稳定后方可浇筑；后浇段宜采用微膨胀混凝土，并应一次浇筑完成。 （5）大体积混凝土的浇筑宜在气温较低时进行，但混凝土的入模温度应不低于5℃；热期施工时，宜采取措施降低混凝土的入模温度，且其入模温度宜不高于28℃。 （6）大体积混凝土的温度控制宜按照"内降外保"的原则，对混凝土内部采取设置冷却水管通循环水冷却，对混凝土外部采取覆盖蓄热或蓄水保温等措施进行。在混凝土内部通水降温时，进出口水的温差宜小于或等于10℃，且水温与内部混凝土的温差宜不大于20℃，降温速率宜不大于2℃/d；利用冷却水管中排出的降温用水在混凝土顶面蓄水保温养护时，养护水温度与混凝土表面温度的差值应不大于15℃。 （7）大体积混凝土采用硅酸盐水泥或普通硅酸盐水泥时，其浇筑后的养护时间宜不少于14d，采用其他品种水泥时宜不少于21d。在寒冷天气或遇气温骤降天气时浇筑的混凝土，除应对其外部加强覆盖保温外，尚宜适当延长养护时间

高强度混凝土、高性能混凝土

序号	项目	内容
1	高强度混凝土	（1）高强度混凝土水泥宜选用硅酸盐水泥和普通硅酸盐水泥。掺合料可选用粉煤灰、粒化高炉矿渣粉和硅灰等，粉煤灰等级应不低于Ⅱ级。 （2）高强度混凝土的配合比应有利于减少温度收缩、干燥收缩和自身收缩引起的体积变形，避免早期开裂，高强度混凝土的水泥用量宜不大于 500kg/m³，胶凝材料总量宜不大于 600kg/m³。 （3）高强度混凝土的设计配合比确定后，尚应采用该配合比进行不少于 6 次的重复试验进行验证，其平均值应不低于配制强度。 （4）高强度混凝土的施工应采用强制式搅拌机拌制，不得采用自落式搅拌机搅拌。搅拌混凝土时高效减水剂宜采用后掺法，且宜制成溶液后再加入，并应在混凝土用水量中扣除溶液用水量。加入减水剂后，混凝土拌合料在搅拌机中继续搅拌的时间宜不少于 30s
2	高性能混凝土	（1）配制高性能混凝土时，应选用优质水泥和级配良好的优质集料，同时应掺加与水泥相匹配的高性能减水剂或高效减水剂及优质掺合料。 （2）高性能混凝土水泥宜选用品质稳定、标准稠度低、强度等级不低于 42.5 的硅酸盐水泥或普通硅酸盐水泥，不宜采用矿渣硅酸盐水泥、火山灰质硅酸盐水泥、粉煤灰硅酸盐水泥或复合硅酸盐水泥，亦不宜采用早强水泥。外加剂应选用高性能减水剂、高效减水剂或复合减水剂，并应选择减水率高、坍落度损失小、适量引气、与水泥之间具有良好的相容性、能明显改善或提高混凝土耐久性能且质量稳定的产品；引气剂或引气型外加剂应有良好的气泡稳定性，用于提高混凝土抗冻性的引气剂、减水剂和复合外加剂中均不得掺有木质硫酸盐组分，并不得采用含有氯盐的防冻剂。 （3）高性能混凝土的配合比应根据原材料品质、设计强度等级、耐久性以及施工工艺对工作性能的要求，通过计算、试配和调整等步骤确定。进行配合比设计时应符合下列规定： ① 对不同强度等级混凝土的胶凝材料总量应进行控制，C40 以下宜不大于 400kg/m³；C40～C50 宜不大于 450kg/m³；C60 及以上的非泵送混凝土宜不大于 500kg/m³，泵送混凝土宜不大于 530kg/m³；且胶凝材料浆体体积宜不大于混凝土体积的 35%。 ② 水胶比应根据混凝土的配制强度、抗氯离子渗透性能、抗渗性能和抗冻性能等要求确定。在满足混凝土工作性能的前提下，宜降低用水量，并控制在 130～160kg/m³。 ③ 混凝土中宜适量掺加优质的粉煤灰、粒化高炉矿渣粉或硅灰等矿物掺合料，用以提高其耐久性，改善其施工性能和抗裂性能，其掺量宜根据混凝土的性能要求通过试验确定，且宜不小于胶凝材料总量的 20%。当混凝土中粉煤灰掺量大于 30% 时，混凝土的水胶比不得大于 0.45；在预应力混凝土及处于冻融环境的混凝土中，粉煤灰的掺量宜不大于 30%，且粉煤灰的含碳量宜不大于 2%。对暴露于空气中的一般构件混凝土，粉煤灰的掺量宜不大于 20%，且单方混凝土胶凝材料中的硅酸盐水泥用量宜不小于 240kg。 ④ 对耐久性有较高要求的混凝土结构，试配时应进行混凝土和胶凝材料抗裂性能的对比试验，并从中优选抗裂性能良好的混凝土原材料和配合比。 （4）高性能混凝土的搅拌应采用搅拌效率高且均质性好的卧轴式、行星式或逆流式强制式搅拌机。搅拌时，宜先投入细集料和掺合料干拌均匀，再加水泥和部分拌合用水搅拌，最后加入粗集料、外加剂溶液及余额拌合用水，搅拌至均匀为止。上述每一阶段的搅拌时间均应不少于 30s，总搅拌时间应比常规混凝土延长 40s 以上。混凝土中掺加钢筋阻锈剂溶液时，拌合物的搅拌时间应延长 1min，采用粉剂时应延长 3min。 （5）新浇筑的混凝土应及早养护，并应减少暴露时间，防止表面水分的蒸发；终凝后，应立即开始对混凝土进行持续潮湿养护。洒水养护时不得采用海水，应采用淡水。当缺乏淡水时可采用养护剂喷涂养护，养护剂应符合现行《水泥混凝土养护剂》JC 901 的规定。持续潮湿养护在养护期内不应间断，且不得形成干湿循环，在常温下养护应不少于 14d，气温较低时应适当延长潮湿养护的时间

预应力混凝土工程施工——预应力材料及预应力管道

序号	项目	内容
1	存放要求	（1）预应力材料必须保持清洁，在存放和搬运过程中应避免机械损伤和有害的锈蚀。如进场后需长时间存放时，必须安排定期的外观检查。 （2）预应力钢筋和金属管道在仓库内保管时，仓库应干燥、防潮、通风良好、无腐蚀气体和介质；在室外存放时，时间宜不超过 6 个月，不得直接堆放在地面上，必须采取垫以枕木并用苫布覆盖等有效措施，防止雨露和各种腐蚀性气体、介质的影响。 （3）锚具、夹具和连接器均应设专人保管。存放、搬运时均应妥善保护，避免锈蚀、沾污、遭受机械损伤或散失。临时性的防护措施应不影响安装操作的效果和永久性防锈措施的实施
2	性能要求	（1）预应力筋锚具、夹具和连接器应有可靠的锚固性能、足够的承载能力和良好的使用性，能保证充分发挥预应力筋的强度，安全地实现预应力张拉作业，并应符合现行《预应力筋用锚具、夹具和连接器》GB/T 14370 的要求。 （2）预应力筋锚具应按设计要求采用。锚具应满足分级张拉、补张拉以及放松预应力的要求。 （3）夹具应具有良好的自锚性能、松锚性能和安全的重复使用性能，主要锚固零件应具有良好的防锈性能，可重复使用的次数应不少于 300 次。需敲击才能松开的夹具，必须保证其对预应力筋的锚固没有影响，且对操作人员的安全不造成危险。 （4）混凝土结构或构件中的永久性预应力筋连接器，应符合锚具的性能要求；用于先张法施工且在张拉后还需进行放张和拆卸的连接器，应符合夹具的性能要求。 （5）锚垫板应具有足够的强度和刚度，且宜设置锚具对中止口以及压浆孔或排气孔，压浆孔的内径宜不小于 20mm。与后张预应力筋用锚具或连接器配套的锚垫板和局部加强钢筋，在规定的局部承压试件尺寸及混凝土强度下，应满足传力性能要求
3	锚具、夹具和连接器进场验收	（1）外观检查：应从每批产品中抽取 2％且不少于 10 套样品，检查其外形尺寸、表面裂纹及锈蚀情况。外形尺寸应符合产品质保书所示的尺寸范围，且表面不得有裂纹及锈蚀。 （2）尺寸检验：应从每批产品中抽取 2％且不少于 10 套样品，检验其外形尺寸。外形尺寸应符合产品质保书所示的尺寸范围。当有 1 个零件不符合规定时，应另取双倍数量的零件重新检验；如仍有 1 个零件不符合要求，则本批全部产品应逐件检验，符合要求者判定该零件尺寸合格。 （3）硬度检验：应从每批产品中抽取 3％且不少于 5 套样品（对多孔夹片式锚具的夹片，每套抽取 6 片），对其中有硬度要求的零件进行硬度检验，每个零件测试 3 点，其硬度应符合产品质保书的规定。当有 1 个零件不合格时，则应另取双倍数量的零件重做检验；如仍有 1 个零件不合格，应对本批产品逐个检验，合格者方可使用或进入后续检验。 （4）静载锚固性能试验：应在外观检查和硬度检验均合格的同批产品中抽取样品，与相应规格和强度等级的预应力筋组成 3 个预应力筋——锚具组装件，进行静载锚固性能试验。如有 1 个试件不符合要求时，则应另取双倍数量的样品重做试验；仍有 1 个试件不符合要求，则该批锚具为不合格。 （5）对特大桥、大桥和重要桥梁工程中使用的锚具产品，应进行上述 4 项检查和检验；对锚具用量较小的一般中、小桥梁工程，如生产厂能提供有效的静载锚固性能试验合格的证明文件，则仅需进行外观检查和硬度检验。 （6）进场检验时，同种材料、同一生产工艺条件下、同批进场的产品可视为同一验收批。锚具的每个验收批宜不超过 2000 套；夹具、连接器的每个验收批宜不超过 500 套；获得第三方独立认证的产品其验收批可扩大 1 倍。检验合格的产品，在现场的存放期超过 1 年时，再用时应进行外观检查

序号	项目	内容
4	使用要求	（1）锚具、夹具和连接器在存放、搬运及使用期间均应妥善防护，避免锈蚀、沾污、遭受机械损伤、混淆和散失，但临时性的防护措施应不影响其安装和永久性防腐的实施。 （2）预应力筋和锚具产品应配套使用，同一结构或构件中应采用同一生产厂的产品，工作锚不得作为工具锚使用。夹片式锚具的限位板和工具锚宜采用与工作锚同一生产厂的配套产品。 （3）在后张有粘结预应力混凝土结构或构件中，预应力筋的孔道宜由浇筑在混凝土中的刚性或半刚性管道构成，或采取钢管抽芯、胶管抽芯及金属伸缩套管抽芯等方法进行预留。设置于混凝土中的刚性或半刚性管道不应有漏浆现象，且应具有足够的强度和刚度，应能在浇筑混凝土重力的作用下保持原有的形状，并能按要求传递粘结应力
5	管道要求	（1）刚性管道应是壁厚不小于 2mm 的平滑钢管，且应具有光滑的内壁并可被弯曲成适当的形状而不出现卷曲或被压扁；半刚性管道应是波纹状的金属管或高密度聚乙烯塑料管，且金属波纹管宜采用镀锌钢带制作；壁厚宜不小于 0.3mm。 （2）管道的进场检验应符合下列规定： ① 进场时除应按合同检查出厂合格证和质量保证书，核对其类别、型号、规格及数量外，尚应对其外观、尺寸、集中荷载下的径向刚度、荷载作用后的抗渗漏及抗弯曲渗漏等进行检验。 ② 管道应按批进行检验。金属波纹管每批应由同一钢带生产厂生产的同一批钢带所制造的产品组成。 ③ 检验时应先进行外观质量的检验，合格后再进行其他指标的检验。当其他指标中有不合格项时，应取双倍数量的试件对该不合格项进行复验；复验仍不合格时，则该批产品为不合格。 （3）波纹管在搬运时应采用非金属绳捆扎，或采用专用框架装载，不得抛摔或在地面上拖拉。波纹管在存放时应远离热源及可能遭受各种腐蚀性气体、介质影响的地方，存放时间宜不超过 6 个月，在室外存放时不得直接堆于地面，应支垫并遮盖
6	混凝土浇筑	（1）浇筑混凝土前，除应符合现行《公路桥涵施工技术规范》JTG/T 3650 的有关规定外，尚应对预埋于混凝土中的锚具、管道和钢筋等进行全面检查验收，符合要求后方可开始浇筑。 （2）浇筑混凝土时，宜根据结构或构件的不同形式选用插入式、附着式或平板式等振动器进行振捣。对箱梁腹板与底板及顶板连接处的承托、预应力筋锚固区及其他预应力钢束与钢筋密集的部位，应采取有效措施加强振捣；对先张构件应避免振动器碰撞预应力筋；对后张结构应避免振动器碰撞预应力筋的管道、预埋件等。浇筑过程中应随时检查模板、管道、锚固端垫板等的稳固性，保证其位置及尺寸符合设计要求。 （3）用于判断现场预应力混凝土结构或构件强度的混凝土试件，应置于现场与结构或构件同环境、同条件养护
7	施加预应力时机具及设备要求	（1）预应力筋的张拉宜采用穿心式双作用千斤顶，整体张拉或放张宜采用具有自锚功能的千斤顶；张拉千斤顶的额定张拉力宜为所需张拉力的 1.5 倍，且不得小于 1.2 倍。与千斤顶配套使用的压力表应选用防振型产品，其最大读数应为张拉力的 1.5～2.0 倍，标定精度应不低于 1.0 级。张拉机具设备应与锚具产品配套使用，并应在使用前进行校正、检验和标定。 （2）张拉用的千斤顶与压力表应配套标定、配套使用，标定应在经国家授权的法定计量技术机构定期进行，标定时千斤顶活塞的运行方向应与实际张拉工作状态一致。当处于下列情况之一时，应重新进行标定： ① 使用时间超过 6 个月； ② 张拉次数超过 300 次； ③ 使用过程中千斤顶或压力表出现异常情况； ④ 千斤顶检修或更换配件后。 （3）采用测力传感器测量张拉力时，测力传感器应按相关国家标准的规定每年送检一次

序号	项目	内容
8	张拉控制	（1）预应力筋的张拉控制应力应符合设计要求。当施工中预应力筋需要超张拉或计入锚圈口预应力损失时，可比设计要求提高 5%，但在任何情况下不得超过设计规定的最大张拉控制应力。 （2）预应力筋采用应力控制方法张拉时，应以伸长值进行校核，实际伸长值与理论伸长值的差值应符合设计要求，设计无规定时，实际伸长值与理论伸长值的差值应控制在 ±6% 以内，否则应暂停张拉，待查明原因并采取措施予以调整后，方可继续张拉。 （3）预应力筋的理论伸长值 ΔL_L（mm）可按有关公式计算。 （4）预应力筋张拉时，应先调整到初应力，该初应力宜为张拉控制应力 σ_{con} 的 10%～25%，伸长值应从初应力时开始量测。预应力筋的实际伸长值除量测的伸长值外，尚应加上初应力以下的推算伸长值。 （5）预应力筋张拉控制应力的精度宜为 ±1.5%，预应力筋的锚固，应在张拉控制应力处于稳定状态下进行。锚固阶段张拉端锚具变形、预应力筋的回缩量和接缝压缩值，应不大于设计规定或不大于容许值。 （6）张拉锚固后，建立在锚下的实际有效预应力与设计张拉控制应力的相对偏差应不超过 ±5%，且同一断面中预应力束的有效预应力的不均匀度应不超过 ±2%。 （7）在预应力筋张拉、锚固过程中及锚固完成后，均不得大力敲击或振动锚具。预应力筋锚固后需要放松时，对夹片式锚具宜采用专门的放松装置松开；对支撑式锚具可采用张拉设备缓慢地松开。 （8）预应力筋在实施张拉或放张作业时，应采取有效的安全防护措施，预应力筋两端的正面严禁站人和穿越。 （9）预应力筋张拉、锚固及放松时，均应填写施工记录。 （10）施加预应力时宜采用信息化数据处理系统对各项张拉参数进行采集

先张法

序号	项目	内容
1	先张法预制梁板施工工艺流程	张拉台座准备→穿预应力筋、调整初应力→张拉预应力筋→钢筋骨架制作→立模→浇筑混凝土→混凝土养护→拆模→放松预应力筋→成品存放、运输
2	墩式台座结构规定	（1）承力台座应进行专门设计，并应具有足够的强度、刚度和稳定性，其抗倾覆安全系数应不小于 1.5，抗滑移系数应不小于 1.3。 （2）锚固横梁应有足够的刚度，受力后挠度应不大于 2mm
3	预应力筋的安装	宜自下而上进行，并应采取措施防止其被台座上涂刷的隔离剂污染。预应力筋与锚固横梁间的连接，宜采用张拉螺杆
4	先张法预应力筋的张拉规定	（1）张拉前，应对台座、锚固横梁及各项张拉设备进行详细检查，符合要求后方可进行操作。 （2）同时张拉多根预应力筋时，应预先调整其初应力，使相互之间的应力一致，再整体张拉；张拉过程中，应使活动横梁与固定横梁始终保持平行，并应抽查预应力筋的预应力值，其偏差的绝对值不得超过按一个构件全部预应力筋预应力总值的 5%。 （3）张拉时，同一构件内预应力钢丝、钢绞线的断丝数量不得超过总数 1%，同时对于螺纹钢筋不容许断筋。 （4）预应力筋张拉完毕后，其位置与设计位置的偏差应不大于 5mm，同时应不大于构件最短边长的 4%，且宜在 4h 内浇筑混凝土

序号	项目	内容
5	先张法预应力筋的放张规定	（1）预应力筋放张时构件混凝土的强度和弹性模量（或龄期）应符合设计规定；设计未规定时，混凝土的强度应不低于设计强度等级值的80%，弹性模量应不低于混凝土28d弹性模量的80%。当采用混凝土龄期代替弹性模量控制时应不少于5d。 （2）在预应力筋放张之前，应将限制位移的侧模、翼缘模板或内模拆除。 （3）预应力筋的放张顺序应符合设计规定；设计未规定时，应分阶段、均匀、对称、相互交错地放张。 （4）多根整批预应力筋的放张，当采用砂箱放张时，放砂速度应均匀一致；采用千斤顶放张时，放张宜分数次完成；单根钢筋采用拧松螺母的方法放张时，宜先两侧后中间，并不得一次将一根预应力筋松完。放张后，预应力筋在构件端部的内缩值宜不大于1.0mm。 （5）预应力筋放张后，对钢丝和钢绞线，应采用机械切割的方式进行切断；对螺纹钢筋，可采用乙炔-氧气切割，但应采取必要措施防止高温对其产生不利影响。 （6）长线台座上预应力筋的切断顺序，应由放张端开始，依次向另一端切断

先张法预应力筋张拉程序

序号	预应力筋种类		张拉程序
1	钢丝、钢绞线	（1）夹片式等具有自锚性能的锚具	低松弛预应力筋：0→初应力→σ_{con}（持荷5min锚固）
		（2）其他锚具	0→初应力→1.05σ_{con}（持荷5min）→0→σ_{con}（锚固）
2	螺纹钢筋		0→初应力→1.05σ_{con}（持荷5min）→0.9σ_{con}→σ_{con}（锚固）

注：1. 表中σ_{con}为张拉时的控制应力值，包括预应力损失值；
2. 超张拉数值超过设计或现行《公路桥涵施工技术规范》JTG/T 3650规定的最大超张拉应力限值时，应按设计或规范规定的限制张拉应力进行张拉；
3. 张拉螺纹钢筋时，为保证施工安全，应在超张拉并持荷5min后放张至0.9σ_{con}时安装模板、普通钢筋及预埋件等。

后张法

序号	项目	内容
1	采用金属或塑料管道构成后张预应力混凝土结构或构件的孔道时的规定	（1）管道的规格、尺寸应符合设计规定，且其内横截面积应不小于预应力筋净截面积的2倍；对长度大于60m的管道，宜通过试验确定其面积比是否可以进行正常的压浆作业。 （2）管道应按设计规定的坐标位置进行安装，并应采用定位钢筋固定，使其能牢固地置于模板内的设计位置，且在混凝土浇筑期间不产生位移。管道与普通钢筋重叠时，应移动普通钢筋，不得改变管道的设计坐标位置。固定各种成孔管道用的定位钢筋的间距，对钢管宜不大于1.0m；波纹管宜不大于0.8m；位于曲线上的管道和扁平波纹管应适当加密。定位后的管道应平顺，其端部的中心线应与锚垫板相垂直。 （3）管道接头处的连接管宜采用大一级直径的同类管道，其长度宜为被连接管道内径的5～7倍。连接时不应使接头处产生角度变化及在混凝土浇筑期间发生管道的转动或移位，并应缠裹紧密，防止水泥浆的渗入。塑料波纹管应采用专用焊接机进行热熔焊接或采用具有密封性能的塑料结构连接器连接。当采用真空辅助压浆工艺进行孔道压浆时，管道的所有接头应具有可靠的密封性能，并应满足真空度的要求。 （4）所有管道均应在每个顶点设排气孔及需要时在每个低点设排水孔，在每个顶点和两端设检查孔。压浆管、排气管和排水管是最小内径为20mm的标准或适宜的塑性管，与管道之间的连接应采用金属或塑料结构扣件，长度应足以从管道引出结构物以外。 （5）管道安装完毕后，其端口应采取可靠措施临时封堵，防止水或其他杂物进入

序号	项目	内容
2	抽芯制孔要求	（1）采用胶管抽芯法制孔时，胶管内应插入芯棒或充以压力水增加刚度；采用钢管抽芯法制孔时，钢管表面应光滑，焊接接头应平顺。 （2）抽芯时间应通过试验确定，以混凝土抗压强度达到 $0.4\sim0.8$ MPa 时为宜，抽拔时不得损伤结构混凝土。 （3）抽芯后，应采用通孔器或压气、压水等方法对孔道进行检查，如发现孔道堵塞、有残留物或与邻孔有串通，应及时处理
3	预应力筋的安装规定	（1）预应力筋可在浇筑混凝土之前或之后穿入孔道，穿束前应检查锚垫板和孔道，锚垫板的位置应准确；孔道内应畅通，无水和其他杂物。 （2）宜将一根钢束中的全部预应力筋编号后整体穿入孔道中，整体穿束时，束的前端宜设置穿束网套或特制的牵引头，应保持预应力筋顺直，且仅应前后拖动，不得扭转。对钢绞线，可采用穿束机逐根将其穿入孔道内，但应保证其在孔道内不发生相互缠绕。 （3）对在混凝土浇筑及养护之前安装在孔道中但在设计文件或技术规范规定时限内未压浆的预应力筋，应采取防止锈蚀或其他防腐蚀的措施，直至压浆。 （4）预应力筋安装在管道中后，应将管道端部开口密封，防止湿气进入。采用蒸汽养护混凝土时，在养护完成之前不应安装预应力筋。 （5）在任何情况下，当在安装有预应力筋的结构或构件附近进行电焊时，均应对全部预应力筋、管道和附属构件进行保护，防止溅上焊渣或造成其他损坏。 （6）对在混凝土浇筑之前穿束的管道，预应力筋安装完成后，应进行全面检查，查出可能被损坏的管道。在混凝土浇筑之前，应将管道上所有非有意留的孔、开口或损坏之处修复，并应在浇筑混凝土过程中随时检查预应力筋能否在管道内自由移动
4	锚具、夹具和连接器安装规定	（1）锚具和连接器的安装位置应准确，且应与孔道对中。锚垫板上设置有对中止口时，应防止锚具偏出止口。安装夹片时，应使夹片的外露长度基本一致。 （2）采用螺母锚固的支撑式锚具，安装时应逐个检查螺纹的配合情况，应保证在张拉和锚固过程中能顺利旋合拧紧
5	后张法预应力筋的张拉和锚固规定	（1）预应力张拉之前，宜对不同类型的孔道进行至少一个孔道的摩阻测试，通过测试所确定的 μ 值和 k 值宜用于对设计张拉控制应力的修正。对长度大于 60m 的孔道宜适当增加摩阻测试的数量。 （2）张拉时，结构或构件混凝土的强度、弹性模量（或龄期）应符合设计规定；设计未规定时，混凝土的强度应不低于设计强度等级值的 80%，弹性模量应不低于混凝土 28d 弹性模量的 80%，当采用混凝土龄期代替弹性模量控制时应不少于 5d。 （3）预应力筋的张拉顺序应符合设计规定；设计未规定时，可采取分批、分阶段的方式对称张拉。 （4）预应力筋应整束张拉锚固。对扁平管道中平行排放的预应力钢绞线束，在保证各根钢绞线不会叠压时，可采用小型千斤顶逐根张拉，但应考虑逐根张拉时预应力损失对控制应力的影响。 （5）预应力筋张拉端的设置应符合设计要求；当设计未要求时，应符合下列规定： ① 对钢束长度小于 20m 的直线预应力筋可在一端张拉；对曲线预应力筋或钢束长度大于或等于 20m 的直线预应力筋，应采用两端张拉。 ② 当同一截面中有多束一端张拉的预应力筋时，张拉端宜分别交错设置在结构或构件的两端。 ③ 预应力筋采用两端张拉时，宜两端同时张拉；或先在一端张拉锚固后，再在另一端补足预应力值进行锚固。 （6）两端张拉时，各千斤顶之间同步张拉力的允许误差宜为 $\pm2\%$。

序号	项目	内容
5	后张法预应力筋的张拉和锚固规定	（7）张拉程序按设计文件或技术规范的要求进行。 （8）后张预应力筋断丝及滑丝不得超过规定的控制数。 （9）预应力筋在张拉控制应力达到稳定后方可锚固。对夹片式锚具，锚固后夹片顶面应平齐，其相互间的错位宜不大于2mm，且露出锚具外的高度应不大于4mm。锚固完毕并经检验确认合格后方可切割端头多余的预应力筋，切割时应采用砂轮锯，严禁采用电弧进行切割，同时不得损伤锚具。 （10）切割后预应力筋的外露长度应不小于30mm，且应不小于1.5倍预应力筋直径。锚具应采用封端混凝土保护，当需长期外露时，应采取防止锈蚀的措施
6	后张法预应力孔道压浆及封锚	（1）预应力筋张拉锚固后，孔道应尽早压浆，且应在48h内完成，否则应采取避免预应力筋锈蚀的措施。压浆用水泥浆的强度应符合设计规定。 （2）后张预应力孔道应采用专用压浆料或专用压浆剂配制的浆液进行压浆。所用原材料应符合下列规定： ① 水泥应采用性能稳定、强度等级不低于42.5的低碱硅酸盐或低碱普通硅酸盐水泥，外加剂应与水泥具有良好的相容性，且不得含有氯盐、亚硝酸盐或其他对预应力筋有腐蚀作用的成分。减水剂应采用高效减水剂或高性能减水剂，且应满足现行《混凝土外加剂》GB 8076中高效减水剂一等品的要求，其减水率应不小于20%。 ② 矿物掺合料的品种宜为Ⅰ级粉煤灰、粒化高炉矿渣粉或硅灰。膨胀剂宜采用钙矾石系或复合型膨胀剂，不得采用以铝粉为膨胀源的膨胀剂或总碱量0.75%以上的高碱膨胀剂。 ③ 水不应含有对预应力筋或水泥有害的成分，每升水中不得含有350mg以上的氯化物离子或任何一种其他有机物，宜采用符合国家卫生标准的清洁饮用水。 ④ 压浆材料中的氯离子含量应不超过胶凝材料总量的0.06%，比表面积应大于350m²/kg，三氧化硫含量应不超过6.0%。 （3）压浆前应在工地试验室对压浆材料加水进行试配，各种材料的称量（均以质量计）应精确到±1%。经试配的浆液其各项性能指标均应满足设计要求或现行《公路桥涵施工技术规范》JTG/T 3650的有关规定后方可用于正式压浆。 （4）压浆前应对孔道进行清洁处理；应对压浆设备进行清洗，清洗后的设备内不应有残渣和积水。 （5）压浆时，对曲线孔道和竖向孔道应从最低点的压浆孔压入；对水平直线孔道可从任意一端的压浆孔压入；对结构或构件中以上下分层设置的孔道，应按先下层后上层的顺序进行压浆。同一孔道的压浆应连续进行，一次完成。压浆应缓慢、均匀地进行，不得中断，并应将所有最高点的排气孔依次打开和关闭，使孔道内排气通畅。 （6）浆液自拌制完成至压入孔道的延续时间宜不超过40min，且在使用前和压注过程中应连续搅拌，对因延迟使用所致流动度降低的水泥浆，不得通过额外加水增加其流动度。 （7）对水平或曲线孔道，压浆的压力宜为0.5～0.7MPa；对超长孔道，最大压力宜不超过1.0MPa；对竖向孔道，压浆的压力宜为0.3～0.4MPa。压浆的充盈度应达到孔道另一端饱满且排气孔排出与规定流动度相同的水泥浆为止，关闭出浆口后，宜保持一个不小于0.5MPa的稳压期，该稳压期的保持时间宜为3～5min。 （8）采用真空辅助压浆工艺时，在压浆前应对孔道进行抽真空，真空度宜稳定在−0.10～−0.06MPa范围内。真空度稳定后，应立即开启孔道压浆端的阀门，同时启动压浆泵进行连续压浆。 （9）压浆时，每一工作班应制作留取不少于3组尺寸为40mm×40mm×160mm的试件，标准养护28d，进行抗压强度和抗折强度试验，作为质量评定的依据。

序号	项目	内容
6	后张法预应力孔道压浆及封锚	（10）压浆过程中及压浆后48h内，结构或构件混凝土的温度及环境温度不得低于5℃，否则应采取保温措施，并应按冬期施工的要求处理，浆液中可适量掺用引气剂，但不得掺用防冻剂。当环境温度高于35℃时，压浆宜在夜间进行。 （11）压浆完成后，应及时对锚固端按设计要求进行封闭保护或防腐处理，需要封锚的锚具，应在压浆完成后对梁端混凝土凿毛并将其周围冲洗干净，设置钢筋网浇筑封锚混凝土；封锚应采用与结构或构件同强度的混凝土并应严格控制封锚后的梁体长度。长期外露的锚具，应采取防锈措施。 （12）对后张预制构件，在孔道压浆前不得安装就位；压浆后，应在浆液强度达到规定的强度后方可移运和吊装。 （13）孔道压浆宜采用信息化数据处理系统对相关参数进行采集，并填写施工记录。记录项目应包括：压浆材料、配合比、压浆日期、搅拌时间、出机初始流动度、浆液温度、环境温度、压浆量、稳压压力及时间，采用真空辅助压浆工艺时尚应包括真空度

后张法预应力筋张拉程序

序号	锚具和预应力筋种类		张拉程序
1	夹片式等具有自锚性能的锚具	钢绞线束 钢丝束	低松弛力筋：0→初应力→σ_{con}（持荷5min锚固）
2	其他锚具	钢绞线束	0→初应力→$1.05\sigma_{con}$（持荷5min）→σ_{con}（锚固）
		钢丝束	0→初应力→$1.05\sigma_{con}$（持荷5min）→0→σ_{con}（锚固）
3	螺母锚固锚具	螺纹钢筋	0→初应力→σ_{con}（持荷5min）→0→σ_{con}（锚固）

注：1. 表中σ_{con}为张拉时的控制应力，包括预应力损失值；
　　2. 两端同时张拉时，两端千斤顶升降压、画线、测伸长等工作应基本一致；
　　3. 超张拉数值超过设计或现行《公路桥涵施工技术规范》JTG/T 3650规定的最大超张拉应力限值时，应按设计或规范规定的限值进行张拉。

后张预应力筋断丝、滑移限制

序号	类别	检查项目	控制数
1	钢丝束和钢绞线束	每束钢丝断丝或滑丝	1根
		每束钢绞线断丝或滑丝	1丝
		每个断面断丝之和不超过该断面钢丝总数的百分比	1%
2	螺纹钢筋	断筋或滑移	不容许

注：1. 钢绞线断丝是指单根钢绞线内钢丝的断丝；
　　2. 超过表列控制数时，原则上应更换；当不能更换时，在许可的条件下，可采取补救措施，如提高其他束预应力值，但须满足设计上各阶段极限状态的要求。

考点4　桥梁基础工程施工

各类基础适用条件

序号	项目	内容
1	刚性基础	适用于地基承载力较好的各类土层，根据土质情况分别采用铁镐、十字镐、爆破等设备和方法开挖

序号	项目	内容
2	桩基础	按施工方法可分为沉桩、钻孔灌注桩、挖孔灌注桩，其中沉桩又分为锤击沉桩法、振动沉桩法、射水沉桩法、静力压桩法。 （1）沉桩 ① 锤击沉桩法一般适用于松散、中密砂土、黏性土； ② 振动沉桩法一般适用于砂土、硬塑及软塑的黏性土、中密及较松的碎石土； ③ 射水沉桩法适用在密实砂土、碎石土的土层中，用锤击沉桩法或振动沉桩法沉桩有困难时，可用射水沉桩法配合进行； ④ 静力压桩法在标准贯入度 $N<20$ 的软黏土中，可用特制的液压机、机力千斤顶或卷扬机等设备沉入各种类型的桩； ⑤ 钻孔埋置桩适用于在黏性土、砂土、碎石土中埋置大量的大直径圆桩。 （2）钻孔灌注桩 适用于黏性土、砂土、砾卵石、碎石、岩石等各类土层。 （3）挖孔灌注桩 适用于无地下水或少量地下水，且较密实的土层或风化岩层，如空气污染物超标，必须采取通风措施
3	管柱、沉井	适用于各种土质的基底，尤其在深水、岩面不平、无覆盖层或覆盖层很厚的自然条件下，不宜修建其他类型基础时，均可采用
4	地下连续墙	适用于作地下挡土墙、挡水围堰、承受竖向和侧向荷载的桥梁基础、平面尺寸大或形状复杂的地下构造物基础，可用于除岩溶和地下承压水很高处的其他各类土层中施工

明挖扩大基础施工——基坑开挖施工

序号	项目	内容
1	基坑开挖施工的一般规定	（1）基坑施工前，应全面了解水文、地质、周边构筑物和地下管线等情况，确定开挖方式，制定专项施工方案。 （2）基坑开挖前应根据水文、地质、开挖方式及施工环境条件等因素，验算基坑边坡的稳定，确定是否对坑壁采取支护措施。当基坑深度较小且坑壁土层稳定时，可直接放坡开挖；坑壁土层不易稳定且有地下水影响，或放坡开挖场地受到限制，或放坡开挖工程量过大时，应按设计要求对坑壁进行支护，设计未要求时，应结合实际情况选择适宜的坑壁支护方案，并应进行支护的专项设计。 （3）基坑开挖时，应根据其等级和规模，对基坑结构的受力、变形、稳定性、坑外重要构筑物和地下管线的位移变形等进行监测控制，保证施工安全以及周边重要构筑物和地下管线的安全。对危险性较大的基坑，除应按边开挖、边支护的原则进行施工外，尚应建立信息化实时监控系统，指导施工
2	基坑开挖的安全防护要求	（1）基坑边缘的顶面应设置截水沟等防止地面水流入基坑的设施。 （2）深基坑四周距基坑边缘不小于1m处应设立钢管护栏、挂密目式安全网，靠近道路侧应设置安全警示标志和夜间警示灯带。 （3）基坑开挖时，应对基坑边缘顶面的各种荷载进行严格限制，基坑周边1m范围内不得堆载和停放设备。在基坑边缘与荷载之间应设置护道，基坑深度小于或等于4m时护道的宽度应不小于1m；基坑深度大于4m时护道的宽度应按边坡稳定计算的结果进行适当加宽，水文和地质条件较差时应采取加固措施。 （4）挖基施工宜安排在枯水或少雨季节进行。基坑的开挖应连续施工，对有支护的基坑应采取防碰撞的措施；基坑附近有其他结构物时，应有可靠的防护措施。 （5）在开挖过程中进行排水时，应不对基坑的安全产生影响；确认基坑坑壁稳定的情况下，方可进行基坑内的排水。排水困难时，宜采用水下挖基方法，但应保持基坑中的原有水位高程。 （6）采用机械开挖时应避免超挖，宜在挖至基底前预留一定厚度，再由人工开挖至设计高程；如超挖，则应将松动部分清除，并应对基底进行处理。 （7）基坑开挖施工完成后不得长时间暴露、被水浸泡或被扰动，应及时检验其尺寸、高程和基底承载力，检验合格后应尽快进行基础工程的施工。 （8）基坑开挖过程中应监测边坡的稳定性、支护结构的位移和应力、围堰及邻近建（构）筑物的沉降与位移、地下水位变化、基底隆起等项目

序号	项目	内容
3	不支护坑壁进行开挖的基坑施工	对于在干涸无水河滩、河沟中，或有水经改河或筑堤能排除地表水的河沟中，在地下水位低于基底，或渗透量少，不影响坑壁稳定；以及基础埋置不深，施工期较短，挖基坑时，不影响邻近建筑物安全的施工场所，可考虑选用坑壁不加支撑的基坑。具体要求如下： （1）基坑坑壁坡度宜按地质条件、基坑深度、施工方法等情况确定。 （2）当有地下水时，地下水位以上的基坑部分可放坡开挖；地下水位以下部分，若土质易坍塌或水位在基坑底以上较高时，应采用加固土体或降低地下水位等方法开挖。 （3）基坑为渗水性的土质基底时，坑底的平面尺寸应根据排水要求（包括排水沟、集水井、排水管网等）和基础模板所需基坑大小确定
4	对坑壁采取挡板支护措施进行基坑开挖时应符合的规定	（1）基坑较浅且渗水量不大时，可采用竹排、木板、混凝土板或钢板等对坑壁进行支护；基坑深度小于或等于4m且渗水量不大时，可采用槽钢、H型钢或工字钢等进行支护；地下水位较高，基坑开挖深度大于4m时，宜采用锁口钢板桩或锁口钢管桩围堰进行支护，其施工要求应符合相关规范规定；在条件许可时亦可采用水泥土墙、混凝土围圈或桩板墙、钢筋混凝土挡板等支护方式。 （2）支护结构应进行设计计算，支护结构受力过大时应加设临时支撑，支护结构和临时支撑的强度、刚度及稳定性应满足基坑开挖施工的要求
5	基坑坑壁采用喷射混凝土、锚杆喷射混凝土、预应力锚索和土钉支护等方式进行加固时，应符合的规定	（1）对基坑开挖深度小于10m的较完整中风化基岩，可直接喷射混凝土加固坑壁，喷射混凝土之前应将坑壁上的松散层或岩渣清理干净。 （2）对锚杆、预应力锚索和土钉支护，均应在施工前按设计要求进行抗拉拔力的验证试验，并确定适宜的施工工艺。 （3）采用锚杆挂网喷射混凝土加固坑壁时，各层锚杆进入稳定层的长度、间距和钢筋的直径应符合设计要求。孔深小于或等于3m时，宜采用先注浆后插入锚杆的施工工艺；孔深大于3m时，宜先插入锚杆后注浆。锚杆插入孔内后应居中固定，注浆应采用孔底注浆法，注浆管应插至距孔底50～100mm处，并随浆液的注入逐渐拔出，注浆的压力宜不小于0.2MPa。 （4）采用预应力锚索加固坑壁时，预应力锚索（包括锚杆）编束、安装和张拉等的施工应符合现行《公路桥涵施工技术规范》JTG/T 3650的规定，其他施工可参照现行《建筑边坡工程技术规范》GB 50330的规定执行。 （5）采用土钉支护加固坑壁时，施工前应制订专项施工方案和施工监控方案，配备适宜的机具设备。土钉支护中的开挖、成孔、土钉设置及喷射混凝土面层等的施工可按现行《基坑土钉支护技术规程》CECS 96的规定执行。 （6）不论采用何种加固方式，均应按设计要求逐层开挖、逐层加固，坑壁或边坡上有明显出水点处应设置导管排水。施工要求应符合现行《公路路基施工技术规范》JTG/T 3610的相关规定

明挖扩大基础施工——基坑降排水

序号	项目	内容
1	集水坑排水时规定	除严重流沙外，一般集水坑排水均可适用。采用集水坑排水时应符合下列规定： （1）基坑开挖时，宜在坑底基础范围之外设置集水坑并沿坑底周围开挖排水沟，使水流入集水坑内，排出坑外。集水坑的尺寸宜视渗水量的大小确定。 （2）排水设备的能力宜为总渗水量的1.5～2.0倍
2	采用井点降水法排水规定	（1）井点降水法宜用于粉砂、细砂、地下水位较高、有承压水、挖基较深、坑壁不易稳定的土质基坑，在无砂的黏质土中不宜采用。井点类别的选择，宜按土层的渗透系数、要求降低水位的深度以及工程特点确定。 （2）井管的成孔可根据土质分别采用射水成孔或冲击钻机、旋转钻机及水压钻探机成孔。井点降水曲线应低于基底设计高程或开挖高程至少0.5m。 （3）应做好沉降及边坡位移监测，保证水位降低区域内构筑物的安全，必要时应采取防护措施

序号	项目	内容
3	采用止水帷幕法防渗时的规定	对于土质渗透性较大、挖掘较深的基坑，可采用止水帷幕法。即将基坑周围土层用硅化法、深层搅拌桩隔水墙、压力注浆、高压喷射注浆、冻结帷幕法等处理成封闭的不透水的帷幕。 （1）采用帷幕防渗方法施工时应进行施工设计。帷幕防渗层的厚度应满足基坑防渗的要求，止水帷幕的渗透系数宜小于 10×10^{-6} mm/s。 （2）采用防水土工膜在围堰外侧铺底防渗时，应将河床面杂物清除干净并整平。土工膜应从围堰外侧的水位以上铺起，并超过堰脚不小于 3m；土工布之间的接头应搭接严密。铺底土工膜上应满压不小于 300mm 厚的砂土袋

明挖扩大基础施工——基底处理

序号	项目	内容
1	基底处理的主要方法	换填土法、桩体挤密法、砂井法、袋装砂井法、预压法加固地基、强夯法、电渗法、振动水冲法、深层搅拌桩法、高压喷射注浆法、化学固化剂法等
2	一般软弱地基土层加固处理方法	（1）换填土法 将基础下软弱土层全部或部分挖除，换填力学物理性质较好的土。 （2）挤密土法 用重锤夯实或砂桩、石灰桩、砂井、塑料排水板等方法，使软弱土层挤压密实或排水固结。 （3）胶结土法 用化学浆液灌入或粉体喷射搅拌等方法，使土壤颗粒胶结硬化，改善土的性质。 （4）土工聚合物法 用土工膜、土工织物、土工格栅与土工合成物等加筋土体，以限制土体的侧向变形，增加土的周压力，有效提高地基承载力
3	基底处理一般要求	（1）对符合设计要求的细粒土、特殊土等基底，经修整完成后，应尽快设置混凝土垫层并进行基础的施工，不得使基底浸水或长期暴露；基坑开挖后如基底的地质情况与设计不符，则应按程序进行设计变更并应对地基进行处理。地基处理应根据地基土的种类、强度和密度，按照设计要求，并结合现场情况，采用相应的处理方法。地基处理的范围应宽出基础之外不小于 0.5m。 （2）对强度低、稳定性差的细粒土及特殊土地基，如饱和软弱黏土层、粉砂土层、湿陷性黄土、膨胀土、季节性冻土等，处理时应视该类土的处治深度和含水率等情况，采取固结、换填等措施，使之满足设计要求
4	粗粒土和巨粒土地基的处理规定	（1）对于强度和稳定性满足设计要求的粗粒土及巨粒土基底，应将其承重面平整夯实。 （2）基底有水不能彻底排干时，应先将水引至排水沟，然后再在其上进行基础的施工
5	岩层基底的处理规定	（1）对风化岩层，应在挖至设计高程并满足地基承载力要求后尽快进行封闭，防止其继续风化。 （2）在未风化的平整岩层上，基础施工前应先将淤泥、苔藓及松动的石块清除干净，并凿出新鲜岩面。 （3）对坚硬的倾斜岩层，宜将岩层面凿平；倾斜度较大无法凿平时，可凿成多级台阶，台阶的宽度宜不小于 0.3m

序号	项目	内容
6	多年冻土地基的处理规定	(1) 基础不应置于季节性冻融土层上，并不得直接与冻土接触。 (2) 基础位于多年冻土层（即永冻土）上时，基底之上应设置隔温层或保温层材料，其铺筑宽度应在基础外缘加宽1m。 (3) 按保持冻结原则设计的明挖基坑的地基，其多年平均地温大于或等于－3℃时，应在冬期施工；多年平均地温低于－3℃时，可在其他季节施工，但应避开高温季节，并应按下列规定处理： ① 严禁地表水流入基坑； ② 应及时排除季节冻层内的地下水和冻土本身的融化水； ③ 必须搭设遮阳棚和防雨棚； ④ 施工前应做好充分准备，组织快速施工。施工完成的基础应立即回填封闭，不宜间歇；必须间歇时，应采用保温材料加以覆盖，防止热量侵入。 (4) 施工期间如有明水，应在距坑顶边缘10m之外设置排水沟，并应将水引向远离基坑的位置排出；有融化水时亦应及时排除
7	岩溶地基的处理规定	(1) 处理岩溶地基时，不得堵塞溶洞的水路。 (2) 对干溶洞可采用砂砾石、碎石、干砌或浆砌片石、灰土、混凝土等回填密实；基底的干溶洞较大，回填处理有困难时，可设置桩基进行处理，桩基的设置应履行设计变更手续，并应由设计单位进行设计
8	泉眼地基的处理规定	(1) 可采用有螺口的钢管紧密打入泉眼，盖上螺帽并拧紧，阻止泉水流出；或向泉眼内压注速凝的水泥砂浆，再打入木塞堵眼。 (2) 堵眼困难时，可采用管子塞入泉眼，将水引流至集水坑排出；亦可在基底下设盲沟引流至集水坑排出，待基础施工完成后，再向盲沟压注水泥浆堵塞。采用引流方式排水时，应防止砂土流失，引起基底沉陷。 (3) 不论采用何种方法处理基底的泉眼，均不应使基底饱水

明挖扩大基础施工——基底检验

序号	项目	内容
1	地基基底的检验内容	(1) 基底的平面位置、尺寸和基底高程。 (2) 基底的地质情况和承载力是否与设计资料相符。 (3) 基底处理和排水情况是否符合规范要求。 (4) 施工记录及有关试验资料等
2	地基基底的检验方法	(1) 小桥涵的地基检验可采用直观或触探方法，必要时可进行土质试验。 (2) 大、中桥和地基土质复杂、结构对地基有特殊要求的地基检验，宜采用触探和钻探（钻深至少4m）取样做土工试验，亦可按设计的特殊要求进行荷载试验
3	其他要求	基底的平面位置应符合设计要求，且应满足基础施工作业的需要。基底高程的允许偏差应符合现行《公路工程质量检验评定标准　第一册　土建工程》JTG F80/1的规定

扩大基础混凝土的浇筑

1. 扩大基础的基底为非黏性土或干土时，在施工前应将其润湿，并应按设计要求浇筑混凝土垫层，垫层顶面不得高于基础底面设计高程；地基为淤泥或承载力不足时，应按设计要求处理后方可进行基础的施工；基底为岩石时，应用水冲洗干净，且在基础施工前应铺设一层不低于基础混凝土强度等级的水泥砂浆。

2. 扩大基础的施工宜采用钢模板。混凝土宜在全平截面范围内水平分层进行浇筑，且机械设备的能力应满足混凝土浇筑施工的要求；当浇筑量过大、设备能力难以满足施工要求，或大体积混凝土有温控需要时，可分层或分块浇筑。

桩基础施工——挖孔灌注桩施工

序号	项目	内容
1	一般规定	（1）在无地下水或有少量地下水，且较密实的土层或风化岩层中，或无法采用机械成孔或机械成孔非常困难且水文、地质条件允许的地区，可采用人工挖孔施工。岩溶地区和采空区不宜采用人工挖孔施工。孔内空气污染物超过现行《环境空气质量标准》GB 3095规定的三级标准浓度限值，且无通风措施时，不得采用人工挖孔施工。桩径或最小边宽度小于1200mm时不得采用人工挖孔施工。 （2）挖孔灌注桩施工现场应配备气体浓度检测仪器，进入桩孔前应先通风15min以上，并经检查确认孔内空气符合现行《环境空气质量标准》GB 3095规定的三级标准浓度限值。人工挖孔作业时，应持续通风，现场应至少备用1套通风设备
2	挖孔灌注桩施工的技术要求	（1）人工挖孔施工应制定专项施工技术方案，并应根据工程地质和水文地质情况，因地制宜选择孔壁支护方式。 （2）孔口处应设置高出地面不小于300mm的护圈，并应设置临时排水沟，防止地表水流入孔内。 （3）挖孔施工时相邻两桩孔不得同时开挖，宜间隔交错跳挖。 （4）采用混凝土护壁支护的桩孔，护壁混凝土的强度等级，当桩径小于或等于1.5m时应不小于C25，桩径大于1.5m时应不小于C30。挖孔作业时必须挖一节浇筑一节护壁，护壁的节段高度必须按专项施工方案执行，且不得超过1m，护壁模板应在混凝土强度达到5MPa以上后拆除。严禁只挖不及时浇筑护壁的冒险作业。护壁外侧与孔壁间应填实，不密实或有空洞时，应采取措施进行处理。 （5）桩孔直径应符合设计规定，孔壁支护不得占用桩径尺寸。挖孔过程中，应经常检查桩孔尺寸、平面位置和竖轴线倾斜情况，如偏差超出规定范围应随时纠正。 （6）挖孔的弃土应及时转运，孔口四周作业范围内不得堆积弃土及其他杂物。 （7）挖孔达到设计高程并经确认后，应将孔底的松渣、杂物和沉淀泥土等清除干净。 （8）孔内无积水时，按干施工法进行混凝土灌注，并用插入式振动棒振捣密实；孔内有积水且无法排净时，宜按水下混凝土灌注的要求施工
3	挖孔灌注桩施工的安全要求	（1）施工前应编制专项施工方案，并应对作业人员进行安全技术交底。 （2）挖孔作业前，应详细了解地质、地下水文等情况，不得盲目施工。 （3）桩孔内的作业人员必须戴安全帽、系安全带、穿防滑鞋，人员上下时必须系安全绳，安全绳必须系在孔口。作业人员应通过带护笼的直梯进出，人员上下不得携带工具和材料。作业人员不得利用卷扬机上下桩孔。 （4）桩孔内应设防水带罩灯泡照明，电压应为安全电压，电缆应为防水绝缘电缆，并应设置漏电保护器。当需要设置水泵、电钻等动力设备时，应严格接地。 （5）人工挖孔作业时，应始终保持孔内空气质量符合相关要求；孔深大于10m时或空气质量不符合要求时，孔内作业必须采取机械强制通风措施。 （6）孔深不宜超过15m。孔深超过15m的桩孔内应配备有效的通信器材，作业人员在孔内连续作业不得超过2h；桩周支护应采用钢筋混凝土护壁，护壁上的爬梯应每间隔8m设一处休息平台。孔深超过30m的应配备作业人员升降设备。 （7）孔口应设专人看守，孔内作业人员应检查护壁变形、裂缝、渗水等情况，并与孔口人员保持联系，发现异常应立即撤出。 （8）桩孔内遇岩层需爆破作业时，应进行爆破的专门设计，且宜采用浅眼松动爆破法，并应严格控制炸药用量，在炮眼附近区对孔壁加强防护或支护。孔深大于5m时，必须采用导爆索或电雷管引爆。桩孔内爆破后应先通风排烟15min并经检查确认无有害气体后，施工人员方可进入孔内继续作业

钻孔灌注桩施工

序号	项目	内容
1	钻孔灌注桩施工的主要工序与要求	（1）钻孔前应先布置施工平台。桩位位于旱地时，可在原地适当平整并填土压实形成工作平台；桩位位于浅水区时，宜采用筑岛法施工；桩位位于深水区时，宜搭设钢制平台，当水位变动不大时，亦可采用浮式工作平台，但在水流湍急或潮位涨落较大的水域，不应采用浮式平台。各类施工平台的平面面积大小，应满足钻孔成桩作业的需要；其顶面高程应高于桩施工期间可能的最高水位1.0m以上，在受波浪影响的水域，尚应考虑波高的影响。 （2）钻孔灌注桩施工的主要工序有：埋设护筒、制备泥浆、钻孔、清底、钢筋笼制作与吊装以及灌注水下混凝土等
2	埋设护筒	（1）护筒能稳定孔壁，防止塌孔，还有隔离地表水、保护孔口地面、固定桩孔位置和起到钻头导向作用等。 （2）护筒宜采用钢板卷制。在陆上或浅水区筑岛处的护筒，其内径应大于桩径至少200mm，壁厚应能使护筒保持圆筒状且不变形；在水中以机械沉设的护筒，其内径和壁厚的大小，应根据护筒的平面、垂直度偏差要求及长度等因素确定，并应在护筒的顶、底口处采取适当的加强措施，保证其在沉设过程中不变形；对参与结构受力的护筒，其内径、壁厚及长度应符合设计的规定。 （3）护筒在埋设定位时，除设计另有规定外，护筒中心与桩中心的平面位置偏差应不大于50mm，护筒在竖直方向的倾斜度应不大于1‰；对深水基础中的护筒，在竖直方向的倾斜度宜不大于1/150，平面位置的偏差可适当放宽，但应不大于80mm。在旱地和筑岛处设置护筒时，可采用挖坑埋设法实测定位，且护筒的底部和外侧四周应采用黏土回填并分层夯实，使护筒底口处不致漏失泥浆；在水中沉设护筒时，宜采用导向架定位，并应采取有效措施保证其平面位置、倾斜度的准确，以及护筒接长连接处的焊接质量，焊接连接处的内壁应无突出物，且应耐拉、压，不漏水。 （4）护筒顶宜高于地面0.3m或水面1.0~2.0m，同时应高于桩顶设计高程1m。在有潮汐影响的水域，护筒顶应高出施工期最高潮水位1.5~2.0m，并应在施工期间采取稳定孔内水头的措施；当桩孔内有承压水时，护筒顶应高于稳定后的承压水位2.0m以上。 （5）护筒的埋置深度在旱地或筑岛处宜为2~4m，在水中或特殊情况下应根据设计要求或桩位的水文、地质情况经计算确定。对有冲刷影响的河床，护筒宜沉入施工期局部冲刷线以下1.0~1.5m，且宜采取防止河床在施工期过度冲刷的防护措施。 （6）护筒连接处要求筒内无突出物，应耐拉、耐压，不漏水。旱地、筑岛处护筒可采用挖坑埋设法，护筒底部和四周所填黏质土必须分层夯实。水域护筒设置，应严格注意平面位置、竖向倾斜、倾斜角（指斜桩）和两节护筒的连接质量均需符合要求。沉入时可采用压重、振动、锤击并辅以筒内除土的办法
3	泥浆制备	（1）钻孔泥浆具有浮悬钻渣、冷却钻头、润滑钻具，增大静水压力，并在孔壁形成泥皮，隔断孔内外渗流，防止坍孔的作用。 （2）钻孔泥浆的性能指标可根据钻孔方法、地质情况具体选用。对大直径或超长钻孔灌注桩，泥浆的选择应根据钻孔的工程地质情况、孔位、钻机性能、泥浆材料条件等确定
4	钻孔方法	（1）正循环回旋钻孔 钻进与排渣同时连续进行，在适用的土层中钻进速度较快，但需设置泥浆槽、沉淀池等，施工占地较多，且机具设备较复杂。 （2）反循环回旋钻孔 钻进与排渣效率较高，但接长钻杆时装卸麻烦，钻渣容易堵塞管路。另外，因泥浆是从上向下流动，孔壁坍塌的可能性较正循环法大，为此需用较高质量的泥浆。

序号	项目	内容
4	钻孔方法	（3）冲击钻孔 　　冲击钻成孔灌注桩适用于黄土、黏性土或粉质黏土和人工杂填土层，特别适合于在有孤石的砂砾石层、漂石层、硬土层、岩层中使用。冲击钻成孔一个最重要的关键点，就是泥浆护壁，护壁泥浆含沙量一定要小。泥浆太浓钻孔速度慢，泥浆太轻护壁容易坍塌。开始钻进宜慢不宜快，施工中注意垂直度校正，2～3m 后立即校正，施工过程中护筒及时跟进，护筒内的水头一定要保持，随时检查控制泥浆指标。 　　（4）旋挖钻机钻孔 　　钻进施工过程中应保证泥浆面始终不得低于护筒底部，旋挖钻机一般适用黏土、粉土、砂土、淤泥质土、人工回填土及含有部分卵石、碎石的地层。对于具有大扭矩动力头和自动内锁式伸缩钻杆的钻机，可适用微风化岩层的钻孔施工
5	成孔检查 与清孔	（1）成孔检查 　　① 钻孔灌注桩在终孔后，应对桩孔的孔位、孔径、孔形、孔深和倾斜度进行检验；清孔后，应对孔底的沉淀厚度进行检验。挖孔桩终孔并对孔底处理后，应对桩孔孔位、孔径、孔深、倾斜度及孔底处理情况等进行检验。 　　② 孔径、孔形、倾斜度和孔底沉淀厚度宜采用专用仪器检测，孔深可用专用测绳检测。采用钻杆测斜法量测桩的倾斜度时，量测应从钻孔平台顶面起算至孔底。 　　（2）清孔 　　清孔的方法有抽浆法、换浆法、掏渣法、喷射清孔法以及用砂浆置换钻渣清孔法等，应根据设计要求、钻孔方法、机具设备和土质条件决定。清孔应符合下列要求： 　　① 钻孔深度达到设计高程后，应对孔径、孔深和孔的倾斜度进行检验，符合要求后方可清孔。 　　② 清孔方法应根据设计要求、钻孔方法、机具设备条件和地层情况决定。不论采用何种清孔方法，在清孔排渣时，必须保持孔内水头，防止塌孔。 　　③ 清孔后，泥浆的相对密度宜控制在 1.03～1.10，对冲击成孔的桩可适当提高，但宜不超过 1.15，黏度宜为 17～20Pa·s，含砂率宜小于 2%，胶体率宜大于 98%。孔底沉淀厚度应不大于设计的规定；设计未规定时，对桩径小于或等于 1.5m 的摩擦桩宜不大于 200mm，对桩径大于 1.5m 或桩长大于 40m 以及土质较差的摩擦桩宜不大于 300mm，对支承桩宜不大于 50mm。 　　④ 在吊入钢筋骨架后，灌注水下混凝土之前，应再次检查孔内泥浆的性能指标和孔底沉淀厚度，如超过上述规定，应进行第二次清孔，符合要求后方可灌注水下混凝土。 　　⑤ 不得采用加深钻孔深度的方式代替清孔
6	钢筋笼制作 与吊装	钢筋骨架的制作、运输要求应符合规范规定。安装钢筋骨架时，不得直接将钢筋骨架支承在孔底，应将其吊挂在孔口的钢护筒上，或在孔口地面上设置扩大受力面积的装置进行吊挂，且不应采用钢丝绳或其他容易变形的材料进行吊挂。安装时应采取有效的定位措施，减小钢筋骨架中心与桩中心的偏位，使钢筋骨架的混凝土保护层满足要求
7	灌注水下 混凝土前的 准备工作	（1）应按水下混凝土灌注数量和灌注速度的要求配齐施工机具设备，设备的能力应能满足桩孔在规定时间内灌注完毕的要求，且应保证其完好率，对主要设备应有备用。 　　（2）水下混凝土宜采用钢导管灌注，导管内径宜为 200～350mm。导管使用前应进行水密承压和接头抗拉试验，严禁采用气压试压。进行水密试验的水压应不小于孔内水深 1.3 倍的压力，亦应不小于导管壁及焊缝可能承受灌注混凝土时最大内压力 p 的 1.3 倍
8	水下混凝土 的配制要求	（1）水泥可采用火山灰水泥、粉煤灰水泥、普通硅酸盐水泥或硅酸盐水泥，采用矿渣水泥时应采取防离析的措施。粗集料宜选用卵石，如采用碎石宜适当增加混凝土配合比中的含砂率，粗集料的最大粒径应不大于导管内径的 1/8～1/6 和钢筋间距的 1/4，同时应不大于 37.5mm；细集料宜采用级配良好的中砂。 　　（2）混凝土的配合比，在保证水下混凝土顺利灌注的条件下，应按现行《公路桥涵施工技术规范》JTG/T 3650 的规定计算确定。掺用外加剂、粉煤灰等材料时，其技术条件及掺用量亦应符合规范规定。混凝土的初凝时间应根据气温、运距及灌注时间长短等因素确定，并满足现场使用要求。混凝土可经试验掺配适量缓凝剂

序号	项目	内容
8	水下混凝土的配制要求	（3）混凝土拌合物应具有良好的和易性，灌注时应能保持足够的流动性，坍落度宜为160～220mm，且应充分考虑气温、运距及施工时间的影响导致的坍落度损失
9	灌注水下混凝土	（1）水下混凝土的灌注时间不得超过首批混凝土的初凝时间。 （2）混凝土运至灌注地点时，应检查其均匀性和坍落度等，不符合要求时不得使用。 （3）首批灌注混凝土的数量应能满足导管首次埋置深度1.0m以上的需要，所需混凝土数量可按规定计算。 （4）首批混凝土入孔后，应连续灌注，不得中断。 （5）在灌注过程中，应保持孔内的水头高度。导管的埋置深度宜控制在2～6m，并应随时测探桩孔内混凝土面的位置，及时调整导管埋深；在确保能将导管顺利提升的前提下，方可根据现场的实际情况适当放宽导管的埋深，但最大埋深应不超过9m。应将桩孔内溢出的水或泥浆引流至适当地点处理，不得随意排放。 （6）灌注时应采取措施防止钢筋骨架上浮。当灌注的混凝土顶面距钢筋骨架底部以下1m左右时，宜降低灌注速度；混凝土顶面上升到骨架底部4m以上时，宜提升导管，使其底口高于骨架底部2m以上后再恢复正常灌注速度。 （7）对变截面桩，应在灌注过程中采取措施，保证变截面处的水下混凝土灌注密实。 （8）采用全护筒钻机施工的桩在灌注水下混凝土时，护筒应随导管的提升逐步上拔，上拔过程中除应保证导管的埋置深度外，同时应使护筒底口始终保持在混凝土面以下。施工时应边灌注、边排水，并应保持护筒内的水位稳定。 （9）混凝土灌注至桩顶部位时，应采取措施保持导管内的混凝土压力，避免桩顶泥浆密度过大而产生泥团或桩顶混凝土不密实、松散等现象；在灌注将近结束时，应核对混凝土的灌入数量，确定所测混凝土的灌注高度是否正确。灌注桩桩顶高程应比设计高程高出不小于0.5m，当存在地质条件较差、孔内泥浆密度过大、桩径较大等情况时，应适当提高其超灌的高度；超灌的多余部分在承台施工前或接桩前应凿除，凿除后的桩头应密实、无松散层，混凝土应达到设计规定的强度等级。 （10）灌注中发生故障时，应尽快查明原因，确定合适的处置方案进行处理
10	灌注桩的混凝土质量检验要求	（1）桩身混凝土和后压浆中水泥浆的抗压强度应符合设计规定。每桩的试件取样组数、混凝土和水泥浆的检验要求均应符合现行《公路工程质量检验评定标准 第一册 土建工程》JTG F80/1的规定。 （2）对桩身的完整性进行检验时，检测的数量和方法应符合设计或合同的规定。宜选择有代表性的桩采用无破损法进行检测，重要工程或重要部位的桩宜逐桩进行检测；设计有规定或对无破损法检测和桩的质量有疑问时，应采用钻取芯样法对桩进行检测；当需检验柱桩的桩底沉淀与地层的结合情况时，其芯样应钻至桩底0.5m以下。 （3）经检验桩身质量不符合要求时，应研究处理方案，报批处理
11	钻孔桩水下混凝土的质量要求	（1）强度应不低于设计强度。并按设计及现行《公路桥涵施工技术规范》JTG/T 3650中的规定对桩身完整性与质量进行检验。 （2）桩身混凝土无断层或夹层，钻孔桩桩底不高于设计标高，桩底沉淀厚度不大于设计规定。应仔细检查分析所有各桩径的混凝土灌注记录，并用无破损方法检验桩身，认为其中某些桩的质量可疑，则应以地质钻机钻通全桩取芯样，检查该桩有无夹泥、断桩、混凝土质量松软，并做芯样的抗压强度试验。 （3）桩头凿除预留部分无残余松散层和薄弱混凝土层；需嵌入承台内的桩头及锚固钢筋长度符合规范要求。 （4）在质量检查中，如发现断桩或其他重大质量事故，应会同有关部门共同研究提出处理方案。在处理过程中，应作详细记录。处理完毕后，再作一次检查，认为合格后方可进行下一道工序的施工

考点 5   桥梁下部结构施工

承台施工规定

序号	项目	内容
1	承台施工方式的选择	（1）承台是桩与柱或墩的联系部分。承台的分类，按构造方式分为高桩承台和低桩承台；按施工方式分为现浇承台和预制式承台；按埋置方式分为陆上承台和水中承台。这里主要介绍现浇承台的施工。 （2）当承台处于干处时，一般直接采用明挖基坑，并根据基坑状况采取一定措施后，在其上安装模板，浇筑承台混凝土。基坑开挖一般采用机械开挖，并辅以人工清底找平，基坑的开挖尺寸要求根据承台的尺寸、支模及操作的要求、设置排水沟及集水坑的需要等因素进行确定。 （3）当承台位于水中时，常采用围堰法进行施工，一般先设围堰将群桩围在堰内，然后在堰内河底灌注水下混凝土封底，凝结后，将水抽干，使各桩处于干处，再安装承台模板，在干处灌筑承台混凝土。常用的围堰类型包括土石围堰、钢筋混凝土套箱围堰和钢围堰，其中钢围堰类型有钢板桩围堰、锁口钢管桩围堰、钢套箱围堰、双壁钢围堰等
2	钢围堰施工	现场浇筑的承台施工采用钢围堰作为挡水（土）设施时，应根据承台的结构特点、水文、地质和施工条件等因素确定适宜的围堰形式，并应对围堰进行专项设计；施工期间环境条件发生较大变化时，应对围堰设计方案重新进行论证
3	承台底的处理	（1）承台基底为非黏性土或干土时，在施工前应将其润湿，并应按设计要求浇筑混凝土垫层，垫层顶面不得高于基础底面设计高程；地基为淤泥或承载力不足时，应按设计要求处理后方可进行基础的施工；基底为岩石时，应采用水冲洗干净，且在基础施工前应铺设一层不低于基础混凝土强度等级的水泥砂浆。 （2）当承台底位于河床以上的水中，采用有底吊箱或其他方法在水中将承台模板支撑和固定，如利用桩基或临时支撑。承台模板安装完毕后抽水，堵漏，即可在干处灌筑承台混凝土
4	承台模板、钢筋施工与混凝土的浇筑	（1）承台模板一般采用组合钢模，在施工前必须进行详细的模板设计，以保证使模板有足够的强度、刚度和稳定性，能可靠地承受施工过程中可能产生的各项荷载，保证结构各部形状、尺寸的准确。模板要求平整，接缝严密，支撑牢固，拆装容易，操作方便。 （2）承台施工前应进行桩基等隐蔽工程的质量验收，桩顶的混凝土面应按水平施工缝的要求凿毛，桩头预留钢筋上的泥土及鳞锈等应清理干净。承台基底为软弱土层时，应按设计要求采取措施，避免在浇筑承台混凝土过程中产生不均匀沉降。 （3）承台的钢筋和混凝土应在无水条件下进行施工，施工时应根据地质、地下水位和基坑内的积水等情况采取防水或排水措施。钢筋的制作严格按技术规范及设计图纸的要求进行，墩身的预埋钢筋位置要准确、牢固。应采取有效措施，使承台钢筋的混凝土保护层厚度符合设计规定。桩伸入承台的长度以及边桩外侧与承台边缘的净距应不小于设计规定值。 （4）混凝土的配制要满足技术规范及设计图纸的要求外，还要满足施工的要求，如泵送对坍落度的要求等。为改善混凝土的性能，根据具体情况掺加合适的混凝土外加剂，如减水剂、缓凝剂、防冻剂等。 （5）混凝土宜在全平截面范围内水平分层进行浇筑，且机械设备的能力应满足混凝土浇筑施工的要求；当浇筑量过大设备能力难以满足施工要求，或大体积混凝土温控需要时，可分层或分块浇筑。承台结构属大体积混凝土的，应按大体积混凝土的技术要求进行施工

钢围堰施工具体规定

序号	项目	内容
1	钢围堰设计与施工的一般规定	(1) 围堰的平面尺寸宜根据承台的结构尺寸、安装及放样误差等确定，且宜满足承台施工操作空间的需要，围堰内侧距承台边缘的净距宜不小于1m（围堰内侧兼作模板时除外）。围堰的顶面高程应高出施工期间可能出现的最高水位（包括浪高）0.5～0.7m；在有潮汐的水域，应同时考虑最高和最低施工潮位对围堰的不利影响。 (2) 围堰除应满足自身的强度、刚度和稳定性要求外，尚应考虑河床断面被压缩后，流速增大导致的河床冲刷和对通航、导流等的影响。 (3) 对围堰结构进行计算时，除应考虑施工荷载及结构重力、水流压力、浮力、土压力等荷载外，尚应根据现场的具体情况考虑可能出现的冲刷、风力、波浪力、流冰压力、施工船舶或漂浮物撞击力等作用。 (4) 围堰结构应根据施工过程中的各种工况，按最不利荷载组合进行强度、刚度及稳定性计算。在围堰内设置支撑的，除应对内支撑结构本身进行局部验算外，尚应将其与围堰作为整体进行总体稳定性验算；设置内支撑时，对支撑与堰壁的连接处应设置纵横向分配梁予以局部加强，并应考虑其对承台及后续墩身施工的干扰影响。 (5) 钢围堰的混凝土封底厚度应符合设计规定；设计未规定时，应根据桩周摩擦力、浮力、围堰结构自重及封底混凝土自身强度等因素经计算后确定。 (6) 钢围堰在施工前应制定专项施工方案，明确施工工艺流程。 (7) 围堰钢结构的制造可按照规范相关规定执行，并应保证其在施工过程中防水严密，不渗漏。 (8) 在岸上整体加工制造的钢围堰，当通过滑道或其他装置下水时，其进入的水域面积和水深应足够，并应采取措施控制其下水的速度；采用起重船吊装时，起重船的吊装能力应能满足整体吊装的要求，各吊点的受力应控制均匀，必要时宜进行监控。 (9) 钢围堰在灌注封底混凝土之前，应将桩身和堰壁上附着的泥浆冲洗干净，经检验合格后方可进行封底混凝土的施工。封底的施工要求可按《公路桥涵施工技术规范》规范关于沉井基底检验与封底的规定执行。 (10) 钢围堰拆除时，除应采取措施防止撞击墩身外，对水下按设计规定可不拆除的结构，尚应保证其不会对通航产生不利的影响
2	钢板桩围堰的施工规定	(1) 钢板桩的材质、性能和尺寸应符合产品的相应规定。钢板桩在存放、搬运和起吊时，应采取措施防止其变形及锁口损坏。经过整修或焊接后的钢板桩，应采用同类型的短桩进行锁口并通过试验，合格者方可继续使用。 (2) 钢板桩施打前应设置测量观测点，控制其施打的定位。 (3) 钢板桩在施打前，其锁口宜采用止水材料捻缝，防止在使用过程中漏水。 (4) 施打钢板桩应有导向装置，应能保证桩的位置准确。施打顺序应按既定的施工技术方案进行，并宜从上游开始分两头向下游方向合龙。施打时应随时检查其位置和垂直度是否准确，不符合要求的应立即纠正或拔起重新施打。施打完成后所有钢板桩的锁口均应闭合。 (5) 同一围堰内采用不同类型的钢板桩时，宜将不同类型桩的各半拼焊成一根异型钢板桩，分别与相邻桩进行连接。接长的钢板桩，其相邻桩的接头位置应上下错开。 (6) 拔除钢板桩之前，应向堰内注水使堰内外的水位保持平衡。拔桩应从下游侧开始逐步向上游侧进行，拔除的钢板桩应对其锁口进行检修并涂油，堆码妥善保存
3	锁口钢管桩围堰施工	除应符合钢板桩围堰的施工的相关规定外，尚应符合： (1) 钢管的材质和截面特性应满足围堰受力的要求。锁口的形式应根据土层地质状况和止水要求确定，当用于水中或透水性土层中的围堰时，应对锁口采取可靠的止水处理措施。 (2) 施打钢管时，如土层中有孤石、片石或其他障碍物，其底口应作加强处理

序号	项目	内容
4	钢套箱围堰的施工规定	（1）对有底钢套箱，除应进行结构的计算和验算外，尚应针对套箱内抽干水后的工况进行抗浮验算。钢套箱采用悬吊方式安装时，应验算悬吊装置及吊杆的强度是否满足受力要求。 （2）钢套箱应根据现场设备的起吊能力和移运能力确定采用整体式或装配式制作，制作时应采取防止接缝渗漏的措施。 （3）钢套箱下沉就位时，在下沉过程中应保持平稳，当采用多个千斤顶吊放时，应使各千斤顶的行程同步，且宜设置导向装置或利用已成桩作为导向的承力结构进行准确定位。钢套箱就位后应对其平面位置和高程进行精确调整，并应及时予以固定；当水流速度过大会使套箱的位置发生改变时，应具有稳定套箱的可靠措施。 （4）有底钢套箱在浇筑封底混凝土之前，应对底板和钢护筒的表面进行清理，并应采用适宜的止水装置或材料对底板与桩基之间的缝隙进行封堵。 （5）钢套箱内的排水应在封底混凝土符合设计规定的强度后或达到设计强度的80%及以上时方可进行，在封底混凝土未达到规定强度之前，应打开套箱上设置的连通器，保持套箱内外水头一致，排水时不应过快，并应在排水过程中加强对套箱情况变化的监测；对有底钢套箱，必要时可设反压装置抵抗过大的浮力。 （6）钢套箱侧壁兼作承台模板时，其位置和尺寸应符合承台结构的允许偏差规定
5	双壁钢围堰的施工规定	（1）围堰的双壁间距应根据下沉时需要克服的浮力、土层摩阻力及基底抗力等经计算确定，并应在双壁之间分设多个对称的、横向互不相通的隔水仓。 （2）双壁钢围堰兼作钻孔平台时，应将钻孔施工产生的全部荷载及各种工况加入围堰结构的最不利荷载组合中进行设计和验算。钢围堰需度汛或度凌施工时，应制定稳定和防撞击、防冲刷的可靠方案，并应进行相应的验算。 （3）双壁钢围堰结构的制作宜在工厂按设计要求进行，各节、块应按预定的顺序对称组装拼焊，制作完成后应进行焊接质量检验，并应进行水密性试验。 （4）围堰应根据现场的水文、地质和通航等情况，设置可靠的定位系统和导向装置，其浮运、下沉、定位等工序的施工及允许偏差应符合《公路桥涵施工技术规范》JTG/T 3650—2020规范关于沉井施工的相关规定。 （5）围堰下沉至设计高程，在灌注封底混凝土之前，应对河床面进行清理和整平。围堰置于岩面上时，宜将岩面整平；基岩岩面倾斜或凹凸不平时，宜将围堰底部制作成与岩面相应的异形刃脚，增加其稳定性并减少渗漏

桥墩施工

序号	项目	内容
1	高度小于40m的桥墩施工	（1）桥墩施工前，应对其施工范围内基础顶面的混凝土进行凿毛处理，并应将表面的松散层、石屑等清理干净；对分节段施工的桥墩，其接缝亦应作相同的凿毛和清洁处理。 （2）应尽量缩短首节桥墩墩身与承台之间浇筑混凝土的间隔时间，间歇期宜不大于10d，当不能满足间歇期要求时，应采取防止墩、台混凝土开裂的有效措施。墩身平面尺寸较大时，首节墩身可与承台同步施工。 （3）桥墩高度小于或等于10m时可整体浇筑施工；高度超过10m时，可分节段施工，节段的高度宜根据施工环境条件和钢筋定尺长度等因素确定。上一节段施工时，已浇筑节段的混凝土强度应不低于2.5MPa。各节段之间浇筑混凝土的间歇期宜控制在7d以内。 （4）桥墩的钢筋可分节段制作和安装，且应保证其连接精度；条件具备时，亦可采用整体制作、整体安装的方式施工，但在制作、存放、运输和安装时应采取有效措施保证其刚度，避免产生过大的变形。

序号	项目	内容
1	高度小于 40m 的桥墩施工	（5）在模板安装前，应在基础顶面放出桥墩的轴线及边缘线；对分节段施工的桥墩，其首节模板安装的平面位置和垂直度应严格控制。模板在安装过程中应通过测量监控措施保证桥墩的垂直度，并应有防倾覆的临时措施；对风力较大地区的墩身模板，应考虑其抗风稳定性。 （6）浇筑混凝土时，串筒、溜槽等的布置应便于混凝土的摊铺和振捣，并应明确划分工作区域。混凝土浇筑完成后，应及时进行养护，养护时间应不少于 7d。 （7）作业人员的上下步梯宜采用钢管脚手架或专用产品搭设，并应进行专项设计，设置时应固定在已浇筑完成的墩身上
2	高度大于或等于 40m 的高墩施工	高度大于或等于 40m 的高墩施工，除应符合上述高度小于 40m 的桥墩施工要求之外，尚应符合下列规定： （1）施工前应编制专项施工方案，对各项临时受力结构和临时设施应进行必要的施工设计计算和验算。 （2）宜设置塔式起重机或其他可靠的起重设备，用于施工期间钢筋或其半成品材料以及其他材料的垂直起吊运输。 （3）宜设置施工电梯作为运送作业人员和小型机具、操作工具的垂直运输设施。 （4）对塔式起重机和施工电梯的平面位置宜根据环境条件和桥墩的结构特点进行比较选择，其布置除应方便施工操作外，亦不应影响到其他作业的安全。塔式起重机和施工电梯均应有可靠的附墙安全措施。 （5）模板体系宜根据施工的环境条件，桥墩截面形式的特点、分节段施工高度、施工作业人员的经验等因素综合选择确定，模板的施工要求应符合相关规定。 （6）绑扎和安装钢筋时，应在作业面设置具有外围挡的操作平台。当采用劲性骨架辅助钢筋安装时，劲性骨架宜在地面上制作好后再起吊就位安装。整体制作安装的钢筋应有保证刚度防止变形的可靠措施。钢筋的主筋宜采用机械方式连接，机械连接的施工要求应符合相关规定。 （7）混凝土的垂直输送宜采用泵送方式，泵管可沿已施工完成的墩身或搭设专用支架进行布设，而不应布设在塔式起重机和施工电梯上。 （8）混凝土的浇筑施工应符合相关规定，每一节段混凝土的养护时间应不少于 7d。养护用的水管可布设在墩身上，且应与电缆分开设置。 （9）高墩施工前应编制测量控制方案，施工过程中应对墩身的平面位置和垂直度进行监控，条件具备时宜采用激光铅垂仪进行控制。施工测量中应考虑日照对墩身扭转的影响，当日照影响较大时，测量宜在夜间气温相对稳定的时段进行

注：钢筋混凝土桥墩施工一般在现场就地整体浇筑或分节段浇筑，桥墩高处作业的施工安全应符合相关规范的规定。

桥台施工

序号	项目	内容
1	重力式桥台施工	（1）混凝土或钢筋混凝土台身宜一次连续浇筑完成，当台身较长或截面积过大，一次连续浇筑完成难以保证混凝土质量时，可分段或分层浇筑。分段浇筑时，其接缝宜设置在沉降缝处；分层浇筑时应采取有效措施控制接缝的外观质量，防止产生过大的层间错台。 （2）采用片石混凝土浇筑坞工台身时，应选用无裂纹、无夹layer、未煅烧过并具有抗冻性的石块，片石混凝土的施工要求应符合现行《公路桥涵施工技术规范》JTG/T 3650 的相关规定。 （3）采用石料砌筑坞工台身时，其施工要求应符合《公路桥涵施工技术规范》JTG/T 3650 的规定。 （4）翼墙、八字墙施工时，其顶面坡度的变化应与台后边坡的坡度相适应。 （5）桥台后背与回填土接触面的防水处理应符合设计规定

序号	项目	内容
2	加筋土桥台施工	（1）混凝土面板的预制施工应符合相关规定。露于面板混凝土外面的钢拉环、钢板锚头应作防锈处理，加筋带与钢拉环的接触面应作隔离处理。筋带的强度和受力后的变形应满足设计要求，筋带应能与填料产生足够的摩擦力，接长与面板的连接应简单。 （2）面板应按要求的垂度挂线安砌，安砌时单块面板可内倾 1/200～1/100，作为填料压实时面板外倾的预留度。不得在未完成填土作业的面板上安砌上一层面板。 （3）钢带应平顺铺设于已压实整平的填料上，不得弯曲或扭曲；钢筋混凝土带可直接铺设在已压实整平的填料上或在填料上挖槽铺设；加筋带应呈扇形辐射状铺设，不宜重叠，不得卷曲或折曲，并不得与尖锐棱角的粗粒料直接接触。在与桥台立柱或肋板相互干扰时，筋带可适当避让。 （4）台背筋带锚固段的填筑宜采用粗粒土或改性土等填料。当填料为黏性土时，宜在面板后不小于 0.5m 范围内回填砂砾材料。 （5）填料摊铺厚度应均匀一致，表面平整，并应设置不小于 3% 的横坡。当采用机械摊铺时，摊铺机距面板应不小于 1.5m。机械的运行方向应与筋带垂直，并不得在未覆盖填料的筋带上行驶或停车。 （6）台背填料应严格分层碾压，碾压时宜先轻后重，并不得使用羊足碾。压实作业应先从筋带中部开始，逐步碾压至筋带尾部，再碾压靠近面板部位，且压实机械距面板应不小于 1.0m。台背填筑施工过程中应随时观测加筋土桥台的变化
3	其他形式桥台施工要求	（1）肋板式埋置式桥台施工时，肋板的斜面方向应符合设计规定的方向，避免反置。柱式和肋板式等埋置式桥台施工完成后的填土要求均应符合规范规定，台前溜坡的坡度及其坡面防护应符合设计的规定。 （2）薄壁轻型桥台施工时，对混凝土的浇筑应采取有效措施，保证其浇筑质量。施工完成后台背的填土要求除应符合规范规定外，对设置有支撑梁的，尚应在支撑梁安装完成后再填土。 （3）组合式桥台应按其各组成部分的相应要求进行施工。锚碇（拉）板式组合桥台可按加筋土桥台施工的规定进行施工；挡土墙组合桥台中挡土墙的施工应符合现行《公路路基施工技术规范》JTG/T 3610 的规定；后座式组合桥台中的后座可按重力式桥台的规定进行施工，台身与后座之间的构造缝应严格按设计要求施工

圬工结构墩台施工

序号	项目	内容
1	构成	桥梁的墩台可由砌石、混凝土预制块砌体或片石混凝土等圬工结构砌筑而成
2	墩台身圬工砌体工程材料的相关要求	（1）圬工砌体工程所用的石料应符合下列规定： ①石料应符合设计规定的类别和强度，石质应均匀、不易风化、无裂纹。1 月份平均气温低于 −10℃ 的地区，除干旱地区的不受冰冻部位外，所用石料应通过冻融试验，其抗冻性指标合格后方可使用。 ②片石的厚度应不小于 150mm。用作镶面的片石，应选择表面较平整、尺寸较大者，并应稍加修整。 ③块石的形状应大致方正，上下面大致平整，厚度应为 200～300mm，宽度应为厚度的 1.0～1.5 倍，长度应为厚度的 1.5～3.0 倍。块石如有锋棱锐角，应敲除。块石用作镶面时，应从外露面四周向内稍作修凿，后部可不作修凿，但应略小于修凿部分。 ④粗料石的外形应方正，成六面体，厚度应为 200～300mm，宽度应为厚度的 1.0～1.5 倍，长度应为厚度的 2.5～4.0 倍，表面凹陷深度应不大于 20mm。加工镶面粗料石时，丁石长度应比相邻顺石宽度大 150mm；修凿面每 100mm 长应有錾路 4～5 条，侧面修凿面应与外露面垂直，正面凹陷深度应不超过 15mm；外露面带细凿边缘时，细凿边缘的宽度应为 30～50mm。

序号	项目	内容
2	墩台身圬工砌体工程材料的相关要求	（2）用于圬工砌体工程的混凝土预制块，其规格、形状和尺寸应统一，表面应平整，强度应符合设计要求。采用轻质混凝土等特殊材料制作预制块时，所用混凝土的配合比应经试验验证后确定。 （3）圬工砌筑采用的砂浆应符合下列规定： ① 砌筑用砂浆的类别和强度等级应符合设计规定。 ② 砂浆中所用水泥、砂、水等材料的质量应符合规范相关规定。砂宜采用中砂或粗砂，当缺乏天然中砂或粗砂时，可采用满足质量要求的机制砂代替；在保证砂浆强度的基础上，也可采用细砂，但应适当增加水泥用量。砂的最大粒径，当用于砌筑片石时，宜不超过 5mm；当用于砌筑块石、粗料石时，宜不超过 2.5mm。 ③ 砂浆的配合比应通过试验确定，当变更砂浆的组成材料时，其配合比应重新经试验确定。砂浆应具有良好的和易性，用于石砌体时其稠度宜为 50～70mm，气温较高时可适当增大。砂浆的配制宜采用质量比，并应随拌随用，保持适宜的稠度，且宜在 3～4h 内使用完毕；气温超过 30℃时，宜在 2～3h 内使用完毕。在运输过程或在储存器中发生离析、泌水的砂浆，砌筑前应重新拌合；已凝结的砂浆，不得使用。 ④ 各类砂浆均宜采用机械拌合，拌合时间宜为 3～5min。 （4）小石子混凝土应符合下列规定： ① 配合比设计、材料规格、强度试验及质量检验标准应符合规范规定。 ② 粗集料可采用细卵石或碎石，最大粒径宜不大于 20mm。 ③ 小石子混凝土的拌合物应具有良好的和易性。对片石砌体，其坍落度宜为 50～70mm；对块石砌体，其坍落度宜为 70～100mm
3	墩、台身圬工砌体的施工要求	（1）砌体的砌筑施工要求应符合下列规定： ① 砌块在使用前应浇水湿润，砌块的表面如有泥土、水锈，应清洗干净。 ② 砌筑基础的第一层砌块时，如基底为土质，可直接坐浆砌筑；如基底为岩层或混凝土地基，应先将基底表面清洗、湿润，再坐浆砌筑。 ③ 砌体宜分层砌筑，砌体较长时可分段分层砌筑，但两相邻工作段的砌筑高差宜不超过 1.2m；分段位置宜设在沉降缝或伸缩缝处，各段的水平砌缝应一致。 ④ 各砌层应先砌外圈定位行列，再砌筑里层，其外圈砌块应与里层砌块交错连成一体。砌体外露面石料的镶面种类应符合设计规定，对有流冰或有漂浮物河流中的墩台，当设计未明确要求时，其镶面宜选用强度等级不低于 MU30 且较坚硬的石料或 C30 以上较高强度等级的混凝土预制块进行镶砌。砌体里层应砌筑整齐，分层应与外圈一致，应先铺一层适当厚度的砂浆再安放砌块和填塞砌缝。砌体的外露面应进行勾缝，并应在砌筑时靠外露面预留深约 20mm 的空缝备作勾缝之用。砌体隐蔽面的砌缝可随砌随刮平，不另勾缝。 ⑤ 各砌层的砌块应安放稳固，砌块间的砂浆应饱满，黏结牢固，不得直接贴靠或脱空。砌筑时，底浆应铺满，竖缝砂浆应先在已砌石块侧面铺放一部分，然后在石块放好后用砂浆填满捣实。用小石子混凝土填竖缝时，应捣固密实。 ⑥ 砌筑上层砌块时，应避免振动下层砌块。砌筑工作中断后恢复砌筑时，对已砌筑的砌层表面应加以清扫和湿润。 ⑦ 圬工砌体中沉降缝、伸缩缝、泄水孔及防水层的设置，应符合设计规定。 （2）浆砌片石的砌筑施工应符合下列规定： ① 片石应分层砌筑，宜以 2～3 层砌块组成一工作层，每一工作层的水平缝应大致找平。各工作层竖缝应相互错开，不得贯通。 ② 外圈定位行列和转角石，应选择形状较为方正及尺寸较大的片石，并长短相间地与里层砌块咬接。砌缝宽度宜不大于 40mm；采用小石子混凝土砌筑时，可为 30～70mm。

序号	项目	内容
3	墩、台身圬工砌体的施工要求	③ 较大的砌块应用于下层，安砌时应选取形状和尺寸较为合适的砌块，尖锐凸出部分应敲除。竖缝较宽时，应在砂浆中塞以小石块，但不得在石块下面用高于砂浆砌缝的小石片支垫。 （3）浆砌块石的砌筑施工应符合下列规定： ① 块石应平砌，每层石料高度应大致相同。对外圈定位行列和镶面石块，应丁顺相间或两顺一丁排列，砌缝宽度应不大于 30mm，上下竖缝的错开距离应不小于 80mm。 ② 砌体里层平缝宽度应不大于 30mm，竖缝宽度应不大于 40mm，用小石子混凝土砌筑时应不大于 50mm。 （4）浆砌粗料石及混凝土预制块的砌筑施工应符合下列规定： ① 砌筑前，应先计算层数并选好料，砌筑时应严格控制平面位置和高度。镶面石应一丁一顺排列，砌缝应横平竖直。砌缝的宽度，对粗料石应不大于 20mm，对混凝土预制砌块应不大于 10mm；上下层竖缝错开的距离应不小于 100mm，同时在丁石的上层或下层不宜有竖缝。砌体里层为浆砌块石时，应符合块石浆砌的规定。 ② 桥墩破冰体镶面的砌筑应符合下列规定： （a）破冰棱与垂线的夹角大于 20°时，镶面横缝应垂直于破冰棱；夹角小于或等于 20°时，镶面横缝可呈水平。 （b）破冰体镶面的砌筑层次应与墩身一致。砌缝的宽度应为 10~12mm。 （c）不得在破冰棱中线上及破冰棱与墩身相交线上设置砌缝
4	台背回填施工要求	（1）桥涵台背的填料应符合设计规定。设计未规定时，宜采用天然砂砾、二灰土、水泥稳定土或粉煤灰等轻质材料，不得采用含有泥草、腐殖质或冻块的土。采用膨胀性聚苯乙烯泡沫塑料、泡沫轻质土等特殊材料回填施工时，应符合现行《公路路基施工技术规范》JTG/T 3610—2019 和《现浇泡沫轻质土技术规程》CECS 249—2008 的规定。 （2）台背回填应顺路线方向，自台身起，其填土的长度应在顶面应不小于桥台高度加 2m，在底面应不小于 2m；拱桥台背填土的长度应不小于台高的 3~4 倍。锥坡填土应与台背填土同时进行，并应按设计宽度一次填足。 （3）台背回填应严格控制土的分层厚度和压实度，应设专人负责监督检查，检查频率应每 50m² 检验一点，不足 50m² 应至少检验一点，每点均应合格，且宜采用小型机械压实。桥涵台背填土的压实度应不小于 96%。 （4）台背回填的顺序应符合设计规定。设计未规定时，拱桥的台背填土宜在主拱圈安装或砌筑以前完成；梁式桥轻型桥台的台背填土宜在梁体安装完成以后，在两端桥台平衡地进行；埋置式桥台的台背填土宜在柱侧对称、平衡地进行

考点 6 桥梁上部结构施工

钢筋混凝土和预应力混凝土梁（板）桥施工

序号	项目	内容
1	一般要求	（1）装配式桥的构件在脱底模、移运、存放和安装时，混凝土的强度应不低于设计规定的吊装强度；设计未规定时，应不低于设计强度的 80%。 （2）构件安装前应检查其外形、预埋件的尺寸和位置，允许偏差不得超过设计规定。 （3）安装构件时，支承结构（墩台、盖梁）的混凝土强度和预埋件（包括预留锚栓孔、锚栓、支座钢板等）的尺寸、高程及平面位置应符合设计要求。

序号	项目	内容
1	一般要求	（4）构件安装就位完毕并经检查校正符合要求后，方可焊接或浇筑混凝土固定构件。简支梁的安装应采取措施保证梁体的稳定性，防止倾覆。 （5）对分层、分段安装的构件，应在先安装的构件可靠固定且受力较大的接头混凝土达到设计强度的80％后，方可继续安装；设计有规定时，应从其规定。 （6）分段拼装梁的接头混凝土或砂浆，其强度应不低于构件的设计强度；不承受内力的构件的接缝砂浆，其强度应不低于M10。需与其他混凝土或砌体结合的预制构件的砌筑面应按施工缝处理
2	构件预制场	构件预制场的布置应满足预制、移运、存放及架设安装的施工作业要求；场地应平整、坚实，应根据地基情况和气候条件，设置必要的防排水设施，并应采取有效措施防止场地沉陷。砂石料场的地面宜进行硬化处理
3	构件预制台座的规定	（1）预制台座的地基应具有足够的承载能力和稳定性。当用于预制后张预应力混凝土梁、板时，宜对台座两端及适当范围内的地基进行特殊加固处理。 （2）预制台座应采用适宜的材料和方式制作，且应保证其坚固、稳定、不沉陷。 （3）预制台座的间距应能满足施工作业的要求；台座表面应光滑、平整，在2m长度上平整度的允许偏差应不超过2mm，且应保证底座或底模的挠度不大于2mm。 （4）对预应力混凝土梁、板，应根据设计提供的理论拱度值，结合施工的实际情况，正确预计梁体拱度的变化情况，在预制台座上按梁、板构件跨度设置相应的预拱度。当预计后张预应力混凝土梁的上拱度值较大，将会对桥面铺装的施工产生不利影响时，宜在预制台座上设置反拱。 （5）预制台座应具有对梁底的支座预埋钢板或楔形垫块进行角度调整的功能，并应在预制施工时严格按设计要求的角度进行设置
4	浇筑规定	（1）腹板底部为扩大断面的T形梁和I形梁，应先浇筑扩大部分并振实后，再浇筑其上部腹板。 （2）U形梁可上下一次浇筑或分两次浇筑。一次浇筑时，宜先浇筑底板至底板承托顶面，待底板混凝土振实后再浇筑腹板；分两次浇筑时，宜先浇筑底板至底板承托顶面，按施工缝处理后，再浇筑腹板混凝土。 （3）箱形梁宜一次浇筑完成，且宜先浇筑底板至底板承托顶面，待底板混凝土振实后再浇筑腹板、顶板。 （4）中小跨径的空心板浇筑混凝土时，对芯模应有防止上浮和偏位的可靠措施
5	构件的场内移运	（1）对后张预应力混凝土梁、板，在施加预应力后可将其从预制台座吊移至场内的存放台座再进行孔道压浆，但必须满足下列要求： ① 从预制台座上移出梁、板仅限一次，不得在孔道压浆前多次倒运。 ② 吊移的范围必须限制在预制场内的存放区域，不得移往他处。 ③ 吊移过程中不得对梁、板产生任何冲击和碰撞。 ④ 不得将构件安装就位后再进行预应力孔道压浆。 （2）后张预应力混凝土梁、板在预制台座上进行孔道压浆后再移运的，移运时其压浆浆体的强度应不低于设计强度的80％。 （3）梁、板构件移运时的吊点位置应符合设计规定；设计未规定时，应根据计算决定。构件的吊环必须采用未经冷拉的HPB300钢筋制作，且吊环应顺直。吊绳与起吊构件的交角小于60°时，应设置吊架或起吊扁担，使吊点垂直受力。吊移板式构件时，不得吊错上、下面

序号	项目	内容
6	构件的存放	（1）存放台座应坚固稳定，且宜高出地面200mm以上。存放场地应有相应的防排水设施，并应保证梁、板等构件在存放期间不致因支点沉陷而受到损坏。 （2）梁、板构件存放时，其支点应符合设计规定的位置，支点处采用垫木和其他适宜的材料进行支承，不得将构件直接支承在坚硬的存放台座上；存放时混凝土养护期未满的，应继续养护。 （3）构件应按其安装的先后顺序编号存放，预应力混凝土梁、板的存放时间宜不超过3个月，特殊情况下不超过5个月。存放时间超过3个月时，应对梁、板的上拱度值进行检测，当上拱度值过大将会严重影响后续桥面铺装施工或梁、板混凝土产生严重开裂时，则不得使用。 （4）当构件多层叠放时，层与层之间应以垫木隔开，各层垫木的位置应设在设计规定的支点处，上下层垫木应在同一条竖直线上；叠放的高度宜按构件强度、台座地基的承载力、垫木强度及叠放的稳定性等经计算确定，大型构件以2层为宜，应不超过3层，小型构件宜为6～10层。 （5）雨季或春季融冻期间，应采取有效措施防止因地面软化下沉而造成构件断裂及损坏
7	构件的运输	（1）板式构件运输时，宜采用特制的固定架稳定构件。对小型构件，宜顺宽度方向侧立放置，并应采取措施防止倾倒；如平放，在两端吊点处必须设置支搁方木。 （2）梁的运输应按高度方向竖立放置，并应有防止倾倒的固定措施；装卸梁时，必须在支撑稳妥后，方可卸除吊钩。 （3）采用平板拖车或超长拖车运输大型构件时，车长应能满足支点间的距离要求，支点处应设活动转盘防止搓伤构件混凝土；运输道路应平整，如有坑洼而高低不平时，应事先处理平整。 （4）水上运输构件时，应有相应的封舱加固措施，并应根据天气状况安排装卸和运输作业时间，同时应满足水上（海上）作业的相关安全规定
8	简支梁、板的安装	（1）安装前应制订专项施工方案，安装的方法和安装设备应根据构件的结构特点、重力及施工环境条件等综合确定；对安装施工中的各种临时受力结构和安装设备的工况应进行必要的安全验算，所有施工设施均宜进行试运行和荷载试验。 （2）安装前应对墩台的施工质量进行检验，并应对支座或临时支座的平面位置和高程进行复测，合格后方可进行梁、板等构件的安装。 （3）采用架桥机进行安装作业时，其抗倾覆稳定系数应不小于1.3；架桥机过孔时，应将起重小车置于对稳定最有利的位置，且抗倾覆稳定系数应不小于1.5；不得采用将梁、板吊挂在架桥机后部配重的方式进行过孔作业。双导梁架桥机施工工艺流程主要包括：①梁体预制及运输、铺设轨道→②架桥机及导梁拼装→③试吊→④架桥机前移至安装跨→⑤支顶前支架→⑥运梁、喂梁→⑦吊梁，纵移到位→⑧降梁，横移到位→⑨安放支座，落梁→⑩重复第⑤～⑨步，架设下一片梁→⑪铰缝施工，完成整跨安装→⑫架桥机前移至下一跨，直至完成整桥安装。 （4）采用起重机吊装构件时，如采用1台吊机起吊，应在吊点位置的上方设置吊架或起吊扁担；如采用两台起重机抬吊，应统一指挥，协调一致，使构件的两端同时起吊、同时就位。 （5）采用缆索吊机进行安装时，应事先对缆索吊机进行1.2倍最大设计荷载的静力试验和设计荷载下的试运行，全面验收合格后方可使用。 （6）梁、板安装施工期间及架桥机移动过孔时，严禁行人、车辆和船舶在作业区域的桥下通行。

113

序号	项目	内容
8	简支梁、板的安装	（7）梁、板就位后，应及时设置保险垛或支撑将构件临时固定，对横向自稳性较差的T形梁和I形梁等，应与先安装的构件进行可靠的横向连接，防止倾倒。 （8）安装在同一孔跨的梁、板，其预制施工的龄期差宜不超过10d，特殊情况应不超过30d。梁、板上有预留孔道的，其中心应在同一轴线上，偏差应不大于4mm。梁、板之间的横向湿接缝，应在一孔梁、板全部安装完成后方可进行施工。 （9）对弯、坡、斜桥的梁、板，其安装的平面位置、高程及几何线形应符合设计要求。 （10）当安装条件与设计规定的条件不一致时，应对构件在安装时产生的内力进行复核
9	先简支后连续的梁施工	（1）先简支安装梁的施工应符合上述第9条的规定，当设置临时支座进行支承时，对一片梁中的各临时支座，其顶面的相对高差应不大于2mm。 （2）简支变连续的施工程序应符合设计规定。 （3）对湿接头处的梁端，应按施工缝的要求进行凿毛处理。永久支座应在设置湿接头底模之前安装。湿接头处的模板应具有足够的强度和刚度，与梁体的接触面应密贴并具有一定的搭接长度，各接缝应严密不漏浆。负弯矩区的预应力管道应连接平顺，与梁体预留管道的接合处应密封；预应力锚固区预留的张拉齿板应保证其外形尺寸正确且不被损坏。 （4）湿接头的混凝土宜在一天中气温相对较低的时段浇筑，且一联中的全部湿接头应尽快浇筑完成。湿接头混凝土的养护时间应不少于14d。 （5）湿接头按设计要求施加预应力、孔道压浆且浆体达到规定强度后，应立即拆除临时支座，按设计规定的顺序完成体系转换。同一片梁的临时支座应同时拆除
10	特殊要求	对高宽比较大的预应力混凝土T形梁和I形梁，应对称、均衡地施加预应力，并应采取有效措施防止梁体产生侧向弯曲

预应力混凝土箱梁施工

序号	项目	内容
1	箱梁预制场地的建设特殊规定	（1）预制场地应进行专门设计，其布置应有利于制梁、存梁、运梁和架梁的施工作业；制梁台座、存梁台座及运梁线路的地基应具有足够的承载能力，并应有防排水设施；场地内的道路、料场等应硬化处理。 （2）对在水域中架设安装的箱梁，应在预制场地设置箱梁的出运码头；从岸的一侧开始延伸至水域中或在陆上架设安装的箱梁，应设置必要的提梁设施和装置
2	钢筋要求	钢筋宜在专用胎架上绑扎制作成整体骨架后，进行整体起吊安装；采用拼装式内模时，钢筋宜分片制作，分片起吊安装
3	模板要求	（1）箱梁的预制宜采用定型钢模板，模板应具有足够的强度和刚度，并应能满足多次重复使用不变形的要求。 （2）钢模板在加工制作时，模板的全长和跨度应考虑箱梁反拱度的影响及预留压缩量。附着式振捣器的支座应交错布置，安设牢固，并应使振动力先传向模板的骨架，再由骨架传向面板。 （3）对外侧模和端模，尚应满足箱梁混凝土的表层温度与环境温度之差不大于15℃的要求；当气温急剧变化时，不宜进行拆模作业
4	混凝土浇筑	（1）箱梁混凝土宜一次连续浇筑完成，且宜采取水平分层、斜向推进的方式浇筑，水平分层的厚度不得大于300mm，各层间混凝土的间隔浇筑时间不应超过其初凝时间。 （2）梁体腹板下部的底板混凝土宜采用设于底模处的附着式振捣器振动；腹板混凝土宜采用插入式振捣器及附着式振捣器辅助振捣；对钢筋和预应力管道密布区域的混凝土，应提前按一定间距设置混凝土溜槽和插入式振捣器辅助导向等装置，保证该区域的混凝土能振捣密实

序号	项目	内容
5	混凝土养护	（1）当采取蒸汽养护时，除应符合冬期施工规定外，尚宜分为静停、升温、恒温、降温及自然养护五个阶段。静停期间应保持蒸养棚内的温度不低于5℃；混凝土浇筑完成4h后方可升温，且升温的速度应不大于10℃/h；恒温时应将温度控制在50℃以下，恒温时间宜由试验确定；降温的速度应不大于5℃/h；蒸汽养护结束后，应立即进入自然养护阶段，且养护时间宜不少于7d。蒸养期间、拆除保温设施及模板时，梁体混凝土表层的温度与环境温度之差应不大于15℃。 （2）当采取自然养护时，对暴露于大气环境中的混凝土表面应采用适宜的材料进行覆盖，并洒水养护；拆模后尚未达到养护时间的梁体混凝土表面，宜采用喷淋方式或采用养护剂喷洒养护。当环境相对湿度小于60%时，自然养护的时间宜不少于28d；相对湿度大于或等于60%时，宜不少于14d
6	张拉要求	（1）梁体混凝土的抗压强度达到设计强度的1/3以上、弹性模量不低于设计值的50%时，可对部分预应力钢束进行初张拉，但其张拉应力不应超过设计张拉控制应力的1/3，且初张拉的预应力钢束编号及张拉应力应符合设计规定。 （2）对箱梁预应力钢束的终张拉，应在其混凝土抗压强度达到设计强度的80%、弹性模量不小于设计值的80%后进行。设计对张拉有具体规定时应从其规定
7	压浆封锚	（1）压浆结束后应将锚具外部清理干净，并应对梁端混凝土进行凿毛，对锚具进行防锈处理，按设计要求设置钢筋网片，浇筑封端混凝土。 （2）封端应采用无收缩混凝土，其强度应符合设计规定，并应严格控制梁体长度
8	箱梁的场内移运及存放	（1）箱梁在场内的移运可采用龙门吊机、轮胎式移梁机或滑移方式，且应预设相应的移运通道。 （2）采用滑移方式移梁时，滑道应设在坚固稳定的地基基础上。滑道应保持平整，滑移时4个支点的相对高差不得超过4mm，两滑道之间的高差不得超过50mm。滑移的动力设施应经计算及试验确定。滑移过程中应采取有效措施保证梁体不受损伤。 （3）梁体预应力钢束初张拉后进行吊运或滑移时，箱梁顶面严禁堆放重物或施加其他额外荷载；终张拉后吊运或滑移箱梁时，应在预应力孔道压浆浆体达设计规定强度后方可进行。 （4）箱梁的存放台座应坚固稳定，且应有相应的防排水设施，应保证箱梁在存放期间不致因台座下沉受到损坏。箱梁在存放时，其支点距梁端的距离应符合设计规定
9	箱梁的运输	（1）当采用运梁车运输箱梁时，运梁线路的路面应平坦，地基应有足够的承载能力，纵向坡度应不大于3%，横向坡度（人字坡）应不大于4%，最小曲率半径应不小于运梁车的允许转弯半径。在运梁车通过的限界内，不得有任何障碍物。 （2）运梁车装载箱梁时，其支承应牢固，起步和运行应缓慢，平稳前进，严禁突然加速或紧急制动。重载运行时的速度宜控制在5km/h以内，曲线、坡道地段应严格控制在3km/h以内。当运梁车接近卸梁地点或架桥机时，应减速徐停。 （3）当采用水运方式运输箱梁时，除支承符合结构受力及运输要求外，尚应对梁体进行固定，并应采取防止船体摆动的有效措施，保证其在风浪颠簸中不移位。 （4）不论采取何种方式运输箱梁，均不得使其在装卸和运输过程中产生任何形式的损伤及变形

序号	项目	内容
10	箱梁的架设安装	（1）箱梁应采用通过技术质量监督部门产品认证的专用架桥机，或由海事部门颁发船舶证书及起重检验证书的起重船进行架设安装，且起重参数应能满足架梁的要求，起重船的锚泊系统应能满足作业水域的条件。吊架和吊具应专门设计。起重设备、吊架和吊具等应经试吊确认安全后方可用于正式施工，吊具应定期进行探伤检查。 （2）采用架桥机安装作业时，其抗倾覆稳定系数应不小于1.3；架桥机过孔时，起重小车应位于对稳定最有利的位置，且抗倾覆稳定系数应不小于1.5。 （3）采用起重船安装作业时，起重船在进入安装位置后应根据流速、流向、风向和浪高等情况抛锚锚定位，定位时不得利用桥墩墩身带缆；在起重船定位和箱梁架设安装过程中，船体和梁体均不得对桥墩或承台产生碰撞。 （4）架设安装时，箱梁在起落过程中应保持水平；顶落梁时梁体的两端应同步缓慢起落，并不得冲击临时支座。箱梁就位时，应设置必要的装置对梁体的空间位置进行精确调整。 （5）在墩顶设置的临时支座，其形式和位置应符合设计规定，梁底与支座应密贴；4个临时支座的顶面相对高差不得超过4mm。 （6）箱梁架设安装后的吊梁孔应采用收缩补偿混凝土封填
11	箱梁简支变连续时的体系转换规定	（1）需浇筑湿接头的箱梁端部的形状应符合设计规定，预应力钢束及其他预留孔道的位置偏差应不大于4mm。 （2）宜先将一联箱梁采用型钢在纵向予以临时固结，且宜在一天中气温最低且温度场均匀稳定的时段浇筑湿接头混凝土

桥梁上部结构支架施工

序号	项目	内容
1	工艺流程	地基处理→支架搭设→模板系统安装→支架加载预压→钢筋、预应力安装→内模安装→混凝土浇筑→混凝土养护→预应力张拉→预应力孔道压浆→落架、模板支架拆除
2	地基处理形式	（1）地基换填压实。 （2）混凝土条形基础。 （3）桩基础加混凝土横梁等
3	支架施工	（1）支架的布置根据梁截面大小并通过计算确定以确保强度、刚度、稳定性满足要求。对高度超过8m、跨度超过18m的支架，应对其稳定性进行安全论证，确认无误后方可施工。梁式支架不宜采用拱式结构；必须采用时，应按拱架的要求施工。梁式桥跨越需要维持正常通行（航）的道路（水域）时，对其现浇支架应采取防碰撞的安全措施，并应设置必要的交通导流标志，保证施工安全和交通安全。 （2）支架应根据技术规范的要求确定是否采取预压措施，以收集支架、地基的变形数据，作为设置预拱度的依据，预拱度设置时要考虑张拉上拱的影响，预拱度一般按二次抛物线设置
4	模板	模板由底模、侧模及内模三个部分组成，一般预先分别制作成组件，在使用时再进行拼装，模板以钢模板为主，在齿板、堵头或棱角处采用木模板。对于一次性浇筑混凝土的箱梁，内模框架由设置在底模板上的预制块支撑，预制块混凝土强度与梁体同等级。对于腹板模板，应根据腹板高度设置对拉杆，对拉杆宜采用塑料套管，以便拉杆取出，不得用气割将对拉杆割断。混凝土的隔离剂应采用清洁的机油、肥皂水或其他质量可靠的隔离剂，不得使用废机油。在箱梁的顶板和横隔板上要根据施工需要设置人孔，以便将内模拆出

序号	项目	内容
5	普通钢筋、预应力筋施工	（1）在安装并调好底模及侧模后，开始底、腹板普通钢筋绑扎及预应力管道的预设，混凝土一次浇筑时，在底、腹板钢筋及预应力管道完成后，安装内模，再绑扎顶板钢筋及预应力管道。混凝土采用二次浇筑时，底、腹板钢筋及预应力管道完成后，浇筑第一次混凝土，混凝土终凝后，再支内模顶板，绑扎顶板钢筋及预应力管道，进行混凝土的第二次浇筑。 （2）预应力筋穿束前要对孔道进行清理。钢束较短时，可采用人工从一端送入即可。如钢束较长时，可采用金属网套法，先用孔道内预留铅丝将牵引网套的钢丝绳牵入孔道，再用人工或慢卷扬机牵引钢束缓慢引进
6	混凝土的浇筑	（1）箱梁施工前，应做混凝土的配合比设计及各种材料试验，并报请监理工程师批准，并根据实际情况进行综合比较确定箱梁混凝土采用一次或二次浇筑方式。 （2）混凝土浇筑时要安排好浇筑顺序，其浇筑速度要确保下层混凝土初凝前覆盖上层混凝土。梁桥现浇施工时，梁体混凝土在顺桥向宜从低处向高处进行浇筑，在横桥向宜对称进行浇筑。混凝土浇筑过程中，应对支架的变形、位移、节点和卸架设备的压缩及支架地基的沉降等进行监测，如发现超过允许值的变形、变位，应及时采取措施予以处理。混凝土如采用分次浇筑，第二次混凝土浇筑时，应将接触面上第一次混凝土凿毛，清除浮浆
7	预应力张拉	（1）当梁体混凝土强度达到设计规定的张拉强度（试压与梁体同条件养护的试件）时，方可进行张拉。 （2）箱梁预应力的张拉采用双控，即以张拉力控制为主，以钢束的实际伸长量进行校核，实测伸长值与理论伸长值的误差不得超过规范要求，否则应停止张拉，分析原因，在查明原因并加以调整后，方可继续张拉。由于预应力筋张拉时，应先调整到初应力，再开始张拉和量测伸长值，实际伸长值为两部分组成，一是初应力至张拉控制应力部的实测伸长量，二是初应力时推算的伸长值，实际伸长值为两者之和。 （3）张拉的程序按设计文件或技术规范的要求进行。 （4）张拉顺序按图纸要求进行，无明确规定时按分段、分批、对称的原则进行张拉

移动支架逐孔现浇施工（移动模架法）

序号	项目	内容
1	适用范围	当桥墩较高、桥跨较长或桥下净空受到约束时，可以采用移动模架逐孔现浇施工。移动模架法适用在多跨长桥，梁桥跨径可达 20～70m
2	施工要点	（1）模架的支承系统应安全可靠，应具有足够的承载能力、刚度和稳定性。模架应设置预拱度，预拱度值应经计算并参考荷载试验结果确定。 （2）首孔梁浇筑混凝土前，应做好施工前的各项准备工作，制订详细的施工方案、施工工艺、各项保障措施及应急预案。浇筑施工时，应对模架进行挠度监测，监测的数据及分析结果应作为修正模架预拱度的依据。首孔梁的混凝土在顺桥向宜从桥台（或过渡墩）开始向悬臂端进行浇筑，中间孔宜从悬臂端开始向已浇梁段推进浇筑，末孔宜从一联中最后一个墩位处向已浇梁段推进浇筑，最终与已浇梁段接合。梁体混凝土在横桥向应对称浇筑。连续梁逐孔现浇的纵向分段接缝位置应符合设计规定；设计未规定时，宜设在 1/5 跨的弯矩零点附近。 （3）任一孔梁的混凝土浇筑施工完成后，内模中的侧向模板应在混凝土抗压强度达到2.5MPa后，顶面模板应在混凝土抗压强度达到设计强度等级的75％后，方可拆除；外模架应在梁体建立预应力后方可卸落。 （4）模架横移和纵向移动过孔前，应解除作用于模架上的全部约束。纵向移动时两侧的承重钢梁应保持基本同步，不同步的最大距离偏差应符合产品设计的规定，且应有限位和紧急制动装置；移动到下一孔位置后，应立即对模架进行准确就位并固定。模架在移动过孔时的抗倾覆稳定系数应不小于1.5。 （5）每完成一孔梁的施工，均应对模架的关键部位及支承系统等进行检查，发现问题后应及时处理

悬臂拼装施工

序号	项目	内容
1	施工方法	（1）梁段预制方法分长线法及短线法。 （2）长线法。组成梁体的所有梁段均在固定台座上的活动模板内浇筑且相邻段的拼合面应相互贴合浇筑，缝面浇筑前涂抹隔离剂，以利脱模。优点是由于台座固定可靠，成桥后梁体线性较好。缺点是占地较大，地基要求坚实，混凝土的浇筑和养护移动分散。 （3）短线法。梁段在固定台座能纵移的模内浇筑。待浇梁段一端设固定模架，另一端为已浇梁段（配筑梁段），浇毕达到强度后运出原配筑梁段，达到要求强度梁段为下待浇梁段配筑，如此周而复始，台座仅需 3 个梁段长。优点是场地较小，浇筑模板及设备基本不需要移机，可调的底、侧模便于平竖曲线梁段的预制；缺点是精度要求高，施工要求严，施工周期相对较长
2	悬臂拼装时应注意的要点	（1）预制场地的布置应便于节段的预制、移运、存放及装车（船）出运；预制台座应稳定、坚固，在荷载作用下，其顶面的沉降应控制在 2mm 以内。梁段的存放场地应平整，承载力应满足要求，支垫位置应与吊点一致。 （2）节段预制前，应在预制场地建立精密测量的平面控制网和高程控制网，并设置测量控制点、测量塔及靶标。测量控制点应设在远离热源和震动源的位置，且应具有良好的通视条件，必要时应设置备用的测量控制点。 （3）节段预制时，应对其预制线形进行控制，使成桥后的线形符合设计要求。节段预制的测量控制宜采用专用线形控制软件进行。 （4）节段预制宜采用专门设计的钢模板，钢模板及其支撑除应满足强度、刚度和稳定性的要求外，尚应满足多次重复使用不变形和保证节段预制精度的要求。采用长线法预制节段时，同一连续匹配浇筑的梁段应在同一长线台座上制作；采用短线法时，应在台座上匹配预制，并应符合下列规定： ① 内模系统应是可调整的，且宜安装在可移动的台车支架上； ② 端模应垂直、牢固，外侧模与底模应能适应节段的线形变化要求； ③ 模板与匹配节段的连接应紧密、不漏浆。 （5）节段的钢筋宜在专用胎架上制成整体骨架后，吊入模板内进行安装；吊装整体骨架时应设置吊架，吊点的布置应合理，且宜采用多点起吊，防止变形。对预埋件的安装和预留孔的设置，应采用定位钢筋将其准确固定；当有体外预应力钢束转向器时，其安装必须准确可靠。 （6）节段预制混凝土的性能及要求除应符合相关规定外，尚应符合设计对其弹性模量、收缩和徐变等性能的要求。节段预制混凝土的浇筑应根据环境温度、水泥品种、外加剂、施工进度及对混凝土性能的要求等制订养护方案，总体养护时间宜不少于 14d，对节段的外立面混凝土宜采用喷湿或其他适宜的方式进行养护。 （7）节段的脱模时间应符合设计规定；设计未规定时，应在混凝土强度达到设计强度的 75％后方可脱模并拆除。在脱模、拆除或移动节段时，应采取措施防止损伤节段混凝土的棱角和剪力键。 （8）模板拆除后应及时对节段进行检查验收，测量其外形尺寸，并标出梁高及纵横轴线。 （9）节段的起吊、移运、存放应符合下列规定： ① 节段从预制台座起吊时，混凝土的强度应符合设计规定。 ② 节段的移运应满足运输安全和施工安全的要求。在移运时，应采取措施防止对节段产生冲击或碰撞。 ③ 节段在存放台座的叠放层数宜不超过两层，并应对存放台座及其地基的承载力进行验算。节段支点的位置应符合设计规定，且宜采用垫木或橡胶板等弹性支撑物进行支承。

序号	项目	内容
2	悬臂拼装时应注意的要点	④ 节段的存放时间应符合设计要求；设计未要求时，宜不少于90d。对未达到养护时间的节段，应在存放时继续养护。 （10）对连续梁，墩顶的梁段与墩之间应按设计要求进行临时固结，并应进行必要的施工验算，且临时固结的结构和材料应满足方便、快速拆卸的要求。 （11）悬臂拼装施工应符合下列规定： ① 节段拼装施工前，应对预制节段的匹配面进行必要的处理，并应确定接缝施工的方法和工艺。在拼装施工过程中，应跟踪监测各节段梁体的挠度变化情况，控制其中轴线及高程；当实测梁体线形与设计值有偏差时，应及时进行调整。 ② 施工前应按施工荷载对起吊设备进行强度、刚度和稳定性验算，其安全系数应不小于2。节段起吊安装前，应对起吊设备进行全面安全技术验收，并应分别进行1.25倍设计荷载的静载和1.1倍设计荷载的动载试验。 ③ 墩顶节段安装前，应在每一联梁中建立其独立的三维坐标系，对该联各墩顶节段安装的平面位置和高程进行测量放样，X、Y两个方向的放样精度宜不大于1mm，Z方向的放样精度宜不大于2mm。安装时，应对其安装精度进行严格控制。 ④ 墩顶梁段采用现浇方式施工时，对与之相邻的拼装起始节段的放样精度控制，亦应符合本条第③款的规定。 ⑤ 节段悬臂拼装时，桥墩两侧的节段应对称起吊，且应保证桥墩两侧平衡受力，最大不平衡力应符合设计规定。 （12）接缝的处理应符合下列规定： ① 采用胶缝拼装的节段，涂胶前就位试拼。胶粘剂进场后应进行力学性能及作业性能的抽检，其各项性能应满足结构设计与节段拼装施工的要求。节段的匹配面应平整，对尘土、油脂等污染物及松散混凝土和浮浆应清除干净，涂胶前的匹配面应进行干燥处理。胶粘剂宜采用机械拌合，且在使用过程中应连续搅拌并保持其均匀性，胶粘剂应涂抹均匀，覆盖整个匹配面，涂抹厚度宜不超过3mm。 ② 对胶接缝施加临时预应力进行挤压时，挤压力宜为0.2MPa，胶粘剂应在梁体的全断面挤出，且胶接缝的挤压应在3h以内完成。当施工时间超过明露时间的70%时，在固化之前应清除被挤出的胶结料。胶粘剂在涂抹和挤压时，应采取措施对预应力孔道的端口处进行防护，防止胶粘剂进入孔道内。 （13）节段拼装的预应力施工尚应符合下列规定： ① 对采用胶接缝的节段，在拼装工作结束并经检查符合要求后，应立即施加预应力对接缝进行挤压；对采用湿接缝的节段，应在接缝混凝土强度达到设计强度的80%以上时方可对其施加预应力。 ② 临时预应力钢束的布置和张拉控制应力应符合设计规定，并应满足多次重复张拉的作业要求；临时预应力钢束在结构永久预应力施工完成后方可拆除。 ③ 节段拼装完成并施加预应力后，方可放松起吊吊钩，并应立即对预应力孔道进行压浆和封锚。 ④ 对梁顶面明槽内已张拉的预应力钢束应加以保护，严禁在其上堆放物体或抛物撞击

悬臂浇筑施工

序号	项目	内容
1	适用范围	适用于大跨径的预应力混凝土悬臂梁桥、连续梁桥、T型刚构桥、连续刚构桥。其特点是无须建立落地支架，无须大型起重与运输机具，主要设备是一对能行走的挂篮
2	挂篮设计及加工	（1）挂篮是悬浇箱梁的主要设备，它是沿着轨道行走的活动脚手架及模板支架。挂篮由主桁架、锚固、平衡系统及吊杆、纵横梁等部分组成，由工厂或现场根据挂篮设计图纸精心加工而成。挂篮试拼后，必须进行荷载试验。 （2）挂篮与悬浇梁段混凝土的质量比宜不大于0.5，且挂篮的总重应控制在设计规定的限重之内。

序号	项目	内容
2	挂篮设计及加工	(3) 挂篮的最大变形（包括吊带变形的总和）应不大于 20mm。 (4) 挂篮在浇筑混凝土状态和行走时的抗倾覆安全系数、锚固系统的安全系数、斜拉水平限位系统的安全系数及上水平限位的安全系数均应不小于 2。 (5) 挂篮锚固系统所用的轴销、键、拉杆、垫板、螺母、分配梁等应专门设计、加工，并不得随意更换或替代。 (6) 悬挂系统两端应能与承压面密贴配合，混凝土承压面不规则、不平整时应事前处理，应使吊杆能轴向受拉而不承受额外的弯矩和剪力。 (7) 挂篮制作加工完成后应进行试拼装。挂篮在现场组拼后，应全面检查其安装质量，并应进行模拟荷载试验，符合挂篮设计要求后方可正式投入使用
3	0 号、1 号块的施工	对于 0 号、1 号块挂篮没有支撑点或支撑长度不够，需采用其他方式浇筑。一般采用扇形托架浇筑
4	临时固结	对于连续箱梁，梁与墩未固结在一起，施工时，两侧悬浇施工难以保持绝对平衡，必须在施工中采取临时固结措施，使梁具有抗弯能力，并应进行必要的施工验算。临时固结一般采用在支座两侧临时加预应力筋，梁和墩顶之间浇筑临时混凝土垫块，将梁固结在桥墩上，使梁具有一定的抗弯能力。在条件成熟时，再采用静态破碎方法，解除固结
5	注意要点	(1) 主梁各部分的长度应充分考虑主梁的形式、跨径、墩宽、挂篮的形式以及施工周期来确定。0 号段长度一般为 5~20m，悬浇分段长度一般为 3~5m。 (2) 桥墩顶梁段及桥墩顶附近梁段施工时，可采用托架或膺架为支架就地浇筑混凝土。托架或膺架应经过设计，计算弹性及非弹性变形。墩顶梁段宜全断面一次浇筑完成，当梁段过高一次浇筑完成难以保证质量时，可沿高度方向分两次浇筑，但首次浇筑的高度宜超过底板承托顶面以上至少 500mm，且宜将两次浇筑混凝土的龄期差控制在 7d 以内。 (3) 挂篮安装时应保证安全、稳定、可靠： ① 挂篮的主纵横梁的分联和移动操作应特别精心，以防急剧的塌落和倾覆。 ② 浇筑混凝土时，后端应锚固于已完成的梁段上，后锚和移动架可采取保险锚、保险索或保险手拉葫芦等安全措施。 ③ 挂篮桁架在已完成的梁段上行走时，应于后端压重稳定。 ④ 挂篮组拼后，应全面检查安装质量，并对挂篮进行试压，以消除结构的非弹性变形。挂篮试压通常采用水箱加压法、试验台加压法及砂袋法。 (4) 钢筋的制作及安装应符合下列规定： ① 底板钢筋与腹板钢筋的连接应牢固，且宜采用焊接；底板上、下两层的钢筋网应采用两端带弯钩的竖向筋进行连接，使之形成整体；顶板底层的横向钢筋宜采用通长筋。 ② 钢筋与预应力管道、预应力施工作业相互影响时，钢筋仅可移动，不得切断。若挂篮的下限位器、下锚带、斜拉杆等部位影响下一步操作必须切断钢筋时，应在该工序完成后，将切断的钢筋重新连接。 (5) 悬臂浇筑施工应符合下列规定： ① 悬臂浇筑施工应对称、平衡地进行，两端悬臂上荷载的实际不平衡偏差不得超过设计规定值；设计未规定时，宜不超过梁段重的 1/4。悬臂梁段应全断面一次浇筑完成，并应从悬臂端开始，向已完成梁段推进分层浇筑。 ② 悬臂浇筑的施工过程控制宜遵循变形和内力双控的原则，且宜以变形控制为主。悬臂浇筑施工时，立模高程的误差应不大于 ±5mm，立模轴线的偏位应不大于 5mm。 ③ 挂篮前移时，宜在其后方设置控制其滑动的装置或在滑道上设置止动装置；前移就位后，应立即将后锚固点锁定，防止倾覆。

序号	项目	内容
5	注意要点	④ 每一节段悬臂浇筑施工完成后，除应进行质量检验外，尚应对预应力孔道进行检查，防止有杂物堵塞孔道的情况发生。悬臂浇筑施工时，应对桥面上的各种临时施工荷载进行控制。 ⑤ 当悬臂浇筑施工跨越铁路、公路、航道及其他建筑物时，应采取有效的安全施工防护措施。 （6）悬臂浇筑时预应力的施工除应符合有关规定外，尚应符合下列规定： ① 对纵向预应力长钢束的张拉，宜通过必要的试验确定其张拉程序和各项参数，张拉持荷时间宜增加1倍；当钢束的伸长值不能满足要求时，可采取补张拉或多次张拉的措施，但张拉应力不得超过设计规定的最大控制应力。横向预应力采用一端张拉时，其张拉端宜在梁两侧交错设置。竖向预应力宜采取多次张拉的方式进行，多次张拉的次数应以钢束的伸长值是否达到要求且是否可靠锚固而定。 ② 对钢束施加预应力时，不得随意将锚具附近的普通钢筋切断；当该处的钢筋影响到张拉操作不能进行正常作业时，应会同设计人员协商处理。 ③ 对竖向预应力孔道，压浆时应从下端的压浆孔压入，压力宜为 0.3～0.4MPa，且压入的速度不宜过快
6	混凝土梁的合龙和体系转换规定	（1）合龙的程序和顺序应符合设计规定，边跨、中跨合龙段施工可参照如下流程图： ① 悬臂浇筑边跨合龙施工流程图：施工准备及模架安装→设置平衡重→普通钢筋及预应力管道安装→合龙锁定→浇筑合龙段混凝土→预应力施工→拆模、落架。 ② 悬臂浇筑中跨合龙施工流程图：吊架及模板安装→设置平衡重→普通钢筋及预应力管道安装→合龙锁定→解除连续梁墩顶临时固结，完成体系转换→浇筑合龙段混凝土→预应力施工→拆除模板及吊架。 （2）合龙施工前应对两端悬臂梁段的轴线、高程和梁长受温度影响的偏移值进行观测，并应根据实际观测值进行合龙的施工计算，确定准确的合龙温度、合龙时间及合龙程序。 （3）对连续刚构两端的悬臂梁段采用施加水平推力的方式调整梁体的内力时，千斤顶的施力应对称、均衡。 （4）合龙时，宜采取措施将合龙口两侧的悬臂端予以临时刚性连接后，再浇筑合龙段混凝土。宜在合龙口两侧的梁体顶面设置等重压载水箱，并在浇筑合龙段混凝土时同步卸载。 （5）合龙段的混凝土宜在一天中气温最低且稳定的时段内浇筑，浇筑后应及时覆盖洒水养护，养护时间宜不少于14d。 （6）合龙时在桥面上设置的全部临时施工荷载应符合施工控制的要求。对预应力混凝土连续梁，合龙后应在规定的时间内尽快拆除墩梁临时固结装置，按设计规定的程序完成体系转换和支座反力调整

2B313020　涵洞工程

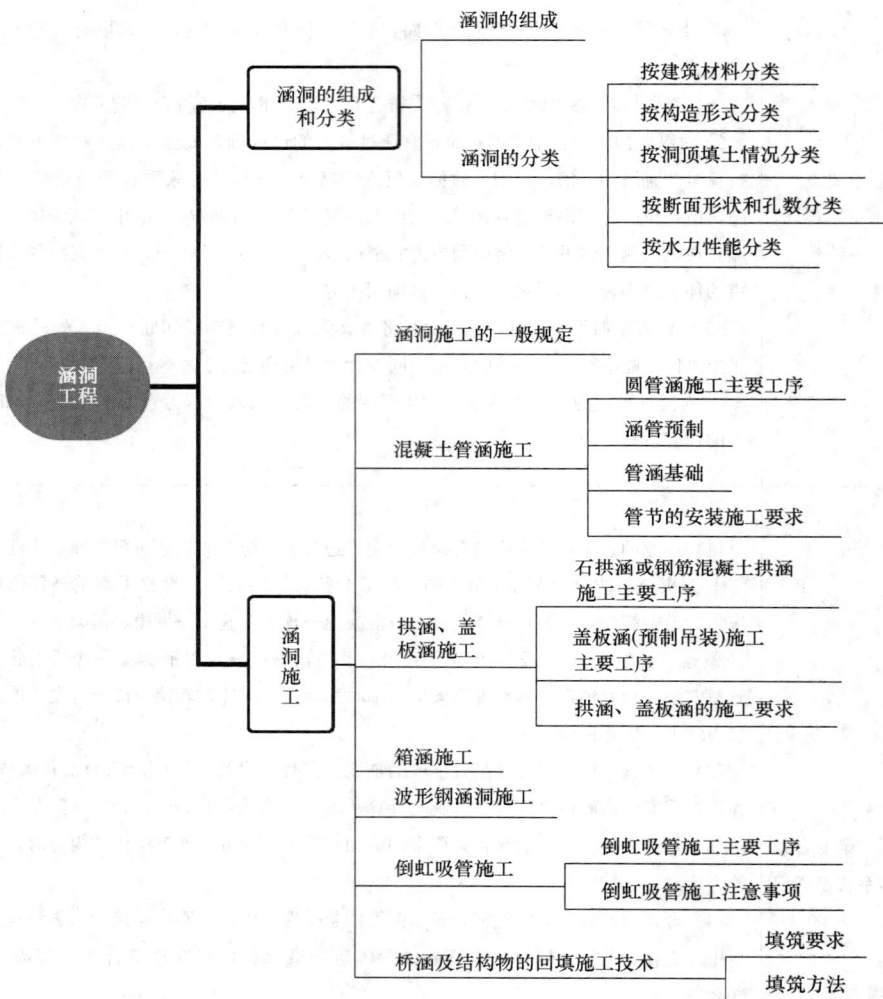

【考点精析】

考点1　涵洞的组成和分类

涵洞的分类

序号	项目	内容
1	按建筑材料分类	常用的有石涵、砖涵、混凝土涵、钢筋混凝土涵，有时也可以用木涵、陶瓷管涵、缸瓦管涵、铸铁管涵、波形钢涵洞等

序号	项目	内容
2	按构造形式分类	涵洞分为圆管涵、拱涵、盖板涵、箱涵等
3	按洞顶填土情况分类	涵洞可分为洞顶不填土的明涵和洞顶填土厚度大于50cm的暗涵两类
4	按断面形状和孔数分类	涵洞可分为圆形涵、卵形涵、拱形涵、梯形涵、矩形涵、箱形涵等。按孔数分为单孔、双孔和多孔等
5	按水力性能分类	涵洞分为无压涵、半压力涵和压力涵

注：根据桥梁涵洞按跨径分类标准，涵洞的单孔跨径小于5m，但圆管涵及箱涵不论管径或跨径大小、孔数多少，均称为涵洞。

考点2 涵 洞 施 工

涵洞施工的一般规定

1. 预制圆管涵的沉降缝应设在管节接缝处，预制盖板涵的沉降缝应设在盖板的接缝处，沉降缝应贯穿整个洞身断面；波纹钢管涵可不设沉降缝。

2. 涵洞施工完成后，砌体砂浆或混凝土强度达到设计强度的85%时，方可进行涵洞洞身两侧的回填。涵洞两侧紧靠涵台部分的回填土不宜采用大型机械进行压实施工，宜采用人工配合小型机械的方法夯填密实。填土的每侧长度应符合设计规定；设计未规定时，应不小于洞身填土高度的1倍，特殊地形条件下应根据实际情况适当加长，填筑应在两侧同时对称、均衡地分层进行，填筑的压实度应不小于96%。涵洞顶部的填土厚度必须大于0.5m后方可通行车辆和筑路机械。

混凝土管涵施工

序号	项目	内容
1	圆管涵施工主要工序	测量放线→基坑开挖→砌筑圬工基础或现浇混凝土管座基础→安装圆管→出入口浆砌→防水层施工→涵洞回填及加固
2	涵管预制	（1）管涵的管节宜在工厂内集中制作，仅当不具备集中制作的环境和条件时，方可在工地设置预制场地进行制作。管节可采用振动制管法、离心法、悬辊法或立式挤压法等方法进行制作，采用振动法制作管节时，应采取有效措施防止内外模板产生移位，保证管壁的厚度均匀。 （2）制作完成的管节，内外侧表面应平直、圆滑，其端面应平整并与其轴线垂直；斜交管涵进出水口管节的外端面，应按斜交角度进行处理。 （3）管节在运输、装卸过程中，应采取防止管节碰撞损坏的措施。管涵安装时应对接缝进行防水、防裂处置
3	管涵基础	管涵基础的顶面应设置混凝土管座，管座的弧形面应与管身紧密贴合，使管节受力均匀。当管节直接放置在天然地基上时，应按设计要求将管底的土层夯压密实或设置砂垫层，并做成与管身弧度密贴的弧形管座

123

序号	项目	内容
4	管节的安装施工要求	（1）管节应经质量检验合格后方可使用。 （2）各管节应顺水流方向安装平顺，当管壁厚度不一致时应调整高度使下部内壁齐平；管节应垫稳坐实，安装完成后应采取有效措施予以临时固定，保证其不产生移位，且管内不得遗留泥土等杂物。 （3）插口管安装时，其接口应平直，环形间隙应均匀，并应安装特制的胶圈或采用沥青、麻絮等防水材料填塞；平接管安装的接缝宽度宜为 10～20mm，其接口表面应平整，并应采用有弹性的不透水材料嵌塞密实，不得采用加大接缝宽度的方式满足涵洞长度要求。管节的接缝不得有间断、裂缝、空鼓和漏水等现象

拱涵、盖板涵施工

序号	项目	内容
1	石拱涵或钢筋混凝土拱涵施工主要工序	测量放样→基坑开挖、排水及换填→混凝土基础或浆砌基础施工→拱涵涵身、台座立模灌注→支立拱架，安装拱模→对称灌注拱圈混凝土或浆砌拱圈→养护拱圈混凝土或砂浆强度达 85％设计值→对称拆除拱架、拱模→施做防水层→涵顶对称填土夯实→出入口、八字墙等附属工程施工
2	盖板涵（预制吊装）施工主要工序	测量放线→基坑开挖→下基础→浆砌墙身→现浇板座→吊装盖板→出入口浆砌→防水层施工→涵洞回填及加固
3	拱涵、盖板涵的施工要求	（1）拱圈和出入口拱上端墙的砌筑施工，应由两侧向中间同时对称进行。 （2）拱涵、盖板涵混凝土的现场浇筑施工在涵长方向宜连续进行；当涵身较长不能一次连续完成时，可沿长度方向分段进行浇筑，施工缝应设在涵身的沉降缝处。现浇混凝土拱圈时，应对称浇筑，最后浇筑拱顶，或在拱顶预留合龙段最后浇筑并合龙。 （3）就地浇筑的拱涵和盖板涵，宜采用钢模板或胶合板模板。采用土胎就地现浇时应有保证浇筑质量的可靠措施。 （4）预制拱圈和盖板的安装应符合下列规定： ① 拱圈、盖板的预制施工除应符合相关规范规定外，尚应注意检查盖板上下面的方向，对斜交涵洞应注意斜交角的方向，避免发生反向错误。 ② 预制构件的混凝土强度应达到设计强度的 85％后，方可搬运安装，设计有规定时应从其规定。 ③ 安装前，应检查构件及拱座、涵台的尺寸；安装后，拱圈和盖板上的吊装孔，应以砂浆填塞密实。 ④ 拱座与拱圈、拱圈与拱圈的拼装接触面，应先拉毛或凿毛（沉降缝处除外），安装前应浇水湿润，再以 M10 水泥砂浆砌筑。 （5）拱架拆除和拱顶填土应符合下列规定： ① 先拆除拱架再进行拱顶填土时，拱圈和护拱的砌筑砂浆或混凝土的强度应符合设计规定，设计未规定时，应达到设计强度的 85％后，方可拆除拱架，且在拱架拆除时应先完成拱脚以下部分回填土的填筑；达到设计强度的 100％后，方可进行拱顶填土。 ② 在拱架未拆除的情况下进行拱顶填土时，拱圈和护拱砌筑砂浆或混凝土的强度应符合设计规定，设计未规定时，应达到设计强度的 85％后，方可进行拱顶填土；拱架应在拱圈强度达到设计强度的 100％后，方可拆除

箱涵施工

序号	项目	内容
1	现浇箱涵施工主要工序	基坑开挖与基础处理→砂砾垫层施工→基础模板安装→基础混凝土浇筑→墙身及顶板混凝土施工→拆模与养护→进出口及附属工程施工→台背填土及加固
2	预制安装	预制钢筋混凝土箱涵节段拼装时，接缝两侧的混凝土表面应采用清水冲洗干净，再按设计要求进行拼接施工。拼装时应符合下列规定： （1）设计未规定时，预制构件的混凝土强度应达到设计强度的85%，方可吊运、安装。 （2）构件安装前，应完成构件、地基、定位测量等验收工作
3	现浇施工工艺	就地浇筑的箱涵可视具体情况分阶段施工，且宜先进行底板和梗肋的混凝土浇筑，然后再完成剩余部分的混凝土浇筑。本阶段施工时前一阶段的混凝土强度要求以及施工缝的处理，应符合相关规范规定
4	拆除规定	混凝土强度达到设计强度的85%时，方可拆除支架；达到设计强度的100%后，方可进行涵顶回填土。设计有具体要求的应从其规定

波形钢涵洞施工

序号	项目	内容
1	波形钢涵洞施工主要工序	测量放线→基坑开挖→管座基础施工→安装管身→出入口浆砌→涵洞回填及加固
2	波纹钢的管节、块件及连接螺栓规定	（1）波纹钢的管节、块件及连接螺栓宜采用定型产品，并应符合现行《公路涵洞通道用波纹钢管（板）》JT/T 791的规定。其管节和块件除满足强度要求外，尚应具有足够的刚度，在运输和安装过程中应具备抵抗冲击力的能力，以及在安装就位后填土夯实时仍可保持不产生较大变形的能力。 （2）波纹钢的管节、块件及连接螺栓均应作防腐处理
3	进场检验	波纹钢构件进场时，应在检查产品质量证明书的基础上，对其质量进行组批抽样检验。组批时，同一牌号、同一规格、同一制造工艺的产品，应以50个管节或100个块件为一批，数量不足时亦应为一批；抽样时，应将规格和用量最大的管节或块件作为抽取对象，从每批产品中随机抽取一个管节或一个块件进行检验。检验项目为产品规格、尺寸偏差和外观质量等，检验试验方法及合格判定规则应符合现行《公路涵洞通道用波纹钢管（板）》JT/T 791的规定
4	运输、装卸、堆放和安装要求	（1）在运输、装卸、堆放和安装管节或块件时，应采取措施防止其变形或损坏，不得对管节和块件进行敲打或碰撞硬物，损伤其防腐涂层。 （2）管节在搬运、安装时不得滚动；块件在运输、堆放时应按同规格、同曲度进行叠放，且相互间宜设置适宜的材料予以隔离。 （3）对在施工中轻微损坏的防腐涂层，应涂刷防锈漆进行修补；变形严重或防腐涂层脱落的管节和块件不得用于工程中，应作更换处理

序号	项目	内容
5	相交处理规定	（1）波纹钢管涵的轴线与路线中线正交时，对进出水口处的端节，其外端面应与管涵轴线垂直且平整。 （2）管涵轴线与路线中线斜交，当斜交角度小于或等于20°时，可将端节波纹钢管的外端面切割成与路线中线平行的斜面，但斜切坡度宜不超过2∶1，并应将端节采用螺栓锚固于端墙或路堤斜坡上；斜交角度大于20°时，管涵的设置方式应符合设计规定
6	地基处理要求	（1）管节的地基应予压实，并应做成与管身弧度密贴的弧形管座，管座所采用的材料应匀质且无大石块等硬物。 （2）波纹钢管不得直接置于岩石地基或混凝土基座上，应在管节和地基之间设置砂砾垫层或其他适宜材料。 （3）对于软土地基，应先对其进行处理后，再填筑一层厚度不小于200mm的砂砾垫层并夯实，方可安装管节。 （4）在寒冷地区，应对换填深度以及砂砾垫层材料的最大粒径和粉黏粒含量进行控制
7	拱式结构的波纹钢涵洞规定	对拱式结构的波纹钢涵洞，其拱座基础宜为钢筋混凝土或圬工结构，且波纹钢块件的拱脚应置于拱座的预留槽中，或牢固地与预埋金属拱座相连。拱座支承面的宽度应不小于波纹钢板的波幅尺寸
8	波纹钢涵洞的安装施工规定	（1）管节或块件的形式、规格、直径和厚度等应符合设计规定。 （2）拼装管节时，上游管节的端头应置于下游管节的内侧，不得反置；采用法兰盘或管箍环向拼接时，应将螺栓孔的位置对准，并应按产品设计规定的扭矩值进行螺栓的施拧。 （3）管节或块件的拼接处应清理干净，其接缝应采用不透水的弹性材料进行嵌塞，宽度宜为2～5mm；接缝嵌塞材料应连续，不得有漏水现象。 （4）各管节应顺水流方向安装顺直，垫稳坐实，安装完成后管节内不得遗留泥土等杂物。 （5）波纹钢管涵宜设置预拱度，其大小应根据地基可能产生的下沉量、涵底纵坡和填土高度等因素综合确定，但管涵中心的高程应不高于进水口的高程。 （6）在涵洞的进出水口处，当波纹钢管节的管端与涵洞刚性端墙相连时，宜采用直径不小于20mm的螺栓，按不大于500mm的间距，将管节与端墙体予以锚固
9	波纹钢涵洞安装后的填土施工规定	（1）填土的材料宜采用砾类土、砂类土，或砾、卵石与细粒土的混合料；当细粒土的成分为黏性土或粉土时，所掺入的石料体积应占总体积的2/3以上。 （2）在距波纹钢管节或块件0.3m范围内的填土中，不得含有尺寸超过80mm的石块、混凝土块、冻土块、高塑性黏土块或其他有害腐蚀材料。 （3）涵洞两侧的填土应对称、均衡地进行，水平分层的压实厚度宜为150～200mm。 （4）在对涵洞两侧的回填土进行压实时，距波纹钢管节或块件外边缘2m范围内，宜采用小型压实机械或夯实机具进行作业，重型压实机械或其他重型机械均不得进入该范围；管节下方楔形部位的回填可采用砂砾料，并可采用"水密法"使其振荡密实。 （5）管涵顶部填土前，对直径1.25m及以上的波纹钢管节，宜在管内设置一排竖向临时支撑；对直径大于2.0m的波纹钢管节，宜在管内设置竖向和横向十字临时支撑，防止其在填土和压实施工过程中产生变形。管内的临时支撑应在填土不再下沉后方可拆除。 （6）对涵洞两侧的填土进行压实施工时，压实或夯实机械的作业方向应平行于涵洞的长度方向；对涵洞顶部的填土进行压实施工时，压实或夯实机械的作业方向应与涵洞的长度方向相垂直。 （7）波纹钢涵洞顶部填土的最小厚度应在符合规定后，方可允许车辆或筑路机械通行

倒虹吸管施工

序号	项目	内容
1	倒虹吸管施工主要工序	测量放线→基坑开挖→基坑修整与检查→铺设砂垫层和现浇混凝土管座→安装管节→接缝防水施工→竖井、出入口施工→防水层施工→回填土及加固
2	倒虹吸管施工注意事项	（1）倒虹吸管宜采用钢筋混凝土或混凝土圆管，进出水口应设置竖井及防淤沉淀井。施工时对管节接头及进出水口砌缝的质量应严格控制，不得漏水。填土覆盖前应做灌水试验，符合要求后方可回填土。 （2）倒虹吸管一般不要在冰冻期施工，如需在冰冻期施工时，应按冬期要求施工进行，还应在灌水试验后及时将管内积水排出，以防冻裂。 （3）倒虹吸管的进出水口应在完工后及时上盖，并应按设计要求及时安装防堵塞装置。 （4）要求防渗漏的倒虹吸涵管须做渗漏试验，灌水试验渗水量应符合规范及设计要求

桥涵及结构物的回填施工技术

序号	项目	内容
1	填筑要求	（1）桥涵台背、锥坡、护坡及拱上各种填料，宜采用透水性材料，不得采用含有泥草、腐殖物或冻土块的土。透水性材料不足时，可采用石灰土或水泥稳定土回填；回填土的分层厚度宜为 0.1～0.2m。台背和涵洞洞身两侧的填土应分层夯实，其压实度不应小于 96%。 （2）台背填土顺路线方向长度，应自台身起，顶面不小于桥台高度加 2m，底面不小于 2m，拱桥台背填土长度不应小于台高的 3～4 倍。锥坡填土应与台背填土同时进行，并应按设计宽度一次填足。 （3）台背填土的顺序：梁式桥的轻型桥台台背填土，宜在梁体安装完成以后，在两侧平衡地进行；埋置式桥台台背填土，宜在柱侧对称、平衡地进行。 （4）台背及与路堤间的回填施工应符合以下规定： ① 二级及二级以上公路应按设计做好过渡段，过渡段路堤压实度应不小于 96%，并应按设计做好纵向和横向防排水系统。 ② 二级以下公路的路堤与回填的联结部，应按设计要求预留台阶。 ③ 台背回填部分的路床土与路堤路床同步填筑。 ④ 桥台背和锥坡的回填施工宜同步进行，一次填足并保证压实整修后能达到设计宽度要求。 （5）涵洞回填施工应符合以下规定： ① 洞身两侧，应对称分层回填压实，填料粒径宜小于 150mm。 ② 两侧及顶面填土时，应采取措施防止压实过程对涵洞产生不利后果
2	桥台台背填筑的方法	采用水平分层填筑的方法，人工摊铺为主，分层松铺厚度宜小于 20cm。当采用小型低等级夯具时，一级以上公路松铺厚度宜小于 15cm。压实尽量使用大型机械，在临近桥台边缘或狭窄地段，则采用小型夯压机械，分薄层认真夯压密实。为保证填土与桥台衔接处的压实质量，施工中可采用夯压机械横向碾压的方法
3	涵洞回填一般要求	（1）涵洞完成后，当涵洞砌体砂浆或混凝土强度达到设计强度的 85% 时，方可进行涵洞洞身两侧的回填。涵洞洞身填土每侧长度不应小于洞身填土高度的一倍，亦不应小于设计值，应同时、水平、分层、对称地进行填筑，压实度不应小于 96%，填土的具体方法应按照现行的《公路路基施工技术规范》JTG/T 3610 相关规定办理。 （2）涵洞两侧紧靠涵台部分的回填土不得用大型机械施工，宜采用人工配合小型机械的方法夯填密实。 （3）用机械填土时，除应按照上述规定办理外，应视通过涵顶筑路机械重力的大小确定涵顶最小的填土厚度，一般情况下，涵顶填土厚度必须大于 0.5～1.0m 时，方允许机械通过

序号	项目	内容
4	拱涵的填筑方法	（1）回填土时，拱圈黏土保护层做好后，于拱涵两侧进行填筑，按层厚10～20cm对称水平摊铺压实；当填筑到拱脚处时，先填筑拱涵孔径宽度的拱顶部分，然后自对称水平层填筑压实两侧缺口部分。填筑拱顶3m以下时，只可采用无振动碾压。 （2）回填石时，可采用分层填筑法和片石套拱法。 （3）分层填筑法是在20cm黏土保护层外的拱涵两侧各3m及拱顶以上1.8m范围内，选用粒径不大于1.5cm的混合料，先填两侧至拱脚，再填拱顶至一定高度，然后填拱脚以上的两侧缺口。 （4）片石套拱法是在20cm黏土保护层外的拱涵两侧各3m及拱顶以上1.8m内干码片石、挤紧、平整，以形成套拱。然后先对拱涵两侧至拱脚处这部分进行水平分层填筑，再在拱顶填筑一定高度，最后填筑拱脚以上两侧缺口。 （5）必要时可采取加拱涵内刚性支撑和拱顶预压技术措施。 注：盖板涵填筑法参照拱涵
5	涵管处的填筑方法	（1）涵管两侧对称水平分层填筑，层铺厚度以15cm为宜。填土初期轻压，采用小型夯压机或人工夯实，至管顶填高60cm后，按一般路基实要求碾压。 （2）在距波形钢管0.3m范围内的填土中，不得含有尺寸超过80mm的石块、混凝土块、冻土块、高塑性黏土块或其他有害腐蚀材料。管顶填土前，对直径1.25m及以上的波形钢管涵，宜在管内设置一排竖向临时支撑；对直径大于2.0m的波形钢管涵，宜在管内设置竖向和横向十字临时支撑，防止其在填土过程中产生变形。管内的临时支撑应在填土不再下沉后方可拆除
6	挡土墙墙背的回填方法	挡土墙墙趾部分的基坑，应及时回填压实，并做成向外倾斜的横坡。填土过程中防止水的侵害。回填结束后，顶部应及时封闭

2B313030　桥涵工程质量通病及防治措施

【考点图谱】

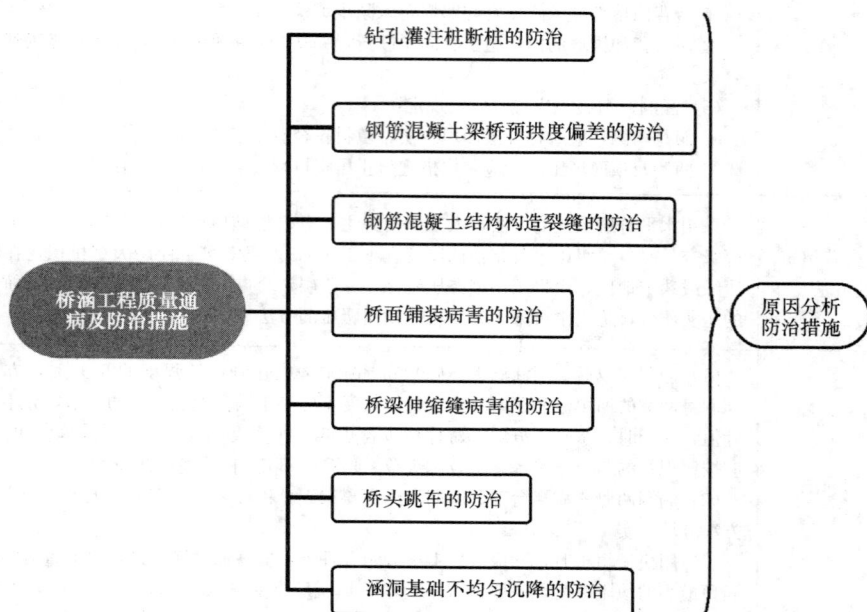

考点1　钻孔灌注桩断桩的防治

钻孔灌注桩断桩的防治

序号	项目	内容
1	原因分析	（1）集料级配差，混凝土和易性差而造成离析卡管；混凝土坍落度小；石料粒径过大，导管直径较小（导管内径一般为20～35cm），在混凝土灌注过程中堵塞导管，且在混凝土初凝前未能疏通好，中断施工，形成断桩。 （2）由于测量及计算错误，致使导管底口距孔底距离较大，使首批灌注的混凝土不能埋住导管，从而形成断桩。 （3）在导管提拔时，由于测量或计算错误，或盲目提拔导管使导管提拔过量，从而使导管拔出混凝土面，或使导管口处于泥浆或泥浆与混凝土的混合层中，形成断桩。 （4）提拔导管时，钢筋笼卡住导管，在混凝土初凝前无法提起，造成混凝土灌注中断，形成断桩。 （5）导管接口渗漏致使泥浆进入导管内，在混凝土内形成夹层，造成断桩。 （6）导管埋置深度过深，无法提起或将导管拔断，灌注中断造成断桩。 （7）由于其他意外原因（如机械故障、停电、塌孔、材料供应不足等）造成混凝土不能连续灌注，中断间歇时间过长超过混凝土初凝时间，致使导管内混凝土初凝堵管或孔内顶面混凝土初凝不能被新灌注混凝土顶升而被顶破，从而形成断桩
2	防治措施	（1）关键设备（混凝土搅拌设备、发电机、运输车辆）要有备用，材料（砂、石、水泥等）要准备充足，以保证混凝土能连续灌注。 （2）混凝土要求和易性好，坍落度要控制在16～22cm。对混凝土数量大，浇筑时间长的大直径长桩，混凝土配合比中宜掺加缓凝剂，以防止先期灌注的混凝土初凝，堵塞导管。 （3）在钢筋笼制作时，一般要采用对焊，以保证焊口平顺。当采用搭接焊时，要保证焊缝不要在钢筋笼内形成错台，以防钢筋笼卡住导管。 （4）导管的直径应根据桩径和石料的最大粒径确定，尽量采用大直径导管；对每节导管进行组装编号，导管安装完毕后要建立复核和检验制度。导管使用前，要对导管进行检漏和抗拉力试验，以防导管渗漏。 （5）认真测量和计算孔深与导管长度，下导管时，其底口距孔底的距离控制在25～40cm（注意导管口不能埋入沉淀的回淤泥渣中），同时要能保证首批混凝土灌注后能埋住导管至少1.0m。在随后的灌注过程中，导管的埋置深度一般控制在2.0～6.0m的范围内。 （6）在提拔导管时要通过测量混凝土的灌注深度及已拆下导管的长度，认真计算提拔导管的长度，严禁不经测量和计算而盲目提拔导管。 （7）当混凝土堵塞导管时，可采用拔插抖动导管（注意不可将导管口拔出混凝土面），当所堵塞的导管长度较短时，也可以用型钢插入导管内来疏通，也可以在导管上固定附着式振捣器进行振动来疏通导管内的混凝土。 （8）当钢筋笼卡住导管时，可设法转动导管，使之脱离钢筋笼

考点 2　钢筋混凝土梁桥预拱度偏差的防治

钢筋混凝土梁桥预拱度偏差的防治

序号	项目	内容
1	原因分析	（1）现浇梁：由于支架的形式多样，对地基在荷载作用下的沉陷、支架弹性变形和混凝土梁挠度的计算所依据的一些参数均是建立在经验值上的，因此计算得到的预拱度往往与实际发生的有一定的差距。 （2）预制梁：第一方面，由于混凝土强度的差异、混凝土弹性模量不稳定导致梁的起拱值的不稳定、施加预应力时间差异、架梁时间不一致，导致预拱度计算时各种假定条件与实际情况不一致，造成预拱度的偏差。第二方面，理论计算公式本身是建立在一些试验数据的基础上的，理论计算与实际本身存在偏差。如用标准养护的混凝土试块弹性模量作为施加张拉条件，当标准养护的试块强度达到设计的张拉强度时，由于梁板养护条件不同，其弹性模量可能尚未达到设计值，导致梁的起拱值大。当计算所采用的钢绞线的弹性模量值大于实际钢绞线的弹性模量值时，则计算伸长量偏小，这样造成实际预应力不够；当计算所采用的钢绞线的弹性模量值小于实际钢绞线的弹性模量值时，则计算伸长量偏大，将造成超张拉。实际预应力超过设计预应力易引起大梁的起拱值大，且出现裂缝。第三方面是施工工艺的原因，如波纹管竖向偏位过大，造成零弯矩轴偏位，则最大正弯矩发生变化较大导致梁的起拱值过大或过小
2	防治措施	（1）提高支架基础、支架及模板的施工质量，并按要求进行预压，确保模板的标高偏差在允许的范围内。按要求设置支架预拱度，使上部构造在支架拆除后能达到设计规定的外形。 （2）加强施工控制，及时调整预拱度误差。 （3）严格控制张拉时的混凝土强度，控制张拉的试块应与梁板同条件养护，对于预制梁还需控制混凝土的弹性模量。 （4）要严格控制预应力筋在结构中的位置，波纹管的安装定位应准确；控制张拉时的应力值，并按要求的时间持荷。 （5）钢绞线伸长值的计算应采用同批钢绞线弹性模量的实测值。预制梁存梁时间不宜过长

考点 3　钢筋混凝土结构构造裂缝的防治

钢筋混凝土结构构造裂缝的防治

序号	项目	内容
1	材料原因	（1）水泥质量不好，如水泥安定性不合格等，浇筑后导致产生不规则的裂缝。 （2）集料含泥料过大时，随着混凝土干燥、收缩，出现不规则的花纹状裂缝。 （3）集料为风化性材料时，将形成以集料为中心的锥形剥落
2	施工原因	（1）混凝土搅拌时间和运输时间过长，导致整个结构产生细裂缝。 （2）模板移动鼓出，将使混凝土浇筑后不久产生与模板移动方向平行的裂缝。 （3）基础与支架的强度、刚度、稳定性不够引起支架下沉、不均匀下沉、脱模过早，导致混凝土浇筑后不久产生裂缝，并且裂缝宽度也较大。 （4）接头处理不当，导致施工缝变成裂缝。 （5）养护问题。塑性收缩状态将会在混凝土表面发生方向不定的收缩裂缝，这类裂缝尤以大风、干燥天气最为明显。

序号	项目	内容
2	施工原因	（6）在混凝土高度突变以及钢筋保护层较薄部位，由于振捣或析水过多造成沿钢筋方向的裂缝。 （7）大体积混凝土未采用缓凝和降低水泥水化热的措施，使用了早强水泥的混凝土，受水化热的影响浇筑后2～3d导致结构中产生裂缝；同一结构物的不同位置温差大，导致混凝土凝固时收缩所产生的收缩应力超过混凝土极限抗拉强度或内外温差大表面抗拉应力超过混凝土极限抗拉强度而产生裂缝。 （8）水胶比大的混凝土，由于干燥收缩，在龄期2～3个月内产生裂缝
3	防治措施	（1）选用优质的水泥及优质集料。 （2）合理设计混凝土的配合比，改善集料级配、降低水胶比、掺加粉煤灰等掺和料，掺加缓凝剂；在工作条件能满足的情况下，尽可能采用较小水胶比及较低坍落度的混凝土。 （3）避免混凝土搅拌很长时间后才使用。 （4）加强模板的施工质量，避免出现模板移动、鼓出等问题。 （5）基础与支架应有较好的强度、刚度、稳定性并应采用预压措施；避免出现支架下沉、模板的不均匀沉降和脱模过早。 （6）混凝土浇筑时要振捣充分，混凝土浇筑后要及时养护并加强养护工作。 （7）大体积混凝土应优选矿渣水泥等低水化热水泥；采用遮阳凉棚的降温措施、布置冷却水管等措施，以降低混凝土水化热、推迟水化热峰值出现；同一结构物的不同位置温差应满足设计及规范要求

考点 4　桥面铺装病害的防治

桥面铺装病害的防治

序号	项目	内容
1	原因分析	（1）梁体预拱度过大，桥面铺装设计厚薄难以调整施工允许误差。 （2）施工质量控制不严，桥面铺装混凝土质量差。 （3）桥头跳车和伸缩缝破坏引起的连锁破坏。 （4）桥梁结构的大变形引起沥青混凝土铺装层的破坏。 （5）水害引起沥青混凝土铺装的破坏。 （6）铺装防水层破损导致桥面铺装的破坏等
2	防治措施	（1）常规破坏同路面通病防治。 （2）加强对主梁的施工质量控制，避免出现预拱度过大。 （3）加强桥面铺装施工质量控制，严格控制钢筋网的安装。 （4）提高桥面防水混凝土的强度，避免出现防水混凝土层破坏。 （5）桥梁应加强桥面排水的设计和必要的水量计算；优化桥面铺装的混凝土配合比设计，选用优质集料，提高桥面铺装的施工和养护质量

考点 5　桥梁伸缩缝病害的防治

桥梁伸缩缝病害的防治

序号	项目	内容
1	原因分析	（1）交通流量增大，超载车辆增多，超出了设计。 （2）设计因素包括：将伸缩缝的预埋钢筋锚固于刚度薄弱的桥面板中；伸缩设计量不足，以致伸缩缝选型不当；设计对伸缩装置两侧的填充混凝土、锚固钢筋设置、质量标准未做出明确的规定；对于大跨径桥梁伸缩结构设计技术不成熟；对于锚固件胶结材料选择不当，导致金属结构锚件锈蚀，最终损坏伸缩缝装置。

序号	项目	内容
1	原因分析	（3）施工因素包括：施工工艺缺陷；锚件焊接内在质量；赶工期忽视质量检查；伸缩装置两侧填充混凝土强度、养护时间、粘结性和平整度未能达到设计标准；伸缩缝安装不合格。 （4）管理维护因素包括：通行期间，填充到伸缩缝内的外来物未能及时清除，限制伸缩缝功能导致额外内力形成；轻微的损害未能及时维修，加速了伸缩缝的破坏；超重车辆上桥行驶，给伸缩缝的耐久性带来威胁
2	防治措施	（1）在设计方面，精心设计，选择合理的伸缩装置。 （2）提高对桥梁伸缩装置施工工艺的重视程度，严格按施工工序和工艺标准的要求施工。 （3）提高对锚固件焊接施工质量的控制。 （4）提高后浇混凝土或填缝料的施工质量，加强填缝混凝土的振捣密实，确保混凝土达到设计的强度标准，应及时养护，无空隙、空洞。 （5）避免伸缩装置两侧的混凝土与桥面系的相邻部位结合不紧密

考点 6　桥头跳车的防治

桥头跳车的防治

序号	项目	内容
1	原因分析	（1）台后地基强度与桥台地基强度不同，台后地基在路堤荷载作用下固结压缩。 （2）桥台基坑空间狭小，回填土压实度不够。 （3）桥头路堤及堆坡范围内地表填前处理不彻底。 （4）路堤自然固结沉降。 （5）台后填土材料不当，或填土含水量过大，压实度达不到标准。 （6）路面水渗入路基，使路基土软化，水土流失造成桥头路基引道下沉。 （7）软基路段台前预压长度不足，软基路段桥头堆载预压卸载过早，软基路段桥头处软基处理深度不到位，质量不符合设计要求
2	防治措施	（1）改善地基性能，提高地基承载力，减少地基沉降。 （2）桥台基坑采用合适的小型压实机械夯实，选用优质回填料。 （3）对桥头路堤及堆坡范围内地表做好填前处理，清除地表不适宜填筑路堤的表土。 （4）路堤提前施工，留有必要的自然固结沉降期。 （5）台后填料选择透水性砂砾料或石灰、水泥改善料，控制填土含水量，提高桥头路基压实度。 （6）做好桥头路堤的排水、防水工程，设置桥头搭板。 （7）保证足够的台前预压长度，连续进行沉降观测，保证桥头沉降速率达到规定范围内再卸载。确保桥头软基处理深度符合要求，严格控制软基处理质量

考点 7　涵洞基础不均匀沉降的防治

涵洞基础不均匀沉降的防治

序号	项目	内容
1	原因分析	（1）挖基坑时，标高未掌握好，超挖回填不符合要求。 （2）基坑开挖时防排水措施不到位，排水不及时造成基底被水浸泡承载力降低，基坑壁坍塌等。 （3）基坑积水未抽干即浇筑基础混凝土。 （4）涵洞基坑开挖后没有检测基底承载力。

序号	项目	内容
1	原因分析	（5）分离式基础涵洞，基底换填处理时，未同步施工。 （6）未按设计要求设置沉降缝，或基础、墙身、顶板的沉降缝上下不贯通，存在错台。 （7）涵洞回填材料选择不当，或填土含水量过大。 （8）软基路段处涵洞部位软基处理深度不到位，质量不符合设计要求
2	防治措施	（1）挖基坑时，通过标高测量、土层承载力测试工作准确确定涵洞施工标高，并注意预留涵底地基土的保护土层；发生基底遇水泡软的情况时，基础施工前适当挖除地基的软化表层。 （2）在基坑四周修建截水沟，避免地表水排入基坑，在基坑底部低处设集水井，抽水机及时排水。 （3）基础混凝土浇筑施工前，对被水泡软的地基进行换填处理，将基坑积水排除抽干再浇筑基础混凝土。 （4）基坑开挖到接近设计标高时，采用轻便触探仪检测基底承载力，以确定是否继续开挖、是否采取换填方案，确保基底承载力满足设计要求。 （5）采取换填方案时，前后、左右基础的基坑开挖、换填施工同步进行。 （6）严格按设计要求的位置、数量、方法设置沉降缝，上下沉降缝对齐、贯通。 （7）有针对性地选择涵洞回填材料，提高涵洞部位压实度。采用砂石料等固结性好、变形小的填筑材料处理涵洞填土。 （8）涵位处软基处理深度满足设计及规范要求，严格控制软基处理质量

2B314000　隧道工程

2B314010　隧道围岩分级与隧道构造

【考点图谱】

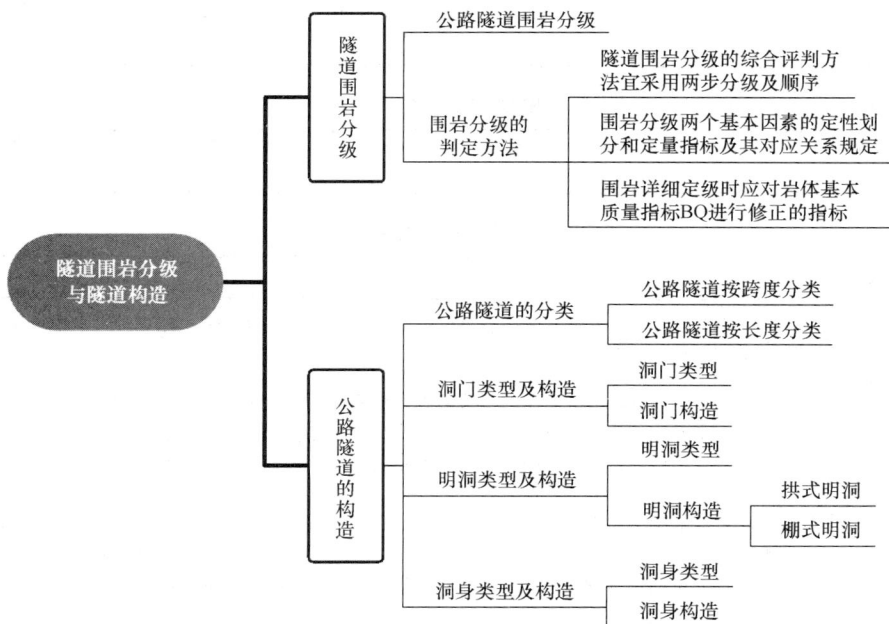

考点1 隧道围岩分级

围岩分级的判定方法

序号	项目	内容
1	隧道围岩分级的综合评判方法	（1）根据岩石的坚硬程度和岩体完整程度两个基本因素的定性特征和定量的岩体基本质量指标BQ，综合进行初步分级。 （2）对围岩进行详细定级时，应在岩体基本质量分级基础上考虑修正因素的影响，修正岩体基本质量指标值。按修正后的岩体基本质量指标，结合岩体的定性特征综合评判、确定围岩的详细分级
2	围岩详细定级修正	如遇下列情况之一，应对岩体基本质量指标进行修正： （1）有地下水。 （2）围岩稳定性受软弱结构面影响，且由一组起控制作用。 （3）存在高初始应力

考点2 公路隧道的构造

隧道按跨度分类

按跨度分类	开挖宽度 B（m）	说明
小跨度隧道	$B<9$	平行导洞、服务隧道、车行横洞、人行横洞、风道及施工通道
一般跨度隧道	$9 \leqslant B<14$	单洞双车道隧道
中等跨度隧道	$14 \leqslant B<18$	单洞三车道隧道、单洞双车道＋紧急停车带隧道
大跨度隧道	$B \geqslant 18$	单洞四车道隧道、单洞三车道＋紧急停车带隧道、其他跨度大于18m的隧道

隧道按长度分类

隧道分类	特长隧道	长隧道	中隧道	短隧道
隧道长度 L（m）	$L>3000$	$1000<L \leqslant 3000$	$500<L \leqslant 1000$	$L \leqslant 500$

洞门类型及构造

序号	项目	内容
1	洞门类型	洞门类型有：端墙式洞门、翼墙式洞门、环框式洞门、柱式洞门、台阶式洞门、削竹式洞门、遮光式洞门等
2	洞门构造	（1）洞口仰坡坡脚至洞门墙背的水平距离不应小于1.5m，以防止仰坡土石掉落到路面上，危及安全；洞门端墙与仰坡之间的水沟的沟底至衬砌拱顶外围的高度不应小于1.0m，以免落石破坏拱圈；洞门墙顶应高出仰坡坡脚0.5m以上，以防水流溢出墙顶，也可防止掉落土石弹出。 （2）洞门墙应根据实际需要设置伸缩缝、沉降缝和泄水孔，以防止洞门变形；洞门墙的厚度可按计算或结合其他工程类比确定，但墙身厚度最小不得小于0.5m。 （3）洞门墙基础必须置于稳固的地基上，应视地形及地质条件，埋置足够的深度，保证洞门的稳定性

序号	项目	内容
1	明洞类型	明洞主要分为拱式明洞和棚式明洞两大类。按荷载分布，拱式明洞又可分为路堑对称型、路堑偏压型、半路堑偏压型和半路堑单压型。按构造，棚式明洞又可分为墙式、刚架式、柱式和悬臂式等。此外还有特殊结构明洞，如支撑锚杆明洞、抗滑明洞、柱式挑檐棚洞、全刚架式棚洞、悬臂棚洞、斜交托梁式棚洞、双曲拱明洞等，以适应特殊场合
2	明洞构造	（1）拱式明洞。拱式明洞主要由顶拱和内外边墙组成混凝土或钢筋混凝土结构，整体性较好，能承受较大的垂直压力和侧压力；内外墙基础相对位移对内力影响较大，所以对地基要求较高，尤其外墙基础必须稳固；必要时还可加设仰拱。通常用作洞口接长衬砌的明洞，以及用明洞抵抗较大的塌方推力、范围有限的滑坡下滑力和支撑边坡稳定等。 （2）棚式明洞。受地形、地质条件限制，难以修建拱式明洞时，边坡有小量塌落掉块，侧压力较小时，可以采用棚式明洞，棚式明洞由顶盖和内外边墙组成。顶盖通常为梁式结构；内边墙一般采用重力式结构，并应置于基岩或稳固的地基上，当岩层坚实完整，干燥无水或少水时，为减少开挖和节约圬工，可采用锚杆式内边墙；外边墙可以采用墙式、刚架式、柱式结构

序号	项目	内容
1	洞身类型	按隧道断面形状分为曲墙式、直墙式和连拱式等
2	洞身构造	分为一次衬砌和二次衬砌、防排水构造、内装饰、顶棚及路面等

2B314020　隧道地质超前预报和监控量测技术

【考点图谱】

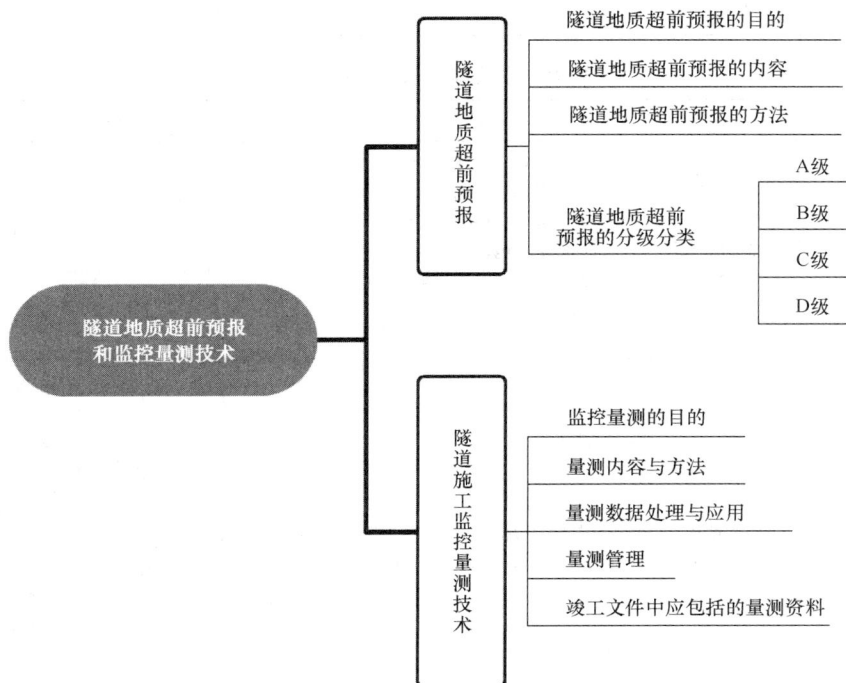

考点1 隧道地质超前预报

隧道地质超前预报的内容和方法

序号	项目	内容
1	隧道地质超前预报的内容	（1）地层岩性，特别是对软弱夹层、破碎地层、煤层及特殊岩土等。 （2）地质构造，特别是对断层、节理裂隙密集带、褶皱轴等影响岩体完整性的构造发育情况。 （3）不良地质，特别是溶洞、暗河、人为坑洞、瓦斯等发育情况。 （4）地下水，特别是岩溶管道水以及富水断层、富水褶皱轴、富水地层中的裂隙水等发育情况
2	隧道地质超前预报的方法	（1）地质调查法是隧道施工超前地质预报的基础，适用于各种地质条件隧道超前地质预报，调查内容应包括隧道地表补充地质调查和隧道内地质素描。 （2）物理勘探法适用于长、特长隧道或地质条件复杂隧道的超前地质预报，主要方法包括有弹性波反射法、地质雷达法、陆地声呐法、红外探测法、瞬变电磁法、高分辨直流电法。 （3）TSP法适用于各种地质条件，对断层、软硬接触面等面状结构反射信号较为明显，每次预报的距离宜为100～150m，连续预报时，前后两次应重叠10m以上。 （4）地质雷达法适用于岩溶、采空区探测，也可用于探测断层破碎带、软弱夹层等不均匀地质体，在岩溶不发育地段每次预报距离宜为10～20m，在岩溶发育地段预报长度可根据电磁波波形确定，连续预报时，前后两次重叠不应小于5m。 （5）超前水平钻探每循环钻孔长度应不低于30m，连续预报时，前后两循环孔应重叠5～8m；可能发生突泥涌水的地段，超前钻探应设孔口管和出水装置，防止高压水突出；富含瓦斯的煤系地层或富含石油天然气地层应采用长短结合的钻孔方式进行探测。 （6）富水构造破碎带、富水岩溶发育地段、煤系或油气地层、瓦斯发育区、采空区以及重大物探异常地段等地质复杂隧道和水下隧道必须采用超前钻探法预报、评价前方地质情况。 （7）超前导洞法可采用平行超前导洞法和隧道内超前导洞法，两座并行隧道可根据先行开挖的隧道预测后开挖隧道的地质条件。 （8）当隧道排水或突涌水对地下水资源或周围建（构）筑物产生重大影响时，应进行水力联系观测

隧道地质超前预报的分级与分类

序号	级别	表现	预报方法
1	A级	存在重大地质灾害隐患的地段，如大型暗河系统，可溶岩与非可溶岩接触带，软弱、破碎、富水、导水性良好的地层和大型断层破碎带，特殊地质地段，重大物探异常地段，可能产生大型、特大型突水突泥地段，诱发重大环境地质灾害的地段，高地应力、瓦斯、天然气问题严重的地段以及人为坑洞等	1级预报可用于A级地质灾害。采用地质调查法、地震波反射法、超声波反射法、陆地声呐法、地质雷达法、瞬变电磁法、红外探测法、超前水平钻探法等进行综合预报
2	B级	存在中、小型突水突泥隐患的地段，物探有较大异常的地段，断裂带等	2级预报可用于B级地质灾害。采用地质调查法、地震波反射法、陆地声呐法、超声波反射法，辅以红外探测法、瞬变电磁法、地质雷达法，必要时进行超前水平钻孔
3	C级	水文地质条件较好的碳酸盐岩及碎屑岩地段、小型断层破碎带，发生突水突泥的可能性较小	3级预报可用于C级地质灾害。以地质调查法为主。对重要地质界面、断层或物探异常地段宜采用地震波反射法或超声波反射法进行探测，必要时采用红外探测和超前水平钻孔
4	D级	非可溶岩地段，发生突水突泥的可能性极小	4级预报可用于D级地质灾害。采用地质调查法

考点 2　隧道施工监控量测技术

超前地质预报按预报长度分类

1. 短距离预报，预报长度小于 30m，可采用地质调查法、地质雷达法及超前钻探法等。

2. 中距离预报，预报长度大于等于 30m 小于 100m，可采用地质调查法、弹性波反射法及超前钻探法等。

3. 长距离预报，预报长度大于等于 100m，可采用地质调查法、弹性波反射法及超前钻探法等。

监控量测技术

序号	项目	内容
1	量测内容与方法	（1）量测项目分必测项目和选测项目。 （2）隧道开挖后应及时进行围岩、初期支护的周边位移量测，拱顶下沉量测；安设锚杆后，应进行锚杆抗拔力试验。当围岩差、断面大或地表沉降控制严时宜进行围岩体内位移量测和其他量测。位于Ⅳ～Ⅵ级围岩中且覆盖层厚度小于 40m 的隧道，应进行地表沉降量测。 （3）测点应距开挖面 2m 的范围内尽快安设，并应保证爆破后 24h 内或下一次爆破前测读初次读数。 （4）测点的测试频率应根据围岩和支护的位移速度及离开挖面的距离确定
2	预警并分级管理	（1）支护结构出现开裂，实行Ⅰ级管理。 （2）地表出现开裂、坍塌，实行Ⅰ级管理。 （3）渗水压力或水流量突然增大，实行Ⅱ级管理。 （4）水体颜色或悬着物发生变化，实行Ⅱ级管理

2B314030　公路隧道施工

【考点图谱】

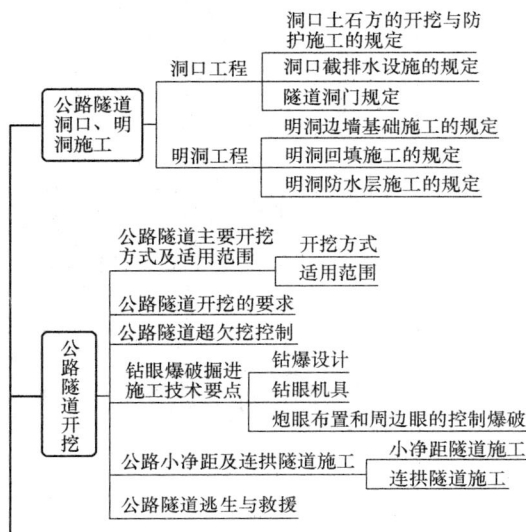

```
                                         超前锚杆施工技术要点
                               超前支护 ── 管棚和超前小导管注浆施工技术要点
                                         预注浆加固围岩施工技术要点
                                         喷射混凝土
                    公路隧道            初期支护 ── 锚杆
                    支护与            ──      钢支撑 ── 钢拱架
                    衬砌                           格栅钢架
                                         锚喷支护
                                         衬砌施工的准备工作
                               模筑混凝土衬砌 ── 混凝土施工
                                         仰拱衬砌、仰拱填充和垫层施工
                               公路隧道施工安全步距要求

                                         隧道洞口及辅助坑道洞(井)
                                         口排水系统应符合的要求
                                         覆盖层较薄和渗透性强的地
                                         层,地表水处理应符合的要求
                               施工防排水 ── 洞内反坡排水应符合的要求
                                         井点降水施工应符合的要求
                                         隧道施工有平行导坑或横洞
      公路                               时的排水要求
      隧道                               防突涌水措拖
      施工        公路隧道                      隧道防水应提高混凝土自防水性能,
          ──      防水与          ──             防水混凝土抗渗等级应符合设计要求
                    排水                          纵、横、环向盲管、中心排水管
                               结构防排水 ── (沟)的施工应符合的要求
                                         防水板铺设要求
                                         衬砌的施工要求
                               注浆防水 ── 注浆防水方式的选择
                                         注浆施工防水要求

                                         风管式通风
                               通风 ── 巷道式通风
                                         风墙式通风
                                         湿式凿岩标准化
                               防尘 ── 机械通风正常化
                    隧道                          喷雾洒水正规化
                    通风防                      个人防护普遍化
                    尘及水          ── 供水
                    电作业                      隧道供电压要求
                                         洞外变电站设置要求
                               供电 ── 供电线路布置和安装要求
                                         隧道电压要求和设置
                                         隧道作业地段照明要求

                    隧道工程主            隧道水害的防治 ── 原因分析
                    要质量通病                              防治措施
          ──      及防治措施 ──           隧道衬砌病 ── 隧道衬砌腐蚀病害的防治
                                         害的防治      隧道衬砌裂缝病害的防治
```

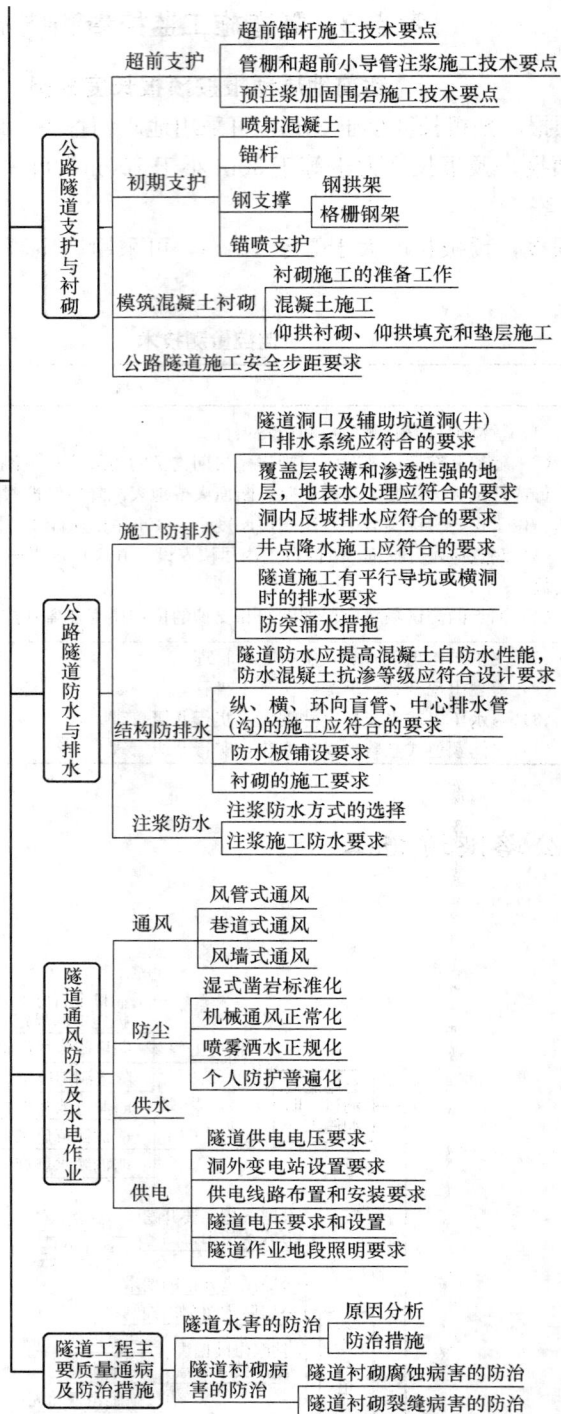

考点1 公路隧道洞口、明洞施工

洞口工程

序号	项目	内容
1	洞口工程含义	（1）洞口工程是指洞口土石方、边仰坡、洞门及其相邻的翼墙、挡土墙及洞口排水系统等。 （2）隧道洞口的各项工程及互有影响的桥涵与路基支挡等结构，应综合考虑，妥善安排，尽早完成。隧道洞口边坡、仰坡开挖及地表恢复，应符合环境保护规定，做好水土保持。 （3）隧道洞口开挖前，应结合设计文件，遵循"早进晚出"的原则，复核确认明暗分界位置的合理性，控制边仰坡开挖高度
2	洞口土石方的开挖与防护施工规定	（1）洞口边坡及仰坡应自上而下开挖，不得掏底开挖或上下重叠开挖。 （2）宜采用人工配合机械开挖，或者采用控制爆破措施减少对边仰坡及围岩的扰动，严禁采用大爆破。 （3）对边坡和仰坡以上可能滑塌的表土、灌木及山坡危石等的处理措施，应结合施工和运营阶段的隧道安全和环境保护等因素确定。 （4）临时防护应视地质条件、施工季节和施工方法等，及时采取喷锚等措施。 （5）应随时检查监测边坡和仰坡的变形状态
3	洞口截排水设施的规定	（1）应结合地形条件设置，具备有效拦截、排水顺畅的能力。 （2）不应冲刷路基坡面及桥涵锥坡等设施。 （3）洞口截、排水设施应在雨季和融雪期之前完成。 （4）截水沟迎水面不得高于原地面，回填应密实不易被水掏空。 （5）截水沟应采取防止渗漏和变形的措施
4	隧道洞门规定	（1）基础必须置于稳固的地基上，虚渣、杂物、风化软层和水泥必须清除干净，地基承载力应符合设计规定。 （2）洞门端墙的砌筑与回填应两侧对称进行，不得对衬砌产生偏压。 （3）端墙施工应保证其位置准确和墙面坡度满足设计要求。 （4）洞门衬砌完成后，其上方仰坡脚受破坏时，应及时处理。 （5）洞门的排水设施应与洞门工程配合施工，同步完成。 （6）洞门的排水沟砌筑在填土上时，填土必须夯实

明洞工程

序号	项目	内容
1	明洞边墙基础施工规定	（1）基础开挖应核对地质条件，检测地基承载力，当地基不满足设计要求时，应及时上报监理、设计单位，并按设计单位提供的处理方案施工。 （2）偏压和单压明洞外边墙的基底，在垂直路线方向应按设计要求挖成一定坡度的斜坡，提高边墙抗滑力。 （3）基础混凝土灌注前必须排除坑内积水，边墙基础完成后应及时回填

序号	项目	内容
2	明洞回填施工规定	(1) 明洞拱背回填应在外模拆除、防水层和排水盲管施工完成后进行；人工回填时，拱圈混凝土强度不应小于设计强度的75%。机械回填时，拱圈混凝土强度不应小于设计强度。 (2) 明洞两侧回填水平宽度小于1.2m的范围应采用浆砌片石或同级混凝土回填。 (3) 回填材料不宜采用膨胀岩土。 (4) 回填顶面0.2m可用耕植土回填。 (5) 墙背回填应两侧对称进行。底部应铺填0.5~1.0m厚碎石并夯实，然后向上回填。石质地层中墙背与岩壁空隙不大时，可采用与墙身同级混凝土回填；空隙较大时，可采用片石混凝土或浆砌片石回填密实；土质地层，应将墙背坡面开凿成台阶状，用干砌片石分层码砌，缝隙用碎石填塞紧密，不得任意抛填土石。 (6) 墙后有排水设施时，应与回填同时施工。 (7) 拱背回填应对称分层夯实，每层厚度不得大于0.3m，两侧回填高差不得大于0.5m，回填至拱顶以上1.0m后，方可采用机械碾压。回填土压实度应符合设计规定。 (8) 单侧设有反压墙的明洞回填应在反压墙施工完成后进行。 (9) 回填时不得倾填作业。 (10) 明洞回填时，应采取防止损伤防水层的措施。 (11) 洞门顶排水沟砌筑在填土上时，应在夯实后砌筑
3	明洞防水层施工规定	(1) 防水层施工前应用水泥砂浆将衬砌外表涂抹平顺。 (2) 防水卷材应与拱背粘贴紧密，接头搭接长度不小于100mm，铺设应自下而上进行，上下层接缝宜错开，不得有通缝。 (3) 回填拱背的黏土层应与边坡、仰坡搭接良好，封闭严密。 (4) 靠山侧边墙顶或边墙墙后，应设置纵向和竖向盲管（沟），将水引至边墙泄水孔排出

考点2 公路隧道开挖

公路隧道主要开挖方式及适用范围

序号	开挖方式	概念	适用范围
1	全断面法	按设计断面一次基本开挖成型的施工方法	可用于Ⅰ～Ⅲ级围岩的中小跨度隧道，Ⅳ级围岩中跨度隧道和Ⅲ级围岩大跨度隧道在采用了有效的预加固措施后，也可采用全断面法开挖
2	台阶法	按先开挖上半断面，待开挖至一定距离后再同时开挖下半断面，上下半断面同时并进的施工方法。台阶法分为二台阶法、三台阶法	可用于Ⅲ～Ⅴ级围岩的中小跨度隧道，Ⅴ级围岩的中小跨度隧道在采用了有效的预加固措施后亦可采用台阶法开挖
3	环形开挖预留核心土法	按先开挖上部导坑成环形，并进行支护，再分部开挖中部核心土、两侧边墙的施工方法	可用于Ⅳ～Ⅴ级围岩或一般土质围岩的中小跨度隧道

序号	开挖方式	概念	适用范围
4	中隔壁法（CD法）	按在软弱围岩大跨隧道中，先开挖隧道的一侧，并施作中隔壁墙，然后再分部开挖隧道的另一侧的施工方法	适用于围岩较差、跨度大、浅埋、地表沉降需要控制的场合
5	交叉中隔壁法（CRD法）	是一种在中隔壁法的基础上增加临时仰拱，更快地封闭初支的施工方法	
6	双侧壁导坑法	按先开挖隧道两侧的导坑，并进行初期支护，再分部开挖剩余部分的施工方法	适用于浅埋大跨度隧道及地表下沉量要求严格而围岩条件很差的情况
7	中导洞法	在连拱隧道或单线隧道的喇叭口地段，先开挖两洞之间立柱（或中墙）部分，并完成立柱（或中墙）混凝土浇筑后，再进行左右两洞开挖的施工方法	适用于连拱隧道

公路隧道开挖的要求

序号	项目	内容
1	开挖方法	主要是钻孔爆破法，开挖工作包括钻眼、装药、爆破等几项工作内容
2	超欠挖控制	（1）当岩层完整、岩石抗压强度大于30MPa，并确认不影响衬砌结构稳定和强度时，允许岩石个别突出部分（每1m²内不宜大于0.1m²）欠挖，但其隆起量不得大于50mm。拱脚、墙脚以上1m范围内及净空图折角对应位置严禁欠挖。 （2）应采取光面爆破、提高钻眼精度、控制药量等措施，并提高作业人员的技术水平。 （3）开挖后宜采用断面仪或激光投影仪直接测定开挖面面积，并绘制断面图。 （4）当采用钢架支撑时，如围岩变形较大，支撑可能沉落或局部支撑难以拆除时，应适当加大开挖断面，预留支撑沉落量，保证衬砌设计厚度。预留支撑沉落量应根据围岩性质和围岩压力，在施工过程中根据量测结果进行调整。 （5）超挖应回填密实。超挖回填应符合设计规定，设计没有规定时应符合下列规定： ① 拱部坍塌形成的超挖处理应编制方案，并经审批后按方案处理； ② 沿设计轮廓线的均匀超挖，有钢架时，可采用喷射混凝土回填，或增大钢架支护断面尺寸，使钢架贴近开挖轮廓，在施工二次衬砌时，以二次衬砌混凝土回填；无钢架时，可在施工二次衬砌时，以二次衬砌混凝土回填； ③ 局部超挖，超挖量不超过200mm时，宜采用喷射混凝土回填密实； ④ 边墙部位超挖，可采用混凝土或片石混凝土回填

公路小净距及连拱隧道施工

序号	项目	内容
1	小净距隧道施工注意要点	（1）先行洞和后行洞的开挖方法。 （2）先行洞和后行洞爆破设计及爆破震动控制。 （3）先行洞和后行洞开挖错开距离。 （4）先行洞仰拱、衬砌和后行洞开挖错开距离。 （5）中岩墙保护方法

序号	项目	内容
2	连拱隧道施工	（1）连拱隧道主要适用于洞口地形狭窄，或对两洞间距有特殊要求的中、短隧道。连拱隧道按中墙形式不同分为整体式中墙和复合式中墙两种形式。 （2）连拱隧道开挖宜先贯通中导洞、浇筑中隔墙，然后依次开挖主洞。中隔墙顶与中导洞初支间应用混凝土回填密实。 （3）主洞开挖时，左右两洞开挖掌子面错开距离宜大于30m。 （4）中隔墙混凝土模板宜使用对拉拉杆。 （5）中隔墙混凝土施工时应加强对预埋排水和止水设施的保护。 （6）采用导洞施工时，应对导洞围岩情况认真观察记录，并及时反馈信息，根据围岩变化情况和监控量测资料及时调整设计与施工方案，导洞宽度宜大于4m

考点3 公路隧道支护与衬砌

超前支护

序号	方法	应用	材料要求
1	超前锚杆	主要适用于地下水较少的软弱破碎围岩的隧道工程中，如土砂质地层、弱膨胀性地层、流变性较小的地层、裂隙发育的岩体、断层破碎带、浅埋无显著偏压的隧道等，也适宜于采用中小型机械施工	超前锚杆宜采用早强砂浆锚杆，锚杆可用不小于$\phi22$的热轧带肋钢筋。其超前量、环向间距、外插角等参数应视具体的施工条件而定
2	管棚	主要适用于围岩压力来得快、来得大，对围岩变形及地表下沉有较严格限制要求的软弱破碎围岩隧道工程中，如土砂质地层、强膨胀性地层、强流变性地层、裂隙发育的岩体、断层破碎带、浅埋有显著偏压等围岩的隧道。此外，在一般无胶结的土及砂质围岩中，可采用插板封闭较为有效；在地下水较多时，则可利用钢管注浆堵水和加固围岩	管棚钢管直径一般为$\phi70\sim180mm$，习惯上称直径大于$\phi89mm$的管棚为大管棚，直径小于$\phi89mm$的为中管棚。管棚按长度可分为短管棚（长度小于10m的小钢管）和长管棚（长度为10～40m，直径较粗的钢管）
3	超前小导管注浆	不仅适用于一般软弱破碎围岩，也适用于地下水丰富的松软围岩。但超前小导管注浆对围岩加固的范围和强度是有限的，在围岩条件特别差而变形又严格控制的隧道施工中，超前小导管注浆常常作为一项主要的辅助措施，与管棚结合起来加固围岩	小导管一般采用直径$\phi32\sim50mm$钢管，常用$\phi42mm$钢管，管长一般3～5m
4	预注浆加固围岩	（1）适用于有压地下水及地下水丰富的地层中，更适用于采用大中型机械化施工。 （2）预注浆加固围岩有洞内超前注浆、地表超前注浆和平导超前注浆三种方式	对于浅埋隧道，可以从地表向隧道所在区域打辐射状或平行状钻孔注浆；对于深埋长大隧道，可设置平行导坑，由平行导坑向正洞所在区域钻孔注浆

初期支护

序号	项目	内容
1	喷射混凝土	喷射混凝土按施工工艺的不同可分为干喷、潮喷和湿喷
2	锚杆	按照锚固形式可划分为全长粘结型、端头锚固型、摩擦型和预应力型四种。锚杆种类有砂浆锚杆、药卷锚杆、中空注浆锚杆、自进式锚杆、组合中空锚杆和树脂锚杆等
3	钢支撑	钢支撑按其材料的组成可分为钢拱架和格栅钢架
4	锚喷支护	包括锚杆支护、喷射混凝土支护、喷射混凝土锚杆联合支护、喷射混凝土钢筋网联合支护、喷射混凝土与锚杆及钢筋网联合支护、喷钢纤维混凝土支护、喷钢纤维混凝土锚杆联合支护，以及上述几种类型加设型钢（或钢拱架）而成的联合支护

混凝土、仰拱和底板施工

序号	项目	内容
1	混凝土施工	混凝土施工包括混凝土的配合比确定、混凝土搅拌、运输、浇筑、振捣和养护等内容。 （1）混凝土配合比 ① 混凝土拌制前，应测定砂、石含水率，根据测试结果调整施工配合比材料用量。 ② 衬砌采用防水混凝土时，防水混凝土配合比和集料级配应经试验确定，可采用防水水泥或掺加增强密实性的外加剂。 ③ 冬期施工的混凝土可掺加引气剂。 （2）混凝土搅拌 衬砌混凝土应采用强制式混凝土搅拌机搅拌。 （3）混凝土运输 ① 混凝土拌合物在运输过程中，应保持均匀性，不应产生分层、离析、撒落及混入杂物等现象；如出现分层、离析现象，应对混凝土拌合物进行二次快速搅拌。 ② 严禁在运输过程中向混凝土拌合物中加水。 ③ 混凝土拌合物运送到浇筑地点后，应按规定检测其坍落度。 （4）混凝土浇筑 ① 混凝土浇筑应采用混凝土输送泵送料入模、均匀布料；混凝土入模温度应控制在5～32℃。 ② 混凝土应从两侧边墙向拱顶、由下向上依次分层、对称、连续浇筑，两侧混凝土浇筑高差不应大于1.0m，同一侧混凝土浇筑面高差不应大于0.5m。 ③ 拱、墙混凝土应一次连续浇筑，不得采用先拱后墙浇筑，不得先浇矮边墙。 （5）混凝土振捣 ① 宜采用附着式和插入式振捣相结合的方式振捣。 ② 振捣不应使模板、钢筋和预埋件移位。 （6）混凝土养护 ① 混凝土养护时间不得少于7d。 ② 掺加引气剂或引气型减水剂时，混凝土养护时间不得少于14d。 ③ 隧道内空气湿度不小于90％时，可不进行洒水养护

序号	项目	内容
2	仰拱衬砌、仰拱填充和垫层施工	（1）仰拱混凝土衬砌应先于拱墙混凝土衬砌施工，超前距离应根据围岩级别、施工机械作业环境要求确定，一般不宜大于拱墙衬砌浇筑循环长度的2倍。 （2）仰拱初期支护喷射混凝土及仰拱填充混凝土不得与仰拱衬砌混凝土一次浇筑。 （3）仰拱衬砌混凝土应整幅一次浇筑成形，不得左右半幅分次浇筑，一次浇筑长度不宜大于5.0m。 （4）仰拱和仰拱填充混凝土应在其强度达到2.5MPa后方可拆模。 （5）仰拱、仰拱填充和垫层混凝土浇筑宜采用插入式振捣器振捣密实。 （6）仰拱填充和垫层混凝土强度达到设计强度100%后方允许运渣车辆通行

公路隧道施工安全步距要求

序号	项目	内容
1	仰拱与掌子面的距离	Ⅲ级围岩不得超过90m，Ⅳ级围岩不得超过50m，Ⅴ级及以上围岩不得超过40m
2	二次衬砌距掌子面的距离	Ⅳ级围岩不得大于90m，Ⅴ级及以上围岩不得大于70m

考点4　公路隧道防水与排水

施工防排水

序号	项目	内容
1	隧道洞口及辅助坑道洞（井）口排水系统应符合的要求	（1）边坡、仰坡坡顶的截水沟应结合永久排水系统在洞口开挖前修建，其出水口应防止水顺坡面漫流，洞顶截水沟应与路基边沟顺接组成排水系统，应防止水流冲刷弃渣危害农田和水利设施。 （2）洞外路堑向隧道内为下坡时，路基边沟应做成反坡，向路堑外排水。 （3）多雨地区，应做好防止洞口仰坡范围内地表水下渗和冲刷的防护措施
2	覆盖层较薄和渗透性强的地层，地表水处理应符合的要求	（1）洞口附近和浅埋隧道洞顶不得积水。 （2）黄土陷穴和岩溶等特殊地质应按设计要求处理。 （3）洞顶上方如有沟谷通过且沟谷底部岩层裂缝较多，地表水渗漏对隧道施工有较大影响时，应及时用浆砌片石铺砌沟底，或用水泥砂浆勾缝、抹面。 （4）洞顶附近有井、泉、池沼、水田等时，应妥善处理，不宜将水源截断、堵死。 （5）洞顶已有排水沟槽应予整治，确保水流通畅，必要时应进行铺砌。 （6）洞顶设有高压水池时，水池位置宜远离隧道轴线，水池应有防渗措施，对水池溢水应有疏导设施。 （7）隧道地表沟谷（槽）、坑洼、钻孔、探坑等，宜采用疏导、勾补、铺砌和填平等措施，废弃的坑洞、钻孔等应填实密闭，防止地表水下渗

序号	项目	内容
3	洞内反坡排水应符合的要求	（1）根据距离、坡度、水量、设备和施工组织布置管路，一次或分段接力将水排出洞外。 （2）集水坑位置不得造成围岩失稳和衬砌结构承载能力降低，应设在对施工干扰较小的位置，其容积应按实际排水量确定。 （3）井下工作水泵的排水能力应不小于1.2倍正常涌水量，并应配备备用水泵；井下备用水泵排水能力不应小于工作水泵排水能力的70%。 （4）高冒水风险隧道反坡施工时，应准备一定的抢险物资、设备，宜设置两个独立的供电系统和排水管路。 （5）应做好停电时的应急排水预案和人员、设备的安全保证措施
4	井点降水施工要求	（1）根据降水要求，选择降水形式、降水设备，编制降水施工方案。 （2）在隧道两侧地表面布置井点，间距宜为25～35m。井底应在隧道底以下3～5m。 （3）工作水泵的排水能力应不小于预测抽水量的1.2倍。 （4）应设水位观测井，及时监测水位高程，掌握水位变化情况，调整降水参数，保证降水效果。 （5）隧道施工期间围岩地下水位应保持在开挖线以下0.5m。 （6）降水期应监测周边地表沉降大小和沉降范围，并制定控制措施。 （7）降水施工完成后，降水井应按设计要求进行回填
5	隧道施工有平行导坑或横洞时的排水要求	（1）隧道施工有平行导坑或横洞时，应充分利用辅助导坑排水，降低正洞水位，使正洞水流通过辅助导坑引出洞外，必要时应设置永久排水沟，使坑道封闭后能保持水流畅通。 （2）正洞施工由斜井、竖井排水时，应在井底设置集水坑，采用相应扬程的抽水机经管路排出井外。集水坑设置的位置不得影响井内运输和安全。 （3）斜井、竖井施工有水时，应随开挖面挖积水坑，根据水量大小采用抽水机或吊桶排出。竖井井壁渗水影响施工时，可用压浆堵水，固结地层后再进行开挖
6	防突涌水措施	（1）非施工人员必须撤出危险区。 （2）应及时测算水量、水压、流速、含泥沙量等，备足配套的抽水设备。 （3）在钻孔口预先埋管设阀，控制排水量，防止承压水冲击及淹没坑道等意外险情发生。 （4）水平钻孔钻到预期的深度尚未出水时，可会同设计单位进一步进行地质和水文的勘测工作，重新判定地下水情况

结构防排水

序号	项目	内容
1	防水要求	隧道防水应提高混凝土自防水性能，防水混凝土抗渗等级应符合设计要求。在有冻害地区，防水混凝土的抗渗等级应适当提高。防水混凝土处于侵蚀性介质中时，其耐侵蚀系数不应小于0.8
2	纵、横、环向盲管、中心排水管（沟）的施工要求	（1）排水盲管的材质、直径、透水孔的规格、间距应符合设计要求。 （2）环向排水盲管的间距应符合设计要求，在地下水较大的地段应适当加密。 （3）环向排水盲管应紧贴支护表面或渗水岩壁安设，排水盲管布置应圆顺，不得起伏不平。 （4）排水管系统应按设计连通形成完整的排水系统；管路连接宜采用变径三通方式，连接应牢固、畅通，安装坡度应符合设计要求。 （5）中心排水管（沟）直径应符合设计要求，中心排水管（沟）基础的总体坡度、段落坡度、单管坡度应协调一致，并符合设计要求，不得高低起伏。 （6）中心排水管（沟）设在仰拱下时，应和仰拱、底板同步施工

序号	项目	内容
3	防水板铺设要求	（1）防水板铺设宜采用专用台架，铺设前进行精确放样，画出标准线后试铺，确定防水板每环的尺寸，并尽量减少接头。 （2）防水板应无钉铺设，并留有余量，防水板与初期支护或岩面应密贴。 （3）防水板的搭接缝焊接质量应按充气法检查，当压力表达到 0.25MPa 时停止充气，保持 15min，压力下降在 10% 以内，焊缝质量合格
4	施工缝、沉降缝要求	衬砌的施工缝和沉降缝采用橡胶止水带或塑料止水带防水时，止水带不得被钉子、钢筋和石子刺破。在固定止水带和灌注混凝土过程中应防止止水带偏移。应加强混凝土振捣，排除止水带底部气泡和空隙，使止水带和混凝土紧密结合

注浆防水

序号	项目	内容
1	注浆防水方式的选择	（1）掌子面前方存在较高水压的富水区，具有较大可能、较大规模的涌水、突水且围岩结构软弱，自稳能力差，开挖后可能导致掌子面失稳而诱发突水、突泥时，宜采用全断面帷幕注浆或周边注浆。 （2）掌子面前方围岩基本稳定，但局部存在一定的水流，开挖后可能导致掌子面大量渗漏水而无法施作初期支护时，宜采用超前局部注浆。 （3）围岩有一定自稳能力，开挖后水压和水量较小，但出水量超过设计允许排放量时，宜采用径向注浆。 （4）注浆防水选择水泥浆液、超细水泥浆、水泥—水玻璃浆液等材料。注浆过程中应加强洞内外观察，发生窜浆，围岩、支护结构、地表出现异常情况时，应调整注浆工艺或方案
2	注浆施工防水要求	（1）根据地下水情况、防水范围、设备性能、浆液扩散半径和对注浆防水效果的要求等综合因素确定注浆孔数、布孔方式及钻孔角度。 （2）采用全断面帷幕注浆时，注浆初始循环应根据水压、水量、地层完整性及设计压力确定止浆墙的形式，并设置孔口管。 （3）预注浆段的长度应视具体情况合理确定，掘进时应保留足够的止水岩盘厚度。 （4）注浆压力应根据水文地质条件合理确定，宜比静水压力大 0.5～1.5MPa。 （5）钻孔注浆顺序应由下往上、由少水处至多水处、隔孔钻注。 （6）预注浆检查孔的渗水量应小于设计允许值，浆液固结达到设计强度后方可开挖；径向注浆结束后应达到设计规定的允许渗漏量

考点 5　隧道通风防尘及水电作业

隧道通风防尘及水电作业

序号	项目	内容
1	通风	（1）风管式通风：分为压入式、抽出式、混合式三种方式。风管式通风的优点是设备简单、布置灵活、易于拆装，故为一般隧道施工采用。 （2）巷道式通风：用于有平行坑道的长隧道，其特点是：通过最前面的横洞和平行导坑组成一个风流循环系统，在平行导坑洞口附近安装通风机，将污浊空气由导坑抽出，新鲜空气由正洞流入，形成循环风流。 （3）风墙式通风：适用于较长隧道

序号	项目	内容
2	防尘	（1）湿式凿岩标准化 ①水压标准（高压水到达工作面处的压力不小于300Pa），水量充足（每台风钻不少于3t/min）。 ②钎尾标准。其长度一般为107mm，钎孔正中。钎尾淬火硬度与凿岩机内活塞应一致。 ③水针安装端正，拧紧螺丝，垫圈密贴，不漏水。 ④操作正规，应先开水后开风，先关风后关水，凿岩时机体与钻钎方向应一致，不得摆动，以免卡断水针。 ⑤在特别缺水地区，可用"干式捕尘"装置来代替湿式凿岩，但效果欠佳。 （2）机械通风正常化 主要作业（钻眼、装渣等）进行期间应始终保持风机的运转。 （3）喷雾洒水正规化。 （4）个人防护普遍化
3	供水	（1）水源的水量应满足工程和生活用水的需要。有高山自然水源时应蓄水利用，水池高度应能保证洞内最高用水点的水压。 （2）水池的容量应有一定的储备量，保证洞内外集中用水的需要。 （3）采用机械站供水时，应有备用的抽水机。 （4）充分利用洞内地下水源，通过高压水箱送到工作面。 （5）工程和生活用水使用前必须经过水质鉴定，合格者才可使用
4	供电	（1）供电线路应采用220/380V三相五线系统。 （2）动力设备应采用三相380V。 （3）隧道照明，成洞段和不作业地段可用220V，瓦斯地段不得超过110V，一般作业地段不宜大于36V，手提作业灯为12～24V。 （4）选用的导线截面应使线路末端的电压降不得大于10%；36V及24V线不得大于5%。 （5）洞外变电站宜设在洞口附近，并应靠近负荷集中地点和设在电源来线一侧。 （6）竖井、斜井宜使用铠装电缆；瓦斯地段的输电线必须使用煤矿专用密封阻燃铜芯电缆，不得使用皮线。 （7）瓦斯地段的电缆应沿侧壁铺设，不得悬空架设；涌水隧道的电动排水设备、瓦斯隧道的通风设备和斜井、竖井内的电气装置应采用双回路输电，并有可靠的切换装置。 （8）短隧道应采用高压至洞口，再低压进洞；长、特长隧道成洞段应用6～10kV高压电缆送电；洞内设置6～10/0.4kV变电站供电时，应有保证安全的措施，且移动变电站应采用监视型屏蔽橡胶套电缆。 （9）隧道作业地段必须有足够的照明；洞外照明按一般建筑工地要求；瓦斯地段的照明器材应采用防爆型，开关应设在送风道或洞口

考点6 隧道工程主要质量通病及防治措施

隧道水害的防治

序号	项目	表现
1	原因分析——隧道穿过含水层的地层	（1）砂类土和漂卵石类土含水地层。 （2）节理、裂隙发育，含裂隙水的岩层。 （3）石灰岩、白云岩等可溶性岩的地层，当有充水的溶槽、溶洞或暗河等与隧道相连通时。 （4）浅埋隧道地段，地表水可沿覆盖层的裂隙、孔洞渗透到隧道内

序号	项目	表现
2	原因分析——隧道衬砌防水及排水设施不完善	(1) 原建隧道衬砌防水、排水设施不全。 (2) 混凝土衬砌施工质量差，蜂窝、孔隙、裂缝多，自身防水能力差。 (3) 防水层（内贴式、外贴式或中埋式）施工质量不良或材质耐久性差，经使用数年后失效。 (4) 混凝土的工作缝、伸缩缝、沉降缝等未做好防水处理。 (5) 既有排水设施，如衬砌背后的暗河、盲沟，无衬砌的辅助坑道、排水孔、暗槽等，年久失修，造成阻塞
3	防治措施	(1) 因势利导，给地下水以可排走的通道，将水迅速地排到洞外。 (2) 将流向隧道的水源截断，或尽可能使其水量减少。 (3) 堵塞衬砌背后的渗流水，集中引导排出。 (4) 合理选择防水材料，严格施工工艺

隧道衬砌腐蚀病害的防治

序号	项目	内容
1	原因分析	(1) 隧道衬砌物理性腐蚀：冻融交替冻胀性裂损、干湿交替盐类结晶性胀裂损坏。 (2) 隧道衬砌化学性腐蚀：硫酸盐侵蚀、镁盐侵蚀、溶出性侵蚀（软水侵蚀）、碳酸盐侵蚀、一般酸性侵蚀
2	预防措施	(1) 坚持以排为主，排堵截并用，综合治水。 (2) 用各种耐腐蚀材料敷设在混凝土衬砌的表面，作为防蚀层。 (3) 在各种腐蚀病害较为严重的地段，除采取排水降低水压外，同时采用抗侵蚀材料作为衬砌，使防水、防蚀设施与结构合为一体。 (4) 在隧道的伸缩缝、变形缝和施工缝都设置止水带，从而达到防蚀的目的

隧道衬砌裂缝病害的防治

序号	项目	内容
1	原因分析	隧道发生衬砌裂缝的原因主要有围岩压力不均、衬砌背后局部空洞、衬砌厚度严重不足、混凝土收缩、不均匀沉降及施工管理等
2	预防措施	(1) 设计时应根据围岩级别、性状、结构等地质情况，正确选取衬砌形式及衬砌厚度，确保衬砌具有足够的承载能力。 (2) 施工过程中发现围岩地质情况有变化，与原设计不符时，应及时变更设计，使衬砌符合实际需求；欠挖必须控制在容许范围内。 (3) 钢筋保护层厚度必须保证不小于3cm，钢筋使用前应作除锈、清污处理。 (4) 混凝土强度必须符合设计要求，宜采用较大的骨灰比，降低水胶比，合理选用外加剂。 (5) 确定分段灌筑长度及浇筑速度；混凝土拆模时，内外温差不得大于20℃；加强养护，混凝土温度的变化速度不宜大于5℃/h。 (6) 衬砌背后如有可能形成水囊，应对围岩进行止水处理，根据设计施作防水隔离层。 (7) 衬砌施工时应严格按要求正确设置沉降缝、伸缩缝

序号	项目	内容
3	治理措施	（1）隧道衬砌裂缝的治理措施可总结为加强衬砌自身强度和提高围岩稳定性两种。 （2）对于隧道衬砌裂缝的治理一般会采用锚杆加固、碳纤维加固、骑缝注浆、凿槽嵌补、直接涂抹工艺中的一种或数种相结合的措施。 （3）加强衬砌自身强度可通过对隧道衬砌结构混凝土施工材料进行加固以及通过对衬砌结构的裂缝进行碳纤维加固等措施提升结构自身的承载能力。 （4）提高围岩稳定性能够有效地保证隧道衬砌结构施工的安全性，可通过锚固注浆、深孔注浆等措施对围岩进行加固

2B315000 交通工程

2B315010 交通安全设施

【考点图谱】

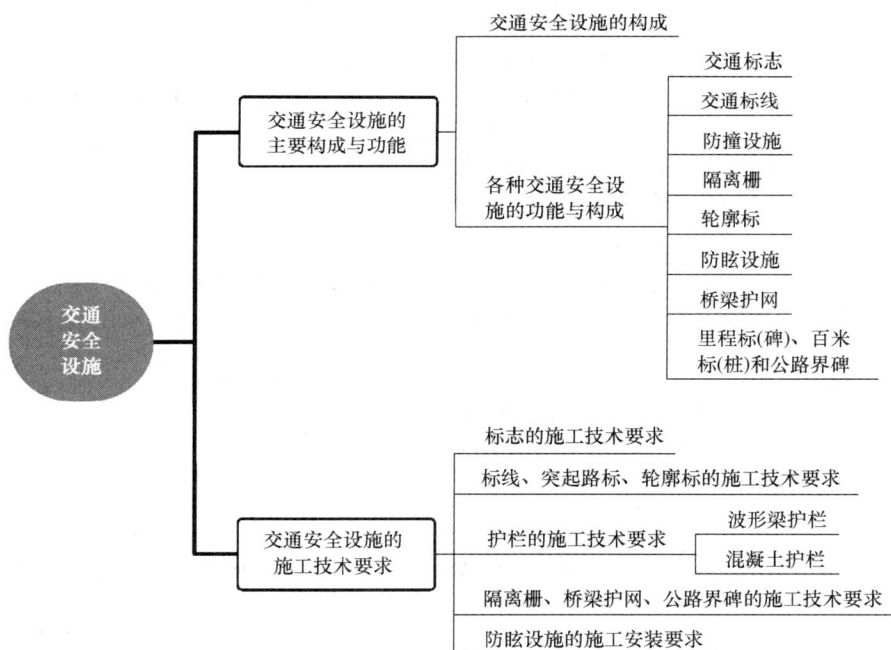

考点1 交通安全设施的主要构成与功能

各种交通安全设施的功能与构成

序号	项目	主要作用	种类
1	交通标志	交通标志是用图形符号、颜色、形状和文字向交通参与者传递特定信息，用于管理交通的设施，主要起到提示、诱导、指示等作用，使道路使用者安全、快捷到达目的地，促进交通畅通	它主要包括警告标志、禁令标志、指示标志、指路标志、旅游区标志、作业区标志等主标志以及附设在主标志下的辅助标志
2	交通标线	交通标线的主要作用是传递有关道路交通的规则、警告和指引交通	它是由施划或安装于道路上的各种线条、箭头、文字、图案、立面标记、实体标记、突起路标等构成的
3	防撞设施	护栏的主要作用是防止失控车辆越过中央分隔带或在路侧比较危险的路段冲出路基，不致发生二次事故。同时，还具有吸收能量，减轻事故车辆及人员的损伤程度，以及诱导视线的作用。防撞筒的主要作用是起到警示和减缓冲击作用，吸收能量，减轻事故车辆及人员的损伤程度，同时也有诱导视线的作用	防撞设施主要包括护栏、防撞筒等
4	隔离栅	隔离栅的主要作用是将公路用地隔离出来，防止非法侵占公路用地的设施，同时将可能影响交通安全的人和畜等与公路分离，保证公路的正常运营	主要包括编织网、钢板网、焊接网、刺钢丝网、隔离墙以及常青绿篱等形式
5	轮廓标	轮廓标的主要作用是在夜间通过对车灯光的反射，使司机能够了解前方道路的线形及走向，使其提前做好准备	主要包括附着式、柱式等
6	防眩设施	防眩设施的主要作用是避免对向车辆前照灯造成的眩目影响，保证夜间行车安全。防眩设施分为人造防眩设施和绿化防眩设施	主要包括防眩板、防眩网等结构形式
7	桥梁护网	桥梁护网主要设置于天桥或主线下穿的分离立交以及主线上跨铁路或等级较高的其他公路的分离立交上，用于防止杂物落在桥梁下方的道路行车道上，保证行车安全	主要包括钢板网、电焊网、编织网和实体网等结构形式
8	里程标（碑）、百米标（桩）和公路界碑	主要作用是标识出道路里程和公路用地界限	包括里程标（碑）、百米标（桩）和公路界碑

考点 2　交通安全设施的施工技术要求

交通安全设施的施工技术要求

序号	项目	内容
1	标志的施工技术要求	（1）在开始加工标志板前，应根据公路实施的实际情况（如互通立交、平交路口、服务区、收费站等设施的设置情况），对设计图纸进行复核。 （2）在浇筑标志基础前，应按照有关规范及设计文件中所提出的标志设置原则，对标志的设置位置逐个进行核对，特别应注意门架式标志、双柱式标志等大型标志的可实施性。 （3）在加工标志的支撑结构时，应保证钻孔、焊接等加工在钢材镀锌之前完成。在加工立柱时，应根据有关规范及设计的要求，并结合标志实际设置位置的情况，确定立柱的长度。 （4）在架设标志时，标志面板与车流方向所成角度应满足有关规范和设计的要求，不允许出现过度偏转或后仰的现象。对于门架式标志、悬臂式标志应注意控制标志板下缘至路面的净空，对于单柱式标志、双柱式标志的内边缘至土路肩边缘的距离应满足有关规范和设计的要求
2	标线的施工技术要求	（1）在标线工程正式开工前应进行实地试划试验。 （2）在正式划标线前，应首先清理路面，保证路面表面清洁干燥，然后根据设计图纸进行放样，并使用划线车进行划线。 （3）在进行划线时，应通过划线机的行驶速度控制好标线厚度。 （4）喷涂施工应在白天进行，雨天、风天、温度低于10℃时应暂时停止施工。 （5）喷涂标线时，应用交通安全措施，设置适当警告标志，阻止车辆及行人在作业区内通行，防止将涂料带出或形成车辙，直至标线充分干燥
3	突起路标的施工技术要求	（1）在进行突起路标施工时，首先将设置位置的路面清洁干净，然后将环氧树脂均匀涂覆于突起路标的底部，涂覆厚度约为8mm，最后将突起路标压在路面的正确位置上，在环氧树脂凝固前对突起路标不得扰动。 （2）突起路标设置高度，顶部不得高出路面25mm。 （3）在降雨、风速过大或温度过高过低时，不应进行施工
4	轮廓标的施工技术要求	（1）在安装轮廓标时，所有轮廓标的设置高度应符合图纸要求，同一类型的轮廓标安装高度应一致。 （2）在波形梁护栏上设置轮廓标时，应注意与护栏施工的衔接。 （3）在设置柱式轮廓标时，应注意对排水沟或路肩石的保护
5	波形梁护栏的施工技术要求	（1）在进行波形梁护栏施工之前，应以桥梁、涵洞、通道、立体交叉、分隔带开口及人孔处等为控制点，进行立柱定位放样。 （2）波形梁护栏的起、终点应根据设计要求进行端头处理。 （3）波形梁通过拼接螺栓相互拼接，并由连接螺栓固定于立柱或横梁上；护栏板的搭接方向应与行车方向相同；波形梁顶面应与道路竖曲线相协调
6	混凝土护栏的施工技术要求	（1）当采用混凝土护栏块预制施工时，预制场地应平整、坚实，并应采取必要的排水措施，防止场地沉陷。 （2）预制混凝土护栏块使用的模板，应采用钢模板。 （3）混凝土护栏的安装应从一端逐步向前推进。

序号	项目	内容
6	混凝土护栏的施工技术要求	(4) 在安装过程中应使每块护栏构件的中线与公路中心线相一致。在曲线路段，应使护栏布设圆滑；在竖曲线路段，应使护栏与公路线形协调。 (5) 当混凝土护栏采用就地浇筑的方式施工时，在浇筑混凝土前，应按设计图规定安装好钢筋及预埋件，在检查合格后，方可浇筑混凝土。 (6) 每节护栏构件的混凝土必须一次浇筑完成，不得间断。就地浇筑的混凝土护栏，可采用湿法养护或塑料薄膜养护
7	隔离栅的施工技术要求	(1) 隔离栅宜在路基工程完成后尽早实施。 (2) 施工时应先按图纸要求及实际地形、地物的情况进行施工放样，定出立柱中心线，隔离栅立柱的埋设应分段进行，先埋设两端的立柱，然后拉线埋设中间立柱。 (3) 立柱纵向应在一条直线上，不得出现参差不齐的现象。 (4) 柱顶应平顺，不得出现高低不平的情况。 (5) 安装隔离栅网片时，应从立柱端部开始安装
8	桥梁护网的施工技术要求	(1) 在安装桥梁护网前，应对设置在桥梁上的有关预埋件进行检查。 (2) 桥梁护网应按图纸所示安设，牢固地安装在立柱或支撑上。 (3) 金属网应伸展拉紧，整个结构不得扭曲。 (4) 在高压输电线穿越安装桥梁护网的地方，桥梁护网应按电力部门的规定做防雷接地，接地电阻值<10Ω
9	公路界碑的施工技术要求	公路界碑应在规定的沿征地界线设置，碑体应垂直，露出地面部分的高度应保持一致，埋设界碑的回填土应压实，使碑体稳固
10	防眩设施的施工安装要求	(1) 防眩板在施工前，应确定控制点（如桥梁），在控制点之间测距定位、放样。 (2) 在进行防眩设施施工时，首先要保证遮光角和防眩高度的要求，防眩板的间距必须符合图纸的规定。 (3) 防眩板不得出现扭曲、固定不牢固的现象，整体上还应达到高低一致，线形顺畅的要求。 (4) 在施工过程中，不得损坏中央分隔带上通信管道及护栏等其他设施。当防眩设施需附着在其他设施上时，应注意与其他设施的施工进行协调，并保证不对其他设施造成损坏

2B315020 监控和照明系统

【考点图谱】

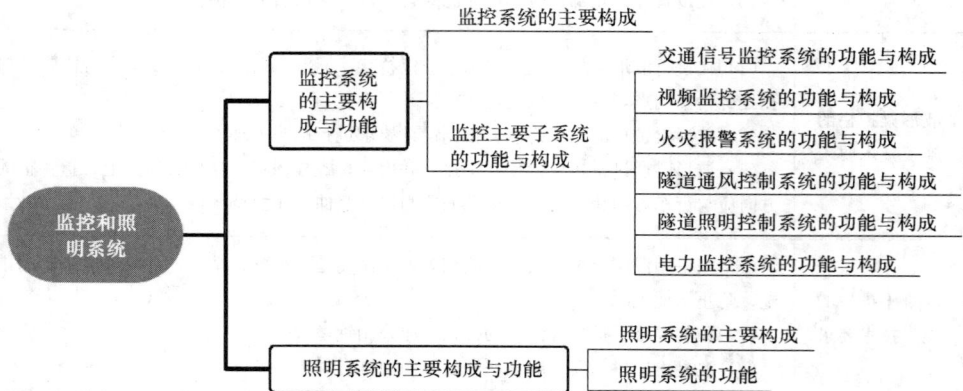

考点1　监控系统的主要构成与功能

监控系统的主要构成

序号	项目	内容
1	监控系统的九个构成系统	交通信号监控子系统、视频监控子系统、调度（指令）电话子系统、火灾自动报警子系统、隧道通风控制子系统、隧道照明控制子系统、电力监控子系统、隧道紧急电话子系统、隧道广播子系统
2	独立系统的规定	（1）交通信号监控、调度电话、火灾自动报警、隧道紧急电话、隧道广播为独立的子系统。 （2）隧道通风控制、隧道照明控制、电力监控在逻辑构成上相对独立，在系统构成上则可以合在一起
3	交通信号监控系统的构成	（1）一条路的交通信号监控系统通常由监控分中心和监控节点（若有的话）的计算机系统、监控外场设备以及传输通道等组成。 （2）计算机系统按管理体制又可以分为监控所计算机系统、路段或区域监控分中心计算机系统、省监控中心计算机系统。 （3）计算机系统一般由以太网交换机、监控服务器、监控工作站、打印机、视频监控设备、视频事件自动检测器、不间断电源装置等构成局域网系统。 （4）外场设备包括：车辆检测器、气象检测器、能见度检测器等数据采集装置；可变信息标志、可变限速标志、车道指示标志、信号灯等信息发布装置。 （5）传输通道可以使用高速公路专用通信网，或者采用光端机、以太网交换机及光纤组网传输
4	视频监控系统的构成	（1）视频监控系统由沿线、隧道、桥梁等地设置的遥控及固定摄像机及编码设备，传输通道以及监控分中心的视频监视、管理、存储等设备组成。 （2）监控分中心视频监控设备包括以太网交换机、视频服务器、视频存储设备、视频工作站、监视器、大屏幕拼接屏、视频解码器等
5	火灾报警系统的构成	（1）火灾报警系统由自动报警和人工手动报警两个系统合成，是保障隧道安全运行的一个重要子系统。 （2）自动报警系统由洞内火灾自动检测设备、监控分中心（监控所）的火灾报警控制器以及传输通道等组成
6	隧道通风控制系统的构成	通风控制系统由监控分中心工作站、隧道本地控制器、风机、一氧化碳/透过率检测器、风速风向检测器以及传输通道等组成
7	隧道照明控制系统的构成	隧道照明控制子系统一般由分中心服务器、工作站、本地控制器、光强检测器、隧道照明设备及传输通道等构成
8	电力监控系统的构成	（1）由变配电所自动检测或监控装置、远程通信装置、监控分中心（所）监控计算机系统以及它们之间的传输通道构成。 （2）分中心（所）监控计算机子系统是一个计算机局域网系统，其硬件构成和监控分中心（所）交通信号监控系统相似，只是应用软件和功能不同

考点 2　照明系统的主要构成与功能

照明系统的主要构成与功能

序号	项目	内容
1	照明系统的主要构成	（1）公路照明系统一般由低压电源线、配电箱（包括低压开关）、低压配电线、灯杆、光源和灯具组成。 （2）照明方式可以分为一般照明、局部照明和混合照明；照明种类可以分为正常照明和应急照明
2	照明系统的功能	公路照明一般包括道路照明、互通立交照明、收费广场照明、特大桥照明、隧道照明、平面交叉口照明、服务区及停车区的停车场照明、进出口照明、公路房建区照明以及需要设置照明路段的照明。 （1）保证行车安全，减少交通事故。 （2）为收费、监控、通信、服务设施及运营管理提供正常运行、维护、管理必要的工作照明和应急照明。 （3）具有随白天、黑夜或日光照度的变化对照明进行调节控制的功能，以节约能源和降低运营费用

2B320000　公路工程项目施工管理

2B320010　公路工程项目施工组织与部署

【考点图谱】

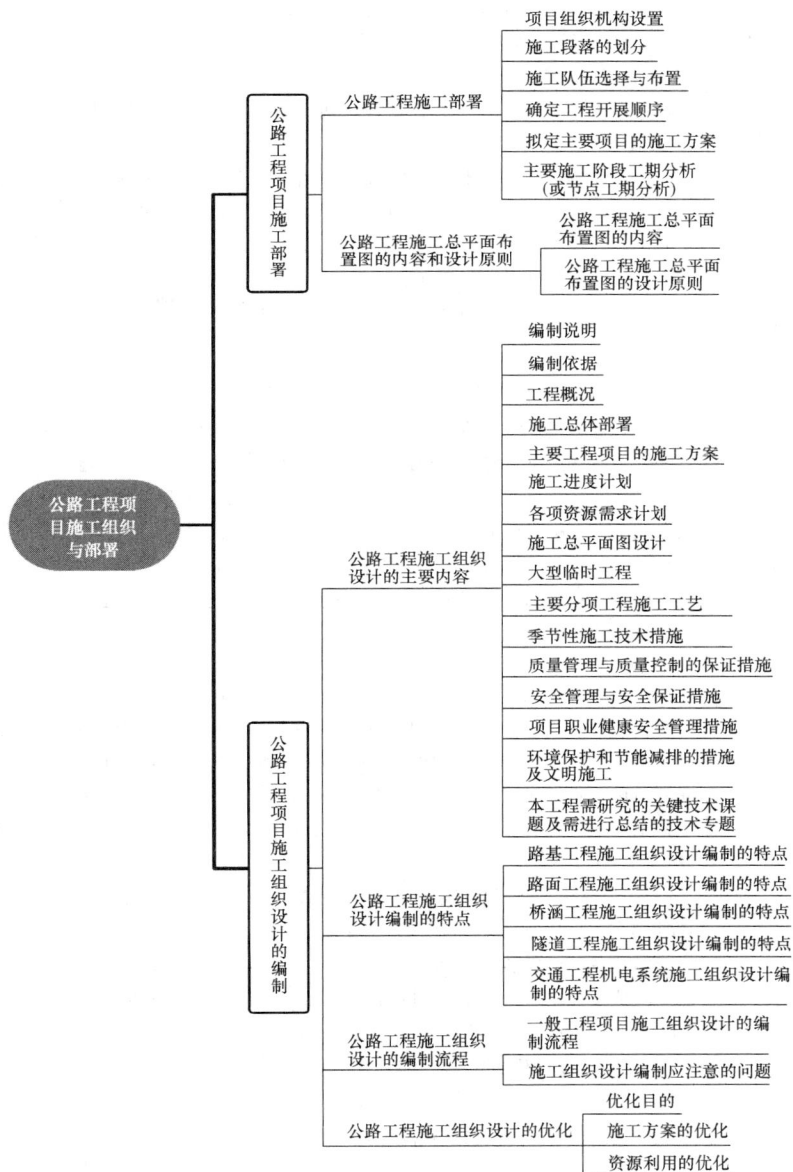

考点1 公路工程项目施工部署

公路工程项目施工部署要点

序号	项目	内容
1	施工总体部署主要内容	(1) 设定管理目标：质量、安全、环保、进度、成本等目标。 (2) 设置项目组织机构： ① 项目管理人员数量，人员组成方式与来源； ② 项目领导及部室负责人职务、姓名、分工及联系方式； ③ 组织机构图。 (3) 划分施工任务：划分各参与施工单位的工作任务及施工阶段，明确总包与分包、各施工单位之间分工与协作的关系，确定各单位的主要工程项目和次要工程项目。 (4) 确定施工顺序：要在总体上确定各单位工程、分部工程、分项工程的施工的顺序，分清主次，统筹安排，保证重点，兼顾其他，以确保工期，并实现施工的连续性和均衡性。 (5) 拟定主要项目的施工方案。 (6) 主要施工阶段工期分析（或节点工期分析）。 (7) 主要资源配置
2	项目经理部的功能	(1) 项目经理部实行项目经理负责制。在项目经理的领导下，负责施工项目从开始到竣工的全过程施工生产管理活动。它对作业层负有管理与服务的职能并向公司负责。 (2) 项目经理部是一个组织整体。其作用包括完成企业赋予的基本任务——项目管理和专业管理的任务；要促进管理人员的合作，协调部门之间、管理人员之间的关系；要凝聚管理人员的力量，调动每个人的积极性，发挥其应有的作用，为共同的目标而努力工作。 (3) 项目经理部是代表施工企业履行工程承包合同的主体，是最终产品质量责任的承担者，要代表企业对业主全面负责
3	施工段落的划分原则	(1) 为便于各段落的组织管理及相互协调，段落的划分不能过小，应适合采用现代化的施工方法和施工工艺，即采用目前市场上拥有的效率高、能保证施工质量的施工机械，保证正常的流水作业和必要的工序间隔，从而保证施工质量；也不能过大，过大起不到方便管理的作用；段落的大小应根据单位本身的技术能力、管理水平、机械设备状况结合现场情况综合考虑。 (2) 各段落之间工程量基本平衡，投入的劳力、材料、施工设备及技术力量基本一致，都能够在一个合理的（或最短的）工期内完成工程。 (3) 避免造成段落之间的施工干扰，如施工交通、施工场地、临时用地干扰等。即各段落之间应有独立的施工道路及临时用地，土石方填、挖数量基本平衡，避免或减少跨段落调配，以避免造成段落之间相互污染或损坏修建的工程及影响工效等。 (4) 工程性质相同的地段（如石方、软土段）或施工复杂难度较大而施工技术相同的地段尽可能避免化整为零，以免影响效率、质量。 (5) 保持构造物的完整性，除了特大桥之外，尽可能不肢解完整的工程构造物

序号	项目	内容
4	优先安排的项目	（1）按生产工艺要求，须先期投入生产或起主导作用的项目。 （2）工程量大、施工难度大、工期长的项目。 （3）运输系统、动力系统。 （4）公路运行需要的服务区、收费站的办公楼及部分建筑等，以便施工临时占用。 （5）供施工使用的工程项目，如采砂（石）场、木材加工厂、各种构件加工厂、混凝土搅拌站等施工辅助项目；以及其他施工服务项目，如临时设施等。 （6）对于工程项目中工程量小、施工难度不大、周期较短而又不急于使用的辅助项目，可以考虑与主体工程相配合，作为平衡项目穿插在主体工程的施工中进行
5	拟定主要项目的施工方案	施工总体部署时需要拟定一些主要工程项目的施工方案。这些项目通常是工程项目中工程量大、施工难度大、技术复杂、工期长，对整个项目的建成起关键性作用的建筑物（构筑物），以及全场范围内工程量大、影响全局的特殊分部分项工程
6	主要施工阶段工期分析（或节点工期分析）	根据拟定的施工方案，结合工程量、水文地质等条件，分析确定主要施工阶段与关键节点的工期时间，以便于进行总体工期控制

公路工程施工总平面布置图的内容和设计原则

序号	项目	内容
1	公路工程施工总平面布置图的内容	（1）原有地形地物。 （2）沿线的生产、行政、生活等区域的规划及其设施。 （3）沿线的便道、便桥及其他临时设施。 （4）基本生产、辅助生产、服务生产设施的平面布置。 （5）安全消防设施。 （6）施工防排水临时设施。 （7）新建线路中线位置及里程或主要结构物平面位置。 （8）标出需要拆迁的建筑物。 （9）划分的施工区段。 （10）取土和弃土场位置。 （11）标出已有的公路、铁路线路方向和位置与里程及与施工项目的关系，以及因施工需要临时改移的公路的位置。 （12）控制测量的放线标桩位置
2	公路工程施工总平面布置图的设计原则	（1）在保证施工顺利的前提下，充分利用原有地形、地物，少占农田，因地制宜，以降低工程成本。 （2）充分考虑水文、地质、气象等自然条件的影响，尤其要慎重考虑避免自然灾害（如洪水、泥石流）的措施，保护施工现场及周围生态环境。 （3）场区规划必须科学合理，应以生产流程为依据，并有利于生产的连续性。 （4）场内运输形式的选择及线路的布设，应力求使材料直达工地，尽量减少二次倒运和缩短运距。 （5）一切设施和布局，必须满足施工进度、方法、工艺流程、机械设备及科学组织生产的需要。 （6）必须符合安全生产、环保、消防和文明施工的规定和要求

考点 2 公路工程项目施工组织设计的编制

公路工程施工组织设计的主要内容和流程

序号	项目	内容
1	公路工程施工组织设计的主要内容	（1）编制说明。 （2）编制依据。主要包括以下内容： ① 所涉及国家和行业标准、规范和规程的名称（包括编号）。 ② 与施工组织及管理工作有关的政策规定、环境保护条例、上级部门对施工的有关规定和工期要求等。 ③ 相关文件，包括工程招标文件、工程投标书、工程设计文件和设计图纸、与业主签订的施工合同文件。 ④ 企业质量管理体系、环境管理体系和职业健康安全管理体系文件。 ⑤ 现场调查资料或报告，包括道路沿线的地形、地貌、土壤、地质、水文和气象条件；当地筑路材料、劳动力和能源的分布情况，对外交通运输；沿线村镇、居民点、厂矿企业以及其他工程建设的分布情况。 ⑥ 各种定额及概预算资料，包括概算定额、施工定额、沿线地区性定额。预算单价、工程概预算编制依据等。 （3）工程概况。主要包括以下内容： ① 工程项目的主要情况：工程性质、工程位置、工程规模、结构形式、技术标准、总工期、主要工程数量等。 ② 施工条件：地形地貌、气象、水文和地质等自然条件；资源供应情况、交通运输及水电等施工现场条件和技术经济条件。 ③ 工程施工的特点和难点分析。 ④ 合同特殊要求：如业主提供结构材料、指定分包商等。 （4）施工总体部署。 （5）主要工程项目的施工方案。 （6）施工进度计划。 （7）各项资源需求计划。根据已确定的施工进度计划，编制各项资源需求及进场计划，主要有： ① 劳动力需求计划。 ② 材料需求计划。 ③ 施工机械设备需求计划。 ④ 资金需求计划。 （8）施工总平面图设计。 （9）大型临时工程。 （10）主要分项工程施工工艺。 （11）季节性施工技术措施。 （12）质量管理与质量控制的保证措施。 （13）安全管理与安全保证措施。 （14）项目职业健康安全管理措施。 （15）环境保护和节能减排的措施及文明施工。 （16）本工程需研究的关键技术课题及需进行总结的技术专题

序号	项目	内容
2	一般公路工程施工组织设计的编制流程	（1）对工程项目设计图纸、合同、技术规范等进行分析研究，必要时进行相关资料的收集和调研。 （2）计算施工工程数量。 （3）选择施工方案，确定施工方法。 （4）编制工程进度计划。 （5）计算人工、材料、机具需要量，编制相关计划。 （6）确定临时工程，编制水、电、气、热供应计划。 （7）设计和布置施工平面图。 （8）确定技术措施计划与计算技术经济指标。 （9）确定施工组织管理机构。 （10）编制质量、安全、环保和文明施工措施计划。 （11）编写说明书

公路工程施工组织设计的优化

序号	项目	内容
1	施工方案的优化	主要包括：施工方法的优化、施工顺序的优化、施工作业组织形式的优化、施工劳动组织优化、施工机械组织优化等。 （1）施工方法的优化要能取得好的经济效益，同时还要有技术上的先进性。 （2）施工顺序的优化是为了保证现场秩序，避免混乱，实现文明施工，取得好快省而又安全的效果。施工顺序的优化又分为同类工程的施工顺序优化和单位工程施工顺序优化。 （3）施工作业组织形式的优化是指作业组织合理采取顺序作业、平行作业、流水作业三种作业形式的一种或几种的综合方式。 （4）施工劳动组织优化。分工与协作是劳动组织优化的基本原理，从基本原理出发，劳动组织符合下列原则： ① 能够按工程项目总体施工计划要求，按时、按质、按量完成预定的分项和分部工程的全部施工任务。 ② 各队、班（组）之间的作业基本平衡，并且符合各自的特点；班（组）内各工种及每个人的工作量达到满负荷。 ③ 投入项目人工日数不超过项目人力全员计划的总数。 ④ 施工队、班（组）的工人技术平均等级不高于定额规定的平均等级。 ⑤ 各队、班组的工人技术等级要成比例，搭配合理，不能全高，也不能全低。 ⑥ 施工队、班（组）的工人施工水平不能低于规定的施工定额水平。 （5）施工机械组织优化就是要从仅仅满足施工任务的需要转到如何发挥其经济效益上来。这就是要从施工机械的经济选择、合理配套、机械化施工方案的经济比较以及施工机械的维修管理上进行优化，才能保证施工机械在项目施工中发挥巨大的作用
2	资源利用的优化	资源利用的优化主要包括：物资采购与供应计划的优化、机械需要计划的优化。 （1）项目物资采购与供应计划的优化就是在工程项目建设的全过程中对项目物资供需活动进行计划，必要时需调整施工进度计划。 （2）机械需要计划的优化就是尽量考虑如何提高机械的出勤率、完好率、利用率，充分发挥机械的生产效率

2B320020 公路工程施工进度控制

【考点图谱】

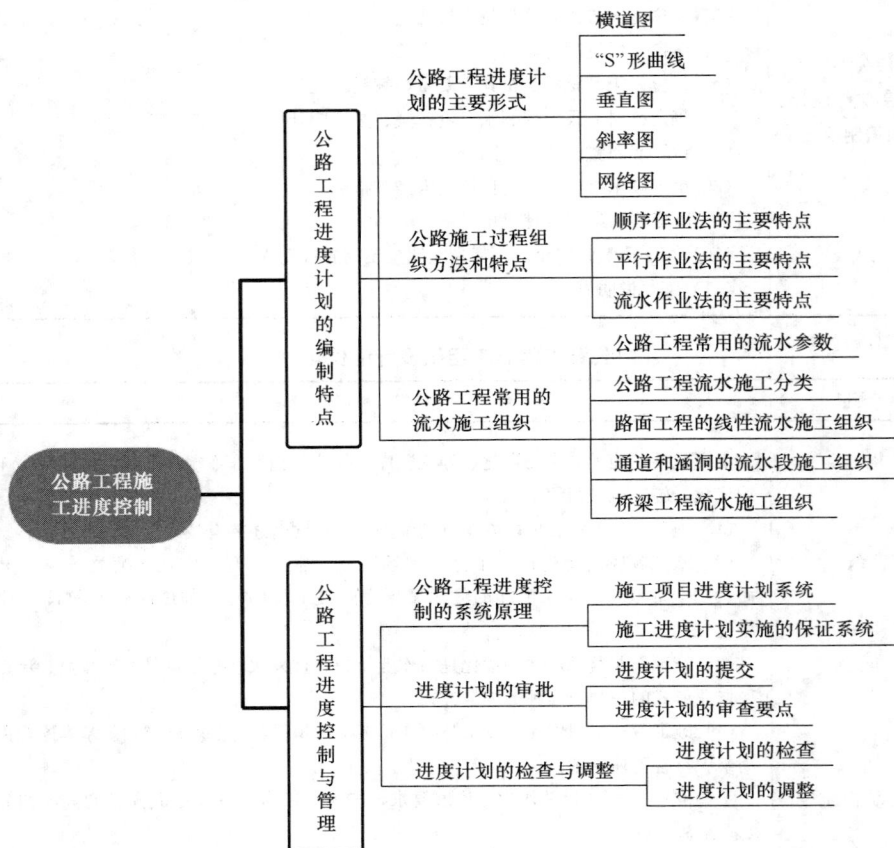

【考点精析】

考点1 公路工程进度计划的编制特点

公路工程进度计划的主要形式

序号	项目	内容
1	横道图	公路工程中常常在横道图的对应分项的横线下方表示当月计划应完成的累计工程量或工作量百分数，横线上方表示当月实际完成的累计工程量或工作量百分数
2	"S"形曲线	公路工程中，常常将"S"形曲线和横道图合并于同一张图表中，称之为"公路工程进度表"，既能反映各分部（项）工程的进度，又能反映工程总体的进度
3	垂直图（也称斜条图、时间里程图）	垂直图很适合表示公路、隧道等线形工程的总体施工进度。斜率越陡进度越慢，斜率越平坦进度越快

序号	项目	内容
4	斜率图	事实上就是分项工程的"S"形曲（折）线，主要是作为公路工程投标文件中施工组织设计的附表，以反映公路工程的施工进度

公路工程施工过程组织方法

序号	项目	内容
1	顺序作业法（也称为依次作业法）的主要特点	（1）没有充分利用工作面进行施工，（总）工期较长。 （2）每天投入施工的劳动力、材料和机具的数量比较少，有利于资源供应的组织工作。 （3）施工现场的组织、管理比较简单。 （4）不强调分工协作，若由一个作业队完成全部施工任务，不能实现专业化生产，不利于提高劳动生产率；若按工艺专业化原则成立专业作业队（班组），各专业队是间歇作业，不能连续作业，材料供应也是间歇供应，劳动力和材料的使用可能不均衡
2	平行作业法的主要特点	（1）充分利用工作面进行施工，（总）工期较短。 （2）每天同时投入施工的劳动力、材料和机具数量较大，材料供应特别集中，所需作业班组很多，影响资源供应的组织工作。 （3）如果各工作面之间需共用某种资源时，施工现场的组织管理比较复杂、协调工作量大。 （4）不强调分工协作，各作业单位都是间歇作业，此点与顺序作业法相同。 （5）这种方法的实质是用增加资源的方法来达到缩短（总）工期的目的，一般适用于需要突击性施工时施工作业的组织
3	流水作业法的主要特点	（1）必须按工艺专业化原则成立专业作业队（班组），实现专业化生产，有利于提高劳动生产率，保证工程质量。 （2）专业化作业队能够连续作业，相邻作业队的施工时间能最大限度地搭接。 （3）尽可能地利用工作面进行施工，工期比较短。 （4）每天投入的资源量较为均衡，有利于资源供应的组织工作。 （5）需要较强的组织管理能力。 （6）这种方法可以科学地利用工作面，实现不同专业作业队之间的平行施工

公路工程常用的流水施工组织

序号	项目	内容
1	公路工程常用的流水参数	（1）工艺参数：施工过程数 n（工序个数），流水强度 V。 （2）空间参数：工作面 A、施工段 m、施工层。 （3）时间参数：流水节拍 t、流水步距 K、技术间歇 Z、组织间歇、搭接时间
2	按节拍的流水施工分类	（1）有节拍（有节奏）流水 ① 全等节拍（等节奏）流水，所有的流水节拍相同且流水步距＝流水节拍，是理想的流水施工； ② 异节拍（异节奏）流水，可进一步分为成倍流水（等步距异节拍）和分别流水（异步距异节拍）。 （2）无节拍（无节奏）流水：流水节拍一般不相同，用累加数列错位相减取大差的方法求流水步距
3	按施工段在空间分布形式的流水施工分类	（1）流水段法流水施工。 （2）流水线法流水施工

序号	项目	内容
4	路面工程的线性流水施工组织	(1) 各结构层的施工速度和持续时间。要考虑影响每个施工段的因素，水泥稳定碎石的延迟时间、沥青拌合能力、温度要求、摊铺速度、养护时间、最小工作面的要求等。 (2) 相邻结构层之间的速度决定了相邻结构层之间的搭接类型，前道工序的速度快于后道工序时选用开始到开始搭接类型；否则选用完成到完成搭接类型。 (3) 相邻结构层工序之间的搭接时距的计算。时距 ＝ 最小工作面长度/两者中快的速度
5	通道和涵洞的流水段施工组织	(1) 全等节拍流水较少见，更多的是异节拍流水和无节拍流水。 (2) 消除窝工和消除间歇的方法都采用累加数列错位相减取大差的方法，构成累加数列的方法，当不窝工的流水组织时，其流水步距计算是同工序各节拍值累加构成数列。当不间歇（即无多余间歇）的流水组织时，其施工段的段间间隔计算是同段各节拍值累加构成数列。错位相减取大差的计算方法，两种计算方法相同。 (3) 不窝工的无节拍流水工期＝流水步距和＋最后一道工序流水节拍的和＋要求间歇和无多余间歇的无节拍流水工期＝施工段间间隔和＋最后一个施工段流水节拍的和＋要求间歇和。 (4) 有窝工并且有多余间歇的无节拍流水工期，一般通过绘制横道图来确定；如果是异节拍流水时往往是不窝工或者无多余间歇流水施工中的最小值，此时一般是无多余间歇流水工期最小

考点 2　公路工程进度控制与管理

公路工程进度控制的系统原理

序号	项目	内容
1	施工项目进度计划系统	(1) 施工项目进度计划系统是由多个相互关联的进度计划组成的系统，它是施工项目进度控制的依据。 (2) 项目进度计划系统的建立和完善也有一个过程，它是逐步形成的。 (3) 施工项目进度计划系统可以是由多个相互关联的不同计划功能的进度计划组成的计划系统，例如控制性进度计划、指导性进度计划、实施性进度计划等。 (4) 施工项目进度计划系统也可以由多个相互关联的不同计划深度的进度计划组成的计划系统，例如施工项目总体进度计划、单项（位）工程进度计划等。 (5) 施工项目进度计划系统还可以是由多个相互关联的不同计划周期的进度计划组成的计划系统，例如年度计划，季度、月份、旬、周生产计划
2	施工进度计划实施的保证系统	(1) 施工进度计划实施的保证从内容上可概括为组织保证、技术保证、合同保证、资源与经济保证。 (2) 从施工项目的参与方来分主要有承包人、监理人和发包人（业主），还有设计单位、分包人、供应商；在施工过程中，重点是落实承包人、监理人和发包人（业主）保证系统

进度计划的提交

序号	项目	内容
1	总体性进度计划	在中标通知书发出后合同规定的时间内，承包人应向监理工程师书面提交以下文件。 (1) 一份详细和格式符合要求的工程总体进度计划及必要的各项关键工程的进度计划。 (2) 一份有关全部支付的现金流动估算。 (3) 一份有关施工方案和施工方法的总说明（即通过施工组织设计提出）
2	阶段性进度计划	在将要开工以前或在开工以后合理的时间内，承包人应向监理工程师提交以下文件：年、月（季）度进度计划及现金流动估算和分项（或分部）工程的进度计划

进度计划的审查要点

序号	项目	内容
1	工期和时间安排的合理性	（1）施工总工期的安排应符合合同工期。 （2）各施工阶段或单位工程（包括分部、分项工程）的施工顺序和时间安排与材料和设备的进场计划相协调。 （3）易受冰冻、低温、炎热、雨季等气候影响的工程应安排在适宜的时间，并应采取有效的预防和保护措施。 （4）对动员、清场、假日及天气影响的时间，应充分考虑并留有余地
2	施工准备的可靠性	（1）所需主要材料和设备的运送日期已有保证。 （2）主要骨干人员及施工队伍的进场日期已经落实。 （3）施工测量、材料检查及标准试验的工作已经安排。 （4）驻地建设、进场道路及供电、供水等已经解决或已有可靠的解决方案
3	计划目标与施工能力的适应性	（1）各阶段或单位工程计划完成的工程量及投资额应与设备和人力实际状况相适应。 （2）各项施工方案和施工方法应与施工经验和技术水平相适应。 （3）关键线路上的施工力量安排应与非关键线路上的施工力量安排相适应

进度计划的检查

序号	项目	内容
1	公路工程项目进度检查内容	（1）工作量的完成情况。 （2）工作时间的执行情况。 （3）资源使用及进度的互配情况。 （4）上次检查提出问题的处理情况
2	进度计划检查的方式	（1）项目部定期地收集由承包单位提交的有关进度报表资料。 （2）由驻地监理人员现场跟踪检查公路工程的实际进展情况。 （3）由监理工程师定期组织现场施工负责人召开现场会议。 （4）上次检查提出问题的处理情况
3	进度计划检查的方法	（1）横道图比较法。 （2）"S"形曲线比较法。 （3）"香蕉"形曲线比较法。 （4）公路工程进度表（横道图法与"S"形曲线法的结合）。 （5）前锋线比较法。 （6）一般网络图（无时标）进度检查的割线法——完工时点计算法

进度计划的调整

序号	项目	内容
1	改变某些工作间的逻辑关系	（1）当工程项目实施中产生的进度偏差影响到总工期，且有关工作的逻辑关系允许改变时，可以改变关键工作或超过计划工期的原非关键工作（即新关键工作）之间的逻辑关系，达到缩短工期的目的。 （2）注意压缩过程中关键线路会随着压缩关键工作而改变或增加条数
2	缩短某些工作的持续时间	（1）不改变工程项目中各项工作之间的逻辑关系，而通过采取增加资源投入、提高劳动效率等措施来缩短某些工作的持续时间，使工程进度加快，以保证按计划工期完成该工程项目。 （2）这些被压缩持续时间的工作是位于关键线路上（即关键工作，还包括原来是非关键工作但现在已经超过计划工期的新关键工作）。同时，这些工作又是其持续时间可被压缩的工作

2B320030 公路工程项目技术管理

【考点图谱】

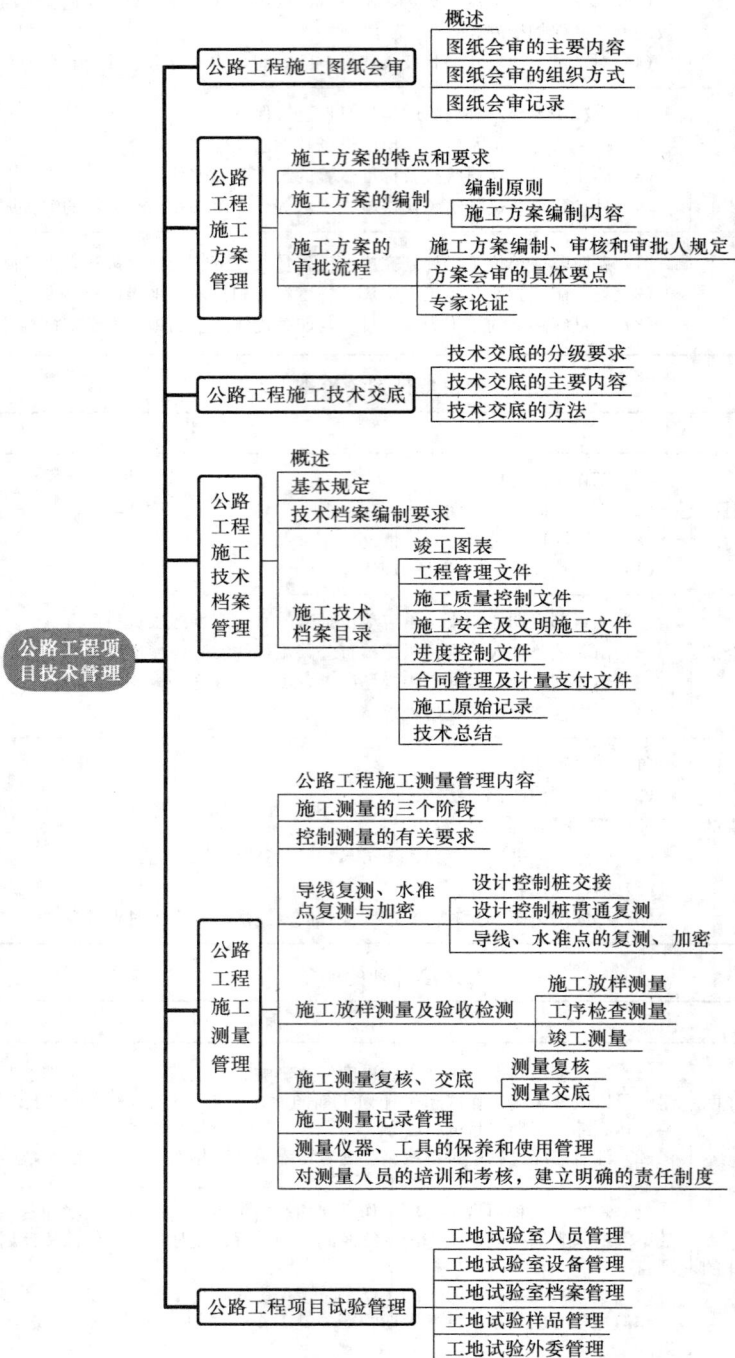

公路工程项目技术管理
- 公路工程施工图纸会审
  - 概述
  - 图纸会审的主要内容
  - 图纸会审的组织方式
  - 图纸会审记录
- 公路工程施工方案管理
  - 施工方案的特点和要求
  - 施工方案的编制
    - 编制原则
    - 施工方案编制内容
  - 施工方案的审批流程
    - 施工方案编制、审核和审批人规定
    - 方案会审的具体要点
    - 专家论证
- 公路工程施工技术交底
  - 技术交底的分级要求
  - 技术交底的主要内容
  - 技术交底的方法
- 公路工程施工技术档案管理
  - 概述
  - 基本规定
  - 技术档案编制要求
  - 施工技术档案目录
    - 竣工图表
    - 工程管理文件
    - 施工质量控制文件
    - 施工安全及文明施工文件
    - 进度控制文件
    - 合同管理及计量支付文件
    - 施工原始记录
    - 技术总结
- 公路工程施工测量管理
  - 公路工程施工测量管理内容
  - 施工测量的三个阶段
  - 控制测量的有关要求
  - 导线复测、水准点复测与加密
    - 设计控制桩交接
    - 设计控制桩贯通复测
    - 导线、水准点的复测、加密
  - 施工放样测量及验收检测
    - 施工放样测量
    - 工序检查测量
    - 竣工测量
  - 施工测量复核、交底
    - 测量复核
    - 测量交底
  - 施工测量记录管理
  - 测量仪器、工具的保养和使用管理
  - 对测量人员的培训和考核，建立明确的责任制度
- 公路工程项目试验管理
  - 工地试验室人员管理
  - 工地试验室设备管理
  - 工地试验室档案管理
  - 工地试验样品管理
  - 工地试验外委管理

考点1 公路工程施工图纸会审

公路工程施工图纸会审

序号	项目	内容
1	图纸会审的流程	图纸会审原则上应在设计交底之后进行，先由承包人项目总工程师组织技术及相关人员结合现场踏勘情况对施工图纸进行初审，并向驻地监理书面提出需设计澄清的问题
2	图纸会审的主要内容	（1）核对图纸数量是否齐全，施工说明是否清楚准确、是否符合现有行业标准或规范要求。 （2）结合现场调查情况，核算主要工程数量，检查其中错漏。 （3）核查设计提供的水文、地质等资料是否满足工程施工需求，明确是否需要进一步补充。 （4）核算工程主要结构的受力条件及主要设计数据
3	图纸会审的组织方式	项目总工程师组织各专业技术管理人员认真核对施工图，提出需要澄清、解决和协调的问题，以书面形式报送监理单位并抄报业主，由监理或业主联系设计单位安排图纸会审
4	图纸会审记录	图纸会审组织者应做好详细会审记录。记录上应填写单位工程名称、建设单位、设计单位和主持单位及参加审核人员名单等。对会审提出的问题，凡是设计单位变更修改的，应在会审记录"解决意见"栏内填写清楚，及时按程序下发"设计变更通知单"，施工时按"设计变更通知单"执行

考点2 公路工程施工方案管理

施工方案的编制

序号	项目	内容
1	编制原则	（1）应遵守国家和地方政府的有关法律法规，符合国家现行的技术规范和标准。 （2）优先采用经过论证的四新技术。 （3）坚持"谁施工、谁编制、谁负责"的原则。 （4）主要施工方案在制定过程中要进行充分的方案比选，以保证施工方案的先进性、经济合理性。要特别重视结构计算、临时工程设计等工作
2	施工方案编制内容	（1）编制依据：设计资料、相关规范和标准等。 （2）工程概况：结合专项施工技术涉及的地质条件、地理环境、交通、水电和施工交叉情况，着重介绍与专项施工技术方案有关的内容。 （3）工艺流程及操作要点、关键技术参数与技术措施等。确定工艺程序，编制详细的施工工艺流程图，写明各工序的工艺要点及详细的质量标准、检验方法和频率。 （4）施工技术方案设计图，包括：施工总体布置图；工程结构构件及临时设施安装图、移动路线图；关键构（部）件细部图、连接结构图；材料数量表；组装、连接要求；图纸说明。设计图纸要求：按照制图规范执行，内容全面，标注和说明清楚，能满足实施要求；设计图纸中要明确临时设施和安全防护设施；绘制、审核、批准均应书面签名。 （5）技术方案的主要有关计算书。 （6）安全、环保、质量保证、文物保护及文明施工措施。 （7）预案措施：危险性较大的分部分项工程安全专项施工方案编制应符合相关法规的要求

施工方案的审批流程

序号	项目	内容
1	施工方案编制、审核和审批人规定	（1）一般施工方案，应由各专业工程师或专业分包单位专业工程师编制，项目技术部门或专业分包单位技术部门审核，项目总工程师或专业分包单位技术负责人审批。 （2）重大施工方案，应由项目总工程师组织编制，施工单位技术管理部门组织审核，必要时组织相关专家进行论证，由施工单位技术负责人或技术负责人授权的技术人员进行审批
2	方案会审的具体要点	（1）施工方案编制的依据是否符合要求。 （2）施工方案中的资源配置情况。 （3）审查施工方案中的计算书。 （4）审查一些采用的新技术、新方法、新工艺、新材料的内容
3	专家论证	（1）超过一定规模的危险性较大的分部分项工程专项方案应当由施工单位组织召开专家论证会。 （2）实行施工总承包的，由施工总承包单位组织召开专家论证会
4	专家论证内容	（1）专项方案内容是否完整、可行。 （2）专项方案计算书和验算依据是否符合有关标准规范。 （3）安全施工的基本条件是否满足现场实际情况

考点3 公路工程施工技术交底

公路工程施工分级技术交底

序号	级别	交底人与被交底人	交底的主要内容
1	第一级	项目总工程师向项目各部门负责人及全体技术人员进行交底	实施性施工组织设计、技术策划、总体施工方案、重大施工方案及超过一定规模的危险性较大的分部分项工程施工方案等。包括合同文件中规定使用的有关技术规范、监理办法及总工期；设计文件、施工图纸的说明和施工特点以及试验工程项目的施工技术标准、采用的工艺；施工技术方案、工程的重难点、施工主要使用的材料标准和要求，主要施工设备的能力要求和配置；主要危险源、质量保证措施、安全技术措施、季节性施工措施以及有关"四新"技术要求等
2	第二级	项目技术部门负责人或各分部分项主管工程师向现场技术人员和班组长进行交底	分部分项工程施工方案、危险性较大的分部分项施工方案等。包括施工详图和加工图；试验参数及配合比；测量放样桩、测量控制网、监控量测等；爆破设计；施工方案实施的具体措施及施工方法；交叉作业的协作及注意事项；施工质量标准及检验方法；重大危险源的应急救援措施；成品保护方法及措施；施工注意事项等
3	第三级	现场技术员负责向班组全体作业人员进行技术交底	分部分项工程的施工工序等。包括作业标准、施工规范及验收标准，工程质量要求；施工工艺流程及施工先后顺序；施工工艺细则、操作要点及质量标准；质量问题预防及注意事项；施工技术措施和安全技术措施；重大危险源、出现紧急情况下的应急救援措施、紧急逃生措施等

技术交底的方法

1. 施工技术交底以书面或 BIM 视频的形式进行，可采取讲课、现场讲解或模拟演示的方法。

2. 项目总工程师在交底前应按照交底内容写出书面材料，交底后应由接受交底的人员履行签字手续。

3. 各分部分项主管工程师在交底前应写出书面材料，并经项目总工程师审核，交底后应由接受交底的人员签认。

4. 技术交底应留存记录。第三级交底要尽量简洁明了，具有可操作性。

5. 如施工方案、工艺和技术措施等前提情况发生变化，应及时对交底内容作补充修改。

6. 对于技术难度大、采用"四新"技术的关键工序，对特殊隐蔽工程和质量事故、工伤事故多发易发工程部位及影响制约工程进度的关键环节，应重点交底，并明确所采取的技术措施和防范对策。

7. 技术交底材料应字迹清晰、层次分明、内容完整，建立台账并存档。

8. 施工人员应按交底要求施工，不得擅自变更施工方法和质量标准。

考点4 公路工程施工技术档案管理

公路工程施工技术档案管理

序号	项目	内容
1	基本规定	（1）工程资料应实行分级管理，分别由建设、监理、施工单位主管负责人组织本单位工程资料的全过程管理工作。 （2）工程资料应真实、准确、齐全，与工程实际相符合，对工程资料不得进行涂改、伪造、随意抽撤或损毁等。 （3）分类与主要内容： ① 基建文件：决策立项文件，建设规划用地、征地、拆迁文件，勘察、测绘、设计文件，工程招投标及承包合同文件，开工文件、商务文件、工程竣工备案文件等。 ② 监理资料：监理管理资料、施工监理资料、竣工验收监理资料等。 ③ 施工资料：施工管理资料、施工技术文件、物资资料、测量资料、施工记录、验收资料、质量评定资料等。 （4）工程资料应为原件，应随工程进度同步收集、整理并按规定移交。 （5）施工合同中应对施工资料的编制要求和移交期限作出明确规定，施工资料应有监理单位或者建设单位的签字。 （6）施工资料应由施工单位编制，均按相关规范规定进行编制和保存。总承包项目由总包单位负责汇集，并整理所有有关施工资料，分包单位应主动向总包单位移交有关施工资料。 （7）施工企业必须按公路工程建设项目及单项工程，建立工程技术档案，它必须与所反映的建设对象的实物保持一致
2	技术档案编制要求	（1）项目部应设专人负责施工资料管理工作。 （2）在对施工资料全面收集基础上，进行系统管理、科学分类和有序排列。 （3）工程施工资料一般按工程项目分类，使同一项目工程的资料都集中在一起，这样能够反映该项目工程的全貌。施工资料的目录编制，应便于检索。 （4）工程资料应采用耐久性强的书写材料，纸张应采用能够长期保存、韧力大、耐久性强的纸张。 （5）工程资料应字迹清楚，图样清晰，图表整洁，签字盖章手续齐全。 （6）工程资料中文字材料幅面尺寸规格宜为 A4 幅面。图纸宜采用国家标准图幅

考点5 公路工程施工测量管理

公路工程施工测量管理

序号	项目	内容
1	施工测量的三个阶段	（1）开工准备阶段：交接桩、设计控制桩贯通复测，施工控制网建立，地形地貌复核测量。 （2）施工阶段：施工放样测量、工序检查测量、施工控制网复测、沉降位移变形观测及安全监控测量。 （3）竣工阶段：竣工贯通测量和工点竣工测量
2	测量复核	（1）贯通测量及控制网测量不得少于两遍，并进行换手测量，测量成果必须经项目总工审核、监理工程师复核确认方可采用。 （2）特大桥、大桥、隧道、线路曲线要素等重要工点，定位坐标及主要控制标高等测量内业准备计算资料必须采用不同方法进行计算核对，且经项目总工程师审核后方可用于现场测量。其他工程定位及标高测量内业计算资料必须经过测量负责人审核后方可用于现场测量。 （3）所有施工放样测量必须进行换手复核测量。施工定位复核测量时，必须采用控制网不同的导线边。水准测量必须从一个水准点出发，完成测量后，至另一个水准点进行闭合。 （4）现场测量数据处理计算资料必须换人复核。测量技术交底资料，必须由测量负责人和分管的主管工程师复核，工程技术部长审核后方可进行现场交底
3	测量交底	（1）施工测量控制网的布设、复测及大型主体结构物的精确定位实测方法由项目总工组织，向测量人员及工程技术部人员进行技术交底。 （2）一般工程测量的技术准备资料及施测方法等由项目部测量负责人向测量队（组）技术人员进行交底，并明确测量责任分工。 （3）所有用于现场测量或施工的测量成果必须进行书面交底，同时进行现场交底确认，并形成书面交底签认记录

考点6 公路工程项目试验管理

公路工程项目试验管理

序号	项目	内容
1	工地试验室人员管理	（1）工地试验室应保持试验检测人员相对稳定，因特殊情况确需变动的，应由母体检测机构报经建设单位同意，并向项目质量监督机构备案。 （2）工地试验室应制定全员学习培训计划，定期或不定期地组织学习有关政策、质量体系文件、标准规范规程以及试验检测操作技能、职业素养等知识，不断提高试验检测人员综合能力和水平。 （3）工地试验室应将试验检测人员的姓名、岗位、照片等信息予以公开。试验检测人员进行作业时应统一着装并挂牌上岗。 （4）工地试验室应重视试验检测人员劳动保护工作。试验检测人员在进行有毒、有腐蚀性、有强噪声等试验操作时，必须按要求佩戴相应的防护用具

序号	项目	内容
2	工地试验室设备管理	（1）工地试验室应制定仪器设备管理制度，一般应包括采购、验收、检定/校准、使用维护、故障处理、核实降级与质量处理、仪器设备档案管理等制度。 （2）仪器设备经检定/校准或功能检验合格后方可投入使用。工地试验室应编制仪器设备的检定/校准计划，通过检定/校准和功能检验等方式对仪器设备进行量值溯源管理。 （3）仪器设备在检定/校准周期内如存在修理、搬运、移动等情况，应重新进行检定/校准。对于性能不稳定、使用频率高和进行现场检测的仪器设备，以及在恶劣环境下使用的仪器设备应进行期间核查。 （4）仪器设备应实施标识管理，分为管理状态标识和使用状态标识；管理状态标识包括设备名称、编号、生产厂商、型号、操作人员和保管人员等信息；使用状态标识分为"合格""准用""停用"三种，分别用"绿""黄""红"三色标签进行标识。 （5）在使用仪器设备过程中，相关人员应注意人身和设备安全，使用完毕应切断电源、清扫现场，保持仪器设备的清洁。使用仪器设备时应按要求填写使用记录。 （6）化学试剂（危险品）存放地点应按有关规定设置，并严格管理
3	工地试验室档案管理	（1）工地试验室应对相关资料分类建档，便于管理和查询。档案资料应及时填写、整理和归档。 （2）人员档案应一人一档，内容包括个人简历、身份证件、毕业证、职称证、资格证、劳动合同、任职文件、培训和考核记录等。 （3）设备档案一般应按一台一档建立，对于同类型的多个小型仪器设备可集中建立一套档案，但每个仪器均应进行唯一性编号。设备档案包括设备履历表、出厂合格证、产品说明书、历次检定/校准证书或记录、维修保养记录、使用记录等内容。 （4）试验检测台账分为管理和技术台账。管理台账一般包括人员、设备、标准规范等台账；技术台账一般包括原材料进场台账、样品台账、试验/检测台账、不合格材料台账、外委试验台账等。台账应格式统一、简洁适用、信息齐全，台账的填写和统计应及时、规范。 （5）试验检测数据报告的格式和要素、记录表和报告的编制应符合现行《公路试验检测数据报告编制导则及释义手册》JT/T 828—2012要求。试验记录一律用蓝、黑色钢笔或签字笔书写，字迹应清晰、工整，试验报告结论表述应规范、准确。 （6）工地试验室应根据工程内容配齐试验检测工作所需的标准、规范和规程，并进行控制管理；及时进行查新更新，确保在用标准规范有效。 （7）工地试验室应注意收集隐蔽工程、关键部位的工程质量检验图片及影像资料，及时整理归档。 （8）工地试验室应按相关要求做好文件的收发、登记和流转工作
4	工地试验样品管理	（1）工地试验室应制定样品管理制度，对样品的取样、运输、标识、存储、留样及处置等全过程实施严格的控制和管理。 （2）样品的取样方法、数量应符合规范、规程要求，满足试验过程需要。如有必要，在取样的同时要留存满足复验需要的样品。取样应具有代表性，并有相应记录。 （3）样品应进行唯一性标识，确保在流转过程中不发生混淆且具有可追溯性。样品标识信息应完整、规范。样品在流转过程中应标明流转状态。 （4）试验结束后，如无异议，工地试验室应按有关规定对试验样品进行处置，处置过程应符合安全和环保要求。如需留样，样品的留存方法、数量和期限等应符合有关规定，留存样品应有留样记录
5	工地试验外委管理	（1）工地试验室应加强外委试验管理，超出母体检测机构授权范围的试验检测项目和参数应进行外委，外委试验应向项目建设单位报备。 （2）接受外委试验的检测机构应取得《公路水运工程试验检测机构等级证书》（含相应参数）、通过计量认证（含相应参数）且上年度信用等级为B级及以上。工地试验室应将接受外委试验的检测机构的有关证书复印件存档备查。 （3）外委试验取样、送样过程应进行见证。工地试验室应对外委试验结果进行确认。 （4）工程建设项目的同一合同段中的施工、监理单位和检测机构不得将外委试验委托给同一家检测机构

2B320040 公路工程项目质量管理

【考点图谱】

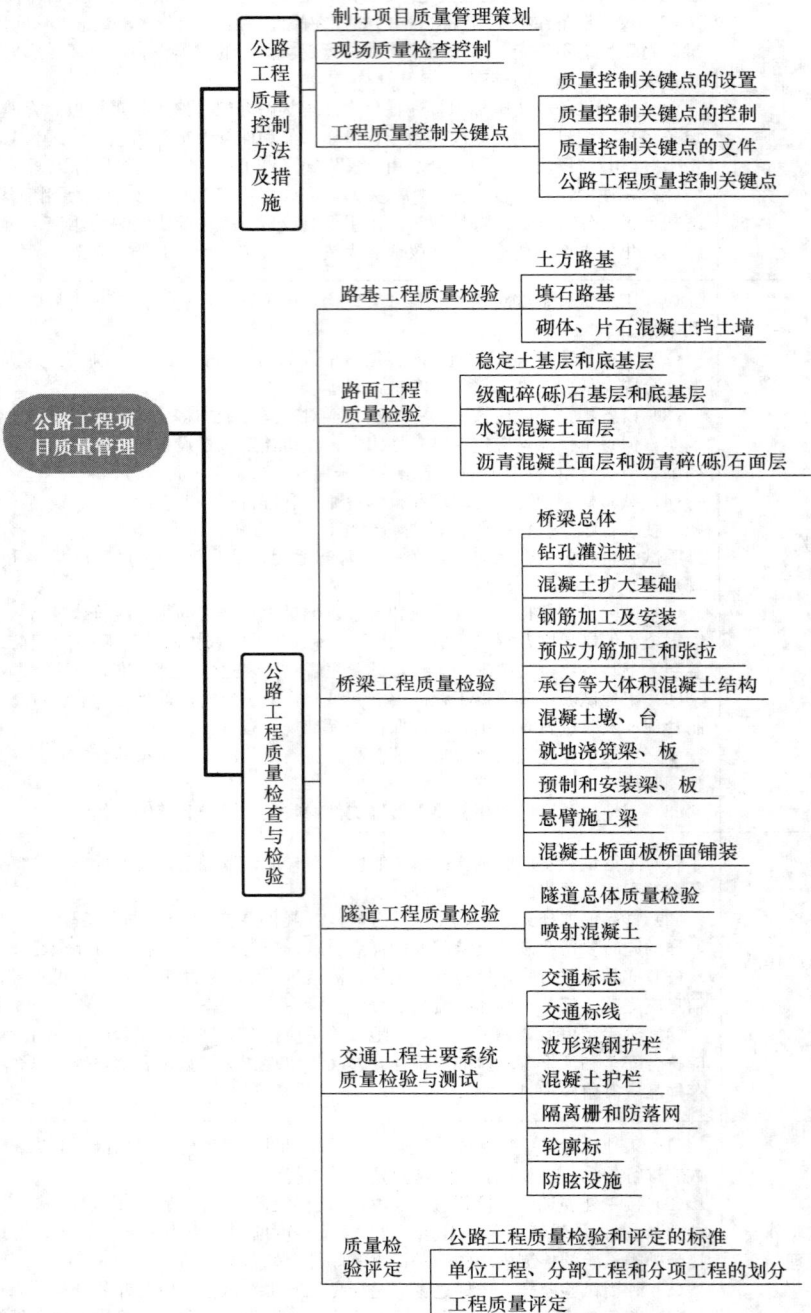

考点1　公路工程质量控制方法及措施

工程质量控制关键点

序号	项目	内容
1	质量控制关键点的设置	（1）施工过程中的重要项目、薄弱环节和关键部位。 （2）影响工期、质量、安全、成本、材料消耗等重要因素的环节。 （3）新材料、新技术、新工艺、新设备的施工环节。 （4）质量信息反馈中缺陷频数较多的项目
2	质量控制关键点的控制	（1）制定质量控制关键点的管理办法。 （2）落实质量控制关键点的质量责任。 （3）开展质量控制关键点 QC 小组活动。 （4）在质量控制关键点上开展随机抽检合格的活动。 （5）认真填写质量控制关键点的质量记录。 （6）落实与经济责任相结合的检查考核制度
3	质量控制关键点的文件	（1）质量控制关键点作业流程图。 （2）质量控制关键点明细表。 （3）质量控制关键点（岗位）质量因素分析表。 （4）质量控制关键点作业指导书。 （5）自检、交接检、专业检查记录以及控制图表。 （6）工序质量统计与分析。 （7）质量保证与质量改进的措施与实施记录。 （8）工序质量信息

公路工程质量控制关键点

序号	项目	内容
1	土方路基工程	（1）施工放样与断面测量。 （2）路基原地面处理，按施工技术合同或规范规定要求处理，并认真整平压实。 （3）使用适宜材料，必须采用设计和规范规定的适用材料，保证原材料合格，正确确定土的最大干密度和最佳含水量。 （4）压实设备及压实方案。 （5）路基纵横向排水系统设置。 （6）每层的松铺厚度、横坡及填筑速率。 （7）分层压实，控制填土的含水量，确保压实度达到设计要求
2	路面基层（底基层）	（1）基层施工所采用设备组合及拌合设备计量装置校验。 （2）路面基层（底基层）所用结合料（如水泥、石灰）剂量。 （3）路面基层（底基层）材料的含水量、拌合均匀性、配合比。 （4）路面基层（底基层）的压实度、弯沉值、平整度及横坡等。 （5）如采用级配碎（砾）石还需要注意集料的级配和石料的压碎值。 （6）及时有效的养护

序号	项目	内容
3	水泥混凝土路面	(1) 基层强度、平整度、高程的检查与控制。 (2) 混凝土材料的检查与试验，水泥品种及用量确定。 (3) 混凝土拌合、摊铺设备及计量装置校验。 (4) 混凝土配合比设计和试件的试验。混凝土的水胶比、外掺剂掺加量、坍落度应控制。 (5) 混凝土的摊铺、振捣、成型及避免离析。 (6) 切缝时间和养护技术的采用
4	沥青混凝土路面	(1) 基层强度、平整度、高程的检查与控制。 (2) 沥青材料的检查与试验；沥青混凝土配合比设计和试验。 (3) 沥青混凝土拌合设备及计量装置校验。 (4) 路面施工机械设备配置与压实方案。 (5) 沥青混凝土的拌合、运输及摊铺温度控制。 (6) 沥青混凝土摊铺厚度的控制和摊铺中离析控制。 (7) 沥青混凝土的碾压与接缝施工
5	桥梁基础工程——扩大基础	(1) 基底地基承载力的检测确认，满足设计要求。 (2) 基底表面松散层的清理。 (3) 及时浇筑垫层混凝土，减少基底暴露时间。 (4) 大体积混凝土施工裂缝控制
6	桥梁基础工程——钻孔桩	(1) 桩位坐标与垂直度控制。 (2) 护筒埋深。 (3) 泥浆指标控制。 (4) 护筒内水头高度。 (5) 孔径的控制，防止缩径。 (6) 桩顶、桩底标高的控制。 (7) 清孔质量（嵌岩桩与摩擦桩要求不同）。 (8) 钢筋笼接头质量。 (9) 导管接头质量检查与水下混凝土的灌注质量
7	水中承台施工	(1) 围堰的设计与填筑高度、压实要求。 (2) 反开挖断面平面位置、高程等的控制。 (3) 模板安装及支撑控制。 (4) 钢筋绑扎质量控制。 (5) 承台混凝土配合比设计。 (6) 大体积混凝土温控设施的设计、施工及大体积混凝土养护。 (7) 各类预埋件的施工质量控制
8	桥梁下部结构——实心墩	(1) 墩身锚固钢筋预埋质量控制。 (2) 墩身平面位置控制。 (3) 墩身垂直度控制。 (4) 模板接缝错台控制。 (5) 墩顶支座预埋件位置、数量控制

序号	项目	内容
9	桥梁下部结构——薄壁墩	(1) 墩身锚固钢筋预埋质量控制。 (2) 墩身平面位置控制。 (3) 墩身垂直度控制。 (4) 模板接缝错台控制。 (5) 墩顶支座预埋件位置、数量控制。 (6) 墩身与承台联结处混凝土裂缝控制。 (7) 墩顶实心段混凝土裂缝控制
10	桥梁上部结构——简支梁桥	(1) 简支梁混凝土的强度控制。 (2) 预拱度的控制。 (3) 支座预埋件的位置控制。 (4) 大梁安装时梁与梁之间高差控制。 (5) 支座安装型号、方向的控制。 (6) 梁板之间现浇带混凝土质量控制。 (7) 伸缩缝安装质量控制
11	桥梁上部结构——连续梁桥	(1) 支架施工：支架沉降量的控制。 (2) 先简支后连续：后浇段工艺控制、体系转换工艺控制、后浇段收缩控制、临时支座安装与拆除控制。 (3) 挂篮悬臂施工：浇筑过程中的线形控制、边跨及跨中合龙段混凝土的裂缝控制。 (4) 预应力梁：张拉力及预应力钢筋伸长量控制
12	公路隧道施工中常见质量控制关键点	(1) 正确判断围岩级别，及时调整施工方案。 (2) 认真测量、检查和修正开挖断面，减少超挖。 (3) 制定切实可行的开挖方案，包括新奥法、矿山法的选择，炮孔布置、装药量、每一循环的掘进深度。 (4) 严格遵循不同围岩级别的施工安全步距及喷锚支护。 (5) 控制在开挖后围岩自稳定时间的1/2以内完成认真观测。 (6) 收集资料，做好施工质量的信息反馈

考点 2　公路工程质量检查与检验

路基工程质量检验

序号	项目	基本要求	实测项目
1	土方路基	(1) 在路基用地和取土坑范围内，应清除地表植被、杂物、积水、淤泥和表土，处理坑塘，并按规范和设计要求对基底进行压实。表土应充分利用。 (2) 路基填料须符合规范和设计的规定，经认真调查、试验后合理选用。 (3) 填方路基须分层填筑压实，每层表面平整，路拱合适，排水良好。 (4) 施工临时排水系统应与设计排水系统结合，避免冲刷边坡，路床顶面不得积水	压实度（△）、弯沉（△）、纵断高程、中线偏位、宽度、平整度、横坡、边坡

序号	项目	基本要求	实测项目
2	填石路基	(1) 填石路基应分层填筑压实，每层表面平整，路拱合适，排水良好，上路床不得有碾压轮迹，不得亏坡。 (2) 修筑填石路堤时应进行地表清理，填筑层厚度应符合施工技术规范规定并满足设计要求，填石空隙用石碴、石屑嵌压稳定。 (3) 填石路基应通过试验路确定沉降差控制标准	压实（△）、弯沉（△）、纵断高程、中线偏位、宽度、平整度、横坡、边坡坡度和平顺度
3	砌体、片石混凝土挡土墙	(1) 勾缝砂浆强度不得小于砌筑砂浆强度。 (2) 地基承载力、基础埋置深度应满足设计要求。 (3) 砌筑应分层错缝。浆砌时坐浆挤紧，嵌填饱满密实，不得出现空洞；不得出现松动、叠砌和浮塞。 (4) 混凝土应分层浇筑，施工缝及片石埋放应符合施工技术规范的规定。 (5) 沉降缝、伸缩缝、泄水孔的位置、尺寸和数量应符合设计要求；沉降缝及伸缩缝应竖直、贯通，采用弹性材料填充密实，填充深度应满足设计要求	(1) 浆砌挡土墙实测项目：砂浆强度（△）、平面位置、墙面坡度、断面尺寸（△）、顶面高程、表面平整度。 (2) 干砌挡土墙实测项目：平面位置、墙面坡度、断面尺寸（△）、顶面高程、表面平整度。 (3) 片石混凝土挡土墙实测项目：混凝土强度（△）、平面位置、墙面坡度、断面尺寸（△）、顶面高程、表面平整度

注：对结构安全、耐久性和主要使用功能起决定性作用的检查项目为关键项目，以下叙述以"△"标识。关键项目的合格率不得低于95%（机电工程为100%）；有规定极值的检查项目，任一单个检测值不应突破规定极值，否则该检查项目为不合格；一般项目，合格率应不低于80%。以下含义相同。

路面工程质量检验

序号	项目	基本要求	实测项目
1	稳定土基层和底基层	(1) 石灰应经充分消解，路拌深度要达到层底。 (2) 石灰类材料应处于最佳含水量状况下碾压，水泥类材料碾压终了的时间不应超过水泥的终凝时间。 (3) 碾压检查合格后立即覆盖或洒水养护，养护期应符合规范规定	压实度（△）、平整度、纵断高程、宽度、厚度（△）、横坡、强度（△）
2	级配碎（砾）石基层和底基层	(1) 配料应准确。 (2) 塑性指数应满足设计要求	压实度（△）、弯沉值、平整度、纵断高程、宽度、厚度（△）、横坡

序号	项目	基本要求	实测项目
3	水泥混凝土面层	（1）基层质量应符合规范规定并满足设计要求，表面清洁、无浮土。 （2）接缝填缝料应符合规范规定并满足设计要求。 （3）接缝的位置、规格、尺寸及传力杆、拉力杆的设置应符合设计要求。 （4）混凝土路面铺筑后按施工规范要求养护。 （5）应对干缩、温缩产生的裂缝进行处理	弯拉强度（△）、板厚度（△）、平整度、抗滑构造深度、横向力系数SFC、相邻板高差、纵横缝顺直度、中线平面偏位、路面宽度、纵断高程、横坡、断板率
4	沥青混凝土面层和沥青碎（砾）石面层	（1）基层质量应符合施工技术规范规定并满足设计要求，表面干燥、清洁、无浮土。 （2）应严格控制沥青混合料拌合的加热温度。拌合后的沥青混合料应均匀、无花白、无粗细料分离和结团成块现象。 （3）应按规定要求控制碾压工艺，严格控制摊铺和碾压温度	压实度（△）、平整度、弯沉值、渗水系数、摩擦系数、构造深度、厚度（△）、中线平面偏位、纵断高程、宽度、横坡、矿料级配（△）、沥青含量（△）、马歇尔稳定度

桥梁工程质量检验

序号	项目	基本要求	实测项目
1	桥梁总体	（1）桥梁工程应按设计文件内容全部完成。 （2）桥下净空不得小于设计要求。 （3）特大跨径的桥梁、结构复杂的桥梁和承载能力需要验证的桥梁应进行荷载试验，试验结果应满足设计要求和符合相关技术规范的规定	桥面中线偏位、桥宽（含车行道和人行道）、桥长、桥面高程
2	钻孔灌注桩	（1）成孔后应清孔，并测量孔径、孔深、孔位和沉淀层厚度，确认满足设计要求并符合施工技术规范规定后，方可灌注水下混凝土。 （2）水下混凝土应连续灌注，灌注时钢筋笼不应上浮。 （3）嵌入承台的锚固钢筋长度不得小于设计要求的锚固长度	混凝土强度（△）、桩位、孔深（△）、孔径、钻孔倾斜度、沉淀厚度、桩身完整性（△）
3	混凝土扩大基础	（1）基础处理及地基承载力应满足设计要求。 （2）地基超挖后严禁回填虚土	混凝土强度（△）、平面尺寸、基础底面高程、基础顶面高程、轴线偏位

序号	项目	基本要求	实测项目
4	钢筋加工及安装	（1）钢筋安装应保证设计要求的钢筋根数。 （2）钢筋的连接方式、同一连接区段内的接头面积应满足设计要求；接头位置应设在受力较小处，任何连接区段内同一根钢筋不得有两个接头。 （3）钢筋的搭接长度、焊接和机械接头质量应符合施工技术规范的规定。 （4）受力钢筋表面不得有裂纹及其他损伤。 （5）钢筋的保护层垫块应分布均匀，数量及材料性能应满足设计要求和有关技术规范的规定。 （6）钢筋应安装牢固，钢筋网应有足够的钢筋支撑，在混凝土浇筑过程中钢筋不应出现移位	受力钢筋间距（△）、箍筋、构造钢筋、螺旋筋间距，钢筋骨架尺寸，弯起钢筋位置、保护层厚度（△）
5	预应力筋加工和张拉	（1）预应力束中的钢丝、钢绞线应顺直，不得缠绞、扭结现象，表面不应有损伤。 （2）单根钢绞线不得断丝。单根钢筋不得断筋或滑移。 （3）同一截面预应力筋接头面积不超过预应力筋总面积的25％，接头质量应符合施工技术规范的规定。 （4）预应力筋张拉或放张时混凝土强度和龄期应满足设计要求，应按设计规定的张拉顺序进行操作。 （5）预应力钢丝采用镦头锚时，镦头应圆整，不得有斜歪或破裂现象。 （6）管道应安装牢固，接头密合，弯曲圆顺。锚垫板平面应与孔道轴线垂直。 （7）张拉设备配套标定和使用，并不得超过标定期限使用。 （8）锚固后预应力筋应采用机械切割，外露长度符合设计要求	（1）钢丝、钢绞线先张法实测项目：镦头钢丝同束长度相对差、张拉应力值（△）、张拉伸长率（△）、同一构件内断丝根数不超过钢丝总数的百分数、预应力筋张拉后在横断面上的坐标、无黏结段长度。 （2）后张法实测项目：管道坐标、管道间距（包含同排和上下层）、张拉应力值（△）、张拉伸长率（△）、断丝滑丝数
6	承台等大体积混凝土结构	（1）水化热引起的混凝土内最高温度及内表温差应控制在允许范围内。 （2）施工缝的设置及处理应满足设计要求并符合施工技术规范的规定	混凝土强度（△）、平面尺寸、结构高度、顶面高程、轴线偏位和平整度
7	混凝土墩、台	（1）模板及支架的强度、刚度、稳定性应符合施工技术规范的规定。 （2）施工缝的设置及处理应符合施工技术规范的规定	（1）现浇墩、台身实测项目：混凝土强度（△）、断面尺寸、全高竖直度、顶面高程、轴线偏位（△）、节段间错台、平整度、预埋件位置。 （2）现浇墩、台帽或盖梁实测项目：混凝土强度（△）、断面尺寸、轴线偏位、顶面高程、支座垫石预留位置、平整度

序号	项目	基本要求	实测项目
8	就地浇筑梁、板	（1）支架和模板的强度、刚度、稳定性应符合施工技术规范的规定。 （2）预计的支架变形及支承的下沉量应满足施工后梁体设计高程的要求，需要消除支承不均匀沉降、非弹性变形的支架应进行预压。 （3）预埋件的设置和固定应满足设计要求并符合施工技术规范的规定	混凝土强度（△）、轴线偏位、梁（板）顶面高程、断面尺寸（△）、长度、与相邻梁段间错台、横坡、平整度
9	预制和安装梁、板	（1）拼接粗糙面的质量和键槽的数量、质量应满足设计要求。 （2）在吊移出预制底座时，混凝土的强度不得低于设计所要求的吊装强度，预制件不得受到损伤；在安装时，支承结构（墩台、盖梁、垫石）的强度应满足设计要求。 （3）安装前，梁、板应检验合格，墩、台支座垫板应稳固；就位后，梁、板两端支座应对位，梁底与支座以及支座底与垫石顶应密贴，临时支撑应稳固。 （4）梁段之间接缝填充材料的种类、规格和性能应满足设计要求，接缝填充密实	梁、板或梁段预制实测项目：混凝土强度（△）、梁长度、断面尺寸（△）、平整度、横系梁及预埋件位置、横坡、斜拉索锚面。 梁、板安装实测项目：支座中心偏位、梁、板顶面高程，相邻梁、板顶面高差
10	悬臂施工梁	（1）悬拼或悬浇块件前，应对桥墩根部（0号块件）的高程、桥轴线作详细复核，满足设计要求后方可进行悬拼或悬浇。 （2）悬臂施工应对称进行，并对轴线和高程进行施工控制。 （3）在施工过程中，梁体不应出现宽度超过设计和相关规范规定的受力裂缝。 （4）应按设计要求对悬浇或悬拼的接头交界面进行处理，梁段间胶结材料的种类、规格、质量应满足设计要求，接缝应填充密实。 （5）悬臂合龙时，两侧梁段的高差应在设计允许范围内，合龙和体系转换程序应满足设计要求	（1）悬臂浇筑梁的实测项目：混凝土强度（△）、轴线偏位、顶面高程、断面尺寸（△）、合龙后同跨对称点高程差、顶面横坡、平整度、相邻梁段间错台。 （2）悬臂拼装梁的实测项目：合龙段混凝土强度（△）、轴线偏位、顶面高程、合龙后同跨对称点高程差、相邻梁段间错台
11	混凝土桥面板桥面铺装	（1）水泥混凝土桥面的基本要求同水泥混凝土路面，沥青混凝土桥面的基本要求同沥青混凝土路面。 （2）桥面泄水孔进水口附近的铺装应有利于桥面积水和渗入水的排除，泄水孔数量不得少于设计要求	（1）水泥混凝土桥面铺装实测项目：混凝土强度（△）、厚度、平整度、横坡、抗滑构造深度。 （2）沥青混凝土桥面铺装实测项目：压实度（△）、厚度、平整度、渗水系数、横坡、抗滑构造深度

<h1 style="text-align:center">隧道工程质量检验</h1>

序号	项目	基本要求	实测项目
1	隧道总体质量检验	（1）隧道衬砌内轮廓及所有运营设施均不得侵入建筑地界。 （2）洞口设置应满足设计要求。 （3）洞内外的排水系统设置应满足设计要求。 （4）高速公路、一级公路和二级公路隧道拱部、边墙、路面、设备箱洞应不渗水，有冻害地段的隧道衬砌背后不积水、排水沟不冻结，车行横通道、人行横道等服务通道拱部不滴水，边墙不渗水。 （5）三级、四级公路隧道拱部、边墙应不滴水，设备箱洞不渗水、路面不积水，有冻害地段的隧道衬砌背后不积水、排水沟不冻结	车行道宽度、内轮廓宽度、内轮廓高度（△）、隧道偏位、边坡或仰坡坡度
2	喷射混凝土	（1）开挖断面的质量，超欠挖处理、围岩表面渗漏水处理应符合施工技术规范规定，受喷岩面应清洁。 （2）喷射混凝土支护应与围岩紧密粘结，结合牢固，不得有空洞。喷层内不应存在片石和木板等杂物。严禁挂模喷射混凝土。 （3）钢架与围岩之间的间隙应采用喷射混凝土充填密实。 （4）喷射混凝土表面平整度应符合施工技术规范规定	喷射混凝土强度（△）、喷层厚度、喷层与围岩接触状况（△）

<h1 style="text-align:center">交通工程主要系统质量检验与测试</h1>

序号	项目	实测项目
1	交通标志	标志面反光膜逆反射系数（△），标志板下缘至路面净空高度，柱式标志板、悬臂式和门架式标志立柱的内边缘距土路肩边缘线距离，立柱垂直度，基础顶面平整度，标志基础尺寸
2	交通标线	标线线段长度、标线宽度、标线厚度（△）、标线横向偏位、标线纵向间距、逆反射亮度系数（△）、抗滑值
3	波形梁钢护栏	波形梁板基底金属厚度（△）、立柱基底金属壁厚（△）、横梁中心高度（△）、立柱中距、立柱竖直度、立柱外边缘距土路肩边线距离、立柱埋置深度、螺栓终拧扭矩
4	混凝土护栏	护栏断面尺寸、钢筋骨架尺寸、横向偏位、基础厚度、护栏混凝土强度（△）、混凝土护栏块件之间的错位
5	隔离栅和防落网	高度、刺钢丝的中心垂度、立柱中距、立柱竖直度、立柱埋置深度
6	轮廓标	安装角度、反射器中心高度、柱式轮廓标竖直度
7	防眩设施	安装高度（△）、防眩板设置间距、竖直度、防眩网网孔尺寸

质量检验评定

序号	项目	内容
1	单位工程、分部工程和分项工程的划分	（1）单位工程是指合同段中，具有独立施工条件和结构功能的工程。 （2）分部工程指在单位工程中，按路段长度、结构部位及施工特点等划分的工程。 （3）分项工程指在分部工程中，根据工序、工艺或材料等划分的工程
2	工程质量评定	（1）工程质量等级应分为合格与不合格。 （2）分项工程质量评定合格应符合下列规定： ① 检验记录应完整； ② 实测项目应合格； ③ 外观质量应满足要求。 （3）分部工程质量评定合格应符合下列规定： ① 评定资料应完整； ② 所含分项工程及实测项目应合格； ③ 外观质量应满足要求。 （4）单位工程质量评定合格应符合下列规定： ① 评定资料应完整； ② 所含分部工程应合格； ③ 外观质量应满足要求。 （5）评定为不合格的分项工程、分部工程，经返工、加固、补强或调测，满足设计要求后，可重新进行检验评定。 （6）所含单位工程合格，该合同段评定为合格；所含合同段合格，该建设项目评定为合格

2B320050 公路工程项目安全管理

【考点图谱】

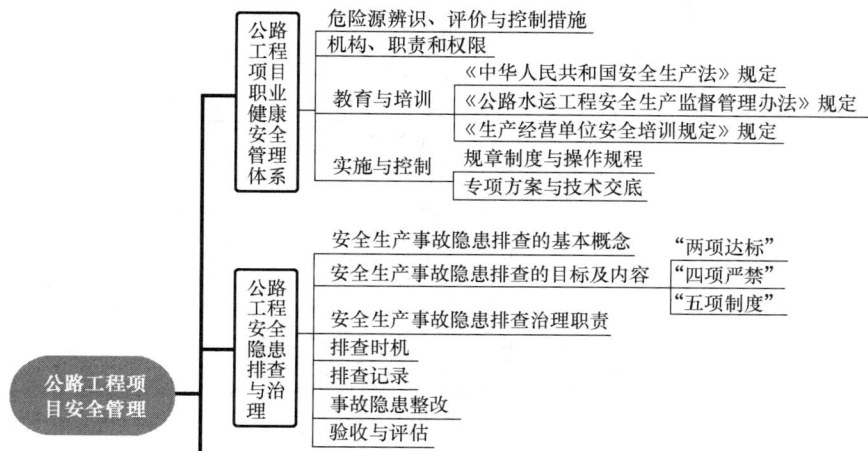

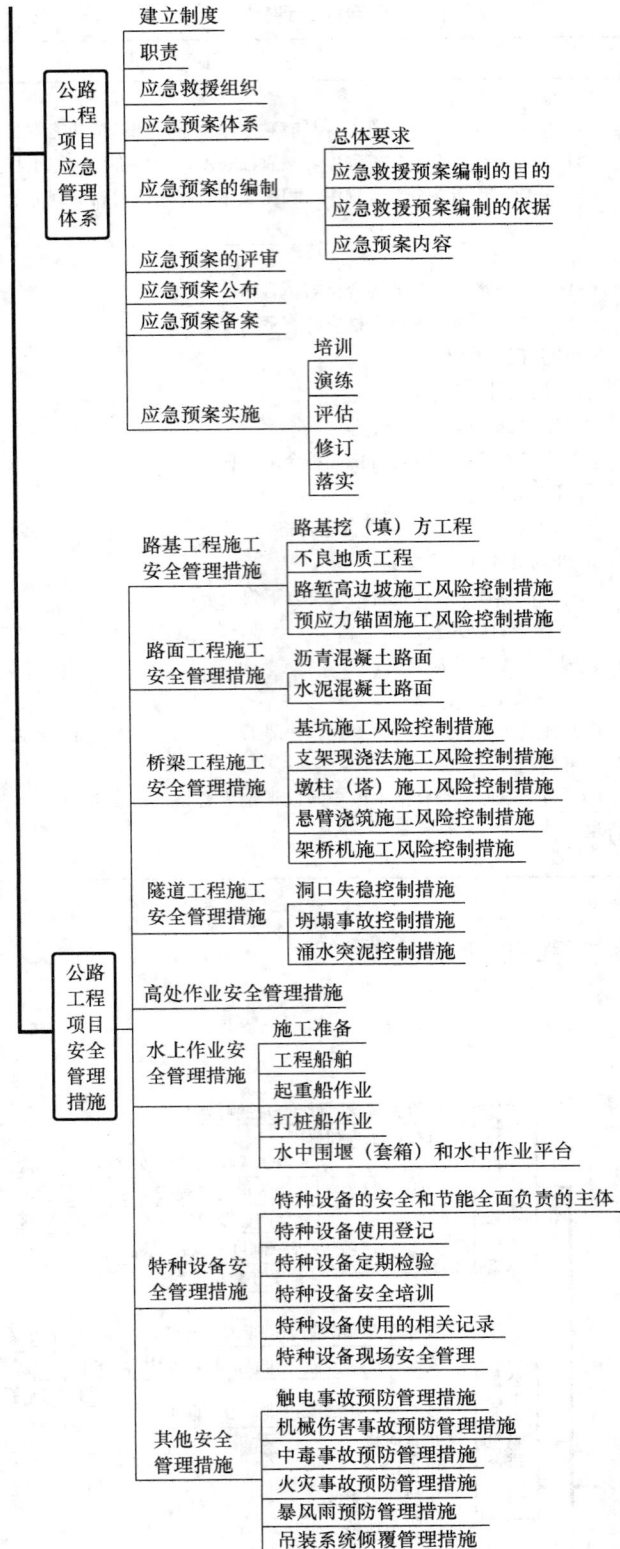

```
                   ┌─ 建立制度
                   ├─ 职责
              公路 ├─ 应急救援组织
              工程 ├─ 应急预案体系
              项目                    ┌─ 总体要求
              应急 ├─ 应急预案的编制 ├─ 应急救援预案编制的目的
              管理                    ├─ 应急救援预案编制的依据
              体系                    └─ 应急预案内容
                   ├─ 应急预案的评审
                   ├─ 应急预案公布
                   ├─ 应急预案备案
                                      ┌─ 培训
                                      ├─ 演练
                   └─ 应急预案实施    ├─ 评估
                                      ├─ 修订
                                      └─ 落实

                                      ┌─ 路基挖（填）方工程
                   ┌─ 路基工程施工    ├─ 不良地质工程
                   │  安全管理措施    ├─ 路堑高边坡施工风险控制措施
                   │                  └─ 预应力锚固施工风险控制措施
                   ├─ 路面工程施工    ┌─ 沥青混凝土路面
                   │  安全管理措施    └─ 水泥混凝土路面
                                      ┌─ 基坑施工风险控制措施
                   ├─ 桥梁工程施工    ├─ 支架现浇法施工风险控制措施
                   │  安全管理措施    ├─ 墩柱（塔）施工风险控制措施
                   │                  ├─ 悬臂浇筑施工风险控制措施
                   │                  └─ 架桥机施工风险控制措施
                   ├─ 隧道工程施工    ┌─ 洞口失稳控制措施
                   │  安全管理措施    ├─ 坍塌事故控制措施
                   │                  └─ 涌水突泥控制措施
              公路 ├─ 高处作业安全管理措施
              工程                    ┌─ 施工准备
              项目 ├─ 水上作业安    ├─ 工程船舶
              安全 │  全管理措施    ├─ 起重船作业
              管理 │                  ├─ 打桩船作业
              措施 │                  └─ 水中围堰（套箱）和水中作业平台
                                      ┌─ 特种设备的安全和节能全面负责的主体
                                      ├─ 特种设备使用登记
                   ├─ 特种设备安    ├─ 特种设备定期检验
                   │  全管理措施    ├─ 特种设备安全培训
                   │                  ├─ 特种设备使用的相关记录
                   │                  └─ 特种设备现场安全管理
                                      ┌─ 触电事故预防管理措施
                                      ├─ 机械伤害事故预防管理措施
                   └─ 其他安全      ├─ 中毒事故预防管理措施
                      管理措施      ├─ 火灾事故预防管理措施
                                      ├─ 暴风雨预防管理措施
                                      └─ 吊装系统倾覆管理措施
```

考点1 公路工程项目职业健康安全管理体系

公路工程项目职业健康安全管理体系

序号	项目	内容
1	危险源辨识、评价与控制措施	按如下顺序选择风险控制方法：消除；替代；工程控制措施；标志、警告或管理控制；个人防护设备
2	机构、职责和权限	（1）施工单位主要负责人依法对项目安全生产工作全面负责。 （2）建设工程实行施工总承包的，由总承包单位对施工现场的安全生产负总责。分包单位应当服从总承包单位的安全生产管理，分包单位不服从管理导致生产安全事故的，由分包单位承担主要责任。 （3）施工单位应当书面明确本单位的项目负责人，代表本单位组织实施项目施工生产。对项目安全生产工作负有下列职责： ① 建立项目安全生产责任制，实施相应的考核与奖惩； ② 按规定配足项目专职安全生产管理人员； ③ 结合项目特点，组织制定项目安全生产规章制度和操作规程； ④ 组织制定项目安全生产教育和培训计划； ⑤ 督促项目安全生产费用的规范使用； ⑥ 依据风险评估结论，完善施工组织设计和专项施工方案； ⑦ 建立安全预防控制体系和隐患排查治理体系，督促、检查项目安全生产工作，确认重大事故隐患整改情况； ⑧ 组织制定本合同段施工专项应急预案和现场处置方案，并定期组织演练； ⑨ 及时、如实报告生产安全事故并组织自救
3	教育与培训	（1）生产经营单位的主要负责人对本单位安全生产工作负有组织制定并实施本单位安全生产教育和培训计划的责任。生产经营单位应当进行安全培训的从业人员包括主要负责人、安全生产管理人员、特种作业人员和其他从业人员。 （2）生产经营单位主要负责人和安全生产管理人员初次安全培训时间不得少于32学时。每年再培训时间不得少于12学时。 （3）生产经营单位新上岗的从业人员，岗前安全培训时间不得少于24学时
4	规章制度	（1）安全生产责任制。 （2）安全例会制度。 （3）安全生产检查制度。 （4）安全生产培训和教育学习制度。 （5）安全生产费用管理制度。 （6）文件和档案管理制度。 （7）危险作业安全管理制度。 （8）相关方安全生产监督管理制度。 （9）隐患排查治理制度

序号	项目	内容
5	专项方案	（1）专项施工方案应当由施工单位技术负责人审核签字、加盖单位公章，并由总监理工程师审查签字、加盖执业印章后方可实施。 （2）危大工程实行分包并由分包单位编制专项施工方案的，专项施工方案应当由总承包单位技术负责人及分包单位技术负责人共同审核签字并加盖单位公章。 （3）对于超过一定规模的危大工程，施工单位应当组织召开专家论证会对专项施工方案进行论证。实行施工总承包的，由施工总承包单位组织召开专家论证会。专家论证前专项施工方案应当通过施工单位审核和总监理工程师审查
6	专项施工方案主要内容	（1）工程概况：工程基本情况、施工平面布置、施工要求和技术保证条件。 （2）编制依据：相关法律、法规、规范性文件、标准、规范及图纸（国标图集）、施工组织设计等。 （3）施工计划：包括施工进度计划、材料与设备计划。 （4）施工工艺技术：技术参数、工艺流程、施工方法、检查验收等。 （5）施工安全保证措施：组织保障、技术措施、应急预案、监测监控等。 （6）劳动力计划：专职安全管理人员、特种作业人员等。 （7）计算书及图纸
7	技术交底	（1）施工单位应当建立健全安全生产技术分级交底制度，明确安全技术分级交底的原则、内容、方法及确认手续。 （2）分项工程实施前，施工单位负责项目管理的技术人员应当按规定对有关安全施工的技术要求向施工作业班组、作业人员详细说明，并由双方签字确认

危险性较大分部分项的工程

序号	类别	需编制专项施工方案	需专家论证、审查
1	基坑开挖、支护、降水工程	（1）开挖深度不小于3m的基坑（槽）开挖、支护、降水工程。 （2）深度小于3m但地质条件和周边环境复杂的基坑（槽）开挖、支护、降水工程	（1）深度不小于5m的基坑（槽）的土（石）方开挖、支护、降水。 （2）开挖深度虽小于5m，但地质条件、周围环境和地下管线复杂，或影响毗邻建（构）筑物安全，或存在有毒有害气体分布的基坑（槽）开挖、支护、降水工程
2	滑坡处理和填、挖方路基工程	（1）滑坡处理。 （2）边坡高度大于20m的路堤或地面斜坡坡率陡于1：2.5的路堤，或不良地质地段、特殊岩土地段的路堤。 （3）土质挖方边坡高度大于20m、岩质挖方边坡高度大于30m或不良地质、特殊岩土地段的挖方边坡	（1）中型及以上滑坡体处理。 （2）边坡高度大于20m的路堤或地面斜坡坡率陡于1：2.5的路堤，且处于不良地质、特殊土质地段、特殊岩土地段的路堤。 （3）土质挖方边坡高度大于20m、岩质挖方边坡高度大于30m且处于不良地质地段、特殊岩土地段的挖方边坡

序号	类别	需编制专项施工方案	需专家论证、审查
3	基础工程	(1) 桩基础。 (2) 挡土墙基础。 (3) 沉井等深水基础	(1) 深度不小于 15m 的人工挖孔桩或开挖深度不超过 15m，但地质条件复杂或存在有毒有害气体分布的人工挖孔桩工程。 (2) 平均高度不小于 6m 且面积不小于 1200m² 的砌体挡土墙的基础。 (3) 水深不小于 20m 的各类深水基础
4	大型临时工程	(1) 围堰工程。 (2) 各类工具式模板工程。 (3) 支架高度不小于 5m；跨度不小于 10m，施工总荷载不小于 10kN/m²；集中线荷载不小于 15kN/m。 (4) 搭设高度 24m 及以上的落地式钢管脚手架工程；附着式整体和分片提升脚手架工程；悬挑式脚手架工程；吊篮脚手架工程；自制卸料平台；移动操作平台工程；新型及异型脚手架工程。 (5) 挂篮。 (6) 便桥、临时码头。 (7) 水上作业平台	(1) 水深不小于 10m 的围堰工程。 (2) 高度不小于 40m 墩柱、高度不小于 100m 索塔的滑模、爬模、翻模工程。 (3) 支架高度不小于 8m；跨度不小于 18m，施工总荷载不小于 15kN/m²；集中线荷载不小于 20kN/m。 (4) 50m 及以上落地式钢管脚手架工程。用于钢结构安装等满堂承重支撑体系，承受单点集中荷载 7kN 以上。 (5) 猫道、移动模架
5	桥涵工程	(1) 桥梁工程中的梁、拱、柱等构件施工。 (2) 打桩船作业。 (3) 施工船作业。 (4) 边通航边施工作业。 (5) 水下工程中的水下焊接、混凝土浇筑等。 (6) 顶进工程。 (7) 上跨或下穿既有公路、铁路、管线施工	(1) 长度不小于 40m 的预制梁的运输与安装，钢箱梁吊装。 (2) 跨度不小于 150m 的钢管拱安装施工。 (3) 高度不小于 40m 的墩柱、高度不小于 100m 的索塔等的施工。 (4) 离岸无掩护条件下的桩基施工。 (5) 开敞式水域大型预制构件的运输与吊装作业。 (6) 在三级及以上通航等级的航道上进行的水上水下施工。 (7) 转体施工
6	隧道工程	(1) 不良地质隧道。 (2) 特殊地质隧道。 (3) 浅埋、偏压及临近建筑物等特殊环境条件隧道。 (4) Ⅳ级及以上软弱围岩地段的大跨度隧道。 (5) 小净距隧道。 (6) 瓦斯隧道	(1) 隧道穿越岩溶发育区、高风险断层、砂层、采空区等工程地质或水文地质条件复杂地质环境；Ⅴ级围岩连续长度占总隧道长度 10% 以上且连续长度超过 100m；Ⅵ级围岩的隧道工程。 (2) 软岩地区的高地应力区、膨胀岩、黄土、冻土等地段。 (3) 埋深小于 1 倍跨度的浅埋地段；可能产生坍塌或滑坡的偏压地段；隧道上部存在需要保护的建筑物地段；隧道下穿水库或河沟地段。 (4) Ⅳ级及以上软弱围岩地段跨度不小于 18m 的特大跨度隧道。 (5) 连拱隧道；中夹岩柱小于 1 倍隧道开挖跨度的小净距隧道；长度大于 100m 的偏压棚洞。 (6) 高瓦斯或瓦斯突出隧道。 (7) 水下隧道

序号	类别	需编制专项施工方案	需专家论证、审查
7	起重吊装工程	（1）采用非常规起重设备、方法，且单件起吊重量在10kN及以上的起重吊装工程。 （2）采用起重机械进行安装的工程。 （3）起重机械设备自身的安装、拆卸	（1）采用非常规起重设备、方法，且单件起吊重量在100kN及以上的起重吊装工程。 （2）起吊重量在300kN及以上的起重设备安装、拆卸工程
8	拆除、爆破工程	（1）桥梁、隧道拆除工程。 （2）爆破工程	（1）大桥及以上桥梁拆除工程。 （2）一级及以上公路隧道拆除工程。 （3）C级及以上爆破工程、水下爆破工程

考点2 公路工程安全隐患排查与治理

公路工程安全隐患排查的目标及内容

序号	项目	内容
1	事故隐患分类	（1）一般事故隐患：是指危害和整改难度较小，发现后能够立即整改排除的事故隐患。 （2）重大事故隐患：是指危害和整改难度较大，应当全部或者局部停产停业，并经过一定时间整改治理方可能排除的隐患；或者因外部因素影响致自身难以排除的隐患。可能造成重大人员伤亡和重大财产损失的事故隐患应当确定为重大事故隐患
2	隐患排查"两项达标"	（1）施工人员管理达标：一线人员用工登记、施工安全培训记录、安全技术交底记录、施工意外伤害责任保险等都要符合有关规定。 （2）施工现场安全防护达标：施工现场安全防护设施和作业人员安全防护用品都要按照规定实行标准化管理
3	隐患排查"四项严禁"	（1）严禁在泥石流区、滑坡体、洪水位下等危险区域设置施工驻地。 （2）严禁违规进行挖孔桩作业，钻孔确有困难的不良地质区，设计单位要进行专项安全设计并按设计变更规定，经批准后实施。 （3）严禁长大隧道无超前预报和监控量测措施施工。 （4）严禁违规立体交叉作业
4	隐患排查"五项制度"	（1）施工现场危险告知制度。 （2）施工安全监理制度。 （3）专项施工方案审查制度。 （4）设备进场验收登记制度。 （5）安全生产费用保障制度

公路工程安全隐患排查治理和整改

序号	项目	内容
1	隐患排查职责	（1）制定安全生产事故隐患排查治理规章制度。 （2）全面组织安全生产事故隐患排查。 （3）保障安全生产事故隐患排查治理的资金投入。 （4）对排查出的安全生产事故隐患按照事故隐患等级分类登记，建立安全生产事故隐患排查治理台账，并按照职责分工实施监控治理。 （5）建立安全生产事故隐患报告和举报奖励制度。 （6）检查、督促及时消除安全生产事故隐患
2	排查时机	（1）与安全生产相关的法律法规、标准规范发生变更或公布新的法律、法规、标准规范。 （2）组织机构发生大的调整。 （3）作业条件、设备设施、工艺技术改变。 （4）相关方进入、撤出。 （5）发生事故。 （6）重大自然灾害、极端天气、重大节假日、大型活动。 （7）其他应当进行专项安全隐患排查的情形
3	排查记录	（1）对排查出的事故隐患应向责任单位下发隐患整改通知书，明确整改要求和时限。 （2）对排查出的事故隐患应分类登记，重大事故隐患现场应悬挂醒目标示牌向社会公示，并报地方县级人民政府安全监督管理部门备案
4	事故隐患整改	（1）一般事故隐患由项目负责人组织相关人员立即整改。 （2）重大事故隐患应当根据需要停止使用相关设备、设施，局部停产停业或者全部停产停业

考点3　公路工程项目应急管理体系

应急救援组织和预案体系

序号	项目	内容
1	应急救援组织	（1）施工单位建立的专（兼）职应急救援队伍应定期组织训练，确保救援人员具备相应的应急救援能力。 （2）特大型、结构复杂、采用新技术、新工艺等高风险桥梁，以及特长隧道、不良地质隧道、瓦斯隧道等高风险隧道，大型设备、设施、人员密集等场所应当建立专门的应急救援队伍
2	应急预案体系	（1）应急预案体系由综合应急预案、专项应急预案和现场处置方案组成。 （2）综合应急预案，是指生产经营单位为应对各种生产安全事故而制定的综合性工作方案，是本单位应对生产安全事故的总体工作程序、措施和应急预案体系的总纲。 （3）专项应急预案，是指生产经营单位为应对某一种或者多种类型生产安全事故，或者针对重要生产设施、重大危险源、重大活动防止生产安全事故而制定的专项性工作方案。 （4）现场处置方案，是指生产经营单位根据不同生产安全事故类型，针对具体场所、装置或者设施所制定的应急处置措施

应急预案的编制

序号	项目	内容
1	总体要求	施工单位主要负责人负责组织编制和实施本单位的应急预案，并对应急预案的真实性和实用性负责；各分管负责人应当按照职责分工落实应急预案规定的职责
2	应急救援预案编制的依据	（1）法律、法规、规章和标准的规定。 （2）本单位的安全生产实际情况。 （3）本单位的危险性分析情况。 （4）应急组织和人员的职责分工明确，并有具体的落实措施。 （5）有明确、具体的应急程序和处置措施，并与其应急能力相适应。 （6）有明确的应急保障措施，满足本单位的应急工作需要。 （7）应急预案基本要素齐全、完整，应急预案附件提供的信息准确。 （8）应急预案内容与相关应急预案相互衔接
3	应急预案内容	（1）总则：编制的目的；适用范围；应急组织体系的确定、工作原则与职责分工；应急响应；信息发布；后期处置；人员物资等保障措施；培训与演练；奖励与处罚等。 （2）生产经营单位危险性分析：危险源与风险分析，主要阐述本单位存在的重点危险源及风险分析结果。 （3）应急组织机构及职责：明确应急组织形式，构成单位或人员，并尽可能以结构图的形式表示出来；指挥机构及职责，明确应急救援指挥机构总指挥、副总指挥、各成员单位及其相应职责。应急救援指挥机构根据事故类型和应急工作需要，可以设置相应的应急救援工作小组，并明确各小组的工作任务及职责。 （4）预防与预警措施：危险源监控、预警提示信息、信息报告与处置等。 （5）应急响应： ① 响应分级。针对事故危害程度、影响范围和单位控制事态的能力，将事故分为不同的等级。按照分级负责的原则，明确应急响应级别。 ② 响应程序。根据事故的大小和发展态势，明确应急指挥、应急行动、资源调配、应急避险、扩大应急等响应程序。 ③ 应急结束。明确应急终止的条件，事故现场得以控制，环境符合有关标准，导致次生、衍生事故隐患消除后，经事故现场应急指挥机构批准后，现场应急结束。 （6）信息发布：明确事故信息发布的部门、发布原则，事故信息应由事故现场指挥部及时准确向新闻媒体通报事故信息。 （7）后期处置：主要包括污染物处理、事故后果影响消除、生产秩序恢复、善后赔偿、抢险过程和应急救援能力评估及应急预案的修订等内容。 （8）保障措施： ① 通信与信息保障。 ② 应急队伍保障。 ③ 应急物资装备保障。 ④ 经费保障。 ⑤ 其他保障

应急预案的评审、公布和备案

序号	项目	内容
1	应急预案的评审	施工单位应当对编制的应急预案组织评审，并形成书面评审纪要。参加应急预案评审的人员应当包括有关安全生产及应急管理方面的专家。且评审人员与施工单位有利害关系的，应当回避

序号	项目	内容
2	应急预案公布	施工单位应急预案经评审或者论证后，由施工单位主要负责人签署公布，并及时发放到本单位有关部门、岗位和相关应急救援队伍
3	应急预案备案	施工单位应当在应急预案公布之日起20个工作日内，按照分级属地原则，向属地安全生产监督管理部门和有关部门进行告知性备案

应急预案实施

序号	项目	内容
1	培训	施工单位应当组织开展应急预案、应急知识、自救互救和避险逃生技能的培训活动，使有关人员了解应急预案内容，熟悉应急职责、应急处置程序和措施
2	演练	(1) 施工单位应当制订应急预案演练计划，根据事故风险特点，每年至少组织一次综合应急预案演练或者专项应急预案演练，每半年至少组织一次现场处置方案演练。 　　(2) 应急预案演练结束后，施工单位应当对应急预案演练效果进行评估，撰写应急预案演练评估报告，分析存在的问题，并对应急预案提出修订意见
3	评估	(1) 施工单位应当建立应急预案定期评估制度，对预案内容的针对性和实用性进行分析，并对应急预案是否需要修订作出结论。施工单位应当每三年进行一次应急预案评估。 　　(2) 应急预案评估可以邀请相关专业机构或者有关专家、有实际应急救援工作经验的人员参加，必要时可以委托安全生产技术服务机构实施
4	修订	(1) 施工单位遇下列情形之一的，应急预案应当及时修订并归档： 　　① 依据的法律、法规、规章、标准及上位预案中的有关规定发生重大变化的； 　　② 应急指挥机构及其职责发生调整的； 　　③ 面临的事故风险发生重大变化的； 　　④ 重要应急资源发生重大变化的； 　　⑤ 预案中的其他重要信息发生变化的； 　　⑥ 在应急演练和事故应急救援中发现问题需要修订的； 　　⑦ 编制单位认为应当修订的其他情况。 　　(2) 应急预案修订涉及组织指挥体系与职责、应急处置程序、主要处置措施、应急响应分级等内容变更的，修订工作应当参照规定的应急预案编制程序进行，并按照有关应急预案报备程序重新备案
5	落实	(1) 施工单位应当按照应急预案的规定，落实应急指挥体系、应急救援队伍、应急物资及装备，建立应急物资、装备配备及其使用档案，并对应急物资、装备进行定期检测和维护，使其处于适用状态。 　　(2) 发生事故时，施工单位应第一时间启动相应的应急响应，组织有关力量进行救援，并按照规定将事故信息及应急响应启动情况报告安全生产监督管理部门和其他负有安全生产监督管理职责的部门。 　　(3) 生产安全事故应急处置和应急救援结束后，施工单位应当对应急预案实施情况进行总结评估

考点4　公路工程项目安全管理措施

路基工程施工安全管理措施

序号	项目	安全管理要点
1	路基挖（填）方工程	（1）取土场（坑）：取土场（坑）边周围应设置警示标志和安全防护设施，宜设置夜间警示和反光标识。地面横向坡度陡于1∶10的区域，取土坑应设在路堤上侧。 （2）路堑开挖：边坡有防护要求的应开挖一级防护，且应自上而下开挖，不得掏底开挖、上下同时开挖、乱挖超挖。 （3）路基高填方路堤施工：应及时做边坡临时排水设施，作业区边缘应设置明显的警示标志，应进行位移监测。 （4）靠近结构物处挖土应采取安全防护措施。路基范围内暂时不能迁移的结构物应预留土台，并应设警示标志
2	不良地质工程	滑坡体未处理之前，严禁在滑坡体上增加荷载，严禁在滑坡前缘减载。滑坡体可采用削坡减载方案整治，减载应自上而下进行，严禁超挖或乱挖，严禁爆破减载
3	路堑高边坡施工	（1）在滑坡体上开挖土方应按照从上向下开挖一级加固一级的顺序施工，对滑坡体加固可按照从滑体边缘向滑体中部逐步推进加固、分段跳槽开挖施工，当开挖一级边坡仍不能保证稳定时应分层开挖分层加固。 （2）有加固工程的土质边坡在开挖后应在1周内完成加固，其他类型边坡开挖后应尽快完成加固工程，不能及时完成加固的应暂停开挖。 （3）人员不在机械作业范围内交叉施工，上方机械挖方施工下方不得有人。挖土机的铲斗不能从运土车驾驶室顶上越过。不得用铲斗载人。 （4）施工车辆保证良好状况；合理确定土方装运顺序和行驶路线；人车不混行；维修加固运土便道；大风、大雨、浓雾、雷电时应暂停施工。 （5）高边坡上作业人员应系安全带，施工人员身体不适、喝酒后不得上高边坡作业。大风、大雨、浓雾和雷电时应暂停作业
4	预应力锚固施工	（1）钻孔后要清孔，锚索入孔后1h内注浆。采用二次注浆加大锚固力。正式施工前应进行锚固力基本试验，对锚固力较小的地层应加大钻孔孔径和锚固段长度。 （2）锚索张拉时，千斤顶后方区域严禁站人。 （3）脚手架高度在10～15m时，应设置一组（4～6根）缆风索，每增高10m再增加1组，缆风索的地锚应牢固

路面工程施工安全管理措施

序号	项目	安全管理要点
1	沥青混凝土路面	（1）洒布车行驶中不得使用加热系统。洒布地段不得使用明火。 （2）小型机具洒布沥青时，喷头不得朝外，喷头10m范围内不得站人，不得逆风作业。 （3）大风天气，不得喷洒沥青。 （4）沥青储存地点应配备灭火器、消防砂等消防设施，并应设置警示标志。 （5）拌合作业开机前应警示，拌合机前不得站人，拌合过程中人员不得跨越皮带或调整皮带运输机。 （6）拌合机点火失效时，应关闭喷燃器油门，并应通风清吹后再行点火。 （7）拌合过程中人员不得在石料溢流管、升起的料斗下方站立或通行。 （8）沥青罐内检查不得使用明火照明。 （9）整平和摊铺作业应临时封闭交通、设明显警示标志，下承层内的各类检查井口应稳固封盖，辅助作业人员应面向压路机方向作业，设备之间应保持安全距离

序号	项目	安全管理要点
2	水泥混凝土路面	（1）维修、保养或检查清理搅拌系统、供料系统应封闭下料门、切断电源、锁定安全保护装置、悬挂"严禁合闸"安全警示标志，并派专人看守。 （2）覆盖养护时，预留孔洞周围应设置安全护栏或盖板，并应设置安全警示标志，不得随意挪动。 （3）洒水养护时，应避开配电箱和周围电气设备。 （4）摊铺作业布料机与振平机应保持安全距离。 （5）切缝、刻槽作业范围应设警戒区

桥梁工程施工安全管理措施

序号	项目	安全管理要点
1	基坑施工风险控制措施	（1）基坑外堆土时，堆土应距基坑边缘1m以外，堆土高度不得超过1.5m。 （2）人工清基应在挖掘机停止运转，且挖掘机指挥人员同意后进行，严禁在机械回转范围内作业。 （3）基坑内应设安全梯或土坡道等攀登设施。基坑周边应设防护栏杆
2	支架现浇法施工风险控制措施	（1）支架立柱应置于平整、坚实的地基上，立柱底部应铺设垫板或混凝土垫块扩散压力；支架地基处应有排水措施，严禁被水浸泡。 （2）支架高度较高时，应设一组缆风绳。 （3）在河水中支搭支架应设防冲撞设施。 （4）立杆应竖直，2m高度的垂直偏差不得大于1.5cm；每搭完一步支架后，应进行校正。立杆的纵、横间距应符合施工设计的要求，每搭完一步支架后，应进行校正。 （5）满堂红支架的四边和中间每隔四排立杆应设置一道纵向剪刀撑，由底至顶连续设置。 （6）高于4m的满堂红支架，其两端和中间每隔四排立杆应从顶层开始向下每隔两步设置一道水平剪刀撑。 （7）拆除作业应自上而下进行，不得上下多层交叉作业
3	墩柱（塔）施工风险控制措施	（1）用吊斗浇筑混凝土，吊斗提降，应设专人指挥。升降吊斗时，下部的作业人员必须躲开，上部人员不得身倚栏杆推吊斗，严禁吊斗碰撞模板或脚手架。 （2）外附脚手架和悬挂脚手架应满铺脚手板或钢板网，脚手架外侧设栏杆、安全网或钢板网。底部满铺脚手板或钢板网，四周设置安全网或钢板网。每步脚手架间应设爬梯，人员应由爬梯上下，进行爬架工作应在爬架内上下，禁止攀爬模板脚手架或由爬架外侧上下。 （3）拆除模板应按先支后拆、后支先拆顺序进行拆除。作业区域下面应设警戒区域，设明显标志，防止人员进入。模板拆除不得采取硬撬。拆除的模板应随拆随清理，避免发生钉子扎脚、阻碍通行的事故

序号	项目	安全管理要点
4	悬臂浇筑施工风险控制措施	（1）挂篮加工完成后应先进行试拼；挂篮正式拼装应在起步长度梁段（墩顶段或0号段）混凝土达到要求的强度后才能进行，拼装时应两边对称进行。 （2）浇筑墩顶段（0号段）混凝土前，应对托架、模板进行检验和预压，消除杆件连接缝隙、地基沉降和其他非弹性变形。 （3）挂篮的抗倾覆、锚固和限位结构的安全系数均不得小于2。 （4）挂篮应呈全封闭状态，四周应有围护设施，操作平台下应挂安全网、上下应有专用扶梯
5	架桥机施工风险控制措施	（1）架桥机安装作业时，要经常注意安全检查，每安装一孔必须进行一次全面安全检查，发现问题要停止工作并及时处理后才能继续作业，不允许机械电气带故障作业。 （2）大雨、大雪、大雾、沙尘暴和六级（含）风以上等恶劣天气必须停止架梁作业。五级风以上严禁作业，必须用索具稳固架桥机和起吊天车，架桥机停止工作时要切断电源，以防发生意外

其他安全管理措施

序号	项目	安全管理要点
1	高处作业安全管理措施	（1）高处作业不得同时上下交叉进行。 （2）高处作业人员不得沿立杆或栏杆攀登。高处作业人员应定期进行体检。 （3）高处作业场所临边应设置安全防护栏杆。 （4）作业面与坠落高度基准面高差超过2m且无临边防护装置时，临边应挂设水平安全网。作业面与水平安全网之间的高差不得超过3.0m，水平安全网与坠落高度基准面的距离不得小于0.2m。 （5）安全带应高挂低用，并应扣牢在牢固的物体上。安全带的安全绳不得打结使用，安全绳上不得挂钩。缺少或不易设置安全带吊点的工作场所宜设置安全带母索。安全带的各部件不得随意更换或拆除。 （6）安全绳有效长度不应大于2m，有两根安全绳的安全带，单根绳的有效长度不应大于1.2m。 （7）严禁安全绳用作悬吊绳。严禁安全绳与悬吊绳共用连接器。新更换安全绳的规格及力学性能必须符合规定，并加设绳套
2	水上作业安全管理措施	（1）遇雨、雾、霾等能见度不良天气时，工程船舶和施工区域应显示规定的信号，必要时应停止航行或作业。 （2）定位船及抛锚作业船，其锚链、锚缆滚滑区域不得站人，锚缆伸出的水域应设置警示标志。 （3）穿越群桩的前缆应选择合适位置，绞缆应缓慢操作，缆绳两侧10m范围内不得有工程船舶或作业人员进入。 （4）水中围堰（套箱）和水中作业平台应设置船舶靠泊系统和人员上下通道，临边应设置高度不低于1.2m的防护栏杆，挂设安全网和救生圈。四周应设置警示标志和夜间航行警示灯光信号，通航密集水域应配备警戒船和应急拖轮

序号	项目	安全管理要点
3	特种设备安全管理措施	（1）特种设备使用单位应当在设备投入使用前或者投入使用后 30d 内到设备所在地市以上的特种设备安全监督管理部门办理特种设备使用登记。登记标志应当置于或者附着于该特种设备的显著位置。 （2）特种设备报检。特种设备使用单位应在特种设备检验合格有效期届满前 1 个月向特种设备检验检测机构提出定期检验要求（各特种设备的检验日期可从检验报告、合格标志查看）。 （3）特种设备的作业人员包括：设备的安装、维修保养、操作等人员
4	触电事故预防管理措施	（1）施工现场临时用电工程专用的低压电力系统，必须符合下列规定：采用三级配电系统；采用 TN-S 接零保护系统；采用二级保护系统。 （2）坚持"一机、一闸、一漏、一箱"。 （3）雨天禁止露天电焊作业
5	机械伤害事故预防管理措施	（1）机械设备应按其技术性能的要求正确使用。缺少安全装置或安全装置已失效的机械设备不得使用。 （2）按规范要求对机械进行验收，验收合格后方可使用。 （3）机械操作工持证上岗，工作期间坚守岗位，按操作规程操作，遵守劳动纪律。 （4）处在运行和运转中的机械严禁对其进行维修、保养或调整等作业。 （5）机械设备应按时进行保养，当发现有漏保、失修或超载带病运转等情况时，机料处应停止其使用
6	中毒事故预防管理措施	（1）人工挖孔桩中，要进行毒气试验和配备通风设施。 （2）严禁现场焚烧有害有毒物质。 （3）工人生活设施符合卫生要求，不吃腐烂、变质食品。炊事员持健康证上岗。暑伏天要合理安排作息时间，防止中暑脱水现象发生
7	火灾事故预防管理措施	（1）施工现场内严禁使用电炉子，使用碘钨灯时，灯与易燃物间距要大于 30cm，室内不准使用功率超过 60w 的灯泡，最好采用低能耗、冷光源的节能灯。 （2）存放易燃气体、易燃物仓库内的照明装置一定要采用防爆型设备，导线敷设、灯具安装、导线与设备连接均应满足有关规范要求
8	暴风雨预防管理措施	六级以上大风严禁登高作业，塔式起重机、施工电梯等应按规定安装接地保护和避雷装置
9	吊装系统倾覆管理措施	起吊荷载不超过设计荷载

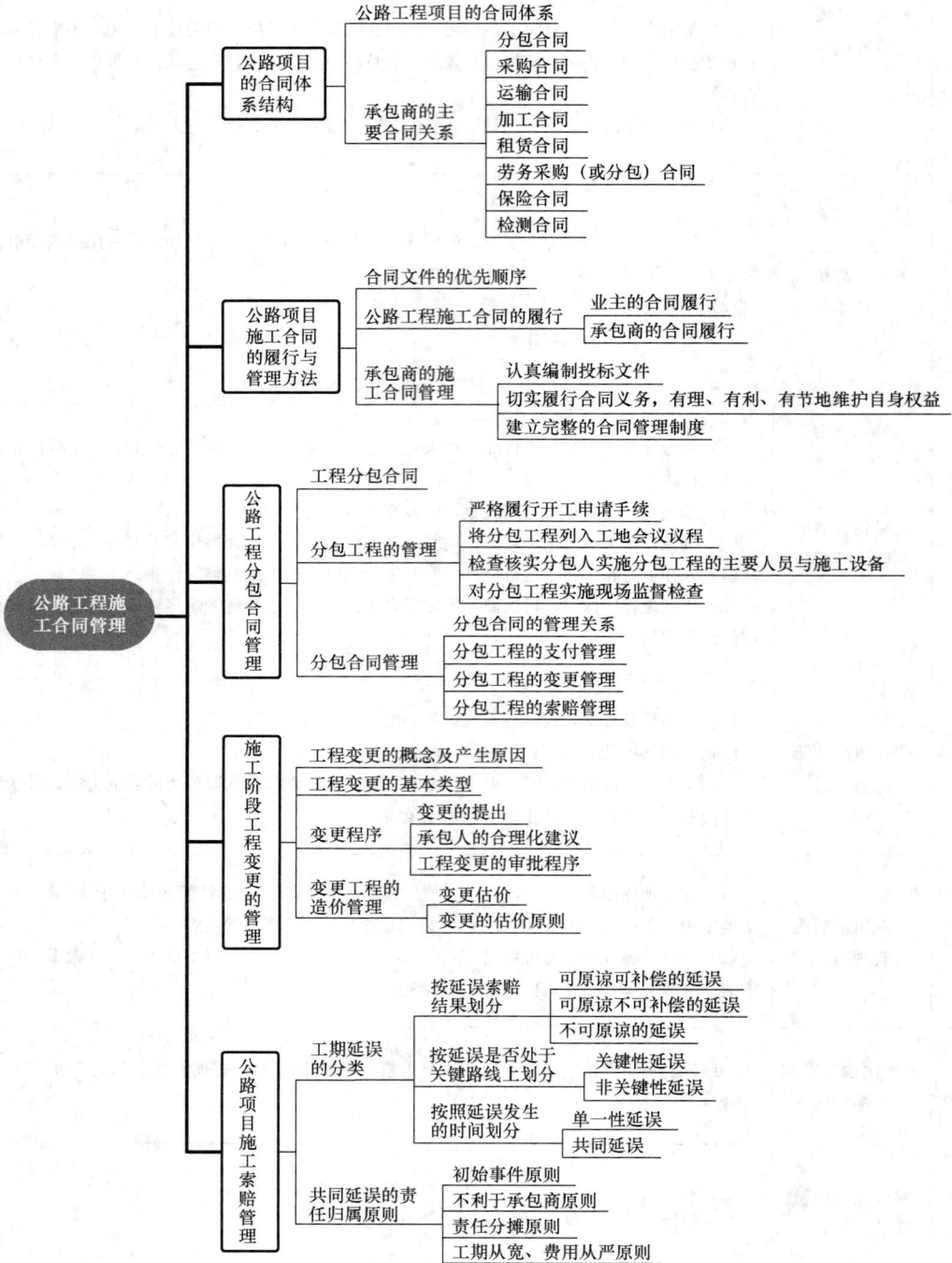

2B320060 公路工程施工合同管理

【考点图谱】

公路工程施工合同管理
- 公路项目的合同体系结构
  - 公路工程项目的合同体系
  - 承包商的主要合同关系
    - 分包合同
    - 采购合同
    - 运输合同
    - 加工合同
    - 租赁合同
    - 劳务采购（或分包）合同
    - 保险合同
    - 检测合同
- 公路项目施工合同的履行与管理方法
  - 合同文件的优先顺序
  - 公路工程施工合同的履行
    - 业主的合同履行
    - 承包商的合同履行
  - 承包商的施工合同管理
    - 认真编制投标文件
    - 切实履行合同义务，有理、有利、有节地维护自身权益
    - 建立完整的合同管理制度
- 公路工程分包合同管理
  - 工程分包合同
  - 分包工程的管理
    - 严格履行开工申请手续
    - 将分包工程列入工地会议议程
    - 检查核实分包人实施分包工程的主要人员与施工设备
    - 对分包工程实施现场监督检查
  - 分包合同管理
    - 分包合同的管理关系
    - 分包工程的支付管理
    - 分包工程的变更管理
    - 分包工程的索赔管理
- 施工阶段工程变更的管理
  - 工程变更的概念及产生原因
  - 工程变更的基本类型
  - 变更程序
    - 变更的提出
    - 承包人的合理化建议
    - 工程变更的审批程序
  - 变更工程的造价管理
    - 变更估价
    - 变更的估价原则
- 公路项目施工索赔管理
  - 工期延误的分类
    - 按延误索赔结果划分
      - 可原谅可补偿的延误
      - 可原谅不可补偿的延误
      - 不可原谅的延误
    - 按延误是否处于关键路线上划分
      - 关键性延误
      - 非关键性延误
    - 按照延误发生的时间划分
      - 单一性延误
      - 共同延误
  - 共同延误的责任归属原则
    - 初始事件原则
    - 不利于承包商原则
    - 责任分摊原则
    - 工期从宽、费用从严原则

考点1 公路项目的合同体系结构

承包商的主要合同关系

序号	项目	内容
1	分包合同	（1）承包商在总承包合同下可能订立许多分包合同，而分包人仅完成总承包商分包给自己的工程，向总承包商负责，与业主无合同关系。总承包商仍向业主担负全部工程责任，负责工程的管理和所属各分包人工作之间的协调，以及各分包人之间合同责任界面的划分，同时承担协调失误造成损失的责任，向业主承担工程风险。 （2）在投标书中，承包商必须附上拟定的分包人的名单和工程规模，供业主审查；未列入投标文件的专项工程，承包人不得分包。如果在工程施工中重新委托分包人，必须经过监理工程师（或业主代表）的批准
2	采购合同	承包商为采购和供应工程所必要的材料、设备，与材料、设备供应商所签订的材料、设备采购合同
3	运输合同	运输合同是承包商为解决材料、物资、设备的运输问题而与运输单位签订的合同
4	加工合同	加工合同是承包商将建筑构配件、特殊构件的加工任务委托给加工承揽单位而签订的合同
5	租赁合同	在公路工程施工中，承包商需要许多施工设备、运输设备、周转材料。当有些设备、周转材料在现场使用率较低，或自己购置需要大量资金投入而自己又不具备这个经济实力时，可以采用租赁方式，与租赁单位签订租赁合同
6	劳务采购（或分包）合同	即由劳务供应商（或劳务分包人）向工程施工提供劳务，承包人与劳务供应商（或劳务分包人）之间签订的合同
7	保险合同	即承包商按施工合同要求对工程进行投保，与保险公司签订保险合同
8	检测合同	即承包商与具有相应资质检测单位签订的合同

注：业主和承包人依法签订的施工合同是"核心合同"，业主又处于合同体系中的"核心位置。

考点2 公路项目施工合同的履行与管理方法

合同文件的优先顺序

根据《公路工程标准施工招标文件》（2018年版）的规定，组成合同的各项文件应互相解释，互为说明。除项目专用合同条款另有约定外，解释合同文件的优先顺序如下：

1. 合同协议书及各种合同附件（含评标期间和合同谈判过程中的澄清文件和补充资料）。

2. 中标通知书。

3. 投标函及投标函附录。

4. 项目专用合同条款。

5. 公路工程专用合同条款。

6. 通用合同条款。

7. 工程量清单计量规则。

8. 技术规范。

9. 图纸。

10. 已标价工程量清单。

11. 承包人有关人员、设备投入的承诺及投标文件中的施工组织设计。

12. 其他合同文件。

公路工程施工合同的履行

序号	项目	内容
1	业主的合同履行	（1）严格按照施工合同的规定，履行业主应尽义务。业主履行合同是承包商履行合同的基础，因为业主的很多合同义务都是为承包商施工创造先决条件，如征地拆迁、"三通一平"、原始测量数据、施工图纸等。 （2）按合同规定行使工期控制权、质量检验权、工程计量权、工程款支付权，确保工程目标的实现。 （3）按合同约定行使工程交工、竣工验收权和履行工程款支付、竣工结算义务
2	承包商的合同履行	（1）全面履行施工合同中的各项义务。在施工过程中，承包商必须通过投入足够的资源，建立精干高效的组织机构和完善的制度体系，采用先进、合理、经济的施工方案和技术，精心组织、科学管理，确保如期、保质、保量完成各项施工任务。 （2）通过合理的工程变更与索赔，维护自己的合法权益，实现预期经营目标和战略

承包商的施工合同管理

序号	项目	内容
1	认真编制投标文件	（1）确定投标方式，联合投标还是单独投标。 （2）确定投标策略，根据掌握的信息，充分分析论证后决定是投保险标，还是投风险标；常规价格标，还是高价标或低价标。 （3）确定报价策略，根据具体评标办法采用相应的报价策略，特别注意不平衡报价技巧的灵活、适度运用。 （4）认真做好招标文件及合同条件的审查工作，全面、实质性响应招标文件
2	切实履行合同义务，有理、有利、有节地维护自身权益	（1）承包商必须全面、适当地履行合同义务，否则不仅不能实现预期目标，还有可能导致业主的反索赔，甚至被解除合同。 （2）承包商在履行合同义务时，也要注意采用恰当的方式维护自身的权益，如提出合理的工程变更要求，理直气壮地提出正当的索赔要求等
3	建立完整的合同管理制度	（1）合同管理相关部门的部门职责和工作岗位制度。 （2）合同管理的授权和内部会签制度。 （3）合同审查批准制度。 （4）印鉴及证书管理使用制度。 （5）合同管理绩效考核制度。 （6）合同档案管理制度

考点 3　公路工程分包合同管理

分包工程的管理

序号	项目	内容
1	严格履行开工申请手续	分包工程在开工前承包人必须填报开工报审表，并附有监理人审批并取得发包人同意的书面文件，由监理人审查其是否具备开工条件，确定是否批复其开工申请
2	将分包工程列入工地会议议程	每次工地会议，将分包工程作为一个议题进行研究，承包人必须详细介绍分包工程实施的情况，就分包工程实施中的有关问题进行讨论，制订解决问题的措施和方法，必要时，可邀请分包人参加工地会议
3	检查核实分包人实施分包工程的主要人员与施工设备	在分包工程实施中，监理人应检查核实分包人实施分包工程的主要技术、管理人员及主要施工设备是否与资格审查时所报的情况相符，如发现分包人的人员、施工设备、技术力量等难以达到工程要求时，应要求承包人采取措施处理
4	对分包工程实施现场监督检查	监理人应对分包工程实施现场监管，及时发现分包工程在质量、进度等方面的问题，由承包人采取措施处理

分包合同管理

序号	项目	内容
1	分包合同的管理关系	（1）分包合同是承包人将施工合同内对发包人承担义务的部分工作交给分包人实施，双方约定相互之间的权利、义务的合同。分包工程既是施工合同的一部分，又是分包合同的标的，涉及两个合同，所以分包合同的管理比施工合同管理复杂。 （2）发包人与分包人没有合同关系，但发包人作为工程项目的投资方和施工合同的当事人，对分包合同的管理主要表现为对分包工程的批准。 （3）监理人只有与承包人有监理与被监理的关系，对分包人在现场施工不承担协调管理义务。只是依据施工合同对分包工作内容及分包人的资质进行审查，行使确认权或否定权；对分包人使用的材料、施工工艺、工程质量和进度进行监督。监理人就分包工程施工发布的任何指示均应发给承包人。 （4）承包人作为两个合同的当事人，不仅对发包人承担确保整个合同工程按预期目标实现的义务，而且对分包工程的实施具有全面管理责任。承包人应委派代表对分包人的施工进行监督、管理和协调。在接到监理人就分包工程发布的指示后，应将其要求列入自己的管理工作内容，并及时以书面确认的形式转发给分包人令其遵照执行
2	分包工程的支付管理	（1）分包工程的支付，应由分包人在合同约定的时间，向承包人报送该阶段施工的付款申请单，承包人经过审核后，将其列入施工合同的进度付款申请单内一并提交监理人审批。由监理人向承包人出具经发包人签认的进度付款证书，发包人应在监理人收到进度付款申请单后的 28d 内，将进度应付款支付给承包人。 （2）分包人不能直接向监理人提出支付要求，必须通过承包人。发包人也不能直接向分包人付款，也必须通过承包人
3	分包工程的变更管理	（1）承包人接到监理人依据合同发布的涉及发包工程的变更指令后，以书面确认方式通知分包人执行。承包人也有权根据工程的实际进展情况通过监理人向发包人提出有关变更的建议。 （2）监理人一般不能直接向分包人下达变更指令，必须通过承包人。分包人不能直接向监理人提出分包工程的变更要求，也必须由承包人提出

序号	项目	内容
4	分包工程的索赔管理	（1）分包合同履行过程中，当分包人认为自己的合法权益受到损害，无论事件起因于发包人、监理人，还是承包人，他都只能向承包人提出索赔要求。如果是因发包人或监理人的原因或责任造成了分包人的合法利益的损害，承包人应及时按施工合同规定的索赔程序，以承包人的名义就该事件向监理人提交索赔报告。 （2）对于由承包人的原因或责任引起分包人提出索赔，这类索赔产生于承包人与分包人之间，双方通过协商解决。监理人不参与该索赔的处理

考点 4　施工阶段工程变更的管理

变更程序

序号	项目	内容
1	变更的提出	（1）在合同履行过程中，可能发生合同约定变更情形的，监理工程师可向承包人发出变更意向书。变更意向书应说明变更的具体内容和发包人对变更的时间要求，并附必要的图纸和相关资料。变更意向书应要求承包人提交包括拟实施变更工作的计划、措施和竣工时间等内容的实施方案。发包人同意承包人根据变更意向书要求提交变更实施方案的，由监理工程师按合同约定发出变更指示。 （2）在合同履行过程中，发生合同约定变更情形的，监理工程师应按照合同约定向承包人发出变更指示。 （3）承包人收到监理工程师按合同约定发出的图纸和文件，经检查认为其中存在合同约定变更情形的，可向监理工程师提出书面变更建议。变更建议应阐明要求变更的依据，并附必要的图纸和说明。监理工程师在收到承包人书面建议后，应与发包人共同研究，确认存在变更的，应在收到承包人书面建议后的14d内做出变更指示。经研究后不同意作为变更的，应由监理工程师书面答复承包人。 （4）若承包人收到监理工程师的变更意向书后认为难以实施此项变更，应立即通知监理工程师，对其说明原因并附详细依据。监理工程师与承包人和发包人协商后确定撤销、改变或不改变原变更意向书
2	承包人的合理化建议	（1）在履行合同过程中，承包人对发包人提供的图纸、技术要求以及其他方面提出的合理化建议，均应以书面形式提交监理工程师。合理化建议书的内容应包括建议工作的详细说明、进度计划和效益以及与其他工作的协调等，并附必要的设计文件。监理工程师应与发包人协商是否采纳建议。建议被采纳并构成变更的，应按合同约定向承包人发出变更指示。 （2）承包人提出的合理化建议缩短了工期，发包人按合同条款中"工期提前"的规定给予奖励；承包人提出的合理化建议降低了合同价格或者提高了工程经济效益的，发包人按项目专用合同条款数据表中规定的金额给予奖励
3	一般工程变更的审批程序	（1）工程变更的提出人向驻地监理工程师提出工程变更的申请，包括变更的原因、工程变更对造价的影响等分析，必要时附上有关的变更设计资料。 （2）驻地监理工程师对变更申请的可行性进行评估，并写出初步的审查意见。 （3）总监理工程师对驻地监理工程师审查的变更申请进行进一步的审定，并签署审批意见。总监理工程师签署工程变更令。 （4）承包单位组织变更工程的施工（包括可能的设计工作）。 （5）监理工程师和承包人协商确定变更工程的价款及办理有关的结算工作

序号	项目	内容
4	重要工程变更的审批程序	（1）重要工程变更通常指对工程造价影响较大、需要业主批准的工程变更工作。 （2）审批程序是：监理工程师在下达工程变更令之前，一是要报业主批准，二是要同承包人协商确定变更工程的价格不超过业主批准的范围。如果超过业主批准的总额，监理工程师应在下达工程变更令之前请求业主作进一步的批准或授权
5	重大工程变更的审批程序	（1）重大工程变更通常指一些对工程造价的影响很大、可能超出设计概算（甚至投资估算）的工程变更。 （2）对这些工程变更工作，业主在审批工程变更之前应事先取得国家计划主管部门的批准

变更工程的造价管理

序号	项目	内容
1	变更估价	（1）除专用合同条款对期限另有约定外，承包人应在收到变更指示或变更意向书后的14d内，向监理工程师提交变更报价书。报价内容应根据合同约定的估价原则，详细开列变更工作的价格组成及其依据，并附必要的施工方法说明和有关图纸。 （2）变更工作影响工期的，承包人应提出调整工期的具体细节。监理工程师认为有必要时，可要求承包人提交要求提前或延长工期的施工进度计划及相应施工措施等详细资料。 （3）除专用合同条款对期限另有约定外，监理工程师应在收到承包人变更报价书后的14d内，根据合同约定的估价原则，按照合同约定商定或确定变更价格
2	变更的估价原则	其一是约定优先原则，其二是公平合理原则
3	变更引起的价格调整	（1）如果取消某项工作，则该项工作的总额价不予支付。 （2）已标价工程量清单中有适用于变更工作的子目的，采用该子目的单价。 （3）已标价工程量清单中无适用于变更工作的子目、但有类似子目的，可在合理范围内参照类似子目的单价，由监理工程师按合同约定商定或确定变更工作的单价。 （4）已标价工程量清单中无适用或类似子目的单价，可在综合考虑承包人在投标时所提供的单价分析表的基础上，由监理人按合同约定商定或确定变更工作的单价。 （5）如果本工程的变更指示是因承包人过错、承包人违反合同或承包人责任造成的，则这种违约引起的任何额外费用应由承包人承担

考点5　公路项目施工索赔管理

工期延误的分类

序号	项目	内容
1	按延误索赔结果划分	（1）可原谅可补偿的延误：是指由于业主或监理工程师的错误或失误而造成的工期延误。在这种情况下，承包商不仅可以得到工期延长，还可以得到经济补偿。 （2）可原谅不可补偿的延误：是指既不是承包商也不是业主的原因，而是由客观原因引起的工期延误。在这种情况下，承包商可获得一定的工期延长作为补偿，但一般得不到经济补偿。 （3）不可原谅的延误：是指由于承包商的原因引起的工期延误。在这种情况下，承包商不但不能得到工期延长和经济补偿，而且由这种延误造成的损失全部都要由承包商来负责

序号	项目	内容
2	按延误是否处于关键路线上划分	（1）关键性延误：是位于网络进度计划的关键线路上的延误。关键性延误肯定会导致总工期的延长，如果是可原谅的延误应该给予承包商工期补偿。 （2）非关键性延误：是位于非关键线路上的延误。一般而言，当其延误时间没有超过总时差时，便不会造成总工期的延长，即使是可原谅的延误，只要其延误不造成总工期的延长，承包商仍然得不到工期补偿。只有超过总时差时，才对其超过部分予以延期
3	按照延误发生的时间划分	（1）单一性延误：是在同一时间段内干扰事件独立发生。由于时间单一，其处理的关键在于时间原始责任或风险承担的认定。 （2）共同延误：如果多个索赔事件在一段时段内同时发生，而这些事件又分别属于应由业主、承包商分别承担责任的过错或风险，则称之为共同延误或多事件交叉延误。共同延误又可按照多个事件发生的时间关系分为： ① 同时性延误。当两个或两个以上的延误事件从发生到终止的时间完全相同时，这类延误被称为同时性延误。 ② 交错性延误。当两个或两个以上的延误事件从发生到终止的时间只有部分重合时，这类延误被称为交错性延误

共同延误的责任归属原则

序号	原则	含义	内容
1	初始事件原则	在多事件交叉时段中应判断哪一种原因是最先发生的，即找出"初始延误者"，他首先要对延误负责。在初始延误发生作用的期间，其他并发的延误者不承担延误责任	（1）首先判断造成拖期的哪一种原因是最先发生的，即确定"初始延误者"，他应对工期拖期负责。 （2）如果初始延误者是发包人原因，则在发包人原因造成的延误期内，承包人既可得到工期延长，又可得到费用补偿。 （3）如果初始延误者是客观原因，则在客观因素发生影响的延误期内，承包人可得到工期延长，但很难得到费用补偿。 （4）如果初始延误者是承包人原因，则在承包人原因造成的延误期内，承包人工期补偿和费用补偿均不能得到
2	不利于承包商原则	在交叉时段内，只要出现了承包商的责任或风险，不管其出现次序，亦不论干扰事件的性质，该时段的责任全部由承包商承担	（1）可补偿延误与不可原谅延误同时存在。承包人不能要求工期延长和经济补偿。 （2）不可补偿延误与不可原谅延误同时存在，承包人无权要求工期延长。 （3）不可补偿延误与可补偿延误同时存在，承包人可获得工期延长，但不能要求经济补偿。 （4）两项可补偿延误同时存在。承包人只能得到一项工期延长或经济补偿
3	责任分摊原则	当交叉时段内的事件由业主、承包商共同承担责任时，按各干扰事件对干扰结果的影响分摊责任，并由双方共同承担	（1）这种折中的处理原则与前两种原则正相反，基本符合公平原则。 （2）问题的关键在于没有指明在实际工期索赔中使用该原则时，责任比例如何确定；并且该原则在理论上忽视了引起初始事件的原因在整个工程以及初始原因在延误责任划分归属问题中的重要性
4	工期从宽、费用从严原则	工期索赔业主责任优先，费用索赔承包商责任优先	（1）在多事件交叉时段内，对于工期索赔，只要存在业主责任或风险，即给予承包商工期补偿。 （2）只要在交叉时段存在承包商责任或风险，则承包商费用索赔均不成立。 （3）只要在交叉时段存在承包商责任，业主索赔成立

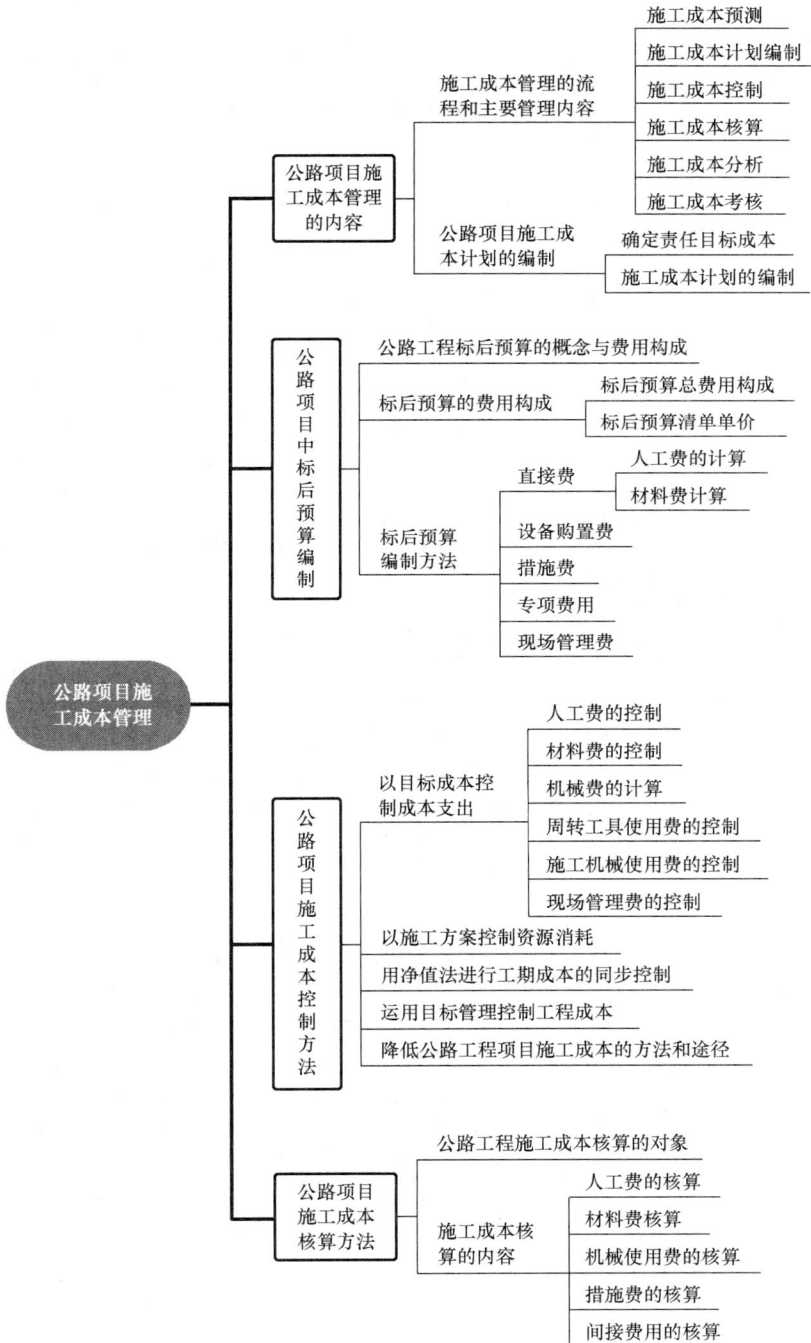

2B320070 公路项目施工成本管理

```
公路项目施工成本管理
├─ 公路项目施工成本管理的内容
│   ├─ 施工成本管理的流程和主要管理内容
│   │   ├─ 施工成本预测
│   │   ├─ 施工成本计划编制
│   │   ├─ 施工成本控制
│   │   ├─ 施工成本核算
│   │   ├─ 施工成本分析
│   │   └─ 施工成本考核
│   └─ 公路项目施工成本计划的编制
│       ├─ 确定责任目标成本
│       └─ 施工成本计划的编制
├─ 公路项目中标后预算编制
│   ├─ 公路工程标后预算的概念与费用构成
│   ├─ 标后预算的费用构成
│   │   ├─ 标后预算总费用构成
│   │   └─ 标后预算清单单价
│   └─ 标后预算编制方法
│       ├─ 直接费
│       │   ├─ 人工费的计算
│       │   └─ 材料费计算
│       ├─ 设备购置费
│       ├─ 措施费
│       ├─ 专项费用
│       └─ 现场管理费
├─ 公路项目施工成本控制方法
│   ├─ 以目标成本控制成本支出
│   │   ├─ 人工费的控制
│   │   ├─ 材料费的控制
│   │   ├─ 机械费的计算
│   │   ├─ 周转工具使用费的控制
│   │   ├─ 施工机械使用费的控制
│   │   └─ 现场管理费的控制
│   ├─ 以施工方案控制资源消耗
│   ├─ 用净值法进行工期成本的同步控制
│   ├─ 运用目标管理控制工程成本
│   └─ 降低公路工程项目施工成本的方法和途径
└─ 公路项目施工成本核算方法
    ├─ 公路工程施工成本核算的对象
    └─ 施工成本核算的内容
        ├─ 人工费的核算
        ├─ 材料费核算
        ├─ 机械使用费的核算
        ├─ 措施费的核算
        └─ 间接费用的核算
```

考点1 公路项目施工成本管理的内容

施工成本管理的流程

序号	项目	内容
1	施工成本预测	企业和项目经理部有关人员根据一定的规则和程序确定的项目施工责任成本
2	施工成本计划编制	包括由项目经理部根据项目施工责任成本确定的施工工期内的总施工成本计划（目标成本）和月度施工成本计划的编制
3	施工成本控制	主要指工程项目施工成本的过程控制。这是工程项目施工成本管理活动中不确定因素最多、最复杂、最基础也是最重要的管理内容
4	施工成本核算	（1）是对工程项目施工过程中所直接发生的各种费用，而进行的项目施工成本的核算。 （2）通过成本核算确定成本盈亏情况，为及时改善成本管理提供基础依据
5	施工成本分析	（1）成本分析是一个动态的活动，它贯穿于施工项目成本管理的全过程。 （2）成本分析的主要目的是利用施工项目的成本核算资料，将目标成本（计划成本）与施工项目的实际成本进行比较，了解成本变动情况，确定成本管理业绩，并找出成本盈亏的主要原因，寻找降低施工成本的途径，减少浪费，达到加强施工成本管理的目的
6	施工成本考核	在施工成本管理的过程或结束后，要定期或按时根据项目施工成本管理的盈亏情况，给予责任者相应的奖励或惩罚

公路项目施工成本计划的编制

序号	项目	步骤
1	确定责任目标成本	（1）企业组织项目经理及有关部门负责人分析研究工程承包合同。商讨投标阶段已考虑的各项技术经济措施的落实和进一步降低工程成本途径的挖掘。 （2）企业提出项目责任目标成本及其实施的指导意见，并与项目经理协商。 （3）在企业与项目经理双方认同的基础上，正式书面下达项目经理责任目标成本，签订《项目管理目标责任书》
2	施工成本计划的编制	（1）按照施工方案，计算各分部分项工程的计划工程量。 （2）按照企业施工定额，计算各分部分项工程的计划人工、材料、机械使用量。 （3）按照企业内部或市场生产要素价格信息，计算各分部分项工程的施工预算成本。 （4）将各项施工预算成本与相应项的责任目标成本进行比较，计算其计划成本偏差。现场计划成本偏差是指现场施工预算成本与责任目标成本之差，即：计划成本偏差＝施工预算成本－责任目标成本。计划成本偏差反映现场施工成本在计划阶段的预控情况，也称施工成本计划预控偏差。正值表示计划预控不到位，不满足该项责任目标成本的要求。 （5）当计划预控偏差总和为正值时，应进一步改善施工方案，寻找有潜力的分部分项工程，挖掘降低施工预算成本的途径和措施，保证现场计划总成本控制在责任目标总成本的范围内。 通过以上施工预算成本的计算与平衡之后，形成的现场施工计划成本，作为现场施工成本控制的目标

考点 2 公路项目中标后预算编制

项目标后总费用构成

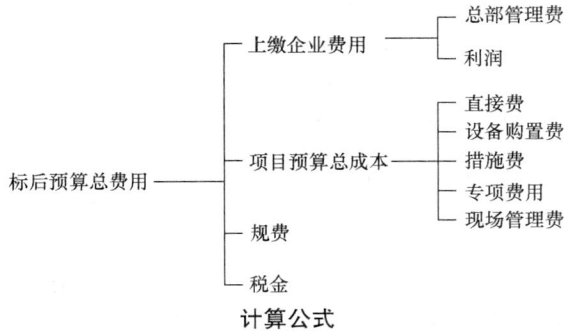

计算公式

序号	项目	计算公式
1	总成本	（1）项目预算总成本＝Σ（标后预算清单单价×清单工程量）。 （2）标后预算清单单价＝某工程细目（单位直接费或单位设备购置费＋单位措施费＋单位现场管理费)
2	人工费	（1）人工费＝承包（分包）单价×承包（分包）工程量。 （2）人工费＝（月平均工资＋工资附加费）×用工数量×计划工期（月)
3	材料费	（1）工程实体材料费＝Σ（工程实体各种材料消耗×相应材料单价）。 （2）钢筋、钢绞线、型钢、管钢等材料消耗量＝设计图纸的设计工程量×（1＋经验损耗率）。 （3）混合料中各种原材料消耗量＝设计图纸的设计工程量×工地实验室的生产配合比中该材料所占的比率×（1＋经验损耗率) 经验损耗率可以根据施工过的同类项目的历史经验数据确定。 （4）材料单价＝（材料采购单价＋运杂费）×（1＋场外运输损耗率）×（1＋采购及保管费率）−包装品回收价值。 （5）周转材料摊销费＝周转材料设计数量×单价×摊销率×计划使用时间。 （6）周转材料设计数量按照实施性施工组织设计中某单项工程设计用量（如模板设计、平台设计、脚手架设计等）计算。 （7）周转材料单价＝（材料的采购原价＋运杂费）×（1＋采购及保管费率）。 （8）如周转材料为租赁的，则周转材料费按租赁合同的租金计算，一般计算式为：租金＝数量×租赁单价×租赁时间
4	自有机械费	（1）自有机械总费用＝Σ某种机械型号的（不变费用＋可变费用）。 （2）折旧费＝设备原值×年折旧率×使用时间（年）。 （3）机驾人员工资总额＝（月平均工资＋工资附加费）×人数×时间
5	租赁机械费	（1）机械租赁费＝Σ[（机械租赁单价＋使用费）×租赁数量×租赁时间]。 （2）如果租赁合同约定机驾人员工资油料维修等使用费由出租方承担，则：机械租赁费＝Σ（机械租赁单价×租赁数量×租赁时间)
6	工资附加费	管理人员工资总额×67%（工资附加费包括内容及提取比率为：职工福利费14%；工会经费2%；职工教育经费1.5%；职工养老统筹20%；失业保险2.5%；住房补贴20%；医疗保险7%；提取合计比率67%)

201

考点 3 公路项目施工成本控制方法

公路项目施工成本控制方法

序号	项目	内容
1	以目标成本控制成本支出	（1）人工费的控制。 （2）材料费的控制：材料成本是整个项目成本的主要环节。 （3）周转工具使用费的控制。 （4）施工机械使用费的控制。 （5）现场管理费的控制
2	以施工方案控制资源消耗	（1）在工程项目开工以前，根据施工图纸和工程现场的实际情况，同时制定施工方案，包括人力物资需用计划、机具设备等，以此作为指导和管理施工的依据。 （2）组织实施。施工方案是进行工程施工的指导性文件，对生产班组的任务安排，必须签发施工任务单和限额领料单，并向生产班组进行技术交底。 （3）采用价值工程，优化施工方案
3	用净值法进行工期成本的同步控制	成本控制与施工计划管理、成本与进度之间必然存在着同步关系
4	运用目标管理控制工程成本	（1）施工前认真组织图纸会审和技术交底，组织学习操作规程和技术标准，编制质量保证措施、安全保证措施等。 （2）根据施工图等有关技术资料，对拟定的施工方法、顺序、作业形式、机械设备选型、技术组织措施等进行认真的研究分析，制定出具体明确的施工方案。 （3）台账管理。材料台账应对预算数与实耗数差异进行分析，为成本分析提供尽可能详细的资料。 （4）设立合同管理机构或者配备合同管理专职人员，建立合同台账统计、检查和报告制度

降低公路工程项目施工成本的方法和途径

序号	项目	内容
1	合同交底	进行合同交底，使项目经理部全面了解投标报价、合同谈判、合同签订过程中的情况。同时，投标单位应将合同协议书、投标书、合同专用条款、通用条款、技术规范、标价的工程量清单移交给项目经理部
2	研究合同文件	项目经理部应认真研读合同文件，对设计图纸进行会审，对合同协议、合同条款、技术规范进行精读，结合现场的实际情况，对可能变更的项目、可能上涨的材料单价等进行预测，对项目的成本趋势做到心中有数
3	编制实施性施工组织设计等实施方案	企业根据项目编制的实施性施工组织设计、材料的市场单价以及项目的资源配置编制并下达标后预算；项目经理部根据标后预算核定的成本控制指标，预测项目的阶段性目标，编制项目的成本计划，并将成本控制指标和成本控制责任分解到部门班组和个人，做到每个部门有责任，人人肩上有担子

序号	项目	内容
4	制订先进、经济合理的施工方案	施工方案主要包括四项内容：施工方法的确定、施工机具的选择、施工顺序的安排和流水施工的组织。施工方案不同，工期就会不同，所需机具也不同，因此发生的费用也会不同。因此，正确选择施工方案是降低成本的关键所在
5	落实技术组织措施	落实技术组织措施，走技术与经济相结合的道路，以技术优势来取得经济效益，是降低项目成本的又一个关键。一般情况下，项目应在开工之前根据工程情况制定技术组织措施
6	组织均衡施工，加快施工进度	凡是按时间计算的成本费用，如项目管理人员的工资和办公费、现场临时设施费和水电费以及施工机械和周转设备的租赁费等，在加快施工进度、缩短施工周期的情况下，都会有明显的节约
7	降低材料成本	材料成本在整个项目成本中的比重最大，一般可达70%左右，而且有较大的节约潜力。往往在其他成本项目（如人工费、机械费等）出现亏损时，要靠材料成本的节约来弥补。因此，应做好材料的采购计划，采取招标采购的形式，降低材料的采购单价。同时，做好混合料配合比的优化设计，加强施工过程控制，降低各类材料的生产消耗量和不必要的损耗
8	提高机械利用率	机械费一般占到工程成本的20%左右。项目对机械成本控制的关键是提高机械设备的完好率和使用率。同时，应建立单机核算制度，明确和量化机械成本的控制指标和控制责任，并落实到部门和个人

考点4 公路项目施工成本核算方法

施工成本核算的内容

序号	项目	内容
1	人工费的核算	（1）在实行计件工资制度下，所支付的工资一般都能分清受益对象，应根据"工程任务单"和"工资结算汇总表"，将归集的工资直接计入各成本核算对象的人工费成本项目中。 （2）在实行计时工资制度下，只有一个成本核算对象或者所发生的工资能分清是在哪个成本核算对象的施工中，可将其直接计入该成本核算对象的"人工费"项目中；如果工人同时在为多个成本核算对象施工，就需将所发生的工资在各个成本核算对象之间进行分配。 （3）职工福利费、工会经费、职工教育经费等工资附加费，应根据各个成本核算对象当期实际发生或分配计入的工资总额，按规定计提并计入"人工费"项目。 （4）工资性质的津贴，按规定应计入成本的奖金、劳动保护费等人工费，比照计件和计时工资的归集和分配方法，直接计入或分配计入有关成本核算对象的"人工费"项目。 （5）对于支付给分包单位的人工费，直接计入该分包工程的"人工费"项目
2	材料费核算	企业必须建立健全材料的收、发、领、退等管理制度，制订统一的定额领料单、大堆材料耗用计算单、集中配料耗用计算单、周转材料摊销分配表、退料单等自制原始凭证，并按不同的情况进行费用的归集和分配
3	机械使用费的核算	（1）租入机械费用的核算。从外单位或本企业内部独立核算单位租入施工机械支付的租赁费，一般可以根据"机械租赁费结算单"所列金额，直接计入成本核算对象的"机械使用费"成本项目中。如果租入的施工机械是为两个或两个以上的工程服务，应以租入机械所服务的各个工程受益对象提供的作业台班数量为基数进行分配。 （2）自有机械费用的核算。工程项目使用自有施工机械和运输设备进行机械作业所发生的各项费用，首先应通过"机械作业"科目，分别归集，月末根据各个成本核算对象实际使用机械的台班数计算各成本核算对象应分摊的施工机械使用费

序号	项目	内容
4	措施费的核算	项目施工生产过程中实际发生的措施费，包括冬期施工增加费、雨期施工增加费、夜间施工增加费、特殊地区施工增加费、行车干扰工程施工增加费、施工辅助费、工地转移费等。凡能分清受益对象的，应直接计入受益对象的成本核算账户"工程施工—措施"，如与若干个成本核算对象有关的，可先归集到项目经理部的"措施费"账户科目，再按规定的方法分配计入有关成本核算对象的"工程施工—措施费"成本项目内
5	间接费用的核算	间接费用主要是指现场施工管理费，主要有管理人员的工资、奖金和按比例计提上交企业的职工福利费、工会经费、教育经费、劳保统筹费，以及现场公共生活服务等费用。施工间接费，先在项目"施工间接费"总账归集，再按一定的分配标准计入受益成本核算对象（单位工程）"工程施工—间接成本"

2B320080　公路工程造价管理

【考点图谱】

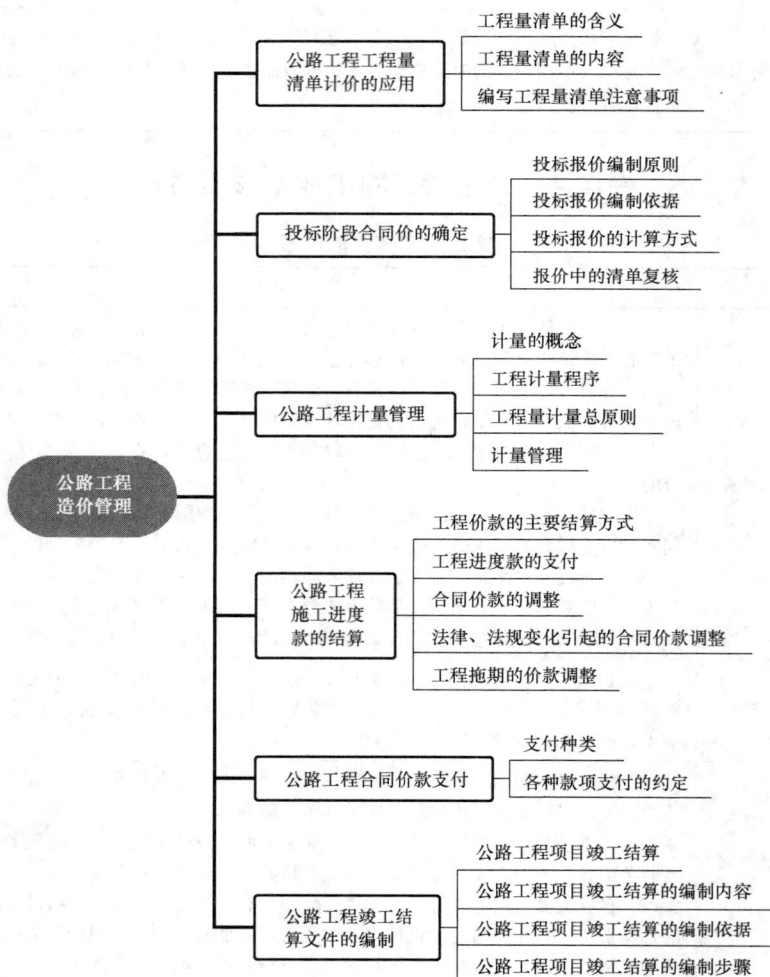

考点 1　公路工程工程量清单计价的应用

编写工程量清单注意事项

序号	注意事项	含义
1	将开办项目作为独立的工程子目单列出来	包括工程保险、施工环保费、安全生产费、临时工程与设施、承包人驻地建设、施工标准化等
2	合理划分工程子目	在工程子目划分时，要注意将不同等级要求的工程区分开。将同一性质但不属于同一部位的工程区分开；将情况不同，可能要进行不同报价的子目区分开
3	工程子目的划分要大小合适	工程子目的划分可大可小，工程子目大，可减少计算工作量，但太大就难以发挥单价合同的优势，不便于工程变更的处理。工程子目太大也会使支付周期延长，影响承包人的资金周转，最终影响合同的正常履行。工程子目相对较小，虽会增加计算工作量，但对处理工程变更和合同管理是有利的
4	工程量的计算整理要细致准确	计算和整理工程量的依据是设计图纸和技术规范，它是一项严谨的技术工作，在工程量的计算过程中，要做到不重不漏，更不能发生计算错误
5	计日工清单或专项暂定金额不可缺少	计日工清单是用来处理一些附加的或小型的变更工程计价的，清单中计日工的数量完全是由业主虚拟的
6	应与工程量清单计量规则一致	工程量清单的编号、子目名称、单位等要求与工程量清单计量规则保持一致，从而保证整个合同的严密性和前后一致性

考点 2　投标阶段合同价的确定

投标报价组成、计算、分析和复核

序号	项目	内容
1	投标报价的组成	（1）直接费：是指工程施工中直接用于工程上的人工、材料和施工机械使用费用的总和。 （2）措施费：是指直接费以外，施工过程中发生的直接用于工程的费用，如冬、雨期施工增加费，夜间施工增加费，特殊地区施工增加费，行车干扰工程施工增加费，施工辅助费，工地转移费。 （3）企业管理费：是指组织和管理工程施工所需的各项费用。由基本费用、主副食运输补贴、职工探亲路费、职工取暖补贴和财务费用等费用组成。 （4）利润：是指投标时根据企业的利润目标和本项目的具体情况确定的利润。 （5）规费和税金：规费是指法律、法规、规章、规程规定施工企业必须缴纳的费用，包括养老保险费、失业保险费、医疗保险费、住房公积金和工伤保险费等；税金是按国家税法规定应计入建筑安装工程造价的增值税销项税额。 （6）风险费是对风险分析后确定的用于防范风险的费用

序号	项目	内容
2	标价的计算	（1）工料单价计算法。根据已审定的工程量，按照定额或市场的单价，逐项计算每个项目的价格，分别填入招标人提供的工程量清单内，计算出全部工程量直接成本费，然后按企业自定的各项费率及法定税率，依次计算出间接费、利润及税金。另外，再考虑一项不可预见费，其费用总和即为基础报价。 （2）综合单价计算方法。按综合单价计算报价是所填入工程量清单的单价，应包括人工费、材料费、机械使用费、措施费、间接费、利润和税金以及风险金等全部费用，构成基础单价，即综合单价。此种方法用于单价合同的报价，报价金额等于工程量清单的汇总金额加上暂定金额
3	标价分析	（1）标价的宏观审核。 （2）标价的动态分析。 （3）标价的盈亏分析
4	报价中的清单复核	（1）清单项目完整性复核。 （2）清单项目一致性复核。 ①清单工程项目编码与项目名称是否一致。 ②清单工程项目名称与施工图的项目名称是否一致。 ③对技术规范规定多个单位的项目，查清单中选用的单位与工程量计算口径是否一致。 ④清单工程项目与技术规范及定额计量单位是否一致。 （3）清单工程量准确性复核

考点3　公路工程计量管理

工程计量程序

序号	项目	内容
1	工程计量的组织类型	（1）监理工程师独立计量。计量工作由监理工程师单独承担，然后将计量的记录送承包人。承包人对计量有异议，可在7d内以书面形式提出，再由监理工程师对承包商提出的质疑进行复核，并将复议后的结果通知承包人。 （2）承包人进行计量。由承包人对已完工程进行计量，然后将计量的记录及有关资料报送监理工程师核实确认。 （3）监理工程师与承包人共同计量。在进行计量前，由监理工程师通知承包人计量的时间与工程部位，然后由承包人派人同监理工程师共同计量，计量后双方签字认可
2	现场计量的程序	（1）工程计量由承包人向监理工程师提出并附有必要的中间交工验收资料或质量合格证明。 （2）监理工程师对工程的任何部分进行计量时，应按照《标准施工招标文件》的"通用合同条款"第56条规定，事先通知承包人或承包人的代表。 （3）承包人或承包人的代表应立即委派合格人员前往协助监理工程师进行计量工作，还应提供必要的人员、设备和交通工具。 （4）计量工作可以由监理工程师和承包人双方委派合格人员在现场进行，也可以采用记录和图纸在室内按计量规则进行计算，其结果都必须经监理工程师和承包人双方同意，签字认可。 （5）如果承包人在收到监理工程师的计量通知后，不参加或未派人参加计量工作，根据《标准施工招标文件》的"通用合同条款"第17.1款第4项第3目规定，由监理工程师派出人员单方面进行的工程计量，经监理工程师批准的应认为是正确的工程计量，可以用作支付的依据，承包人不可以对此种计量提出异议

序号	项目	内容
3	驻地监理工程师对计量结果的审查	驻地监理工程师对计量结果的审查包括两个方面:一是计量的工程质量是否达到合同标准;二是计量的过程是否符合合同条件
4	总监理工程师代表处对工程计量项目的审定	总监理工程师代表处在审定过程中有权对计量的工程项目的质量进行抽检,抽检不合格的项目不予计量,对计量过程有错误的项目进行修正或不予计量。只有经总监理工程师审查批准的工程项目,才予以支付工程款项

工程量计量总原则

1. 所有工程项目,除个别注明者外,均采用我国法定的计量单位,即国际单位及国际单位制导出的辅助单位进行计量。

2. 任何工程项目的计量,均应按工程量清单计量规则规定或监理工程师书面指示进行。

3. 按合同提供的材料数量和完成的工程数量所采用的测量与计算方法,应符合规范规定。所有这些方法,应经监理工程师批准或指示。承包人应提供一切计量设备和条件,并保证其设备精度符合要求。

4. 除非监理工程师另有准许,一切计量工作都应在监理工程师在场情况下,由承包人测量、记录。有承包人签名的计量记录原本,应提交给监理工程师审查和保存。

5. 工程量应由承包人计算,由监理工程师审核。工程量计算的副本应提交给监理工程师并由监理工程师保存。

6. 除合同特殊约定单独计量之外,全部必需的模板、脚手架、装备、机具、螺栓、垫圈和钢制件等其他材料,应包括在工程量清单中所列的有关支付项目中,均不单独计量。

7. 除监理工程师另有批准外,凡超过图纸所示的面积或体积,都不予计量与支付。

8. 承包人应严格标准计量基础工作和材料采购检验工作。沥青混凝土、沥青碎石、水泥混凝土、高强度等级水泥砂浆的施工现场必须使用电子计量设备称重。因不符合计量规定引发质量问题,所发生的费用由承包人承担。

考点4 公路工程施工进度款的结算

工程价款价差调整的主要方法

序号	项目	内容
1	工程造价指数调整法	甲乙双方采用当时的预算(或概算)定额单价计算承包合同价,待竣工时,根据合理的工期及当地工程造价管理部门所公布的该月度(或季度)的工程造价指数,对原承包合同价予以调整
2	实际价格调整法	有些合同规定对钢材、水泥、木材等三大材料的价格采取按实际价格结算的方法,对这种办法,地方主管部门要定期发布最高限价。同时,合同文件中应规定建设单位或工程师有权要求承包商选择更廉价的供应来源
3	调价文件计算法	甲乙双方按当时的预算价格承包,在合同期内,按造价管理部门调价文件的规定,进行抽料补差(按所完成的材料用量乘以价差)

序号	项目	内容
4	调值公式法	调值公式一般包括固定部分、材料部分和人工部分，调值公式一般为： $$P = P_0(a_0 + a_1 A/A_0 + a_2 B/B_0 + a_3 C/C_0 + \cdots\cdots)$$ 式中　　P——调值后合同价款或工程实际结算款； 　　　　P_0——合同价款中工程预算进度款； 　　　　a_0——固定要素，代表合同支付中不能调整部分占合同总价的比重； 　a_1、a_2、a_3……——代表各有关费用（如人工费、钢材费用、水泥费用等）在合同总价中所占的比重 $a_0 + a_1 + a_2 + a_3 + \cdots\cdots = 1$； 　A_0、B_0、C_0……——与 a_1、a_2、a_3 对应的各项费用的基期价格指数； 　A、B、C……——与 a_1、a_2、a_3 对应的各项费用的现行价格指数，指合同条款约定的付款证书相关周期最后一天的前 42d 的各可调项费用的价格指数

其他情形的价款调整

序号	项目	内容
1	法律、法规变化引起的合同价款调整	在送交投标文件截止期前 28d 之后，国家或省（自治区、直辖市）颁布的法律、法规出现修改或变更，因采用新的法律、法规使承包人在履行合同中的费用发生价差调整以外的增加或减少，则此项增加或减少的费用应由监理工程师在与承包人协商并报经业主批准后确定，增加到合同价或从合同价中扣除
2	工程拖期的价款调整	如果承包人未能在投标书附录中写明的工期内完成本合同工程，则在该交工日期以后施工的工程，其价格调整计算应采用该交工日期所在年份的价格指数作为当期价格指数。如果延期符合合同规定的情况，则在该延长的交工日期到期以后施工的工程，其价格调整计算应采用该延长的交工日期所在年份的价格指数作为当期价格指数

考点 5　公路工程合同价款支付

预付款支付的约定

序号	项目	内容
1	开工预付款	（1）开工预付款的金额在项目专用条款数据表中约定（开工预付款是一项由业主提供给承包人用于开办费用的无息贷款，国际上一般规定范围是 0～20%，国内开工预付款金额一般应为 10%签约合同价）。在承包人签订了合同协议书且承包人承诺的主要设备进场后，监理工程师应在当期进度付款证书中向承包人支付开工预付款。 （2）承包人不得将该预付款用于与本工程无关的支出，监理工程师有权监督承包人对该项费用的使用，如经查实承包人滥用开工预付款，发包人有权立即向银行索赔履约保证金，并解除合同
2	材料、设备预付款	材料、设备预付款按项目专用合同条款数据表中所列主要材料、设备单据费用（进口的材料、设备为到岸价，国内采购的为出厂价或销售价，地方材料为堆场价）的百分比支付。其预付条件为： （1）材料、设备符合规范要求并经监理工程师认可。 （2）承包人已出具材料、设备费用凭证或支付单据。 （3）材料、设备已在现场交货，且存储良好，监理工程师认为材料、设备的存储方法符合要求。则监理工程师应将此项金额作为材料、设备预付款计入下一次的进度付款证书中。在预计交工前 3 个月，将不再支付材料、设备预付款

序号	项目	内容
3	预付款保函	承包人无须向发包人提交预付款保函。发包人向承包人支付的预付款，应按照合同规定使用，承包人提交的履约保证金对预付款的正常使用承担保证责任
4	预付款的扣回与还清	（1）开工预付款在进度付款证书的累计金额未达到签约合同价的30%之前不予扣回，在达到签约合同价30%之后，开始按工程进度以固定比例（即每完成签约合同价的1%，扣回开工预付款的2%）分期从各月的进度付款证书中扣回，全部金额在进度付款证书的累计金额达到签约合同价的80%时扣完。 （2）当材料、设备已用于或安装在永久工程之中时，材料、设备预付款应从进度付款证书中扣回，扣回期不超过3个月。已经支付材料、设备预付款的材料、设备的所有权应属于发包人

质量保证金的支付与返还

序号	项目	内容
1	缴纳	（1）交工验收证书签发后14d内，承包人应向发包人缴纳质量保证金。质量保证金可采用银行保函或现金、支票形式，金额应符合项目专用合同条款数据表的规定。采用银行保函时，出具保函的银行须具有相应担保能力，且按照发包人批准的格式出具，所需费用由承包人承担。 （2）质量保证金采用现金、支票形式提交的，发包人应在项目专用合同条款数据表中明确是否计付利息以及利息的计算方式
2	比例	发包人应按照合同约定方式预留保证金，保证金总预留比例不得高于工程价款结算总额的3%。合同约定由承包人以银行保函替代预留保证金的，保函金额不得高于工程价款结算总额的3%
3	返还	（1）在合同条款约定的缺陷责任期满时，且质量监督机构已按规定对工程质量检测鉴定合格，承包人向发包人申请到期应返还承包人剩余的质量保证金金额，发包人应在14d内会同承包人按合同约定的内容核实承包人是否完成缺陷责任。 （2）如无异议，发包人应当在核实后将剩余保证金返还承包人
4	扣留	在合同条款约定的缺陷责任期满时，承包人没有完成缺陷责任的，发包人有权扣留与未履行责任剩余工作所需金额相应的质量保证金余额，并有权根据合同条款约定要求延长缺陷责任期，直到完成剩余工作为止

交工结算

序号	项目	内容
1	交工付款申请书	（1）承包人在交工验收证书签发后42d内向监理工程师提交交工付款申请单（包括相关证明资料），交工付款申请单的份数在项目专业合同条件数据表中约定。 （2）监理工程师对交工付款申请单有异议的，有权要求承包人进行修正和提供补充资料，经监理工程师和承包人协商后，由承包人向监理人提交修正后的交工付款申请单
2	交工付款证书及支付时间	（1）监理工程师在收到承包人提交的交工付款申请单后的14d内完成核查，提出发包人到期应支付给承包人的价款送发包人审核并抄送承包人。发包人应在收到后14d内审核完毕，由监理工程师向承包人出具经发包人签认的交工付款证书。监理工程师未在约定时间内核查，又未提出具体意见的，视为承包人提交的交工付款申请单已经监理工程师核查同意；发包人未在约定时间内审核又未提出具体意见的，监理工程师提出发包人到期应支付给承包人的价款视为已经发包人同意。

序号	项目	内容
2	交工付款证书及支付时间	（2）发包人应在监理工程师出具交工付款证书且承包人提交了合格的增值税专用发票后的 14d 内，将应支付款支付给承包人。发包人不按期支付的，按合同条款的约定，将逾期付款违约金支付给承包人。 （3）承包人对发包人签认的交工付款证书有异议的，发包人可出具交工付款申请单中承包人已同意部分的临时付款证书。存在争议的部分，按合同条款的约定办理。 （4）交工付款涉及政府投资资金的，按合同条款的约定办理

最终结清

序号	项目	内容
1	最终结清申请单	（1）承包人应在缺陷责任期终止证书签发后 28d 内向监理工程师提交最终结清申请单（包括相关证明材料），最终结清申请单的份数在项目专用合同条款数据表中约定。最终结清申请单中的总金额应认为是代表了根据合同规定应付给承包人的全部款项的最后结算。 （2）发包人对最终结清申请单内容有异议的，有权要求承包人进行修正和提供补充资料，由承包人向监理工程师提交修正后的最终结清申请单
2	最终结清证书和支付时间	（1）监理工程师收到承包人提交的最终结清申请单后的 14d 内，提出发包人应支付给承包人的价款送发包人审核并抄送承包人。发包人应在收到后 14d 内审核完毕，由监理工程师向承包人出具经发包人签认的最终结清证书。监理工程师未在约定时间内核查，又未提出具体意见的，视为承包人提交的最终结清申请已经监理工程师核查同意；发包人未在约定时间内审核又未提出具体意见的，监理工程师提出应支付给承包人的价款视为已经发包人同意。 （2）发包人应在监理工程师出具最终结清证书且承包人提交了合格的增值税专用发票后的 14d 内，将应支付款支付给承包人。发包人不按期支付的，按合同条款的有关规定，将逾期付款违约金支付给承包人。 （3）承包人对发包人签认的最终结清证书有异议的，按合同条款的有关规定办理。 （4）最终结清付款涉及政府投资资金的，按合同条款的相关规定办理。 （5）"最终结清认证书"是表明发包人已经履行完其合同义务的证明文件，它与缺陷责任终止证书一样，是具有重要法律意义的文件。 （6）只要监理工程师向承包人出具经发包人签认的"最终结清认证书"，就意味着从法律上确立了发包人也已经履行完毕其应履行的合同义务；同理，"最终结清认证书"也是证明合同双方的义务都已经按照合同履行完毕证明文件，合同到此终止

其他支付

序号	项目	内容
1	索赔费用	赔偿费用的支付额应按监理工程师签发的索赔审批书来确认或按监理工程师暂时确定的赔偿额来支付
2	计日工费用	计日工的数量应有监理工程师的指示及确认。计日工的单价按工程量清单中计日工的单价来办理
3	变更工程费用	变更工程应有监理工程师签发的书面变更令。变更工程的单价按变更工程单价确定原则来处理。完成的变更工程数量应有监理工程师签认的变更工程计量证书
4	价格调整费用	监理工程师应严格按合同规定的价格调整方法来确定价格调整款额

序号	项目	内容
5	拖期违约损失赔偿金（违约罚金）	（1）拖期违约损失赔偿金是因承包人原因，使得工程不能按期完工时，承包人应向业主支付的赔偿金。原则上其赔偿标准应与业主的损失相当。一般规定，每逾期 1d，赔偿合同价的 0.01%～0.05%；同时也规定，赔偿总额不超过合同价的 10%。这些规定在投标书附件中都应明确。 （2）如果承包人未能按规定的工期完成合同工程，则必须向业主支付按投标书附录中写明的金额，作为拖期损失赔偿金。时间自预定的交工日期起到合同工程交工证书中写明的交工日期或已批准的延长工期止，按天计算。拖期损失赔偿金，应不超过投标书附录中写明的限额。业主可以从应付或到期应付给承包人的任何款项中扣除此赔偿金，但不排除其他扣款方法。扣除拖期损失赔偿金，并不解除合同规定的承包人对完成本工程的义务和责任
6	逾期付款违约金	（1）监理工程师在收到承包人进度付款申请单以及相应的支持性证明文件后的 14d 内完成核查，提出发包人到期应支付给承包人的金额以及相应的支持性材料，经发包人审查同意后，由监理工程师向承包人出具经发包人签认的进度付款证书。监理工程师有权扣除承包人未能按照合同要求履行任何工作或义务的相应金额。 （2）发包人应在监理工程师收到进度付款申请单且承包人提交了合格的增值税专用发票后的 28d 内，将进度应付款支付给承包人。发包人不按期支付的，按专用合同条款的约定支付逾期付款违约金。 （3）承包人向监理工程师提交交工付款申请单（包括相关证明材料）的份数在项目专用合同条款数据表中约定；期限：交工验收证书签发后 42d 内。 （4）承包人向监理工程师提交最终结清申请单（包括相关证明材料）的份数在项目专用合同条款数据表中约定；期限：缺陷责任终止证书签发后 28d 内。 （5）最终结清申请单中的总金额应认为是代表了根据合同规定应付给承包人的全部款项的最后结算，否则将支付迟付款息。如果项目专用合同条款规定计复利，则计算公式如下： $$迟付款利息 = P(1+r)^n - P$$ 式中　P——迟付的人民币或外汇数额； 　　　r——日利率； 　　　n——迟付款天数

考点 6　公路工程竣工结算文件的编制

公路工程项目竣工结算的编制内容、依据和步骤

序号	项目	内容
1	公路工程项目竣工结算的编制内容	（1）竣工结算封面。 （2）竣工结算编制说明。 （3）第 100～700 章清单结算造价汇总计算表。 （4）其他结算造价汇总计算表，包括工程签证单、联系单结算汇总表、材料价差计算表、业主供料计算表等内容。 （5）工程竣工结算资料，包括竣工图、施工合同、招标投标书、设计变更资料、现场签证资料、工程联系单、材料单价调价确认单等
2	编制依据	（1）工程量清单计价规范。 （2）施工合同。 （3）工程竣工图纸及资料。 （4）双方确认的工程量。 （5）双方确认追加（减）的工程价款。 （6）双方确认的索赔、现场签证事项及价款。 （7）投标文件。 （8）招标文件。 （9）其他依据

序号	项目	内容
3	编制步骤	(1) 收集、整理和分析有关依据资料。 (2) 根据设计变更及工程实际情况对竣工图主要内容进行检查、核对。 (3) 根据竣工图纸、设计变更资料、现场签证等资料，按工程量清单计量规则计算第100～700章清单结算工程量。 (4) 根据双方确认的索赔、现场签证事项及价款等计算清单外追加（减）工程价款。 (5) 根据材料、设备价差确认单等计算费用调整，确认追加（减）工程价款。 (6) 分类汇总，填写竣工工程结算单，编制单位工程结算。 (7) 编写竣工结算说明书。 (8) 编制单项工程结算书。 (9) 整理、装订竣工结算依据资料。 (10) 上报监理工程师及业主审查

2B320090 公路工程施工现场临时工程管理

【考点图谱】

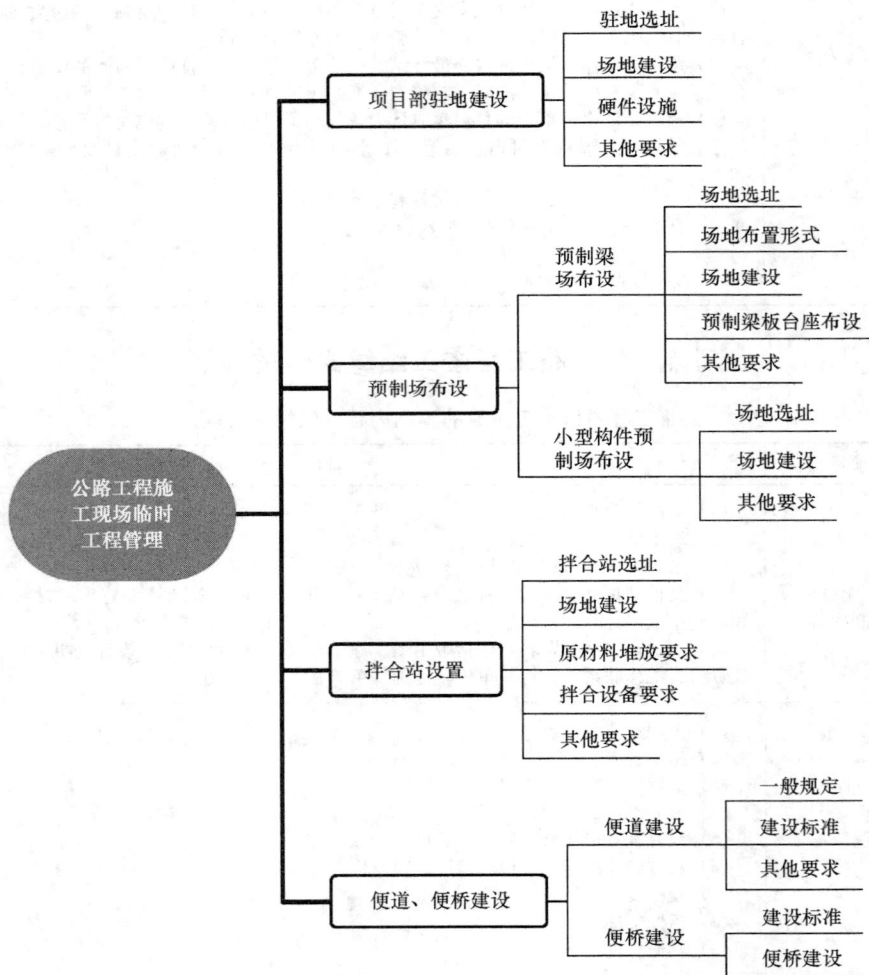

考点1　项目部驻地建设

项目部驻地建设

序号	项目	内容
1	驻地选址	（1）满足安全、实用、环保的要求，以工作方便为原则，具备便利的交通条件和通电、通水、通信条件。 （2）用地合法，周围无塌方、滑坡、落石、泥石流、洪涝等自然灾害隐患，无高频、高压电源及油、气、化工等其他污染源。 （3）离集中爆破区500m以外，不得占用独立大桥下部空间、河道、互通匝道区及规划的取、弃土场。 （4）进场前组织相关人员按照施工、安全和环保的要求进行现场查勘，编制选址方案
2	场地建设	（1）可自建或租用沿线合适的单位或民用房屋，但应坚固、安全、实用、美观，并满足工作和生活需求，自建房还应安装拆卸方便且满足环保要求。 （2）自建房屋最低标准为活动板房，建设宜选用阻燃材料，搭建不宜超过两层，每组最多不超过10栋，组与组之间的距离不小于8m，栋与栋之间的距离不小于4m，房间净高不低于2.6m。驻地办公区、生活区应采用集中供暖设施，严禁电力取暖。 （3）宜为独立式庭院，四周设有围墙，有固定出入口。有条件的，可在出入口设置保卫人员。 （4）办公、生活用房建筑面积和场地面积应满足办公和生活需要。 （5）办公区、生活区及车辆、机具停放区等布局应科学合理，分区管理，合理规划人车路线，尽可能减少不同区域间的互相干扰。区内场地及主要道路应做硬化处理，排水设施完善，庭院适当绿化，环境优美整洁，生活、生产污水和垃圾集中收集处理
3	硬件设施	（1）项目部一般设项目经理室（书记办公室）、项目总工程师办公室、项目副经理办公室、各职能部门办公室、档案室、试验室、会议室等。 （2）项目部驻地办公用房面积应满足办公需要。 （3）驻地办公用房应实用、美观、隔热、通风、防潮，各室功能应满足要求
4	其他要求	（1）驻地内消防设施应满足现行《建设工程施工现场消防安全技术规范》GB 50720的有关规定，在适当位置设置临时室外消防水池和消防砂池，配置相应的消防安全标识和消防安全器材，并经常检查、维护、保养。 （2）驻地内应设置消防通道，并保证消防车道的畅通，禁止在车道上堆物、堆料或挤占消防通道。 （3）驻地内使用的电气设备和临时用电应符合现行《施工现场临时用电安全技术规范》JGJ 46的规定。 （4）生活污水排放应进行规划设计，设置多级沉淀池，通过沉淀过滤达到排放标准。厕所污水应通过集中独立管道进入化粪池，封闭处理。 （5）驻地内应设置一个大型垃圾堆积池，容积不小于3m×2m×1.5m，将各种垃圾集中存放，定期按环保要求处置。 （6）驻地内应设有必要的防雷设施，在条件允许情况下驻地应设置报警装置和监控设施

项目部驻地办公用房面积标准

序号	各室名称	配备标准（m²）	备注
1	办公室	6	人均面积
2	会议室	60	具备多媒体功能

序号	各室名称	配备标准（m²）	备注
3	档案资料室	20	
4	试验室	180	各操作室合计面积

驻地内标识、标牌设置

序号	标识名称	标识内容及要求	设置位置
1	项目名称牌	项目名称及合同段名称	驻地大门
2	党工委名称牌	—	驻地大门
3	办公室门牌	—	各办公室门墙上
4	宿舍门牌	—	各宿舍门墙上
5	项目管理制度牌（含职责牌）	岗位职责、管理制度。要求在牌底部有单位名称	办公室、会议室
6	廉政监督牌	廉政制度、领导小组、监督小组及监督电话	会议室或驻地院内
7	工程简介牌		会议室或驻地院内
8	安全保障体系		会议室
9	质量保证体系		会议室
10	施工组织体系		会议室
11	文明施工牌	—	会议室或驻地院内
12	消防保卫牌	底部应标有火警电话119	会议室或驻地院内
13	施工平面图		会议室或驻地院内
14	工程立体效果图	—	会议室或驻地院内
15	宣传栏	可设置多窗	驻地院内

注：表中各标识标牌的标识内容以及位置仅作参考，各项目可作相应调整。

考点2　预制场布设

预制梁场布设

序号	项目	内容
1	场地选址	（1）以方便、合理、安全、经济、环保及满足工期为原则，结合施工合同段所属预制梁板的尺寸、数量、架设要求以及运输条件等情况进行综合选址。 （2）应满足用地合法，周围无塌方、滑坡、落石、泥石流、洪涝等地质灾害。无高频、高压电源及其他污染源；离集中爆破区500m以外；不得占用规划的取、弃土场。 （3）原则上不宜设在主线征地范围内。若确实存在用地困难等特殊情况需要将预制场设于主线征地范围内时，应报项目建设单位审批
2	场地布置形式	（1）路基外预制场。该类型预制场比较普遍，制梁区使用大型龙门吊，在路基外设置预制场。 （2）路基上预制场。在其他地方设置预制场困难时，可将预制场设在路基上。要求桥头引道上有较长的平坡，并且路基比较宽（一般应大于24m），布置时首先要留足桥头架桥机的拼装场地，并偏向一侧设置梁区，以便留出道路。 （3）桥上预制场。桥梁施工在城市市区内时，现场没有预制场地，若在城外预制梁片，运梁十分困难，可考虑在桥墩之间拼装支架，制作安装2～3孔主梁，然后把施工完成的跨径部分作为预制场，并依次使预制场扩展出去。要求预制台座可活动，大梁安装采用跨墩龙门吊较方便

序号	项目	内容
3	场地建设	（1）场地建设前施工单位应将梁场布置方案报监理工程师审批，方案内容应包含各类型梁板的台座数量、模板数量、生产能力、存梁区布置及最大存梁能力等。 （2）宜采用封闭式管理，场地内应按办公区、生活区、构件加工区、制梁区和存梁区、废料处理区等科学合理设置，功能明确，标识清晰。生活区应与其他区隔开，生活用房按照驻地建设相关标准建设。 （3）各项目预制场应统筹设置，建设规模和设备配备应结合预制梁板的数量和预制工期相适应。 （4）场内路面宜做硬化处理，主要运输道路应采用不小于 20cm 厚的 C20 混凝土硬化，基础不好的道路应增设碎石掺石屑垫层。场内不允许积水，四周设置砖砌排水沟，并采用 M7.5 砂浆抹面。 （5）预制梁场应尽量按照"工厂化、集约化、专业化"的要求规划、建设，每个预制梁场预制的梁板数量不宜少于 300 片。若个别受地形、运输条件限制的桥梁梁板需单独预制，规模可适当减小，但钢筋骨架定位胎膜、自动喷淋养护等设施仍应满足施工生产要求。 （6）预制梁场钢筋加工、混凝土拌合应尽量使用合同段既有的钢筋加工场、拌合站。 （7）预制梁板钢筋骨架应统一采用定位胎膜进行加工，并设置高强度砂浆垫块确保钢筋保护层。 （8）设置自动喷淋养护设备，预制梁板采用土工布包裹喷淋养护（北方地区应根据气候情况采用蒸汽保湿养护），养护水应循环使用
4	预制梁板台座布设	（1）预制梁板的台座强度应满足张拉要求，台座尽量设置于地质较好的地基上，在不良地基路段，应先进行地基处理。为防止发生张拉台座不均匀沉降、开裂事故，影响预制梁板的质量，先张法施工的张拉台座不得采用重力式台座，应采用钢筋混凝土框架式台座。 （2）底模宜采用通长钢板，不得采用混凝土底模。推荐使用不锈钢底模板，钢板厚度不小于 6mm，并确保钢板平整、光滑，防止粘造成底模"蜂窝""麻面"，底模钢板应采取防止变形措施。 （3）存梁区台座混凝土强度等级不低于 C20，台座尺寸应满足使用要求。用于存梁的枕梁应设在离梁两端面各 50～80cm 处，且不影响梁片吊装，支垫材质应采用承载力足够的非刚性材料，且不污染梁底。 （4）梁板预制完成后，移梁前应对梁板喷涂统一标识和编号，标识内容包括预制时间、张拉时间、施工单位、梁体编号、部位名称等。 （5）空心板、箱梁最多存放层数应符合设计文件和相关技术规范要求。设计文件无规定时，空心板叠层不得超过 3 层，小箱梁和 T 形梁堆叠存放不得超过 2 层。预制梁存放时（特别是叠层存放）应采取支撑等措施确保安全稳定
5	其他要求	（1）场站临时用电应符合现行《施工现场临时用电安全技术规范》JGJ 46 的有关规定。 （2）场站消防设施应满足现行《建设工程施工现场消防安全技术规范》GB 50720 的有关规定，配置相应的消防安全标识和消防安全器材，并经常检查、维护、保养。 （3）施工机械设备产生的废水、废油及污水应经过处理后排放，不得直接排入河流、湖泊或其他水域中，不得排入饮用水源附近的土地中。 （4）预制梁场内标识、标牌设置明确，标识清晰

预制梁场内标识、标牌设置

序号	标识名称	标识内容及要求	设置位置
1	预制场简介牌	预制梁板的数量、供应主要构造物情况及质量、安全保障体系等	场地入口处
2	施工平面布置图		场内
3	工艺流程图	预制、张拉、压浆工艺流程	相应操作处
4	操作规程	各机械设备操作要求	机械设备旁
5	材料标识牌	—	材料堆放处

序号	标识名称	标识内容及要求	设置位置
6	混凝土配合比牌	—	拌合楼旁
7	钢筋大样图	所加工钢筋的尺寸、型号及使用部位等	钢筋（半）成品旁
8	消防保卫牌	底部应标有火警电话119	场内
9	安全警告警示牌	—	各作业点

小型构件预制场布设

序号	项目	内容
1	场地选址	（1）小型构件预制场选址应以方便、合理、安全、经济及满足工期为原则，结合合同段工程量及运输条件综合选址。 （2）应满足用地合法，周围无塌方、滑坡、落石、泥石流、洪涝等地质灾害。无高频、高压电源及其他污染源；离集中爆破区500m以外；不得占用规划的取、弃土场
2	场地建设	（1）宜采用封闭式管理，场地内应按构件生产区、存放区、养护区、废料处理区等科学合理设置，功能明确，标识清晰。 （2）预制场的建设规模应结合小型构件预制数量和预制工期等参数来规划，场地面积一般不小于2000m²。 （3）场内路面宜做硬化处理，主要运输道路应采用不小于20cm厚的C20混凝土硬化，基础不好的道路应增设碎石掺石屑垫层，场内不允许积水，四周宜设置砖砌排水沟，并采用M7.5砂浆抹面。 （4）生产区根据合同段设计图纸确定的预制构件的种类设置生产线，同时配备小型拌合站1座（尽可能利用既有拌合站）。 （5）养护区采用自动喷淋养护系统结合土工布覆盖对构件进行养护，确保构件处于湿润状态。 （6）成品按不同规格分层堆码，堆码高度应保证安全，预制件养护期不得堆码存放，以防损伤。运输过程中应采取措施防止缺边掉角
3	其他要求	（1）小型构件预制应选用振动台振捣，振动台电机功率应经过现场试验，对振动台的性能进行分析与比选，确定振动台的电动机功率，一般为1.2～1.5kW，振动台数量根据预制构件生产数量确定。 （2）模板应使用钢模或高强度塑料模具，入模前应进行拼缝检查，对拼缝达不到要求的，辅以双面胶或泡沫剂，应选用优质隔离剂，保证混凝土外观。在周转间隙应有覆盖措施，防止雨淋、生锈、被污染

考点3 拌合站设置

拌合站设置

序号	项目	内容
1	拌合站选址	（1）应满足用地合法，周围无塌方、滑坡、落石、泥石流、洪涝等地质灾害。无高频、高压电源及其他污染源；离集中爆破区500m以外；不得占用规划的取、弃土场。 （2）拌合站选址应根据本合同段的主要构造物分布、运输、通电和通水条件等特点综合选址，尽量靠近主体工程施工部位，做到运输便利，经济合理；并远离生活区、居民区，尽量设在生活区、居民区的下风向
2	场地建设	（1）拌合站应根据工程实际情况集中布置，宜采用封闭式管理，四周设置围墙，入口设置彩门和值班室。 （2）拌合站建设应综合考虑施工生产情况，合理划分拌合作业区、材料计量区、材料库、运输车辆停放区、试验区、集料堆放区及生活区，内设洗车池（洗车台）、污水沉淀池和排水系统。生活区应与其他区隔离，生活用房按照"驻地建设"相关标准建设。 （3）拌合站场地面积、搅拌机组配置及产能应满足生产、施工需求和工程进度要求。 （4）场地（含堆料区、加工区）应做硬化处理，主要运输道路应采用不小于20cm厚的C20混凝土硬化，基础不好的道路应增设碎石掺石屑垫层，场内排水宜按照中间高四周低的原则预设不小于1.5%的排水坡度，四周宜设置砖砌排水沟，并采用M7.5砂浆抹面。 （5）拌合站各罐体宜连接成整体，安装缆风绳和避雷设施，每一个罐体应喷涂成统一的颜色，并绘制项目名称及施工单位名称，两者竖向平行绘制

序号	项目	内容
3	原材料堆放要求	（1）凡用于工程的砂石料应按级配要求，不同粒径、不同品种分场存放，每区醒目位置设置材料标识牌，并采用不小于30cm厚的混凝土或厚度不小于60cm的浆砌片石隔墙等构造物分隔，隔墙高度应确保不串料（一般不小于2.5m），储料仓预留一定空间方便装载机上料。 （2）水泥混凝土路面面层储料场应用混凝土进行硬化处理，路面基层储料场可用水稳材料进行硬化处理。料场底应高于外部地面，修筑成向外顺坡（不小于3%），并在料场口设置排水沟，防止料场积水。 （3）水泥混凝土路面面层储料场应搭设顶棚，防止太阳直接照晒或雨淋，顶棚宜采用轻型钢结构，高度应满足机械设备操作空间（一般不宜小于7m），并满足受力、防风、防雨、防雪等要求，路面基层、底基层储料场地中细集料堆放区宜搭设防雨大棚，防止砂石料雨淋。 （4）所有拌合机的集料仓应搭设防雨棚，并设置隔板，隔板高度不宜低于100cm，确保不串料
4	拌合设备要求	（1）混凝土拌合应采用强制式拌合机，单机生产能力不宜低于90m³/h。拌合设备应采用质量法自动计量，水、外掺剂计量应采用全自动电子称量法计量，禁止采用流量或人工计量方式，保证工作的连续性、自动性，且具备电脑控制及打印功能。减水剂罐体应加设循环搅拌水泵。 （2）水稳拌合应采用强制式拌合机，设备具备自动计量功能，一般设自动计量补水器加水。 （3）沥青混合料采用间歇式拌合机，配备计算机及打印设备。 （4）拌合站计量设备应通过当地有关部门标定后方可投入生产，使用过程中应不定期进行复检，确保计量准确。 （5）拌合站应根据拌合机的功率配备相应的备用发电机，确保拌合站有可靠的电源使用
5	其他要求	（1）作业平台、储料仓、集料仓、水泥罐等涉及人身安全的部位均应设置安全防护装置，传动系统裸露的部位应有防护装置和安全检修保护装置。 （2）每次拌合作业完成后，及时清洗机具，清理现场，做到场地整洁。 （3）临近居民区施工产生的噪声应符合现行《建筑施工场界环境噪声排放标准》GB 12523的规定。 （4）应根据需要设置机动车辆、设备冲洗设施、排水沟及沉淀池，施工污水处理达标后方可排入市政污水管网或河流。 （5）砂石料场底部、上料台、上料输送带下部废料应经常清理并保持清洁，严禁装载机铲料时铲底。地面应定期洒水，对粉尘源进行覆盖遮挡。 （6）水泥、粉煤灰等材料进料时，应保证材料罐顶的密封性能，预留通气孔应设有降尘措施；当粉尘较大时，应暂时停止上料，待处理完后方可继续。 （7）沥青混合料拌合站推荐设置碎石加工除尘与石灰水循环水洗，确保细集料洁净、无杂质。 （8）纤维材料、抗车辙剂、抗剥落剂等外加剂必须采用仓库存放，地面设置架空垫层，高度为离地面30cm，以免受潮。 （9）拌合站标识、标牌设置

考点4 便道、便桥建设

便道建设

序号	项目	内容
1	一般规定	（1）施工便道建设应满足施工需要，尽量结合地方道路规划进行专项设计，尽可能提前实施，完工后尽量留地方使用。新建便道、便桥应尽量不占用农田，少开挖山体，节约资源，保护环境。 （2）施工便道应充分利用既有道路和桥梁。避免与既有铁路线、公路平面交叉，避免对当地居民生活造成困扰。 （3）施工便道、便桥应结合施工平面布置，满足工程施工机械、材料进场的要求。 （4）施工便道分为主干线和引入线，主干线尽可能靠近合同段各主要工点，引入线以直达施工现场为原则，并考虑与相邻合同段施工便道的衔接。 （5）施工便道应畅通，旧、危桥应加固处理

便道建设

序号	项目	内容
2	建设标准	（1）根据地形条件，确定便道平纵线形及横断面宽度。 ①便道单车道路基宽度不小于4.5m，路面宽度不小于3.0m，原则上每300m范围内应设置一个长度不小于20m、路面宽度不小于5.5m的错车道。 ②便道在急弯、陡坡处应视地形情况适当加宽，并进行硬化处理。 （2）便道路面最低标准应采用泥结碎石或级配碎石。在条件允许的情况下，便道路面可采用隧道洞渣或矿渣铺筑。特大桥、隧道洞口、拌合站和预制场等大型作业区进出便道200m范围路面宜采用不小于20cm厚的C20混凝土硬化。 （3）便道两侧设置排水系统，在汇水面积较大的低凹处设置涵洞，以满足排水泄洪要求
3	其他要求	（1）施工期间应指定专人（队）负责施工便道的日常检查和养护，及时修复路面坑槽、清理排水沟和涵洞的淤泥、杂物，保障便道畅通。 （2）每个合同段至少配备1台洒水车用于晴天洒水，做到晴天少粉尘，雨天不泥泞，日常无投诉。 （3）对施工便道应统一进行数字编号，并标明便道通往的方向和主要工程名称。 （4）便道路口应设置限速标志，在建筑物、城市道路转角、视线不良地段应设置明示标志，跨越（临近）道路施工应设置警告标志，道路危险段应设置防护及警告标牌。途经小桥，应设置限载、限宽标志，途经通道应设置限宽、限高警告标志。路线明显变化处、便道平面交叉处，应设置指路和警告标志

便桥建设

序号	项目	内容
1	建设标准	（1）便桥结构按照实际情况专门设计，同时应满足排洪要求，人行便桥宽度不小于2.5m，人车混行便桥宽度不小于4.5m。若便桥长度超过1km，宜适当增加宽度。 （2）便桥高度不低于上年最高洪水位，桥头设置限高、限重、限速标牌，桥面设立柱间距1.5～2.0m、高1.2m的栏杆防护，栏杆颜色标准统一，在适当位置设置醒目的警示反光标志
2	便桥的类型	有墩架式梁桥、装配式公路钢桥（俗称贝雷桥）、浮桥和索桥
3	便桥的适用条件	（1）当河窄、水浅时可选用墩架式梁桥。 （2）当河宽且具备贝雷桁架部件时，可选用贝雷桥。 （3）由于任务紧急，临时桥梁的修建不能短期完成时，或河水很深，河床泥土松软，桩基承载力不够且施工困难时，或河流通航，墩架梁桥净宽、净高不能满足要求时，可以考虑建造部分桥段易于拆散、组建的浮桥。 （4）当遇深山峡谷时，可选用索桥
4	墩架式梁桥	（1）墩架式梁桥结构由基础、墩台、梁部结构和桥面组成。 （2）墩架式梁桥基础常采用混凝土基础和钢桩基础。 （3）墩架式梁桥墩台常采用的类型是：贝雷桁架墩、万能杆件墩和钢管桩桥墩，岸边桥台一般采用混凝土桥台。 （4）在墩台上设置纵梁，再在纵梁上设置横梁。纵梁和横梁一般采用原木或型钢，安装方法可采用悬臂法和机械设备吊装。 （5）桥面可常用木桥面和钢桥面。木桥面由木纵梁、桥面板和车道板组成。铺设顺序是先安装木纵梁，再在木纵梁上铺设桥面板，最后铺设车道板。钢桥面由纵、横梁和钢面板组成，一般先将钢桥面分节制作好，采用机械设备吊装
5	贝雷桥架设	（1）贝雷桥基础：常采用混凝土基础和钢管桩基础，施工方法与墩架式梁桥的基础相同。 （2）贝雷桥的墩台：贝雷桥墩台的类型和施工方法与墩架式梁桥的墩台相同。 （3）贝雷桥架设方法：常采用的架设方法是悬臂推出法，履带吊机架设法和浮运架设法（在河水较深，水流平缓并有足够吨位的船只时，可以采用浮运架设法。此法又可分浮运搁置与支点浮渡两种方法）

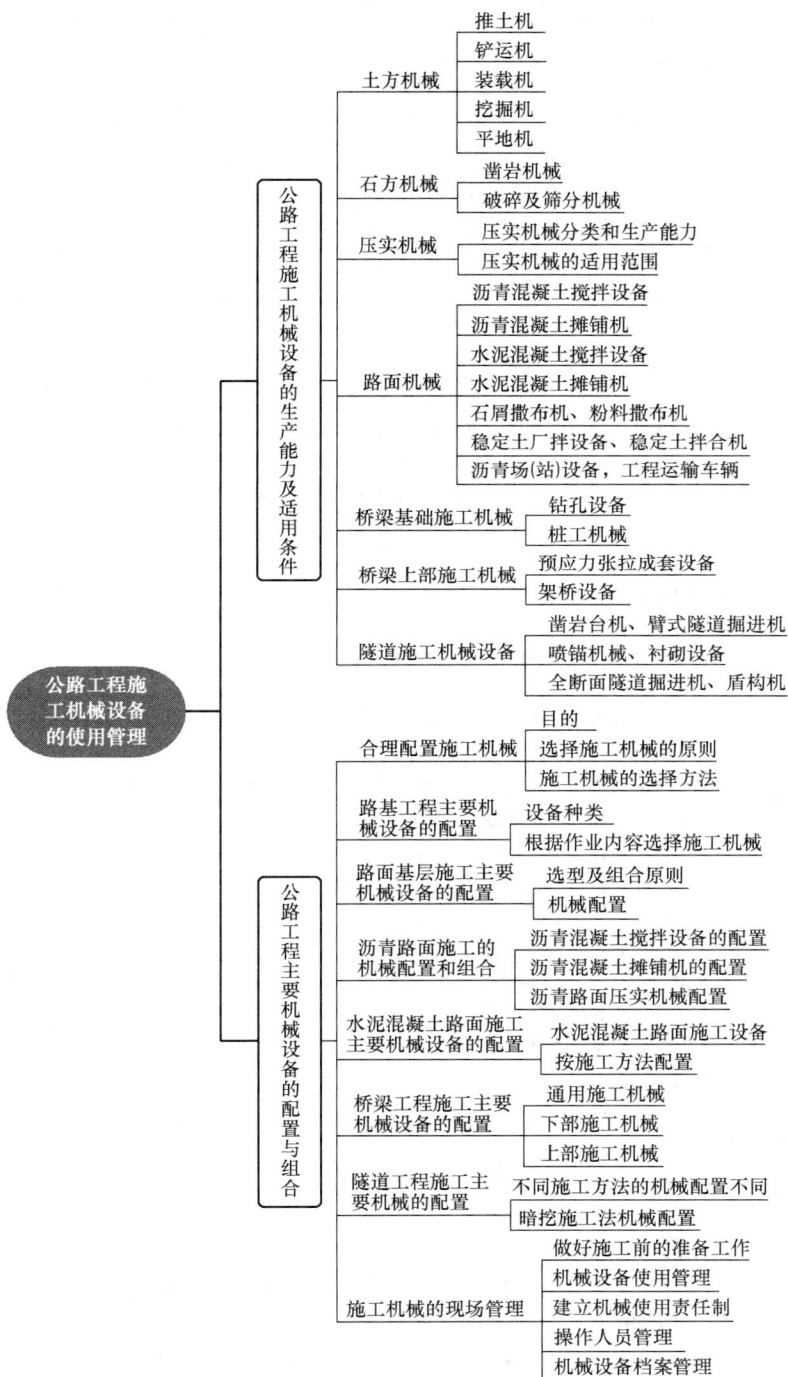

2B320100 公路工程施工机械设备的使用管理

【考点图谱】

公路工程施工机械设备的使用管理

- 公路工程施工机械设备的生产能力及适用条件
  - 土方机械
    - 推土机
    - 铲运机
    - 装载机
    - 挖掘机
    - 平地机
  - 石方机械
    - 凿岩机械
    - 破碎及筛分机械
  - 压实机械
    - 压实机械分类和生产能力
    - 压实机械的适用范围
  - 路面机械
    - 沥青混凝土搅拌设备
    - 沥青混凝土摊铺机
    - 水泥混凝土搅拌设备
    - 水泥混凝土摊铺机
    - 石屑撒布机、粉料撒布机
    - 稳定土厂拌设备、稳定土拌合机
    - 沥青场(站)设备，工程运输车辆
  - 桥梁基础施工机械
    - 钻孔设备
    - 桩工机械
  - 桥梁上部施工机械
    - 预应力张拉成套设备
    - 架桥设备
  - 隧道施工机械设备
    - 凿岩台机、臂式隧道掘进机
    - 喷锚机械、衬砌设备
    - 全断面隧道掘进机、盾构机

- 公路工程主要机械设备的配置与组合
  - 合理配置施工机械
    - 目的
    - 选择施工机械的原则
    - 施工机械的选择方法
  - 路基工程主要机械设备的配置
    - 设备种类
    - 根据作业内容选择施工机械
  - 路面基层施工主要机械设备的配置
    - 选型及组合原则
    - 机械配置
  - 沥青路面施工的机械配置和组合
    - 沥青混凝土搅拌设备的配置
    - 沥青混凝土摊铺机的配置
    - 沥青路面压实机械配置
  - 水泥混凝土路面施工主要机械设备的配置
    - 水泥混凝土路面施工设备
    - 按施工方法配置
  - 桥梁工程施工主要机械设备的配置
    - 通用施工机械
    - 下部施工机械
    - 上部施工机械
  - 隧道工程施工主要机械的配置
    - 不同施工方法的机械配置不同
    - 暗挖施工法机械配置
  - 施工机械的现场管理
    - 做好施工前的准备工作
    - 机械设备使用管理
    - 建立机械使用责任制
    - 操作人员管理
    - 机械设备档案管理

考点1　公路工程施工机械设备的生产能力及适用条件

公路工程施工机械及适用条件

序号	项目	内容
1	土方机械	（1）推土机：推土机一般适用于季节性较强、工程量集中、施工条件较差的施工环境。主要用于50～100m短距离作业，如路基修筑、基坑开挖、平整场地、清除树、推集石渣等，并可为铲运机与挖装机械松土和助铲及牵引各种拖式工作装置等作业。 （2）铲运机：主要用于中距离的大规模土方转运工程。铲运机广泛用于公路与铁路建设，铲运机应在Ⅰ、Ⅱ级土中施工，如遇Ⅲ、Ⅳ级土应预先疏松。在土的湿度方面，最适宜湿度较小（含水量在25%以下）松散砂土和黏土中施工，但不适宜于在干燥的粉砂土和潮湿的黏土中作业，更不宜在地下水位高的潮湿地区和沼泽地带以及岩石类地区作业。 （3）装载机：在公路，特别是高等级公路施工中，装载机主要用于工程的填挖、沥青和水泥混凝土料场的集料、装料等作业。 （4）挖掘机：单斗挖掘机适宜于挖掘Ⅰ～Ⅳ级土及爆破后的Ⅴ～Ⅵ级岩石；剥离型单斗挖掘机有履带式和步行式，履带式为正铲工作装置，可开挖Ⅰ～Ⅳ级土壤；步行式工作装置为拉铲，适宜在松软、沼泽地面工作。在公路工程施工中，遇到开挖量较大的路堑和填筑高路堤等大工程量时，选用挖掘机配合运输车辆组织施工比较合理。 （5）平地机：平地机主要用于路基、砂砾路面的整平及土方工程中场地整形和平地作业，还可用于修整路基的横断面、修刮路堤和路堑的边坡、开挖边沟和路槽等。此外还可用来在路基上拌合稳定土或其他路面材料、摊铺材料，修整和养护土路、松土、回填、清除杂草和积雪等
2	石方机械	（1）凿岩机械 ①凿岩机械及风动工具是通常所称的石方机械（也包括石料破碎及筛分设备），主要用于石方工程。 ②凿岩机是石质隧道和石料开采等石方工程钻炮眼的主要工具，还可以用来改作破坏器，用于破碎原有混凝土之类的坚硬层。 （2）破碎及筛分机械 ①破碎机械：可分为颚式破碎机、锥式破碎机、锤式破碎机、反击式破碎机和辊式破碎机。 ②砂石料的筛分设备：有干式和湿式两种
3	压实机械	（1）光轮振动压路机最适用于压实非黏土壤、碎石、沥青混凝土及沥青混凝土铺层。 （2）羊足或凸块式振动压路机既可压实非黏土，又可压实含水量不大的黏性和细粒砂砾石混合料。 （3）YZ（单钢轮）系列振动压路机主要用于各种材料的基础层、次基础层及填方的压实作业。 （4）YZC（双钢轮）系列振动压路机主要用于高等级公路、机场、停车场及工业性场院等工程施工中的沥青混凝土、水泥混凝土等面层的压实，也适用于大型基础、次基础及路堤填方的压实。 （5）XP（轮胎）系列压路机主要适用于各种材料的基础层、次基础层、填方及沥青面层的压实作业。 （6）3Y、2Y（静碾）钢轮系列压路机主要适用于各种材料的基础层及面层的压实作业

序号	项目	内容
4	路面机械	（1）沥青混凝土搅拌设备：高等级公路建设应使用强制间歇式搅拌设备，连续滚筒式搅拌设备用于普通公路建设。 （2）沥青混凝土摊铺机： ①最大摊铺宽度小于3600mm摊铺机主要用于路面养护和城市街道路面修筑工程。 ②最大摊铺宽度在4000～6000mm摊铺机主要用于一般公路路面的修筑和养护。 ③最大摊铺宽度在7000～9000mm摊铺机主要用于高等级公路路面工程。 ④摊铺宽度大于9000mm摊铺机，主要用于业主有要求的高速公路路面施工。 （3）水泥混凝土搅拌设备： ①大型搅拌设备主要用于预拌混凝土厂和制品厂。 ②中型搅拌设备主要在中、小型建筑工程和道路工程现场使用。 ③小型搅拌设备主要适用于零散浇筑混凝土的简易式单机站。 （4）水泥混凝土摊铺机：主要用于修筑水泥混凝土路面。 （5）石屑撒布机、粉料撒布机：撒布石屑的专用机械适用于层铺法铺筑沥青路面。粉料撒布机适用于道路稳定土路拌施工中撒布粉料。 （6）稳定土厂拌设备、稳定土拌合机： ①移动式厂拌设备多用于工程分散、频繁移动的公路施工工程。 ②固定式厂拌设备适用于城市道路施工或工程量大且集中的施工工程。 （7）沥青场（站）设备、工程运输车辆： ①沥青场（站）设备主要有沥青储存设备、沥青加热设备和沥青的脱桶装置。 ②工程运输车辆有如下几种：大型平板拖拉车、倾翻式运输车、粉料运输车、沥青运输车、洒水车和沥青洒布车
5	桥梁基础施工机械——钻孔设备	（1）全套管钻机：主要用于大型桥梁钻孔桩的钻孔施工。 （2）旋转钻机：旋转钻机按其钻孔装置可分为有钻杆机和无钻杆机（潜水钻机），按排碴方式可分为正循环钻机和反循环钻机。 （3）螺旋钻机、冲击钻机、回转斗钻机： ①螺旋钻机：用于灌注桩、深层搅拌桩、混凝土预制桩钻打结合法等工艺，适用土质的地质条件。 ②冲击钻机：用于灌注桩钻孔施工，尤其在卵石、漂石地质条件下具有明显的优点。 ③回转斗钻机：适用于除岩层外的各种土质地质条件。 （4）液压旋挖钻孔机： 适用于除岩层、卵石、漂石外的各种土质地质条件，尤其在市政桥梁及场地受限的工程中使用
6	桥梁基础施工机械——桩工机械	（1）柴油打桩机：是目前最广泛采用的打桩设备。 （2）振动打桩机。振动锤按动力源分有电动式和液压式两种
7	桥梁上部施工机械	（1）预应力张拉成套设备：主要由千斤顶、油泵车、卷管机、穿索机和压浆机组成。 （2）架桥设备：主要有导梁式、缆索式和专用架桥设备
8	隧道施工机械设备	（1）凿岩台机、臂式隧道掘进机。 （2）喷锚机械、衬砌设备。 （3）全断面隧道掘进机、盾构机

考点 2 公路工程主要机械设备的配置与组合

根据作业内容选择机械参考表

序号	作业内容		使用机械	说明
1	清理草木	铲除杂草	平地机、小型推土机	铲除矮草、杂草及表土
		除掉灌木丛、树木、漂石	推土机、空气压缩机、凿岩机	根据树木的种类和直径，除了推土机之外，还可使用耙齿推土机、伐木机、剪切机，以便提高效率
2	挖方	软土开挖	平地机	修补道路、平整场地
			推土机	短距离铲土、运土
			拖式铲运机	中等距离铲土、运土
			自行式铲运机	中长距离铲土、运土
		硬土开挖	中、大型推土机（带液压松土器）	适用于风化岩、软岩、漂石混合土质的挖方
			凿岩机、空气压缩机	松土器不能挖掘时，利用炸药来爆破
3	挖土装载	一般性挖土、装载	推土机	推土机适用于 100m 以内的运距，在堆土场等地方，作为挖掘机装载的辅助机械来进行挖掘作业时以中大型推土机为宜
			履带式装载机、轮式装载机、挖掘机	对于挖掘能力要求不大而较松的土质，以使用轮式装载机为适宜，挖掘能力要求较大时，挖掘机或履带式装载机较能发挥效益
			拖式铲运机、自行式铲运机	拉铲机根据运距、地形、土质来选用。松软土质或坡度较大，一般使用拖式铲运机；运距较长，而现场条件好的时候，则使用自行式铲运机
			挖掘机	挖掘机工作半径大，并能旋转 360°，可在比地面高或低的地方进行工作，其工作范围很广
			拉铲挖掘机	拉铲挖掘机适用于河川等低而广的地方进行挖掘
		构筑物基地的挖掘	推土机、拉铲挖掘机	基础较大时，用推土机铲土、运土，也可用装载机进行挖掘，装载
			挖掘机、拉铲挖掘机	基础较小时，在地面上对其基础进行挖掘、装载
		沟的开挖	平地机	适用于侧沟的开挖
			推土机	适用于简易排水沟的开挖
			挖掘机	适用于埋设水管等沟的开挖，挖掘精度要求较高
4	运输	道路上运输	推土机	适用于 100m 以内的短距离运土
			拖式铲运机	适用于 500m 以内的中距离运土
			自行式铲运机	适用于 500m 以上的中长距离运土
			装载机、翻斗车	适用于 500m 以上的中长距离运土。搬运岩石时，不能使用铲运机的情况下，运距在 50～150m 处，可使用轮式装载机来装运

序号	作业内容		使用机械	说明
5	铺土	一般性铺平作业	推土机、铲运机、平地机	一般的铺平作业可用推土机、铲运机，平地机可用于铺平已经推土机、铲运机初平的场所
		大面积或精度高的铺平作业	平地机	用于道路填土的平整。一般可在推土机之后。地形条件好时也可单独作业
		铺砌材料等铺平作业	碎石撒布机、石屑撒布机	铺砌材料的铺平厚度受到严格限制时，可使用碎石或石屑撒布机
6	压实	道路的填土、填筑堤坝等的压实	静力式压路机	适用于黏土、粉土的压实
			轮胎压路机	适用于砂砾石、砂质土及黏土和粉土的压实
			振动压路机	适用于砂砾石、砂质土的压实
			羊足碾	适用于黏土、粉土的压实
		填土坡面的压实	振动板	沿着坡面进行压实时使用
			牵引式振动压路机	规模小时使用振动板，规模大时使用牵引式振动压路机
		沥青混凝土路表面的压实	静力式压路机、轮胎压路机、振动压路机	根据不同的沥青路面结构形式可以采用不同的组合

路基工程主要机械设备的配置

序号	项目	内容
1	设备种类	主要包括推土机、装载机、挖掘机、铲运机、平地机、压路机、凿岩机以及石料破碎和筛分设备，根据工程的作业要求，选择不同的机械设备
2	根据作业内容选择施工机械	（1）对于清基和料场准备等路基施工前的准备工作，选择的机械与设备主要有：推土机、挖掘机、装载机和平地机等；遇有沼泽地段的土方挖运任务，应选用湿地推土机。 （2）对于土方开挖工程，选择的机械与设备主要有：推土机、铲运机、挖掘机、装载机和自卸汽车等。 （3）对于石方开挖工程，选择的机械与设备主要有：挖掘机、推土机、移动式空气压缩机、凿岩机、爆破设备等。 （4）对于土石填筑工程，选择的机械与设备主要有：推土机、铲运机、羊足碾、压路机、洒水车、平地机和自卸汽车等。 （5）对于路基整形工程，选择的机械与设备主要有：平地机、推土机和挖掘机等

路面基层施工主要机械设备的配置

序号	项目	内容
1	选型及组合原则	（1）达到计划生产量确保工期。 （2）充分利用主机的生产能力。 （3）主体机械与辅助机械及运输工具之间的工作能力要保持平衡，使机群得到合理地配合利用。 （4）进行比较和核算，使机械设备经营费用达到最低
2	机械配置	（1）基层材料的拌合设备：集中拌合（厂拌）采用成套的稳定土拌合设备，现场拌合（路拌）采用稳定土拌合机。 （2）摊铺平整机械：包括拌合料摊铺机、平地机、石屑或场料撒布车。 （3）装运机械：装载机和运输车辆。 （4）压实设备：压路机。 （5）清除设备和养护设备：清除车、洒水车

沥青路面施工的机械配置和组合

序号	项目	内容
1	沥青混凝土搅拌设备的配置	（1）根据工作量和工期选择生产能力和移动方式，一般生产能力要相当于摊铺能力的70%左右，沥青混合料拌合厂一般包括原材料存放场地，沥青贮存及加热设备，搅拌设备，试验室及办公用房。 （2）高等级公路一般选用生产量高的强制间歇式沥青混凝土搅拌设备。高等级公路路面的施工机械应优先选择自动化程度较高和生产能力较强的机械，以摊铺、拌合为主导机械并与自卸汽车、碾压设备配套作业，进行优化组合，使沥青路面施工全部实现机械化
2	沥青混凝土摊铺机的配置	通常每台摊铺机的摊铺宽度不宜超过7.5m，可以按照摊铺宽度选用、确定摊铺机的台数
3	沥青路面压实机械配置	沥青路面的压实机械配置有光轮压路机、轮胎压路机和双轮双振动压路机

水泥混凝土路面施工主要机械设备的配置

序号	项目	内容
1	水泥混凝土路面施工设备	主要有混凝土搅拌楼、装载机、运输车、布料机、挖掘机、吊车、滑模摊铺机、整平梁、拉毛养护机、切缝机、洒水车等
2	滑模式摊铺施工配置	（1）水泥混凝土搅拌楼容量应满足滑模摊铺机施工速度1m/min的要求。 （2）高等级公路施工宜选配宽度为7.5~12.5m的大型滑模摊铺机。 （3）远距离运输宜选混凝土罐送车。 （4）可配备一台轮式挖掘机辅助布料
3	轨道式摊铺施工配置	除水泥混凝土生产和运输设备外，还要配备卸料机、摊铺机、振捣机、整平机、拉毛养护机等

桥梁工程施工主要机械设备的配置

序号	项目	内容
1	通用施工机械	（1）常用的有各类吊车，各类运输车辆和自卸车等。 （2）桥梁混凝土生产与运输机械，主要有混凝土搅拌站、混凝土运输车、混凝土泵和混凝土泵车
2	下部施工机械	（1）预制桩施工机械 常用的有蒸汽打桩机、液压打桩机、振动沉拔桩机、静压沉桩机等。 （2）灌注桩施工机械 根据施工方法的不同配置不同的施工机械。 ①全套管施工法：相应配置全套管钻机。 ②旋转钻施工法：相应配置有钻杆旋转机和无钻杆旋转机（潜水钻机）。 ③旋挖钻孔法：相应配置旋挖钻桩机。 ④冲击钻孔法：相应配置冲击钻机。 ⑤螺旋钻孔法：相应配置螺旋钻孔机
3	上部施工机械	（1）顶推法：主要施工设备有油泵车、大吨位千斤顶、穿心式千斤顶、导向装置等。 （2）滑模施工方法：主要施工设备有滑移模架、卷扬机油泵、油缸、钢模板等。 （3）悬臂施工方法：主要施工设备有吊车、悬挂用专门设计的挂篮设备。 （4）预制吊装施工方法：主要施工设备有各类吊车或卷扬机、万能杆件、贝雷架等。 （5）满堂支架现浇法：主要施工设备有各类万能杆件、贝雷架和各类轻型钢管支架等。 （6）对海口大桥的施工需配置相应的专业施工设备，如打桩船、浮吊、搅拌船等

隧道工程施工主要机械的配置

序号	项目	内容
1	不同施工方法的机械配置不同	有的隧道用一般的土石方机械即可施工，有的隧道需专用施工机械，如：使用全断面掘进机（TBM）、臂式掘进机（EPB）、液压冲击锤等。盾构法施工盾构的形式多样，按开挖方式的不同，可分为手工挖掘式、半机械挖掘式、机械化挖掘三种；机械化盾构有多种形式，主要有刀盘式、行星轮式、铲斗式、钳爪式、铣削臂式和网格切割式盾构，所以根据施工方法的不同需配置不同的设备
2	暗挖施工法机械配置	（1）钻孔机械：风动凿岩机、液压凿岩机、凿岩台车。 （2）装药台车。 （3）找顶及清底机械。 （4）初次支护机械：锚杆台车、混凝土喷射机。 （5）注浆机械（包括钻孔机、注浆泵）。 （6）装碴机械（包括轮胎式、履带式装载机、扒爪装岩机、耙斗式装岩机、铲斗式装岩机）。 （7）运输机械（包括自卸汽车、矿车）。 （8）二次支护衬砌机械：模板衬砌台车（混凝土搅拌站、搅拌运输车、混凝土输送泵）

2B330000　公路工程项目施工相关法规与标准

2B331000　公路建设管理法规和标准

2B331010　公路建设法规体系和标准体系

【考点图谱】

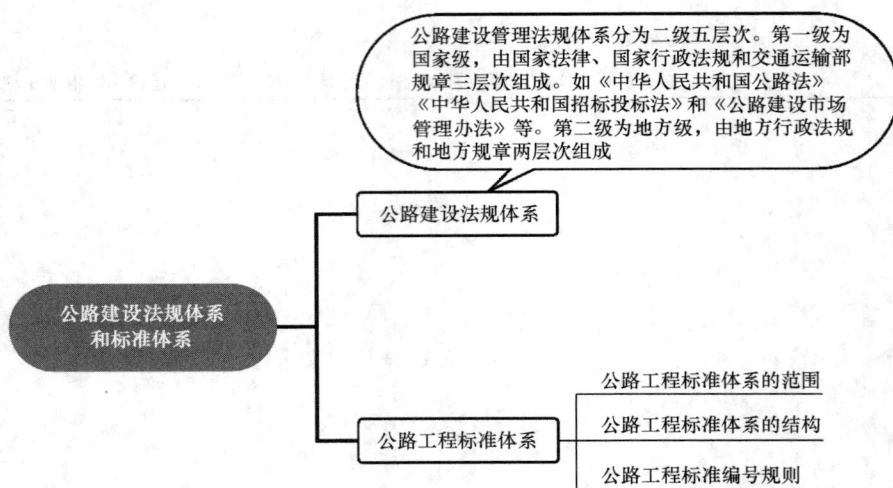

公路建设管理法规体系分为二级五层次。第一级为国家级，由国家法律、国家行政法规和交通运输部规章三层次组成。如《中华人民共和国公路法》《中华人民共和国招标投标法》和《公路建设市场管理办法》等。第二级为地方级，由地方行政法规和地方规章两层次组成

公路建设法规体系

公路建设法规体系和标准体系

公路工程标准体系

公路工程标准体系的范围

公路工程标准体系的结构

公路工程标准编号规则

【考点精析】

考点1　公路建设法规体系

公路建设管理法规体系

公路建设管理法规体系分为二级五层次。第一级为国家级，由国家法律、国家行政法规和交通运输部规章三层次组成。第二级为地方级，由地方行政法规和地方规章两层次组成。

考点 2　公路工程标准体系

公路建设标准体系的主要术语和结构等

序号	项目	内容
1	公路工程标准体系的范围	（1）体系范围包括公路工程从规划建设到养护管理全过程所需要制定的技术、管理与服务标准，也包括相关的安全、环保和经济方面的评价等标准。 （2）体系标准分为强制性标准和推荐性标准。涉及保障人身健康和生命财产安全、国家安全、生态环境安全和满足社会经济管理基本要求的为强制性标准，其余为推荐性标准
2	公路工程标准体系的结构	（1）公路工程标准的体系结构分为三层： ①第一层为板块，按照公路建设、管理、养护、运营协调发展要求所做的标准分类。 ②第二层为模块，在各板块中归纳现有、应有和计划制定和修订的标准的具体类别。 ③第三层为标准。 （2）公路工程标准体系由总体、通用、公路建设、公路管理、公路养护、公路运营六个板块构成。 ①总体板块由《公路工程标准体系》JTG 1001—2017、《公路工程标准制修订管理导则》和《公路工程标准编写导则》等标准构成。 ②通用板块由基础、安全、绿色、智慧等模块构成。 ③公路建设板块由项目管理、勘测、设计、试验、检测、施工、监理、造价等模块构成。 ④公路管理板块由站所、装备、信息系统、执法、路域环境、造价等模块构成。 ⑤公路养护板块由综合、检测评价、养护决策、养护设计、养护施工、造价等模块构成。 ⑥公路营运板块由运行监测、出行服务、收费服务、应急处置、车路协同、造价等模块构成
3	公路工程标准编号规则	（1）标准编号由标准代号、板块序号、模块序号、标准序号、标准发布年号组成。 （2）标准编号规则为 JTG（/T）xxxx.x-xxxx。推荐性标准的编号在标准代号后加"/T"表示；JTG-是交、通、公三字汉语拼音的首字母；后面的第一个数字为标准的板块序号，其中1代表总体、2代表通用、3代表公路建设、4代表公路管理、5代表公路养护、6代表公路营运；第二位数字为标准的模块序号，模块顺序由左往右分别从1开始相应编号，未设模块一级的，按0编号；第三、四位数字为所属模块的标准序号，按顺序编号，在具体标准编制中，若同属同一标准，但需要分成若干部分单独成册，并构成系列标准的，从1~9按顺序编号，前面加"."表示；破折号后为标准发布年份，按4位编号

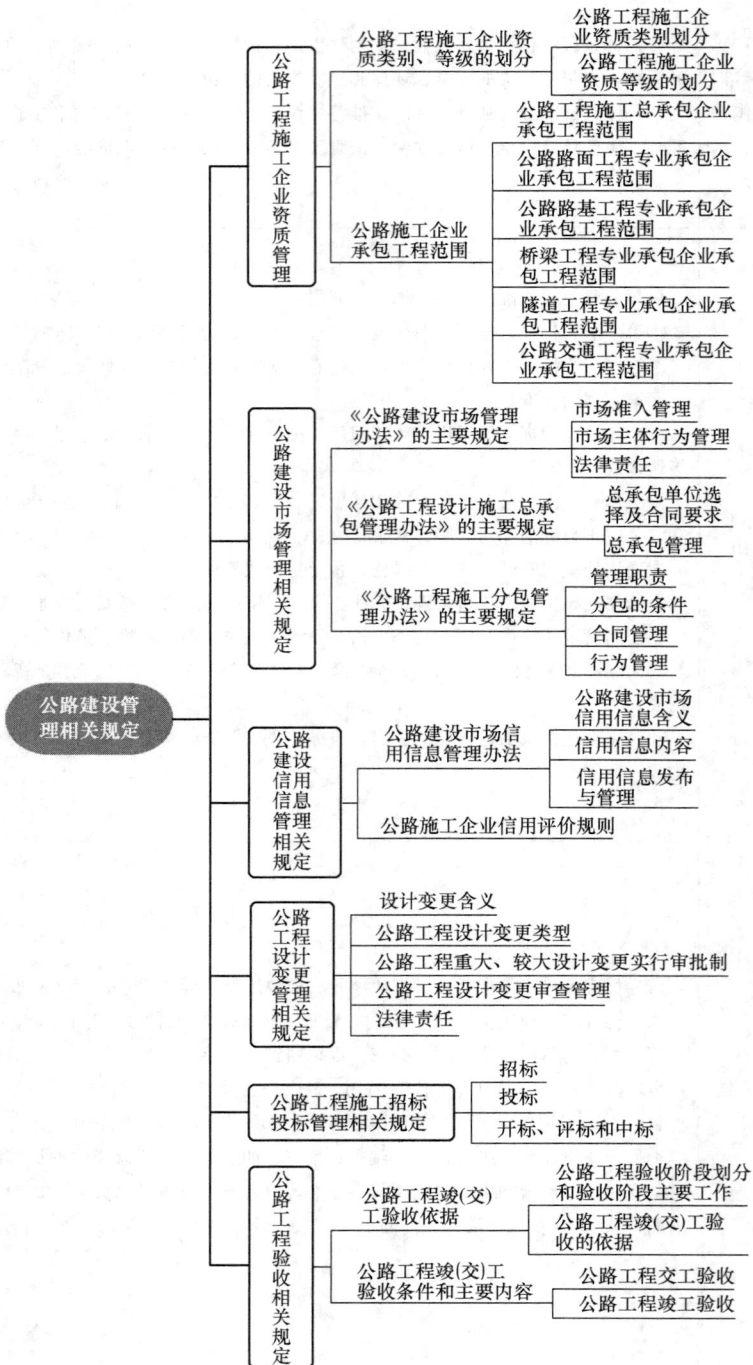

2B331020　公路建设管理相关规定

【考点图谱】

```
                                                                公路工程施工企
                                           公路工程施工企业资           业资质类别划分
                                           质类别、等级的划分    ┌─────────────────────
                                      ┌────────────────────    公路工程施工企业
                                      │                        资质等级的划分
                          公路                                 公路工程施工总承包企业
                          工程                                 承包工程范围
                          施工                                 公路路面工程专业承包企
                          企业        公路施工企业             业承包工程范围
                          资质        承包工程范围             公路路基工程专业承包企
                          管理                                 业承包工程范围
                                                                桥梁工程专业承包企业承
                                                                包工程范围
                                                                隧道工程专业承包企业承
                                                                包工程范围
                                                                公路交通工程专业承包企
                                                                业承包工程范围

                                          《公路建设市场管理        市场准入管理
                          公路            办法》的主要规定          市场主体行为管理
                          建设                                      法律责任
                          市场        《公路工程设计施工总承        总承包单位选
                          管理        包管理办法》的主要规定        择及合同要求
                          相关                                      总承包管理
                          规定        《公路工程施工分包管          管理职责
                                      理办法》的主要规定            分包的条件
                                                                    合同管理
                                                                    行为管理

                                                                公路建设市场
                          公路        公路建设市场信           信用信息含义
  公路建设管             建设        用信息管理办法           信用信息内容
  理相关规定             信用                                 信用信息发布
                          信息                                与管理
                          管理        公路施工企业信用评价规则
                          相关
                          规定

                                        设计变更含义
                          公路        公路工程设计变更类型
                          工程        公路工程重大、较大设计变更实行审批制
                          设计        公路工程设计变更审查管理
                          变更        法律责任
                          管理
                          相关
                          规定

                          公路工程施工招标        招标
                          投标管理相关规定        投标
                                                  开标、评标和中标

                                                                公路工程验收阶段划分
                          公路        公路工程竣(交)           和验收阶段主要工作
                          工程        工验收依据               公路工程竣(交)工验
                          验收                                 收的依据
                          相关        公路工程竣(交)工
                          规定        验收条件和主要内容       公路工程交工验收
                                                                公路工程竣工验收
```

考点1　公路工程施工企业资质管理

公路工程施工企业资质类别、等级的划分

序号	项目	内容
1	公路工程施工企业资质类别划分	公路工程施工企业根据国家相关规定，结合公路工程特点，共分为六大类，具体划分如下： （1）第一类：公路工程施工总承包企业。 （2）第二类：公路路面工程专业承包企业。 （3）第三类：公路路基工程专业承包企业。 （4）第四类：桥梁工程专业承包企业。 （5）第五类：隧道工程专业承包企业。 （6）第六类：公路交通工程专业承包企业
2	公路工程施工企业资质等级的划分	公路工程施工企业根据国家相关规定，结合公路工程特点，具体等级划分如下： （1）公路工程施工总承包企业分为特级企业、一级企业、二级企业、三级企业。 （2）公路路面工程专业承包企业分为一级企业、二级企业、三级企业。 （3）公路路基工程专业承包企业分为一级企业、二级企业、三级企业。 （4）桥梁工程专业承包企业分为一级企业、二级企业、三级企业。 （5）隧道工程专业承包企业分为一级企业、二级企业、三级企业。 （6）公路交通工程专业承包企业按施工内容分为两个分项施工企业，即公路安全设施分项承包企业和公路机电工程分项承包企业

考点2　公路建设市场管理相关规定

市场准入与市场主体行为管理

序号	项目	内容
1	市场准入管理	（1）凡符合法律、法规规定的市场准入条件的从业单位和从业人员均可进入公路建设市场，任何单位和个人不得对公路建设市场实行地方保护，不得对符合市场准入条件的从业单位和从业人员实行歧视待遇。 （2）公路建设项目依法实行项目法人负责制。项目法人可自行管理公路建设项目，也可委托具备法人资格的项目建设管理单位进行项目管理。项目法人或者其委托的项目建设管理单位的组织机构、主要负责人的技术和管理能力应当满足拟建项目的管理需要，符合国务院交通运输主管部门有关规定的要求。 （3）收费公路建设项目法人和项目建设管理单位进入公路建设市场实行备案制度
2	市场主体行为管理	（1）国家投资的公路建设项目，项目法人与施工、监理单位应当按照国务院交通运输主管部门的规定，签订廉政合同。 （2）项目施工应当具备以下条件： ①项目已列入公路建设年度计划； ②施工图设计文件已经完成并经审批同意； ③建设资金已经落实，并经交通运输主管部门审计； ④征地手续已办理，拆迁基本完成； ⑤施工、监理单位已依法确定；

序号	项目	内容
2	市场主体行为管理	⑥已办理质量监督手续，已落实保证质量和安全的措施。 （3）公路工程实行政府监督、法人管理、社会监理、企业自检的质量保证体系。 （4）公路建设项目法人应当合理确定建设工期，严格按照合同工期组织项目建设。项目法人不得随意要求更改合同工期。如遇特殊情况，确需缩短合同工期的，经合同双方协商一致，可以缩短合同工期，但应当采取措施，确保工程质量，并按照合同规定给予经济补偿。 （5）勘察、设计单位经项目法人批准，可以将工程设计中跨专业或者有特殊要求的勘察、设计工作委托给有相应资质条件的单位，但不得转包或者二次分包。监理工作不得分包或者转包。 （6）施工单位可以将非关键性工程或者适合专业化队伍施工的工程分包给具有相应资格条件的单位，并对分包工程负连带责任。允许分包的工程范围应当在招标文件中规定。分包工程不得再次分包，严禁转包。任何单位和个人不得违反规定指定分包、指定采购或者分割工程。项目法人应当加强对施工单位工程分包的管理，所有分包合同须经监理审查，并报项目法人备案。 （7）施工单位招用农民工的，应当依法签订劳动合同，并将劳动合同报项目监理工程师和项目法人备案

《公路工程设计施工总承包管理办法》的主要规定

序号	项目	内容
1	总承包单位选择及合同要求	（1）总承包单位由项目法人依法通过招标方式确定。项目法人负责组织公路工程总承包招标。公路工程总承包招标应当在初步设计文件获得批准并落实建设资金后进行。 （2）总承包单位应当具备以下要求： ①同时具备与招标工程相适应的勘察设计和施工资质，或者由具备相应资质的勘察设计和施工单位组成联合体。 ②具有与招标工程相适应的财务能力，满足招标文件中提出的关于勘察设计、施工能力、业绩等方面的条件要求。 ③以联合体投标的，应当根据项目的特点和复杂程度，合理确定牵头单位，并在联合体协议中明确联合体成员单位的责任和权利。 ④总承包单位（包括总承包联合体成员单位，下同）不得是总承包项目的初步设计单位、代建单位、监理单位或以上单位的附属单位。 （3）总承包招标文件的编制应当使用交通运输部统一制定的标准招标文件。在总承包招标文件中，应当对招标内容、投标人的资格条件、报价组成、合同工期、分包的相关要求、勘察设计与施工技术要求、质量等级、缺陷责任期工程修复要求、保险要求、费用支付办法等做出明确规定。 （4）总承包招标应当向投标人提供初步设计文件和相应的勘察资料，以及项目有关批复文件和前期咨询意见。 （5）总承包投标文件应当结合工程地质条件和技术特点，按照招标文件要求编制。投标文件应当包括以下内容： ①初步设计的优化建议。 ②项目实施与设计施工进度计划。 ③拟分包专项工程。 ④报价清单及说明。 ⑤按招标人要求提供的施工图设计技术方案。

序号	项目	内容
1	总承包单位选择及合同要求	⑥以联合体投标的，还应当提交联合体协议。 ⑦以项目法人和总承包单位的联合名义依法投保相关的工程保险的承诺。 （6）招标人应当合理确定投标文件的编制时间，自招标文件开始发售之日起至投标人提交投标文件截止时间止，不得少于60d。 （7）项目法人和总承包单位应当在招标文件或者合同中约定总承包风险的合理分担。除项目法人承担的风险外，其他风险可以约定由总承包单位承担。项目法人承担的风险一般包括： ①项目法人提出的工期调整、重大或者较大设计变更、建设标准或者工程规模的调整。 ②因国家税收等政策调整引起的税费变化。 ③钢材、水泥、沥青、燃油等主要工程材料价格与招标时基价相比，波动幅度超过合同约定幅度的部分。 ④施工图勘察设计时发现的在初步设计阶段难以预见的滑坡、泥石流、突泥、涌水、溶洞、采空区、有毒气体等重大地质变化，其损失与处治费用可以约定由项目法人承担，或者约定项目法人和总承包单位的分担比例。工程实施中出现重大地质变化的，其损失与处治费用除保险公司赔付外，可以约定由总承包单位承担，或者约定项目法人与总承包单位的分担比例。因总承包单位施工组织、措施不当造成的上述问题，其损失与处治费用由总承包单位承担。 ⑤其他不可抗力所造成的工程费用的增加。 （8）总承包费用或者投标报价应当包括相应工程的施工图勘察设计费、建筑安装工程费、设备购置费、缺陷责任期维修费、保险费等。总承包采用总价合同，除应当由项目法人承担的风险费用外，总承包合同总价一般不予调整。项目法人应当在初步设计批准概算范围内确定最高投标限价
2	总承包管理	（1）项目法人应当依据合同加强总承包管理，督促总承包单位履行合同义务，加强工程勘察设计管理和地质勘察验收，严格对工程质量、安全、进度、投资和环保等环节进行把关。项目法人对总承包单位在合同履行中存在过失或偏差行为，可能造成重大损失或者严重影响合同目标实现的，应当对总承包单位法人代表进行约谈，必要时可以依据合同约定，终止总承包合同。 （2）总承包单位应当按照合同规定和工程施工需要，分阶段提交详勘资料和施工图设计文件，并按照审查意见进行修改完善。施工图设计应当符合经审批的初步设计文件要求，满足工程质量、耐久和安全的强制性标准和相关规定，经项目法人同意后，按照相关规定报交通运输主管部门审批。施工图设计经批准后方可组织实施。 （3）项目法人根据建设项目的规模、技术复杂程度等要素，依据有关规定程序选择社会化的监理开展工程监理工作。监理单位应当依据有关规定和合同，对总承包施工图勘察设计、工程质量、施工安全、进度、环保、计量支付和缺陷责任期工程修复等进行监理，对总承包单位编制的勘察设计计划、采购与施工的组织实施计划、施工图设计文件、专项技术方案、项目实施进度计划、质量安全保障措施、计量支付、工程变更等进行审核。 （4）工程永久使用的大宗材料、关键设备和主要构件可由项目法人依法招标采购，也可由总承包单位按规定采购。招标人在招标文件中应当明确采购责任。由总承包单位采购的，应当采取集中采购的方式，采购方案应当经项目法人同意，并接受项目法人的监督。 （5）总承包工程应当按照招标文件明确的计量支付办法与程序进行计量支付。当采用工程量清单方式进行管理时，总承包单位应当依据交通运输主管部门批准的施工图设计文件，按照各分项工程合计总价与合同总价一致的原则，调整工程量清单，经项目法人审定后作为支付依据；工程实施中，按照清单及合同条款约定进行计量支付；项目完成后，总承包单位应当根据调整后最终的工程量清单编制竣工文件和工程决算。

序号	项目	内容
2	总承包管理	（6）总承包工程实施过程中需要设计变更的，较大变更或者重大变更应当依据有关规定报交通运输主管部门审批。一般变更应当在实施前告知监理单位和项目法人，项目法人认为变更不合理的有权予以否定。任何设计变更不得降低初步设计批复的质量安全标准，不得降低工程质量、耐久性和安全度。设计变更引起的工程费用变化，按照风险划分原则处理。其中，属于总承包单位风险范围的设计变更（含完善设计），超出原报价部分由总承包单位自付，低于原报价部分，按第（5）条规定支付。属于项目法人风险范围的设计变更，工程量清单与合同总价均调整，按规定报批后执行。项目法人应当根据设计变更管理规定，制定鼓励总承包单位优化设计、节省造价的管理制度

《公路工程施工分包管理办法》的主要规定

序号	项目	内容
1	管理职责	（1）发包人应当按照本办法规定和合同约定加强对施工分包活动的管理，建立健全分包管理制度，负责对分包的合同签订与履行、质量与安全管理、计量支付等活动监督检查，并建立台账，及时制止承包人的违法分包行为。 （2）除承包人设定的项目管理机构外，分包人也应当分别设立项目管理机构，对所承包或者分包工程的施工活动实施管理。项目管理机构应当具有与承包或者分包工程的规模、技术复杂程度相适应的技术、经济管理人员，其中项目负责人和技术、财务、计量、质量、安全等主要管理人员必须是本单位人员
2	分包的条件	（1）承包人可以将适合专业化队伍施工的专项工程分包给具有相应资格的单位。不得分包的专项工程，发包人应当在招标文件中予以明确。分包人不得将承接的分包工程再进行分包。 （2）分包人应当具备如下条件： ①具有经工商登记的法人资格。 ②具有与分包工程相适应的注册资金。 ③具有从事类似工程经验的管理与技术人员。 ④具有（自有或租赁）分包工程所需的施工设备。 （3）承包人对拟分包的专项工程及规模，应当在投标文件中予以明确。未列入投标文件的专项工程，承包人不得分包。但因工程变更增加了有特殊性技术要求、特殊工艺或者涉及专利保护等的专项工程，且按规定无须再进行招标的，由承包人提出书面申请，经发包人书面同意，可以分包
3	合同管理	（1）承包人有权依据承包合同自主选择符合资格的分包人。任何单位和个人不得违规指定分包。 （2）承包人和分包人应当按照交通运输主管部门制定的统一格式依法签订分包合同，并履行合同约定的义务。分包合同必须遵循承包合同的各项原则，满足承包合同中的质量、安全、进度、环保以及其他技术、经济等要求。承包人应在工程实施前，将经监理审查同意后的分包合同报发包人备案。 （3）承包人应当建立健全相关分包管理制度和台账，对分包工程的质量、安全、进度和分包人的行为等实施全过程管理，按照本办法规定和合同约定对分包工程的实施向发包人负责，并承担赔偿责任。分包合同不免除承包合同中规定的承包人的责任或者义务。 （4）分包人应当依据分包合同的约定，组织分包工程的施工，并对分包工程的质量、安全和进度等实施有效控制。分包人对其分包的工程向承包人负责，并就所分包的工程向发包人承担连带责任

序号	项目	内容
4	行为管理	（1）承包人未在施工现场设立项目管理机构和派驻相应人员对分包工程的施工活动实施有效管理，并且有下列情形之一的，属于转包： ①承包人将承包的全部工程发包给他人的。 ②承包人将承包的全部工程肢解后以分包的名义分别发包给他人的。 ③法律、法规规定的其他转包行为。 （2）有下列情形之一的，属于违法分包： ①承包人未在施工现场设立项目管理机构和派驻相应人员对分包工程的施工活动实施有效管理的。 ②承包人将工程分包给不具备相应资格的企业或者个人的。 ③分包人以他人名义承揽分包工程的。 ④承包人将合同文件中明确不得分包的专项工程进行分包的。 ⑤承包人未与分包人依法签订分包合同或者分包合同未遵循承包合同的各项原则，不满足承包合同中相应要求的。 ⑥分包合同未报发包人备案的。 ⑦分包人将分包工程再进行分包的。 ⑧法律、法规规定的其他违法分包行为。 （3）按照信用评价的有关规定，承包人和分包人应当互相开展信用评价，并向发包人提交信用评价结果。发包人应对承包人和分包人提交的信用评价结果进行核定，并且报送相关交通运输主管部门。交通运输主管部门应当将发包人报送的承包人和分包人的信用评价结果纳入信用评价体系，对其进行信用管理。 （4）发包人应当在招标文件中明确统一采购的主要材料及构、配件等的采购主体及方式。承包人授权分包人进行相关采购时，必须经发包人书面同意。 （5）为确保分包合同的履行，承包人可以要求分包人提供履约担保。分包人提供担保后，如要求承包人同时提供分包工程付款担保的，承包人也应当予以提供。 （6）分包人有权与承包人共同享有分包工程业绩。分包人业绩证明由承包人与发包人共同出具。分包人以分包业绩证明承接工程的，发包人应当予以认可。分包人以分包业绩证明申报资质的，相关交通运输主管部门应当予以认可。劳务合作不属于施工分包。劳务合作企业以分包人名义申请业绩证明的，承包人与发包人不得出具

考点3　公路建设信用信息管理相关规定

公路建设市场信用信息管理办法

序号	项目	内容
1	公路建设市场信用信息含义	是指各级交通运输主管部门、公路建设管理有关部门或单位、公路行业社团组织、司法机关在履行职责过程中，以及从业单位和从业人员在工作过程中产生、记录、归集的能够反映公路建设从业单位和从业人员基本情况、市场表现等信用状况的各类信息
2	信用信息内容	（1）公路建设市场信用信息包括公路建设从业单位基本信息、表彰奖励类良好行为信息、不良行为信息和信用评价信息。 （2）从业单位基本信息是区分从业单位身份、反映从业单位状况的信息，主要有： ①从业单位名称、法定代表人、注册登记基本情况及组织机构代码。 ②基本财务指标、在金融机构开立基本账户情况。 ③资质、资格情况。 ④主要经济、管理和工程技术从业人员的职称及执业资格基本状况。

序号	项目	内容
2	信用信息内容	⑤自有设备基本状况。 ⑥近5年主要业绩及全部在建的公路项目情况等。 （3）从业单位表彰奖励类良好行为信息主要有： ①模范履约、诚信经营，受到市级及以上交通运输主管部门、与公路建设有关的政府监督部门或机构表彰和奖励的信息。 ②被省级及以上交通运输主管部门评价为最高信用等级（AA级）的记录。 （4）从业单位不良行为信息主要有： ①从业单位在从事公路建设活动以及信用信息填报过程中违反有关法律、法规、标准等要求，受到市级及以上交通运输主管部门、与公路建设有关的政府监督部门或机构行政处罚及通报批评的信息。 ②司法机关、审计部门认定的违法违规信息。 ③被省级及以上交通运输主管部门评价为最低信用等级（D级）的记录
3	信用信息发布与管理	（1）从业单位基本信息公布期限为长期。 （2）表彰奖励类良好行为信息、不良行为信息公布期限为2年，信用评价信息公布期限为1年，期满后系统自动解除公布，转为系统档案信息。 （3）行政处罚期未满的不良行为信息将延长至行政处罚期满。 （4）上述期限均自认定相应行为或做出相应决定之日起计算

公路施工企业信用评价规则

序号	项目	内容
1	基本规定	（1）公路施工企业信用评价是指省级及以上交通运输主管部门或其委托机构依据有关法律法规、标准规范、合同文件等，通过量化方式对具有公路施工资质的企业在公路建设市场从业行为的评定。 （2）公路施工企业信用评价工作实行定期评价和动态管理相结合的方式。 （3）定期评价工作每年开展一次，对公路施工企业上一年度（1月1日—12月31日期间）的市场行为进行评价。 （4）评价内容由公路施工企业投标行为、履约行为和其他行为构成。投标行为以公路施工企业单次投标为评价单元，履约行为以单个施工合同段为评价单元。 （5）投标行为和履约行为初始分值为100分，实行累计扣分制。其中，投标行为占20%，履约行为占80%，若有其他行为的，从企业信用评价总得分中扣除。 （6）公路施工企业投标行为由招标人负责评价，履约行为由项目法人负责评价，其他行为由负责行业监管的相应地方人民政府交通运输主管部门负责评价。招标人、项目法人、负责行业监管的相应地方人民政府交通运输主管部门等评价人对评价结果签认负责
2	公路施工企业信用评价依据	（1）交通运输主管部门及其质量监督机构督查、检查结果或做出的处罚通报、决定。 （2）招标人、项目法人管理工作中的正式文件。 （3）举报、投诉或质量、安全事故调查处理结果。 （4）司法机关做出的司法认定及审计部门的审计意见。 （5）其他可以认定不良行为的有关资料

序号	项目	内容
3	评价程序	（1）投标行为评价。招标人完成每次招标工作后，对参与投标的公路施工企业不良投标行为进行评价。无不良投标行为的公路施工企业不进行评价。联合体有不良投标行为的，联合体各方均按相应标准扣分。 （2）履约行为评价。项目法人结合日常建设管理状况，对参与项目建设的公路施工企业上一年度的履约行为进行评价。对当年组织交工验收的工程项目，项目法人可在交工验收时提前确定参与项目建设的公路施工企业本年度的履约行为评价结果。联合体有不良履约行为的，联合体各方均按相应标准扣分。 （3）其他行为评价。负责行业监管的相应地方人民政府交通运输主管部门对公路施工企业其他行为进行评价
4	公路施工企业信用评价等级	（1）分为 AA、A、B、C、D 五个等级，各信用等级对应的企业评分 X 分别为： AA 级：$95 分 \leqslant X \leqslant 100 分$，信用好； A 级：$85 分 \leqslant X < 95 分$，信用较好； B 级：$75 分 \leqslant X < 85 分$，信用一般； C 级：$60 分 \leqslant X < 75 分$，信用较差； D 级：$X < 60 分$，信用差。 （2）对存在直接定为 D 级或降级的行为，招标人、项目法人或负责行业监管的相应地方人民政府交通运输主管部门发现后即报省级交通运输主管部门。自省级交通运输主管部门认定之日起企业在该省信用评价等级为 D 级或降一等级。 （3）被 1 个省级交通运输主管部门直接认定为 D 级的企业，其全国综合评价直接定为 C 级；被 2 个及以上省级交通运输主管部门直接认定为 D 级以及被国务院交通运输主管部门行政处罚的公路施工企业，其全国综合评价直接定为 D 级
5	其他规定	（1）公路施工企业信用升级实行逐级上升制，每年只能上升一个等级，不得越级。公路施工企业信用降级按照实际评定的等级确定。 （2）公路施工企业信用评价结果有效期 1 年，下一年度公路施工企业在该省份无信用评价结果的，其在该省份信用评价等级可延续 1 年。2 年以上在该省份无信用评价结果的，按照初次进入该省份确定，但不得高于其在该省份原评价等级的上一等级。 （3）公路施工企业资质升级的，其信用评价等级不变。企业分立的，按照新设立企业确定信用评价等级，但不得高于原评价等级。企业合并的，按照合并前信用评价等级较低企业等级确定。 （4）公路施工企业在某省级行政区域的信用评价等级可使用本省级综合评价结果，也可使用全国综合评价结果，具体由省级交通运输主管部门规定。 （5）由国务院交通运输主管部门负责全国综合评价的公路施工企业初次进入某省份公路建设市场时，其等级按照全国综合评价结果确定。尚无全国综合评价的企业，若无不良信用记录，可按 A 级对待。若有不良信用记录，视其严重程度按 B 级及以下对待。联合体参与投标时，其信用等级按照联合体各方最低等级认定

考点 4　公路工程设计变更管理相关规定

设计变更的类型

序号	项目	内容
1	设计变更	指自公路工程初步设计批准之日起至通过竣工验收正式交付使用之日止，对已批准的初步设计文件、技术设计文件或施工图设计文件所进行的修改、完善等活动

序号	项目	内容
2	重大设计变更	(1) 连续长度 10km 以上的路线方案调整的； (2) 特大桥的数量或结构形式发生变化的； (3) 特长隧道的数量或通风方案发生变化的； (4) 互通式立交的数量发生变化的； (5) 收费方式及站点位置、规模发生变化的；超过初步设计批准概算的
3	较大设计变更	(1) 连续长度 2km 以上的路线方案调整的； (2) 连接线的标准和规模发生变化的； (3) 特殊不良地质路段处置方案发生变化的； (4) 路面结构类型、宽度和厚度发生变化的； (5) 大中桥的数量或结构形式发生变化的； (6) 隧道的数量或方案发生变化的； (7) 互通式立交的位置或方案发生变化的； (8) 分离式立交的数量发生变化的； (9) 监控、通信系统总体方案发生变化的； (10) 管理、养护和服务设施的数量和规模发生变化的； (11) 其他单项工程费用变化超过 500 万元的； (12) 超过施工图设计批准预算的
4	一般设计变更	是指除重大设计变更和较大设计变更以外的其他设计变更

设计变更审批、审查、提出和责任

序号	项目	内容
1	设计变更审批	(1) 公路工程重大、较大设计变更实行审批制。未经审查批准的设计变更不得实施。 (2) 任何单位或者个人不得违反规定擅自变更已经批准的公路工程初步设计、技术设计和施工图设计文件。 (3) 不得肢解设计变更规避审批。经批准的设计变更一般不得再次变更。 (4) 重大设计变更由交通运输部负责审批。较大设计变更由省级交通运输主管部门负责审批
2	设计变更的审查和提出	(1) 项目法人负责对一般设计变更进行审查，并应当加强对公路工程设计变更实施的管理。 (2) 公路工程勘察设计、施工及监理等单位可以向项目法人提出公路工程设计变更的建议。 (3) 设计变更的建议应当以书面形式提出，并应当注明变更理由。项目法人也可以直接提出公路工程设计变更的建议。 (4) 对一般设计变更建议，由项目法人根据审查核实情况或者论证结果决定是否开展设计变更的勘察设计工作。 (5) 对较大设计变更和重大设计变更建议，项目法人经审查论证确认后，向省级交通主管部门提出公路工程设计变更的申请，设计变更申请书包括拟变更设计的公路工程名称、公路工程的基本情况、原设计单位、设计变更的类别、变更的主要内容、变更的主要理由等
3	责任	施工单位不按照批准的设计变更文件施工的，交通主管部门责令改正；造成建设工程质量不符合规定的质量标准的，负责返工、修理，并赔偿因此造成的损失；情节严重的，责令停业整顿，降低资质等级或者吊销资质证书

236

考点5　公路工程施工招标投标管理相关规定

招　标

序号	项目	内容
1	招标法律手续	（1）公路工程建设项目履行项目审批或者核准手续后，方可开展勘察设计招标。 （2）初步设计文件批准后，方可开展施工监理、设计施工总承包招标。 （3）施工图设计文件批准后，方可开展施工招标。 （4）施工招标采用资格预审方式的，在初步设计文件批准后，可以进行资格预审
2	可以不进行招标的情形	（1）涉及国家安全、国家秘密、抢险救灾或者属于利用扶贫资金实行以工代赈、需要使用农民工等特殊情况。 （2）需要采用不可替代的专利或者专有技术。 （3）采购人自身具有工程施工或者提供服务的资格和能力，且符合法定要求。 （4）已通过招标方式选定的特许经营项目投资人依法能够自行施工或者提供服务。 （5）需要向原中标人采购工程或者服务，否则将影响施工或者功能配套要求。 （6）国家规定的其他特殊情形
3	采用资格预审方式公开招标程序	（1）编制资格预审文件。 （2）发布资格预审公告，发售资格预审文件，公开资格预审文件关键内容。 （3）接收资格预审申请文件。 （4）组建资格审查委员会对资格预审申请人进行资格审查，资格审查委员会编写资格审查报告。 （5）根据资格审查结果，向通过资格预审的申请人发出投标邀请书；向未通过资格预审的申请人发出资格预审结果通知书，告知未通过的依据和原因。 （6）编制招标文件。 （7）发售招标文件，公开招标文件的关键内容。 （8）需要时，组织潜在投标人踏勘项目现场，召开投标预备会。 （9）接收投标文件，公开开标。 （10）组建评标委员会评标，评标委员会编写评标报告、推荐中标候选人。 （11）公示中标候选人相关信息。 （12）确定中标人。 （13）编制招标投标情况的书面报告。 （14）向中标人发出中标通知书，同时将中标结果通知所有未中标的投标人。 （15）与中标人订立合同。 注：（1）采用资格后审方式公开招标的，在完成招标文件编制并发布招标公告后，按照程序第（7）～（15）项进行。 （2）采用邀请招标的，在完成招标文件编制并发出投标邀请书后，按照程序第（7）～（15）项进行
4	资格预审文件及澄清规定	（1）资格预审文件和招标文件应当载明详细的评审程序、标准和方法，招标人不得另行制定评审细则。 （2）招标人应当自资格预审文件或者招标文件开始发售之日起，将其关键内容上传至具有招标监督职责的交通运输主管部门政府网站或者其指定的其他网站上进行公开，公开内容包括项目概况、对申请人或者投标人的资格条件要求、资格审查办法、评标办法、招标人联系方式等，公开时间至提交资格预审申请文件截止时间2日前或者投标截止时间10日前结束。 （3）招标人发出的资格预审文件或者招标文件的澄清或者修改涉及前款规定的公开内容的，招标人应当在向交通运输主管部门备案的同时，将澄清或者修改的内容上传至前款规定的网站

序号	项目	内容
5	不合理的条件限制、排斥潜在投标人或者投标人的情形	（1）设定的资质、业绩、主要人员、财务能力、履约信誉等资格、技术、商务条件与招标项目的具体特点和实际需要不相适应或者与合同履行无关。 （2）强制要求潜在投标人或者投标人的法定代表人、企业负责人、技术负责人等特定人员亲自购买资格预审文件、招标文件或者参与开标活动。 （3）通过设置备案、登记、注册、设立分支机构等无法律、行政法规依据的不合理条件，限制潜在投标人或者投标人进入项目所在地进行投标
6	其他规定	（1）招标人可以自行决定是否编制标底或者设置最高投标限价。招标人不得规定最低投标限价。 （2）招标人在招标文件中要求投标人提交投标保证金的，投标保证金不得超过招标标段估算价的 2%。投标保证金有效期应当与投标有效期一致。 （3）依法必须进行招标的公路工程建设项目的投标人，以现金或者支票形式提交投标保证金的，应当从其基本账户转出。投标人提交的投标保证金不符合招标文件要求的，应当否决其投标。 （4）招标人应当按照国家有关法律法规规定，在招标文件中明确允许分包的或者不得分包的工程和服务，分包人应当满足的资格条件以及对分包实施的管理要求。 （5）招标人不得在招标文件中设置对分包的歧视性条款。招标人有下列行为之一的，属于歧视性条款： ①以分包的工作量规模作为否决投标的条件。 ②对投标人符合法律法规以及招标文件规定的分包计划设定扣分条款。 ③按照分包的工作量规模对投标人进行区别评分。 ④以其他不合理条件限制投标人进行分包的行为。 （6）以暂估价形式包括在招标项目范围内的工程、货物、服务，属于依法必须进行招标的项目范围且达到国家规定规模标准的，应当依法进行招标。招标项目的合同条款中应当约定负责实施暂估价项目招标的主体以及相应的招标程序

投　标

序号	项目	内容
1	密封要求	（1）投标人应当按照招标文件要求装订、密封投标文件，并按照招标文件规定的时间、地点和方式将投标文件送达招标人。 （2）公路工程勘察设计和施工监理招标的投标文件应当以双信封形式密封，第一信封内为商务文件和技术文件，第二信封内为报价文件。 （3）对公路工程施工招标，招标人采用资格预审方式进行招标且评标方法为技术评分最低标价法的，或者采用资格后审方式进行招标的，投标文件应当以双信封形式密封，第一信封内为商务文件和技术文件，第二信封内为报价文件
2	修改、撤回、撤销	（1）投标文件按照要求送达后，在招标文件规定的投标截止时间前，投标人修改或者撤回投标文件的，应当以书面函件形式通知招标人。 （2）修改投标文件的函件是投标文件的组成部分，其编制形式、密封方式、送达时间等，适用对投标文件的规定。 （3）投标人在投标截止时间前撤回投标文件且招标人已收取投标保证金的，招标人应当自收到投标人书面撤回通知之日起 5 日内退还其投标保证金。 （4）投标截止后投标人撤销投标文件的，招标人可以不退还投标保证金
3	分包	（1）投标人根据招标文件有关分包的规定，拟在中标后将中标项目的部分工作进行分包的，应当在投标文件中载明。 （2）投标人在投标文件中未列入分包计划的工程或者服务，中标后不得分包，法律法规或者招标文件另有规定的除外

序号	项目	内容
1	开标	（1）开标应当在招标文件确定的提交投标文件截止时间的同一时间公开进行；开标地点应当为招标文件中预先确定的地点。 （2）投标人少于3个的，不得开标，投标文件应当当场退还给投标人；招标人应当重新招标。 （3）开标由招标人主持，邀请所有投标人参加。开标过程应当记录，并存档备查。投标人对开标有异议的，应当在开标现场提出，招标人应当当场做出答复，并制作记录。未参加开标的投标人，视为对开标过程无异议。 （4）投标文件按照招标文件规定采用双信封形式密封的，开标分两个步骤公开进行： ①第一步骤，对第一信封内的商务文件和技术文件进行开标，对第二信封不予拆封并由招标人予以封存。 ②第二步骤，宣布通过商务文件和技术文件评审的投标人名单，对其第二信封内的报价文件进行开标，宣读投标报价。未通过商务文件和技术文件评审的，对其第二信封不予拆封，并当场退还给投标人；投标人未参加第二信封开标的，招标人应当在评标结束后及时将第二信封原封退还投标人
2	评标	（1）公路工程勘察设计和施工监理招标，应当采用综合评估法进行评标，对投标人的商务文件、技术文件和报价文件进行评分，按照综合得分由高到低排序，推荐中标候选人。评标价的评分权重不宜超过10%，评标价得分应当根据评标价与评标基准价的偏离程度进行计算。 （2）公路工程施工招标，评标采用综合评估法或者经评审的最低投标价法。综合评估法包括合理低价法、技术评分最低标价法和综合评分法。 ①合理低价法，是指对通过初步评审的投标人，不再对其施工组织设计、项目管理机构、技术能力等因素进行评分，仅依据评标基准价对评标价进行评分，按照得分由高到低排序，推荐中标候选人的评标方法。 ②技术评分最低标价法，是指对通过初步评审的投标人的施工组织设计、项目管理机构、技术能力等因素进行评分，按照得分由高到低排序，对排名在招标文件规定数量以内的投标人的报价文件进行评审，按照评标价由低到高的顺序推荐中标候选人的评标方法。招标人在招标文件中规定的参与报价文件评审的投标人数量不得少于3个。 ③综合评分法，是指对通过初步评审的投标人的评标价、施工组织设计、项目管理机构、技术能力等因素进行评分，按照综合得分由高到低排序，推荐中标候选人的评标方法。其中评标价的评分权重不得低于50%。 ④经评审的最低投标价法，是指对通过初步评审的投标人，按照评标价由低到高排序，推荐中标候选人的评标方法。 （3）公路工程施工招标评标，一般采用合理低价法或者技术评分最低标价法。技术特别复杂的特大桥梁和特长隧道项目主体工程，可以采用综合评分法。工程规模较小、技术含量较低的工程，可以采用经评审的最低投标价法。 （4）实行设计施工总承包招标的，招标人应当根据工程地质条件、技术特点和施工难度确定评标办法。设计施工总承包招标的评标采用综合评分法的，评分因素包括评标价、项目管理机构、技术能力、设计文件的优化建议、设计施工总承包管理方案、施工组织设计等因素，评标价的评分权重不得低于50%。 （5）除评标价和履约信誉评分项外，评标委员会成员对投标人商务和技术各项因素的评分一般不得低于招标文件规定该因素满分值的60%；评分低于满分值60%的，评标委员会成员应当在评标报告中做出说明。招标人应当对评标委员会成员在评标活动中的职责履行情况予以记录，并在招标投标情况的书面报告中载明。

序号	项目	内容
2	评标	（6）评标委员会发现投标人的投标报价明显低于其他投标人报价或者在设有标底时明显低于标底的，应当要求该投标人对相应投标报价做出书面说明，并提供相关证明材料。投标人不能证明可以按照其报价以及招标文件规定的质量标准和履行期限完成招标项目的，评标委员会应当认定该投标人以低于成本价竞标，并否决其投标。 （7）评标委员会对投标文件进行评审后，因有效投标不足3个使得投标明显缺乏竞争的，可以否决全部投标。未否决全部投标的，评标委员会应当在评标报告中阐明理由并推荐中标候选人。 （8）投标文件按照招标文件规定采用双信封形式密封的，通过第一信封商务文件和技术文件评审的投标人在3个以上的，招标人应当按照《公路工程建设项目招标投标管理办法》第三十七条规定的程序进行第二信封报价文件开标；在对报价文件进行评审后，有效投标不足3个的，评标委员会应当按照本条第一款规定执行。 （9）通过第一信封商务文件和技术文件评审的投标人少于3个的，评标委员会可以否决全部投标；未否决全部投标的，评标委员会应当在评标报告中阐明理由，招标人应当按照《公路工程建设项目招标投标管理办法》第三十七条规定的程序进行第二信封报价文件开标，但评标委员会在进行报价文件评审时仍有权否决全部投标；评标委员会未在报价文件评审时否决全部投标的，应当在评标报告中阐明理由并推荐中标候选人
3	中标	（1）依法必须进行招标的公路工程建设项目，招标人应当自收到评标报告之日起3日内，在对该项目具有招标监督职责的交通运输主管部门政府网站或者其指定的其他网站上公示中标候选人，公示期不得少于3日。 （2）公示内容： ①中标候选人排序、名称、投标报价。 ②中标候选人在投标文件中承诺的主要人员姓名、个人业绩、相关证书编号。 ③中标候选人在投标文件中填报的项目业绩。 ④被否决投标的投标人名称、否决依据和原因。 ⑤招标文件规定公示的其他内容。 （3）投标人或者其他利害关系人对依法必须进行招标的公路工程建设项目的评标结果有异议的，应当在中标候选人公示期间提出。招标人应当自收到异议之日起3日内做出答复；做出答复前，应当暂停招标投标活动。 （4）招标人和中标人应当自中标通知书发出之日起30日内，按照招标文件和中标人的投标文件订立书面合同，合同的标的、价格、质量、安全、履行期限、主要人员等主要条款应当与上述文件的内容一致。招标人和中标人不得再行订立背离合同实质性内容的其他协议。 （5）招标文件要求中标人提交履约保证金的，中标人应当按照招标文件的要求提交。履约保证金不得超过中标合同金额的10%。招标人不得指定或者变相指定履约保证金的支付形式，由中标人自主选择银行保函或者现金、支票等支付形式
4	重新招标	（1）依法必须进行招标的公路工程建设项目，有下列情形之一的，招标人在分析招标失败的原因并采取相应措施后，应当依照《公路工程建设项目招标投标管理办法》重新招标： ①通过资格预审的申请人少于3个的。 ②投标人少于3个的。 ③所有投标均被否决的。 ④中标候选人均未与招标人订立书面合同的。

序号	项目	内容
4	重新招标	（2）重新招标的，资格预审文件、招标文件和招标投标情况的书面报告应当按照《公路工程建设项目招标投标管理办法》的规定重新报交通运输主管部门备案。 （3）重新招标后投标人仍少于3个的，属于按照国家有关规定需要履行项目审批、核准手续的依法必须进行招标的公路工程建设项目，报经项目审批、核准部门批准后可以不再进行招标；其他项目可由招标人自行决定不再进行招标。 （4）依照规定不再进行招标的，招标人可以邀请已提交资格预审申请文件的申请人或者已提交投标文件的投标人进行谈判，确定项目承担单位，并将谈判报告报对该项目具有招标监督职责的交通运输主管部门备案

考点 6　公路工程验收相关规定

公路工程竣（交）工验收依据

序号	项目	内容
1	公路工程验收阶段划分	分为交工验收和竣工验收两个阶段
2	主要工作	（1）交工验收阶段，其主要工作是：检查施工合同的执行情况，评价工程质量，对各参建单位工作进行初步评价。 （2）竣工验收阶段，其主要工作是：对工程质量、参建单位和建设项目进行综合评价，并对工程建设项目做出整体性综合评价
3	竣（交）工验收的依据	（1）批准的项目建议书、工程可行性研究报告。 （2）批准的工程初步设计、施工图设计及设计变更文件。 （3）施工许可。 （4）招标文件及合同文本。 （5）行政主管部门的有关批复、批示文件。 （6）公路工程技术标准、规范、规程及国家有关部门的相关规定

公路工程交工验收

序号	项目	内容
1	公路工程交工验收应具备的条件	（1）合同约定的各项内容已全部完成。各方就合同变更的内容达成书面一致意见。 （2）施工单位按《公路工程质量检验评定标准》及相关规定对工程质量自检合格。 （3）监理单位对工程质量评定合格。 （4）质量监督机构按《公路工程质量鉴定办法》对工程质量进行检测，并出具检测意见。检测意见中需整改的问题已经处理完毕。 （5）竣工文件按公路工程档案管理的有关要求，完成"公路工程项目文件归档范围"第三、四、五部分（不含缺陷责任期资料）内容的收集、整理及归档工作。 （6）施工单位、监理单位完成本合同段的工作总结报告
2	交工验收程序	（1）施工单位完成合同约定的全部工程内容，且经施工自检和监理检验评定均合格后，提出合同段交工验收申请报监理单位审查。交工验收申请应附自检评定资料和施工总结报告。 （2）监理单位根据工程实际情况、抽检资料以及对合同段工程质量评定结果，对施工单位交工验收申请及其所附资料进行审查并签署意见。监理单位审查同意后，应同时向项目法人提交独立抽检资料、质量评定资料和监理工作报告。

序号	项目	内容
2	交工验收程序	（3）项目法人对施工单位的交工验收申请、监理单位的质量评定资料进行核查，必要时可委托有相应资质的检测机构进行重点抽查检测，认为合同段满足交工验收条件时应及时组织交工验收。 （4）对若干合同段完工时间相近的，项目法人可合并组织交工验收。对分段通车的项目，项目法人可按合同约定分段组织交工验收。 （5）通过交工验收的合同段，项目法人应及时颁发"公路工程交工验收证书"。 （6）各合同段全部验收合格后，项目法人应及时完成"公路工程交工验收报告"
3	交工验收的主要工作内容	（1）检查合同执行情况。 （2）检查施工自检报告、施工总结报告及施工资料。 （3）检查监理单位独立抽检资料、监理工作报告及质量评定资料。 （4）检查工程实体，审查有关资料，包括主要产品的质量抽（检）测报告。 （5）核查工程完工数量是否与批准的设计文件相符，是否与工程计量数量一致。 （6）对合同是否全面执行、工程质量是否合格做出结论。 （7）按合同段分别对设计、监理、施工等单位进行初步评价。 项目法人负责组织公路工程各合同段的设计、监理、施工等单位参加交工验收。路基工程作为单独合同段进行交工验收时，应邀请路面施工单位参加。拟交付使用的工程，应邀请运营、养护管理单位参加。交通运输主管部门、公路管理机构、质量监督机构视情况参加交工验收
4	交工验收质量评定	（1）合同段工程质量评分采用所含各单位工程质量评分的加权平均值。即工程各合同段交工验收结束后，由项目法人对整个工程项目进行工程质量评定，工程质量评分采用各合同段工程质量评分的加权平均值。即投资额原则使用结算价，当结算价暂时未确定时，可使用招标合同价，但在评分计算时应统一。 （2）交工验收工程质量等级评定分为合格和不合格，工程质量评分值大于等于 75 分的为合格，小于 75 分的为不合格

公路工程竣工验收

序号	项目	内容
1	竣工验收应具备的条件	（1）通车试运营 2 年以上。 （2）交工验收提出的工程质量缺陷等遗留问题已全部处理完毕，并经项目法人验收合格。 （3）工程决算编制完成，竣工决算已经审计，并经交通运输主管部门或其授权单位认定。 （4）竣工文件已完成"公路工程项目文件归档范围"的全部内容。 （5）档案、环保等单项验收合格，土地使用手续已办理。 （6）各参建单位完成工作总结报告。 （7）质量监督机构对工程质量检测鉴定合格，并形成工程质量鉴定报告
2	竣工验收准备工作程序	（1）公路工程符合竣工验收条件后，项目法人应按照公路工程管理权限及时向相关交通运输主管部门提出验收申请，其主要内容包括：交工验收报告；项目执行报告、设计工作报告、施工总结报告和监理工作报告；项目基本建设程序的有关批复文件；档案、环保等单项验收意见；土地使用证或建设用地批复文件；竣工决算的核备意见、审计报告及认定意见。 （2）相关交通运输主管部门对验收申请进行审查，必要时可组织现场核查。审查同意后报负责竣工验收的交通运输主管部门。 （3）以上文件齐全且符合条件的项目，由负责竣工验收的交通运输主管部门通知所属的质量监督机构开展质量鉴定工作。 （4）质量监督机构按要求完成质量鉴定工作，出具工程质量鉴定报告，并审核交工验收对设计、施工、监理初步评价结果，报送交通运输主管部门。 （5）工程质量鉴定等级为合格及以上的项目，负责竣工验收的交通运输主管部门及时组织竣工验收

序号	项目	内容
3	竣工验收的主要工作内容	（1）成立竣工验收委员会。 （2）听取公路工程项目执行报告、设计工作报告、施工总结报告、监理工作报告及接管养护单位项目使用情况报告。 （3）听取公路工程质量监督报告及工程质量鉴定报告。 （4）竣工验收委员会成立专业检查组检查工程实体质量，审阅有关资料，形成书面检查意见。 （5）对项目法人建设管理工作进行综合评价。审定交工验收对设计单位、施工单位、监理单位的初步评价。 （6）对工程质量进行评分，确定工程质量等级，并综合评价建设项目。 （7）形成并通过《公路工程竣工验收鉴定书》。 （8）负责竣工验收的交通运输主管部门印发《公路工程竣工验收鉴定书》。 （9）质量监督机构依据竣工验收结论，对各参建单位签发"公路工程参建单位工作综合评价等级证书"。 （10）竣工验收委员会由交通运输主管部门、公路管理机构、质量监督机构、造价管理机构等单位代表组成。国防公路应邀请军队代表参加。大中型项目及技术复杂工程，应邀请有关专家参加。项目法人、设计单位、监理单位、施工单位、接管养护等单位参加竣工验收工作。 （11）项目法人、设计、施工、监理、接管养护等单位代表参加竣工验收工作，但不作为竣工验收委员会成员
4	参加竣工验收工作各方的主要职责	（1）竣工验收委员会负责对工程实体质量及建设情况进行全面检查。对工程质量进行评分，对各参建单位及建设项目进行综合评价，确定工程质量和建设项目等级，形成工程竣工验收鉴定书。 （2）项目法人负责提交项目执行报告及验收工作所需资料，协助竣工验收委员会开展工作。 （3）设计单位负责提交设计工作报告，配合竣工验收检查工作。 （4）施工单位负责提交施工总结报告，提供各种资料，配合竣工验收检查工作。 （5）监理单位负责提交监理工作报告，提供工程监理资料，配合竣工验收检查工作。 （6）接管养护单位负责提交项目使用情况报告，配合竣工验收检查工作。 （7）公路建设项目设计、施工、监理、接管养护等有多家单位的，项目法人应组织汇总设计工作报告、施工总结报告、监理工作报告、项目使用情况报告。竣工验收时选派代表向竣工验收委员会汇报
5	竣工验收质量评定	（1）竣工验收工程质量评分采取加权平均法计算，其中交工验收工程质量得分权值为0.2，质量监督机构工程质量鉴定得分权值为0.6，竣工验收委员会对工程质量的评分权值为0.2。 （2）对于交工验收和竣工验收合并进行的小型项目，质量监督机构工程质量鉴定得分权值为0.6，监理单位对工程质量评定得分权值为0.1，竣工验收委员会对工程质量的评分权值为0.3。 （3）工程质量评分大于等于90分为优良，小于90分且大于等于75分为合格，小于75分为不合格

2B332000 公路施工安全生产和质量管理相关规定

2B332010 公路工程施工安全生产相关规定

【考点图谱】

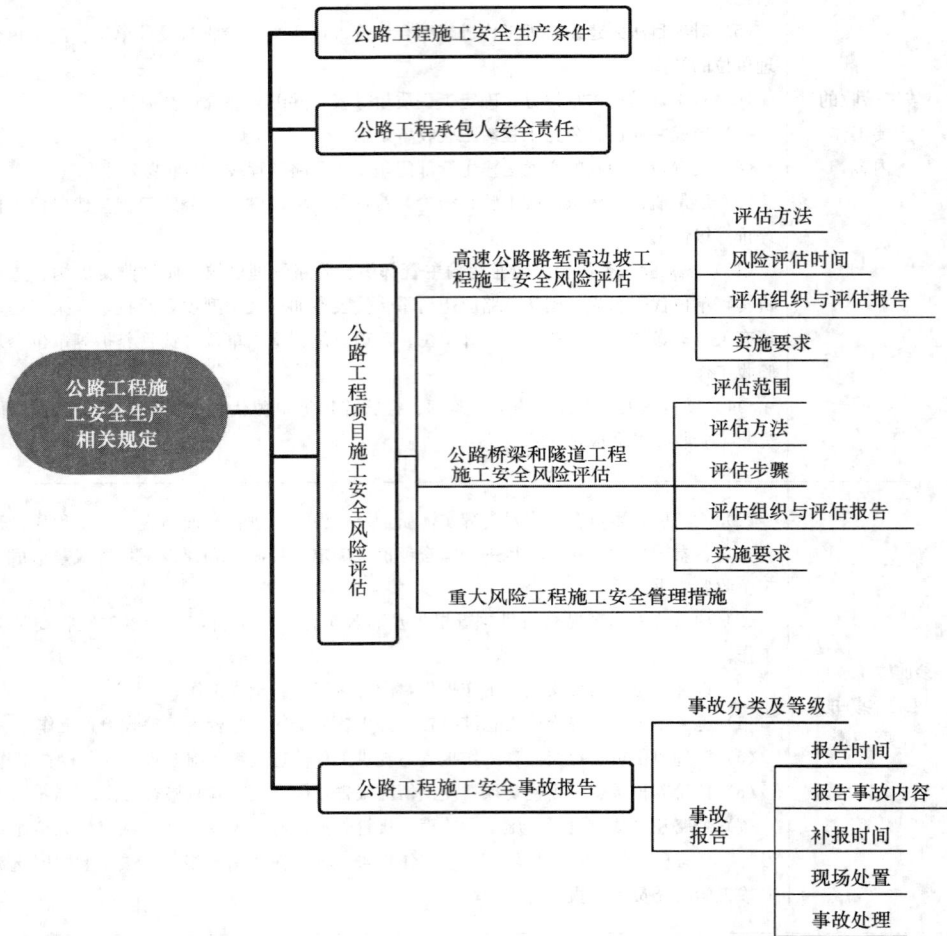

【考点精析】

考点1 公路工程施工安全生产条件

公路工程施工安全生产条件

1. 从业单位从事公路水运工程建设活动，应当具备法律、法规、规章和工程建设强制性标准规定的安全生产条件。任何单位和个人不得降低安全生产条件。

2. 施工单位从事公路水运工程建设活动，应当取得安全生产许可证及相应等级的资质证书。施工单位的主要负责人和安全生产管理人员应当经交通运输主管部门对其安全生产知识和管理能力考核合格。施工单位应当设置安全生产管理机构或者配备专职安全生产管理人员。施工单位应当根据工程施工作业特点、安全风险以及施工组织难度，按照年度施工产值配备专职安全生产管理人员，不足 5000 万元的至少配备 1 名；5000 万元以上不足 2 亿元的按每 5000 万元不少于 1 名的比例配备；2 亿元以上的不少于 5 名，且按专业配备。

3. 从业单位应当依法对从业人员进行安全生产教育和培训。未经安全生产教育和培训合格的从业人员，不得上岗作业。

4. 公路水运工程从业人员中的特种作业人员应当按照国家有关规定取得相应资格，方可上岗作业。

5. 翻模、滑（爬）模等自升式架设设施，以及自行设计、组装或者改装的施工挂（吊）篮、移动模架等设施在投入使用前，施工单位应当组织有关单位进行验收，或者委托具有相应资质的检验检测机构进行验收。验收合格后方可使用。

6. 施工单位与从业人员订立的劳动合同，应当载明有关保障从业人员劳动安全、防止职业危害等事项。施工单位还应当向从业人员书面告知危险岗位的操作规程。

考点 2　公路工程承包人安全责任

公路工程承包人安全责任

序号	项目	内容
1	安全生产责任制	从业单位应当建立健全安全生产责任制，明确各岗位的责任人员、责任范围和考核标准等内容。从业单位应当建立相应的机制，加强对安全生产责任制落实情况的监督考核
2	施工单位的安全生产主体责任	（1）施工单位应当按照法律、法规、规章、工程建设强制性标准和合同文件组织施工，保障项目施工安全生产条件，对施工现场的安全生产负主体责任。施工单位主要负责人依法对项目安全生产工作全面负责。 （2）建设工程实行施工总承包的，由总承包单位对施工现场的安全生产负总责。分包单位应当服从总承包单位的安全生产管理，分包单位不服从管理导致生产安全事故的，由分包单位承担主要责任
3	项目负责人安全生产职责	（1）建立项目安全生产责任制，实施相应的考核与奖惩。 （2）按规定配足项目专职安全生产管理人员。 （3）结合项目特点，组织制定项目安全生产规章制度和操作规程。 （4）组织制定项目安全生产教育和培训计划。 （5）督促项目安全生产费用的规范使用。 （6）依据风险评估结论，完善施工组织设计和专项施工方案。 （7）建立安全预防控制体系和隐患排查治理体系，督促、检查项目安全生产工作，确认重大事故隐患整改情况。 （8）组织制定本合同段施工专项应急预案和现场处置方案，并定期组织演练。 （9）及时、如实报告生产安全事故并组织自救

序号	项目	内容
4	施工单位的专职安全生产管理人员职责	（1）组织或者参与拟订本单位安全生产规章制度、操作规程，以及合同段施工专项应急预案和现场处置方案。 （2）组织或者参与本单位安全生产教育和培训，如实记录安全生产教育和培训情况。 （3）督促落实本单位施工安全风险管控措施。 （4）组织或者参与本合同段施工应急救援演练。 （5）检查施工现场安全生产状况，做好检查记录，提出改进安全生产标准化建设的建议。 （6）及时排查、报告安全事故隐患，并督促落实事故隐患治理措施。 （7）制止和纠正违章指挥、违章操作和违反劳动纪律的行为
5	其他规定	（1）施工单位应当根据施工规模和现场消防重点建立施工现场消防安全责任制度，确定消防安全责任人，制定消防管理制度和操作规程，设置消防通道，配备相应的消防设施、物资和器材。施工单位对施工现场临时用火、用电的重点部位及爆破作业各环节应当加强消防安全检查。 （2）施工单位应当将专业分包单位、劳务合作单位的作业人员及实习人员纳入本单位统一管理。 （3）新进人员和作业人员进入新的施工现场或者转入新的岗位前，施工单位应当对其进行安全生产培训考核。施工单位采用新技术、新工艺、新设备、新材料的，应当对作业人员进行相应的安全生产教育培训，生产作业前还应当开展岗位风险提示

考点3 公路工程项目施工安全风险评估

高速公路路堑高边坡工程施工安全风险评估

序号	项目	内容
1	评估方法	高速公路路堑高边坡工程施工安全风险评估划分为总体风险评估和专项风险评估两个阶段，一般采用专家调查评估法、指标体系法。 （1）总体风险评估。以高速公路全线的路堑工程整体为评估对象，根据工程建设规模、地质条件、工程特点、施工环境、诱发因素、资料完整性等，评估全线路堑边坡施工安全风险，确定风险等级并提出控制措施建议。总体风险评估结论应作为编制路堑边坡工程施工组织设计的依据。 （2）专项风险评估。在总体风险评估基础上，将风险等级达到高度风险（Ⅲ级）及以上的路堑段作为评估单元，以施工作业活动为评估对象，根据其施工安全风险特点及类似工程事故情况，进行风险辨识、分析、估测；并针对其中的重大风险源进行量化评估，提出具体的风险控制措施。专项风险评估可分为施工前专项评估和施工过程专项评估。专项风险评估结论应作为编制或完善专项施工方案的依据
2	实施时间	总体风险评估应在项目开工前实施。专项风险评估应在路堑边坡分项工程开工前完成。施工中，经论证出现新的重大风险源，或发生生产安全事故（险情）等情况，应补充开展施工过程专项评估
3	评估组织	总体风险评估工作由建设单位负责组织，专项风险评估工作由施工单位负责组织。组织单位按照"谁组织谁负责"的原则对评估工作质量负责

序号	项目	内容
4	评估报告	总体风险评估和施工前专项风险评估应分别形成评估报告，施工过程专项风险评估可简化形成评估报表。评估报告应反映风险评估过程的全部工作，报告内容应包括编制依据、工程概况、评估方法、评估步骤、评估内容、评估结论及对策建议等
5	实施要求	（1）项目总体风险评估的重大风险源应按规定报监理单位、建设单位、地方行业主管部门备案。 （2）施工单位应根据风险评估结论，完善路堑高边坡工程施工组织设计和专项施工方案，分类制定相应的专项应急预案，对项目施工过程实施预警预控。对重大风险源应建立日常巡查、监测预警、定期报告、销号等制度，并严格实施。对暂时无有效措施的IV级风险，应立即停工。 （3）施工安全风险评估工作费用在项目安全生产费用中列支

公路桥梁和隧道工程施工安全风险评估

序号	项目	内容
1	桥梁工程评估范围	（1）多跨或跨径大于40m的石拱桥，跨径大于或等于150m的钢筋混凝土拱桥，跨径大于或等于350m的钢箱拱桥，钢桁架、钢管混凝土拱桥。 （2）跨径大于或等于140m的梁式桥，跨径大于400m的斜拉桥，跨径大于1000m的悬索桥。 （3）墩高或净空大于100m的桥梁工程。 （4）采用新材料、新结构、新工艺、新技术的特大桥、大桥工程。 （5）特殊桥型或特殊结构桥梁的拆除或加固工程。 （6）施工环境复杂、施工工艺复杂的其他桥梁工程
2	隧道工程评估范围	（1）穿越高地应力区、岩溶发育区、区域地质构造、煤系地层、采空区等工程地质或水文地质条件复杂的隧道，黄土地区、水下或海底隧道工程。 （2）浅埋、偏压、大跨度、变化断面等结构受力复杂的隧道工程。 （3）长度3000m及以上的隧道工程，Ⅵ、Ⅴ级围岩连续长度超过50m或合计长度占隧道全长的30％及以上的隧道工程。 （4）连拱隧道和小净距隧道工程。 （5）采用新技术、新材料、新设备、新工艺的隧道工程。 （6）隧道改扩建工程。 （7）施工环境复杂、施工工艺复杂的其他隧道工程
3	评估方法	（1）总体风险评估。桥梁或隧道工程开工前，根据桥梁或隧道工程的地质环境条件、建设规模、结构特点等孕险环境与致险因子，估测桥梁或隧道工程施工期间的整体安全风险大小，确定其静态条件下的安全风险等级。 （2）专项风险评估。当桥梁或隧道工程总体风险评估等级达到Ⅲ级（高度风险）及以上时，将其中高风险的施工作业活动（或施工区段）作为评估对象，根据其作业风险特点以及类似工程事故情况，进行风险源普查，并针对其中的重大风险源进行量化估测，提出相应的风险控制措施。 （3）评估方法应根据被评估项目的工程特点，选择相应的定性或定量的风险评估方法。一般采用风险指标体系法、作业条件危险性分析法等

序号	项目	内容
4	评估步骤	（1）开展总体风险评估。根据设计阶段风险评估结果（若有），以及类似结构工程安全事故情况，用定性与定量相结合的方法初步分析本项目孕险环境与致险因子，估测施工中发生重大事故的可能性，确定项目总体风险等级。 （2）确定专项风险评估范围。总体风险评估等级达到Ⅲ级（高度风险）及以上工程应进行专项风险评估。其他风险等级的可视情况开展专项风险评估。 （3）开展专项风险评估。通过对施工作业活动（施工区段）中的风险源普查，在分析物的不安全状态、人的不安全行为的基础上，确定重大风险源和一般风险源。宜采用指标体系法等定量评估方法，对重大风险源发生事故的概率及损失进行分析，评估其发生重大事故的可能性与严重程度，对照相关风险等级标准，确定专项风险等级。 （4）确定风险控制措施。根据风险接受准则的相关规定，对专项风险等级在Ⅲ级（高度风险）及以上的施工作业活动（施工区段），应明确重大风险源的监测、控制、预警措施以及应急预案。其他风险等级工程可根据工程实际情况，按照成本效益原则确定相应的风险控制措施
5	评估组织	（1）施工安全风险评估工作原则上由项目施工单位具体负责。当被评估项目含多个合同段时，总体风险评估应由建设单位牵头组织，专项风险评估工作仍由合同施工单位具体实施。 （2）当施工单位的施工经验或能力不足时，可委托行业内安全评估机构承担相关风险评估工作。 （3）评估工作负责人应当具有5年以上的工程管理经验，并有参与类似工程施工的经历
6	评估报告	风险评估工作应形成评估报告。评估报告应反映风险评估过程的主要工作。报告内容应包括评估依据、工程概况、评估方法、评估步骤、评估内容、评估结论及对策建议等。评估结论应当明确风险等级、可能发生事故的关键部位、区域或节点、事故可能性等级、规避或者降低风险的建议措施等内容
7	实施要求	（1）施工单位应根据风险评估结论，完善施工组织设计和危险性较大工程专项施工方案，制定相应的专项应急预案，对项目施工过程实施预警预控。 （2）公路桥梁和隧道工程施工安全风险评估应遵循动态管理的原则，当工程设计方案、施工方案、工程地质、水文地质、施工队伍等发生重大变化时，应重新进行风险评估。 （3）施工安全风险评估工作费用应在项目安全生产费用中列支
8	Ⅲ级（高度风险）及以上的施工作业活动（施工区段）的风险控制	（1）重大风险源的监控与防治措施、应急预案经施工企业技术负责人和项目总监理工程师审批后，由建设单位组织论证或复评估。 （2）施工单位应建立重大风险源的监测及验收、日常巡查、定期报告等工作制度，并组织实施。 （3）施工项目经理或技术负责人在工程施工前应对施工人员进行安全技术教育与交底；施工现场应设立相应的危险告知牌。 （4）适时组织对典型重大风险源的应急救援演练。 （5）当专项风险等级为Ⅳ级（极高风险）且无法降低时，必须提高现场防护标准，落实应急处置措施，视情况开展第三方施工监测；未采取有效措施的，不得施工

考点 4　公路工程施工安全事故报告

生产安全事故分类、处理、调查及法律责任

序号	分类	监管部门的报告	事故报告内容	事故调查的管辖	事故调查报告的内容
1	特别重大事故	立即报告国务院	（1）事故发生的时间、地点和工程项目、有关单位名称； （2）事故的简要经过； （3）事故已经造成或者可能造成的伤亡人数（包括下落不明的人数）和初步估计的直接经济损失； （4）事故的初步原因； （5）事故发生后采取的措施及事故控制情况； （6）事故报告单位或报告人员； （7）其他应当报告的情况	国务院或者国务院授权有关部门组织事故调查组	（1）事故发生单位概况； （2）事故发生经过和事故救援情况； （3）事故造成的人员伤亡和直接经济损失； （4）事故发生的原因和事故性质； （5）事故责任的认定和对事故责任者的处理建议； （6）事故防范和整改措施
2	重大事故			分别由事故发生地省级人民政府、设区的市级人民政府、县级人民政府负责调查。可以直接调查，也可以授权或者委托有关部门组织事故调查组进行调查	
3	较大事故	逐级上报至国务院建设主管部门			
4	一般事故	逐级上报至省级建设主管部门			

生产安全事故报告的说明

序号	项目	规定
1	事故单位报告	（1）事故发生后，现场人员应立即向本单位负责人报告，单位负责人接到报告后，应当于 1 小时内向事故发生地县级以上人民政府安全生产监督管理部门和负有安全生产监督管理职责的有关部门报告； （2）情况紧急时，可以直接向事故发生地县级以上人民政府安全生产监督管理部门和负有安全生产监督管理职责的有关部门报告； （3）实行施工总承包的建设工程，由总承包单位负责上报事故
2	监管部门报告	（1）必要时，建设主管部门可以越级上报事故情况； （2）建设主管部门接到事故报告后，应通知安全生产监督部门、公安机关、劳动保障行政部门、工会和人民检察院。每级上报的时间不得超过 2 小时； （3）自事故发生之日起 30 日内，事故造成的伤亡人数发生变化的，应当及时补报。道路交通事故、火灾事故自发生之日起 7 日内，事故造成的伤亡人数发生变化的，应当及时补报

注：1. 事故发生后，有关单位和人员应当妥善保护事故现场以及相关证据，任何单位和个人不得破坏事故现场、毁灭相关证据。因抢救人员、防止事故扩大以及疏通交通等原因，需要移动事故现场物件的，应当做出标志，绘制现场简图并做出书面记录，妥善保存现场重要痕迹、物证。

2. 事故发生单位负责人接到事故报告后，应当立即启动事故相应应急预案，或者采取有效措施，组织抢救，防止事故扩大，减少人员伤亡和财产损失。

事故分类及等级

序号	项目	内容
1	事故分类	（1）物体打击； （2）车辆伤害； （3）机械伤害； （4）起重伤害； （5）触电； （6）淹溺； （7）灼烫； （8）火灾；

序号	项目	内容
1	事故分类	(9) 高处坠落； (10) 坍塌； (11) 冒顶片帮； (12) 透水； (13) 放炮； (14) 火药爆炸； (15) 瓦斯爆炸； (16) 锅炉爆炸； (17) 容器爆炸； (18) 其他爆炸； (19) 中毒和窒息； (20) 其他伤害
2	事故等级	(1) 特别重大事故，是指造成30人以上死亡，或者100人以上重伤（包括急性工业中毒，下同），或者1亿元以上直接经济损失的事故。 (2) 重大事故，是指造成10人以上30人以下死亡，或者50人以上100人以下重伤，或者5000万元以上1亿元以下直接经济损失的事故。 (3) 较大事故，是指造成3人以上10人以下死亡，或者10人以上50人以下重伤，或者1000万元以上5000万元以下直接经济损失的事故。 (4) 一般事故，是指造成3人以下死亡，或者10人以下重伤，或者1000万元以下直接经济损失的事故

2B332020　公路工程质量管理相关规定

【考点图谱】

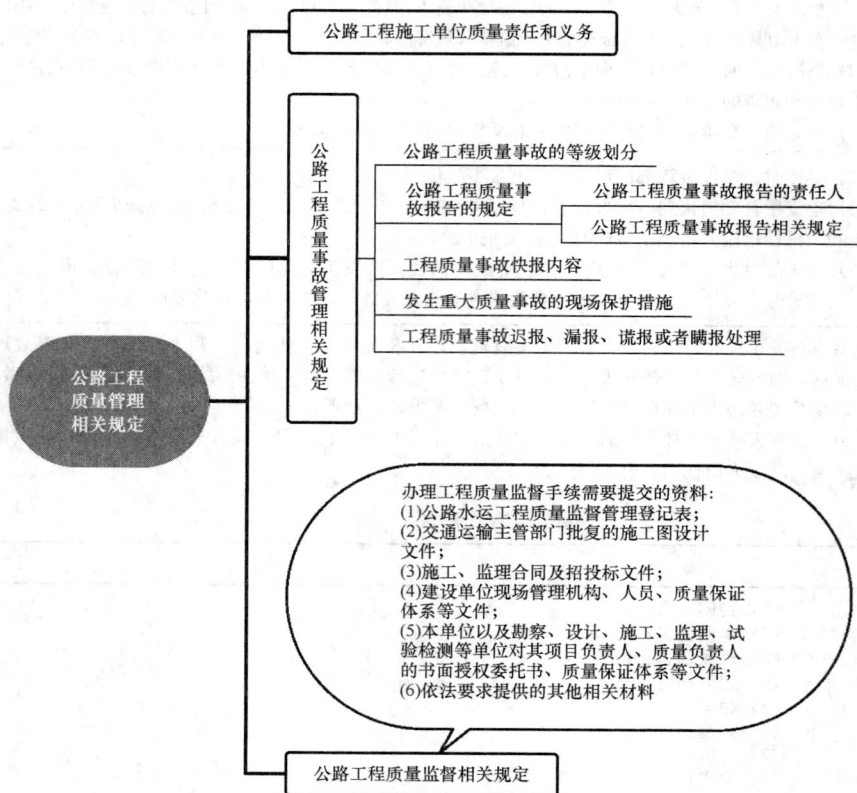

考点1　公路工程施工单位质量责任和义务

公路工程施工单位质量责任和义务

序号	项目	内容
1	质量责任制	公路水运工程施行质量责任终身制。建设、勘察、设计、施工、监理等单位应当书面明确相应的项目负责人和质量负责人。从业单位的相关人员按照国家法律法规和有关规定在工程合理使用年限内承担相应的质量责任
2	施工单位对工程施工质量负责	应当按合同约定设立现场质量管理机构、配备工程技术人员和质量管理人员，落实工程施工质量责任制
3	检验要求	施工单位应当严格按照工程设计图纸、施工技术标准和合同约定施工，对原材料、混合料、构配件、工程实体、机电设备等进行检验；按规定施行班组自检、工序交接检、专职质检员检验的质量控制程序；对分项工程、分部工程和单位工程进行质量自评。检验或者自评不合格的，不得进入下道工序或者投入使用
4	过程质量控制	施工单位应当加强施工过程质量控制，并形成完整、可追溯的施工质量管理资料，主体工程的隐蔽部位施工还应当保留影像资料。对施工中出现的质量问题或者验收不合格的工程，应当负责返工处理；对在保修范围和保修期限内发生质量问题的工程，应当履行保修义务
5	分包管理	勘察、设计、施工单位应当依法规范分包行为，并对各自承担的工程质量负总责，分包单位对分包合同范围内的工程质量负责
6	工地临时试验室	施工、监理单位应当按照合同约定设立工地临时试验室，严格按照工程技术标准、检测规范和规程，在核定的试验检测参数范围内开展试验检测活动

考点2　公路工程质量事故管理相关规定

公路工程质量事故的等级划分

序号	项目	内容
1	特别重大质量事故	是指造成直接经济损失1亿元以上的事故
2	重大质量事故	是指造成直接经济损失5000万元以上1亿元以下，或者特大桥主体结构垮塌、特长隧道结构坍塌，或者大型水运工程主体结构垮塌、报废的事故
3	较大质量事故	是指造成直接经济损失1000万元以上5000万元以下，或者高速公路项目中桥或大桥主体结构垮塌、中隧道或长隧道结构坍塌、路基（行车道宽度）整体滑移，或者中型水运工程主体结构垮塌、报废的事故
4	一般质量事故	是指造成直接经济损失100万元以上1000万元以下，或者除高速公路以外的公路项目中桥或大桥主体结构垮塌、中隧道或长隧道结构坍塌，或者小型水运工程主体结构垮塌、报废的事故

公路工程质量事故报告的规定

序号	项目	内容
1	公路工程质量事故报告的责任人	工程项目交工验收前，施工单位为工程质量事故报告的责任单位；自通过交工验收至缺陷责任期结束，由负责项目交工验收管理的交通运输主管部门明确项目建设单位或管养单位作为工程质量事故报告的责任单位
2	公路工程质量事故报告相关规定	（1）一般及以上工程质量事故均应报告。事故报告责任单位应在应急预案或有关制度中明确事故报告责任人。事故报告应及时、准确，任何单位和个人不得迟报、漏报、谎报或瞒报。 （2）事故发生后，现场有关人员应立即向事故报告责任单位负责人报告。事故报告责任单位应在接报 2h 内，核实、汇总并向负责项目监管的交通运输主管部门及其工程质量监督机构报告。接收事故报告的单位和人员及其联系电话应在应急预案或有关制度中予以明确。 （3）重大及以上质量事故，省级交通运输主管部门应在接报 2h 内进一步核实，并按工程质量事故快报统一报交通运输部应急办转部工程质量监督管理部门；出现新的经济损失、工程损毁扩大等情况的应及时续报。省级交通运输主管部门应在事故情况稳定后的 10 日内汇总、核查事故数据，形成质量事故情况报告，报交通运输部工程质量监督管理部门。 （4）对特别重大质量事故，交通运输部将按《交通运输部突发事件应急工作暂行规范》由交通运输部应急办会同部工程质量监督管理部门及时向国务院应急办报告

现场保护和责任处罚

序号	项目	内容
1	发生重大质量事故的现场保护措施	工程质量事故发生后，事故发生单位和相关单位应按照应急预案规定及时响应，采取有效措施防止事故扩大。同时，应妥善保护事故现场及相关证据，任何单位和个人不得破坏事故现场。因抢救人员、防止事故扩大及疏导交通等原因需要移动事故现场物件的，应做出标识，保留影像资料
2	工程质量事故迟报、漏报、谎报或者瞒报处理	交通运输主管部门对违反本制度，发生工程质量事故迟报、漏报、谎报或者瞒报的，按照《建设工程质量管理条例》相关规定进行处罚，并按交通运输行业信用管理相关规定予以记录

考点 3 公路工程质量监督相关规定

公路工程质量监督相关规定

序号	项目	内容
1	质量监督手续申请	建设单位应当按照国家规定向交通运输主管部门或者其委托的建设工程质量监督机构提交以下材料，办理工程质量监督手续： （1）公路水运工程质量监督管理登记表。 （2）交通运输主管部门批复的施工图设计文件。 （3）施工、监理合同及招投标文件。 （4）建设单位现场管理机构、人员、质量保证体系等文件。 （5）本单位以及勘察、设计、施工、监理、试验检测等单位对其项目负责人、质量负责人的书面授权委托书、质量保证体系等文件。 （6）依法要求提供的其他相关材料

序号	项目	内容
2	质量监督手续办理	(1) 建设单位提交的材料符合规定的，交通运输主管部门或者其委托的建设工程质量监督机构应当在 15 个工作日内为其办理工程质量监督手续，出具公路水运工程质量监督管理受理通知书。 (2) 公路水运工程质量监督管理受理通知书中应当明确监督人员、内容和方式等
3	许可或备案	(1) 建设单位在办理工程质量监督手续后、工程开工前，应当按照国家有关规定办理施工许可或者开工备案手续。 (2) 交通运输主管部门或者其委托的建设工程质量监督机构应当自建设单位办理完成施工许可或者开工备案手续之日起，至工程竣工验收完成之日止，依法开展公路水运工程建设的质量监督管理工作
4	监督检查的方式	(1) 交通运输主管部门或者其委托的建设工程质量监督机构可以采取随机抽查、备案核查、专项督查等方式对从业单位实施监督检查。 (2) 公路水运工程质量监督管理工作实行项目监督责任制，可以明确专人或者设立工程项目质量监督组，实施项目质量监督管理工作
5	监督检查的内容	(1) 从业单位对工程质量法律、法规的执行情况。 (2) 从业单位对公路水运工程建设强制性标准的执行情况。 (3) 从业单位质量责任落实及质量保证体系运行情况。 (4) 主要工程材料、构配件的质量情况。 (5) 主体结构工程实体质量等情况
6	监督检查的工作要求	实施监督检查时，应当有 2 名以上人员参加，并出示有效执法证件。检查人员对涉及被检查单位的技术秘密和商业秘密，应当为其保密
7	监督检查的记录	监督检查过程中，检查人员发现质量问题的，应当当场提出检查意见并做好记录。质量问题较为严重的，检查人员应当将检查时间、地点、内容、主要问题及处理意见形成书面记录，并由检查人员和被检查单位现场负责人签字。被检查单位现场负责人拒绝签字的，检查人员应当将情况记录在案
8	监督检查采取的措施	(1) 进入被检查单位和施工现场进行检查。 (2) 询问被检查单位工作人员，要求其说明有关情况。 (3) 要求被检查单位提供有关工程质量的文件和材料。 (4) 对工程材料、构配件、工程实体质量进行抽样检测。 (5) 对发现的质量问题，责令改正，视情节依法对责任单位采取通报批评、罚款、停工整顿等处理措施

2B333000 二级建造师（公路工程）注册执业管理规定及相关要求

【考点图谱】

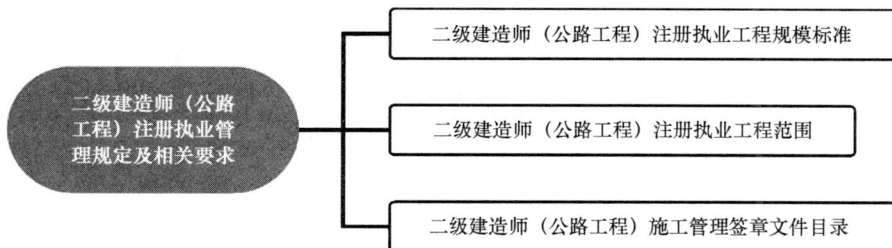

考点 1 二级建造师（公路工程）注册执业工程规模标准

二级建造师（公路工程）注册执业工程规模标准

序号	工程类别	单位	规　　模		
			大型	中型	小型
1	高速公路各工程类别	m	>0		
2	桥梁工程	m	单跨≥50	13≤单跨<50	单跨<13
			桥长≥1000	30≤桥长<1000	桥长<30
3	隧道工程	m	长度≥1000	0≤长度<1000	
4	单项合同额	万元	>3000	500～3000	<500

考点 2 二级建造师（公路工程）注册执业工程范围

二级建造师（公路工程）注册执业工程范围

1. 一级注册建造师可担任大中小型工程项目负责人，二级注册建造师担任中小型工程项目负责人。

2. 不同工程类别所要求的注册建造师执业资格不同时，以较高资格执行。

考点 3 二级建造师（公路工程）施工管理签章文件目录

注册建造师（公路工程）施工管理签章文件的类别、选择和补充规定

序号	项目	内容
1	类别	公路工程注册建造师施工管理签章文件由施工组织管理、合同管理、进度管理、质量管理、安全管理、现场环保文明、成本费用管理 7 类 68 种文件组成
2	选择	公路工程根据项目不同类型以及大小，对项目的管理程序会略有差异，所需签章的表格由监理工程师视项目管理需要取舍
3	补充	对于表中未涵盖的内容，应按相关行政主管部门要求、业主及监理工程师对项目管理的规定，补充表格，并签章生效

下篇 考 点 归 纳

一、工 艺 流 程

1. 路堑施工工艺流程

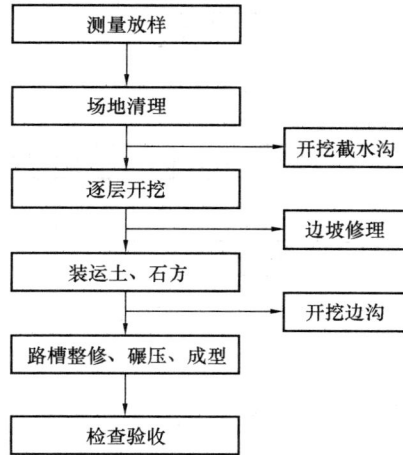

```
┌─────────────┐
│  测量放样    │
└─────────────┘
       ↓
┌─────────────┐
│  场地清理    │
└─────────────┘
       ↓              ┌─────────────┐
       │───────────→  │  开挖截水沟  │
       ↓              └─────────────┘
┌─────────────┐
│  逐层开挖    │
└─────────────┘
       ↓              ┌─────────────┐
       │───────────→  │  边坡修理    │
       ↓              └─────────────┘
┌─────────────┐
│ 装运土、石方  │
└─────────────┘
       ↓              ┌─────────────┐
       │───────────→  │  开挖边沟    │
       ↓              └─────────────┘
┌──────────────────────┐
│ 路槽整修、碾压、成型    │
└──────────────────────┘
       ↓
┌─────────────┐
│  检查验收    │
└─────────────┘
```

2. 土方路堤填筑施工工艺流程

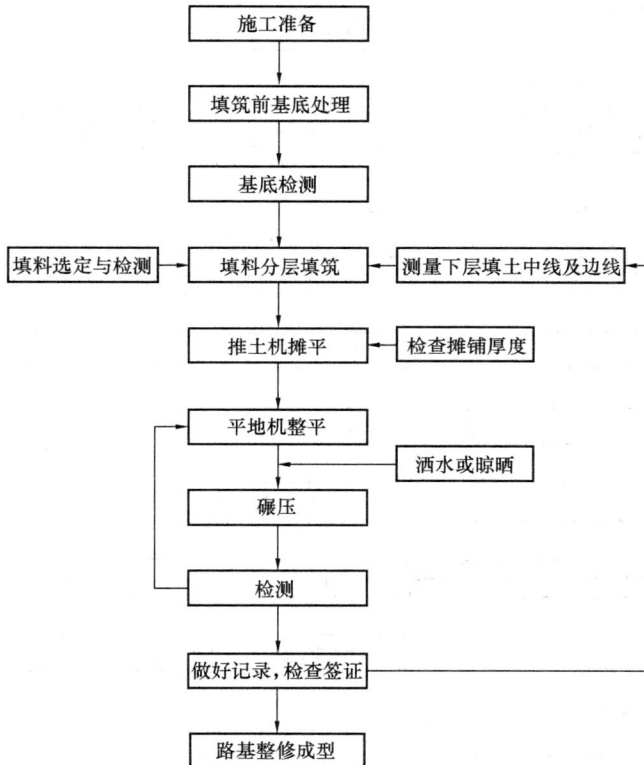

```
┌─────────────┐
│  施工准备    │
└─────────────┘
       ↓
┌─────────────┐
│ 填筑前基底处理│
└─────────────┘
       ↓
┌─────────────┐
│  基底检测    │
└─────────────┘
       ↓
┌───────────┐   ┌─────────────┐   ┌──────────────────┐
│填料选定与检测│→ │ 填料分层填筑  │ ←│测量下层填土中线及边线│
└───────────┘   └─────────────┘   └──────────────────┘
                      ↓
              ┌─────────────┐   ┌─────────────┐
              │  推土机摊平   │ ←│  检查摊铺厚度  │
              └─────────────┘   └─────────────┘
                      ↓
              ┌─────────────┐
              │  平地机整平   │
              └─────────────┘
                      ↓         ┌─────────────┐
                      │ ←───────│  洒水或晾晒   │
                      ↓         └─────────────┘
              ┌─────────────┐
              │   碾压       │
              └─────────────┘
                      ↓
              ┌─────────────┐
              │   检测       │
              └─────────────┘
                      ↓
              ┌──────────────────┐
              │ 做好记录,检查签证    │
              └──────────────────┘
                      ↓
              ┌─────────────┐
              │  路基整修成型 │
              └─────────────┘
```

3. 无机结合料稳定材料组成设计流程

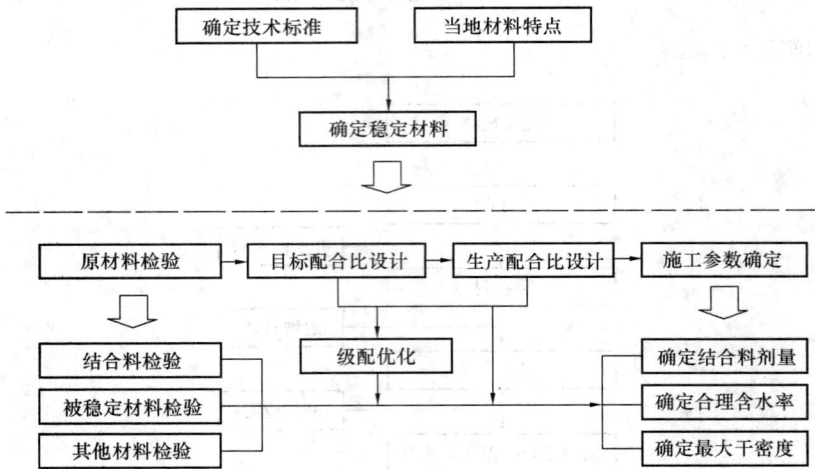

```
确定技术标准          当地材料特点
        │              │
        └──────┬───────┘
               ▼
          确定稳定材料
               │
               ▼
─────────────────────────────────────────
原材料检验 → 目标配合比设计 → 生产配合比设计 → 施工参数确定
    │            │                │              │
    ▼            ▼                ▼              ▼
结合料检验      级配优化                       确定结合料剂量
被稳定材料检验                                 确定合理含水率
其他材料检验                                   确定最大干密度
```

4. 混合料人工路拌法施工的工艺流程

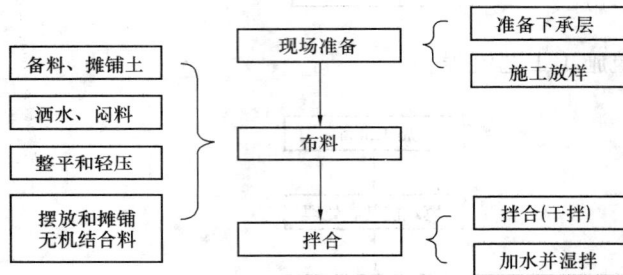

```
备料、摊铺土 ┐              现场准备 ┌ 准备下承层
洒水、闷料  │                      └ 施工放样
整平和轻压  ├─              布料
摆放和摊铺  │              拌合   ┌ 拌合(干拌)
无机结合料  ┘                     └ 加水并湿拌
```

5. 热拌沥青混合料路面施工工艺流程

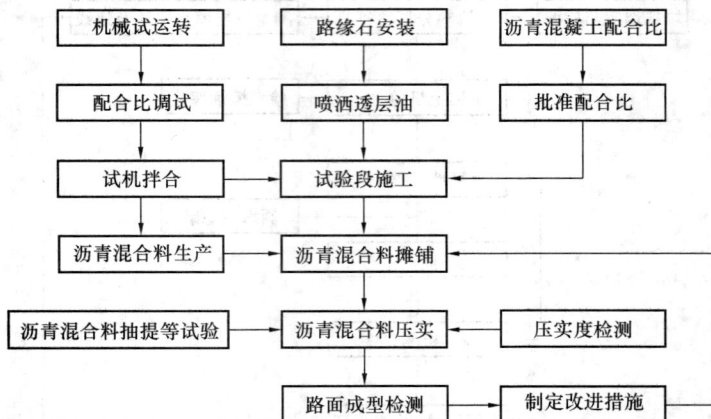

```
机械试运转        路缘石安装        沥青混凝土配合比
    │               │                  │
配合比调试        喷洒透层油          批准配合比
    │               │                  │
试机拌合    →     试验段施工     ←─────┘
    │               │
沥青混合料生产 →  沥青混合料摊铺
    │               │
沥青混合料抽提等试验 → 沥青混合料压实 ← 压实度检测
                    │                  │
                路面成型检测   →    制定改进措施
```

6. 现场热再生法的基本工艺流程

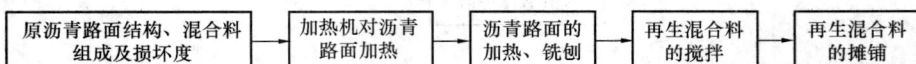

```
原沥青路面结构、混合料 → 加热机对沥青 → 沥青路面的 → 再生混合料 → 再生混合料
组成及损坏度            路面加热       加热、铣刨     的搅拌        的摊铺
```

7. 施工项目成本管理流程

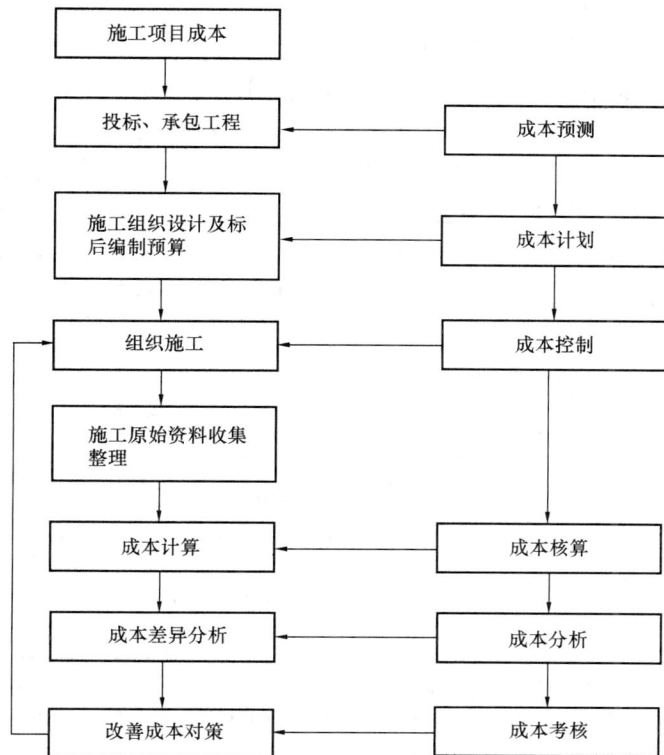

```
┌─────────────────┐
│   施工项目成本    │
└────────┬────────┘
         ↓
┌─────────────────┐          ┌─────────────────┐
│  投标、承包工程   │←─────────│    成本预测       │
└────────┬────────┘          └────────┬────────┘
         ↓                            ↓
┌─────────────────┐          ┌─────────────────┐
│ 施工组织设计及标  │←─────────│    成本计划       │
│  后编制预算       │          └────────┬────────┘
└────────┬────────┘                   ↓
         ↓                   ┌─────────────────┐
┌─────────────────┐←─────────│    成本控制       │
│    组织施工       │          └────────┬────────┘
└────────┬────────┘                   ↓
         ↓                            │
┌─────────────────┐                   │
│ 施工原始资料收集  │                   │
│    整理           │                   │
└────────┬────────┘                   │
         ↓                            ↓
┌─────────────────┐          ┌─────────────────┐
│    成本计算       │←─────────│    成本核算       │
└────────┬────────┘          └────────┬────────┘
         ↓                            ↓
┌─────────────────┐          ┌─────────────────┐
│   成本差异分析    │←─────────│    成本分析       │
└────────┬────────┘          └────────┬────────┘
         ↓                            ↓
┌─────────────────┐          ┌─────────────────┐
│   改善成本对策    │←─────────│    成本考核       │
└─────────────────┘          └─────────────────┘
```

8. 袋装砂井施工工艺程序：整平原地面→摊铺下层砂垫层→机具定位→打入套管→沉入砂袋→拔出套管→机具移位→埋砂袋头→摊铺上层砂垫层。

9. 塑料排水板施工工艺程序：整平原地面→摊铺下层砂垫层→机具就位→塑料排水板穿靴→插入套管→拔出套管→割断塑料排水板→机具移位→摊铺上层砂垫层。

10. 粒料桩成桩工艺

（1）振冲置换法：整平地面→振冲器就位对中→成孔→清孔→加料振密→关机停水→振冲器移位；

（2）振动沉管法：振动沉管法成桩可采用一次拔管成桩法、逐步拔管成桩法和重复压管成桩法三种工艺。重复压管成桩法的施工工序为：①清理平整场地→②测量放样→③机具就位→④沉管至设计深度→⑤加料→⑥振动拔管→⑦振动下压管→⑧振动拔管→⑨机具移位。其中⑤～⑧重复循环至桩顶，直至桩管拔出地面。

11. 沥青表面处治——三层法施工工序是：施工准备→洒透层油→洒第一层沥青→撒第一层集料→碾压→洒第二层沥青→撒第二层集料→碾压→洒第三层沥青→撒第三层集料→碾压→初期养护成型。

12. 沥青贯入式面层的施工工艺流程：清扫基层→洒透层或粘层沥青（乳化沥青贯入式或沥青贯入式厚度小于 5cm）→撒主层矿料→碾压→洒布第一遍沥青→撒第一遍嵌缝料→碾压→洒布第二遍沥青→撒第二遍嵌缝料→碾压→洒布第三遍沥青→撒封层料→碾压→初期养护。

13. 水泥路面改造加铺沥青面层——直接加铺法工艺流程：定位→钻孔→制浆→灌浆→灌浆孔封堵→交通控制→弯沉检测。

14. 重铺再生法一般有两种工艺方法：

方法一：加热→旧料再生（翻松、添加再生剂、搅拌等）→摊铺整形→压入碎石工艺。

方法二：加热→旧料再生（翻松、添加再生剂、搅拌等）→摊铺整形→罩新面工艺。

15. 常用模板、支架和拱架的施工——模板制作与安装施工工艺流程：选择模板及支撑材料→模板设计与绘图→构件基础平整及支撑系统施工→模板加工制作与安装→模板表面及接缝处理→模板安装质量检验→钢筋安装及质量检验→混凝土浇筑→混凝土养护→拆除模板。

16. 先张法预应力筋张拉程序

序号	预应力筋种类		张拉程序
1	钢丝、钢绞线	（1）夹片式等具有自锚性能的锚具	低松弛预应力筋：0→初应力→σ_{con}（持荷 5min 锚固）
		（2）其他锚具	0→初应力→1.05σ_{con}（持荷 5min）→0→σ_{con}（锚固）
2	螺纹钢筋		0→初应力→1.05σ_{con}（持荷 5min）→0.9σ_{con}→σ_{con}（锚固）

注：1. 表中 σ_{con} 为张拉时的控制应力值，包括预应力损失值。
2. 超张拉数值超过设计或现行《公路桥涵施工技术规范》JTG/T 3650 规定的最大超张拉应力限值时，应按设计或规范规定的限制张拉应力进行张拉。
3. 张拉螺纹钢筋时，为保证施工安全，应在超张拉并持荷 5min 后放张至 0.9σ_{con} 时安装模板、普通钢筋及预埋件等。

17. 后张法预应力筋张拉程序

序号	锚具和预应力筋种类		张拉程序
1	夹片式等具有自锚性能的锚具	钢绞线束 钢丝束	低松弛力筋：0→初应力→σ_{con}（持荷 5min 锚固）
2	其他锚具	钢绞线束	0→初应力→1.05σ_{con}（持荷 5min）→σ_{con}（锚固）
		钢丝束	0→初应力→1.05σ_{con}（持荷 5min）→0→σ_{con}（锚固）
3	螺母锚固锚具	螺纹钢筋	0→初应力→σ_{con}（持荷 5min）→0→σ_{con}（锚固）

注：1. 表中 σ_{con} 为张拉时的控制应力，包括预应力损失值。
2. 两端同时张拉时，两端千斤顶升降压、画线、测伸长等工作应基本一致。
3. 超张拉数值超过设计或现行《公路桥涵施工技术规范》JTG/T 3650 规定的最大超张拉应力限值时，应按设计或规范规定的限值进行张拉。

18. 先张法预制梁板施工工艺流程：张拉台座准备→穿预应力筋、调整初应力→张拉预应力筋→钢筋骨架制作→立模→浇筑混凝土→混凝土养护→拆模→放松预应力筋→成品存放、运输。

19. 双导梁架桥机施工工艺流程主要包括：①梁体预制及运输、铺设轨道→②架桥机及导梁拼装→③试吊→④架桥机前移至安装跨→⑤支顶前支架→⑥运梁、喂梁→⑦吊梁，纵移到位→⑧降梁，横移到位→⑨安放支座，落梁→⑩重复第⑤～⑨步，架设下一片梁→⑪铰缝施工，完成整跨安装→⑫架桥机前移至下一跨，直至完成整桥安装。

20. 桥梁上部结构支架施工（以现浇箱梁为例叙述）——支架现浇梁单个施工单元施工工艺流程：地基处理→支架搭设→模板系统安装→支架加载预压→钢筋、预应力安装→内模安装→混凝土浇筑→混凝土养护→预应力张拉→预应力孔道压浆→落架、模板支架拆除。

21. 桥梁上部结构悬臂拼装施工——长线法梁段预制工序：预制台座建造→台座立面、平面线形调整→外模安装→刷隔离剂、堵缝→安装底腹板普通钢筋及预应力管道→内模安装→安装普通钢筋及预应力管道→混凝土浇筑及养护→拆除模板→台座立面、平面线形调整（预制下一节段）。

22. 桥梁上部结构悬臂拼装施工——短线法梁段预制工序：台车及模板系统加工→端模、底模及外侧模安装→匹配梁段定位→钢筋骨架吊装→内模就位→固定端模复测→混凝土浇筑及养护→拆除模板→匹配梁段转运存放→新浇筑梁段移至匹配梁位置→匹配梁段定位（下一块段施工）。

23. 湿接缝拼装梁段施工程序：吊机就位→提升、起吊1号梁段→安装波纹管→中线测量→丈量湿接缝的宽度→调整波纹管→高程测量→检查中线→固定1号梁段→安装湿接缝的模板→浇筑湿接缝混凝土→湿接缝养护、拆模→张拉预应力筋→压浆→下一梁段拼装。

24. 移动式导梁架桥机施工其他梁段拼装——悬臂节段拼装工艺流程图：架桥机安装及调试→运梁就位→架桥机落钩起吊箱梁至桥面→节段胶结层涂抹→临时预应力张拉→胶结层养护至固化→悬拼预应力钢束张拉→架桥机解钩，前移至下一个节段施工。

25. 移动式导梁架桥机施工其他梁段拼装——整垮拼装工艺流程图：架桥机安装及调试→运梁就位→梁段吊装及调整→节段胶结层涂抹→临时预应力张拉→胶结层养护至固化→整孔预应力张拉→整孔落梁就位→架桥机纵移过孔，吊钩前移至下一个节段施工。

26. 悬拼吊机法节段拼装工艺流程图：吊机安装及调试→梁端就位→起吊梁段、试拼→节段胶结层涂抹→临时预应力张拉→胶结层养护至固化→悬拼预应力钢束张拉→吊机解钩，前移至下一个节段施工。

27. 浮吊悬拼工艺流程图：浮吊船移动就位→梁预制节段驳船运输到位→移动浮吊挂钩、固定缆风绳、起吊→浮吊调整梁段起吊高度、停钩靠近待吊墩位→稳住浮吊，起钩→就位停钩、稳住浮吊、梁段调正→调整梁段、浮吊落钩→摘钩、移船。

28. 悬臂拼装合龙段施工工艺流程图：合龙段起吊就位→合龙段临时锁定→湿接缝预应力管道连接→穿合龙预应力束→安装湿接缝模板→现浇湿接缝、养护、脱模→张拉预应力束→解除临时锁定。

29. 连续刚构桥悬臂浇筑施工流程图：0号块支架搭设、预压→0号块混凝土浇筑→0号块预应力钢束张拉→组拼挂篮→挂篮预压→对称悬臂浇筑1号块→1号块预应力钢束张拉→挂篮分离，前移就位→悬臂浇筑2号块（下一块段施工）→边跨合龙（边跨现浇混凝土浇筑）→中跨合龙。

30. 连续梁桥悬臂浇筑施工流程图：0号块支架搭设、预压→0号块混凝土浇筑→0号块预应力钢束张拉→墩梁临时固结→组拼挂篮→挂篮预压→对称悬臂浇筑1号块→1号块预应力钢束张拉→挂篮前移就位→悬臂浇筑2号块（下一块段施工）→边跨合龙（边跨现浇混凝土浇筑）→解除临时固结→中跨合龙。

31. 悬臂浇筑边跨合龙施工流程图：施工准备及模架安装→设置平衡重→普通钢筋及预应力管道安装→合龙锁定→浇筑合龙段混凝土→预应力施工→拆模、落架。

32. 悬臂浇筑中跨合龙施工流程图：吊架及模板安装→设置平衡重→普通钢筋及预应力管道安装→合龙锁定→解除连续梁墩顶临时固结，完成体系转换→浇筑合龙段混凝土→预应力施工→拆除模板及吊架。

33. 圆管涵施工主要工序：测量放线→基坑开挖→砌筑圬工基础或现浇混凝土管座基础→安装圆管→出入口浆砌→防水层施工→涵洞回填及加固。

34. 石拱涵或钢筋混凝土拱涵施工主要工序：测量放样→基坑开挖、排水及换填→混凝土基础或浆砌基础施工→拱涵涵身、台座立模灌注→支立拱架，安装拱模→对称灌注拱圈混凝土或浆砌拱圈→养护拱圈混凝土或砂浆强度达85％设计值→对称拆除拱架、拱模→施做防水层→涵顶对称填土夯实→出入口、八字墙等附属工程施工。

35. 盖板涵（预制吊装）施工主要工序：测量放线→基坑开挖→下基础→浆砌墙身→现浇板座→吊装盖板→出入口浆砌→防水层施工→涵洞回填及加固。

36. 现浇箱涵施工主要工序：基坑开挖与基础处理→砂砾垫层施工→基础模板安装→基础混凝土浇筑→墙身及顶板混凝土施工→拆模与养护→进出口及附属工程施工→台背填土及加固。

37. 波形钢涵洞施工主要工序：测量放线→基坑开挖→管座基础施工→安装管身→出入口浆砌→涵洞回填及加固。

38. 倒虹吸管施工主要工序：测量放线→基坑开挖→基坑修整与检查→铺设砂垫层和现浇混凝土管座→安装管节→接缝防水施工→竖井、出入口施工→防水层施工→回填土及加固。

二、温　度（℃）

1. 在季节性冻土地区，昼夜平均温度在−3℃以下且连续10d以上，或者昼夜平均温度虽在−3℃以上但冻土没有完全融化时，均应按冬期施工办理。

2. 无机结合料稳定材料施工期的日最低气温应在5℃以上，在有冰冻的地区，应在第一次重冰冻到来的15～30d之前完成施工。

3. 混合料拌制时气温高于30℃时，水泥进入拌缸温度宜不高于50℃；高于50℃时应采取降温措施。气温低于15℃时，水泥进入拌缸温度应不低于10℃。

4. 无机结合料稳定材料基层与沥青面层之间的处理，碎石撒布前应通过拌合设备加热、除尘、筛分，碎石撒布到路面前的温度应不低于80℃。

5. 气温低于10℃或大风、即将降雨时不得喷洒透层油。

6. 气温低于10℃时不得喷洒粘层油，寒冷季节施工不得不喷洒时可以分成两次喷洒。路面潮湿时不得喷洒粘层油。

7. 封层宜选择在干燥和较热的季节施工，并在最高温度低于15℃到来以前半个月及雨期前结束。

8. 稀浆封层施工气温不得低于10℃，严禁在雨期施工，摊铺后尚未成型混合料遇雨时应予铲除。

9. 液体石油沥青在制作、贮存、使用的全过程中必须通风良好，并有专人负责，确保安全。基质沥青的加热温度严禁超过 140℃，液体沥青的贮存温度不得高于 50℃。

10. 改性沥青宜在固定式工厂或在现场设厂集中制作，也可在拌合厂现场边制造边使用，改性沥青的加工温度不宜超过 180℃。胶乳类改性剂和制成颗粒的改性剂可直接投入拌合缸中生产改性沥青混合料。

11. 纤维稳定剂中纤维应在 250℃ 的干拌温度不变质、不发脆，使用纤维必须符合环保要求，不危害身体健康。纤维必须在混合料拌合过程中充分分散均匀。

12. 热拌沥青混合料的施工温度与石油沥青的标号有关。沥青的加热温度控制在规范规定的范围之内，即 145～170℃。集料的加热温度视拌合机类型决定，间歇式拌合机集料的加热温度比沥青温度高 10～30℃，连续式拌合机集料的加热温度比沥青温度高 5～10℃；混合料的出料温度控制在 135～170℃。当混合料出料温度过高即废弃。混合料运至施工现场的温度控制在不低于 135～150℃。

13. 沥青混合料的摊铺温度根据气温变化进行调节。一般正常施工控制在不低于 125～140℃，在摊铺过程中随时检查并做好记录。

14. 开铺前将摊铺机的熨平板进行加热至不低于 100℃。

15. 混合料的压实，初压采用钢轮压路机静压 1～2 遍，正常施工情况下，温度应不低于 120℃ 并紧跟摊铺机进行，当对摊铺后初始压实度较大，经实践证明采用振动压路机或轮胎压路机直接碾压无严重推移而有良好效果时，可免去初压。

16. 沥青表面处治宜选择在干燥和较热的季节施工，并在最高温度低于 15℃ 到来以前半个月及雨期前结束。

17. 沥青贯入式面层宜选择在干燥和较热的季节施工，并宜在日最高温度降低至 15℃ 以前的半个月结束，使贯入式结构层通过开放交通碾压成型。

18. 现行《公路水泥混凝土路面养护技术规范》JTJ 073.1 规定，灌浆孔布置在四角和板中，不少于 5 孔，边孔距板边大于 50cm。当灌入 180℃ 热沥青，设备灌注压力为 200～400kPa，压满后持压半分钟，堵塞。水泥类浆，设备灌注压力 1.5～2.0MPa，邻孔出浆后堵孔。

19. 整形再生法适合 2～3cm 表面层的再生，是由加热机对旧沥青路面加热至 60～180℃ 后，由再生主机将路面翻松并将翻松材料收集到再生主机的搅拌锅中，同时在搅拌锅中加入适量的沥青再生剂，将拌合均匀的再生混合料重新摊铺到路面上，用压路机碾压成型。

20. 重铺再生法适合 4～6cm 面层的再生，是用两台加热机分次对旧沥青路面进行加热。第一次加热的表面温度可达 160～180℃，第二次加热的表面温度将达到 180～250℃。

21. SMA 拌合、摊铺和碾压温度均较常规路面施工温度要求高，不得在天气温度低于 10℃ 的气候条件下和雨期施工。

22. 采用滑模摊铺机铺筑时，宜选用散装水泥。高温期施工时，散装水泥的入罐最高温度不宜高于 60℃；低温期施工时，水泥进入搅拌缸前的温度不宜低于 10℃。

23. 浸水马歇尔稳定度试验方法与马歇尔稳定度试验基本相同，只是将试件在 60±1℃ 恒温水槽中保温 48h，然后再测定其稳定度，浸水后的稳定度与标准马歇尔稳定度的百分比即为残留稳定度。

24. 水泥稳定碎石基层宜在春季末和气温较高的季节组织施工，工期的最低温度在5℃以上，并在第一次冰冻到来之前一个月内完成，基层表面在冬期上冻前应做好覆盖层（下封层或摊铺下面层或覆盖土）。

25. 钢筋焊接时，对施焊场地应有适当的防风、雨、雪、严寒的设施。

26. 混凝土抗压强度应为标准方式成型的试件，置于标准养护条件下（温度为20±2℃及相对湿度不低于95%）养护28d所测得的抗压强度值（MPa）进行评定。

27. 混凝土的运输、浇筑及间歇的全部允许时间（min）

混凝土强度等级	气温不高于25℃	气温高于25℃
≤C30	210	180
>C30	180	150

注：当混凝土中掺有促凝或缓凝剂时，其允许时间应根据试验结果确定。

28. 混凝土的养护：当气温低于5℃时，应采取保温养护措施，不得向混凝土表面洒水。

29. 大体积混凝土的浇筑、养护和温度控制应符合下列规定：

（1）施工前应根据原材料、配合比、环境条件、施工方案和施工工艺等因素，进行温控设计和温控监测设计，并应在浇筑后按该设计要求对混凝土内部和表面的温度实施监测和控制。对大体积混凝土进行温度控制时，应使其内部最高温度不大于75℃、内表温差不大于25℃，混凝土表面与大气温差不大于20℃。

（2）大体积混凝土可分层、分块浇筑，分层、分块的尺寸宜根据温控设计的要求及浇筑能力合理确定；当结构尺寸相对较小或能满足温控要求时，可全断面一次浇筑。

（3）分层浇筑时，在上层混凝土浇筑之前应对下层混凝土的顶面作凿毛处理，且新浇混凝土与下层已浇筑混凝土的温差宜小于20℃，并应采取措施将各层间的浇筑间歇期控制在7d以内。

（4）分块浇筑时，块与块之间的竖向接缝面应平行于结构物的短边，并应在浇筑完成拆模后按施工缝的要求进行凿毛处理。分块施工所形成的后浇段，应在对大体积混凝土实施温度控制且其温度场趋于稳定后方可浇筑；后浇段宜采用微膨胀混凝土，并应一次浇筑完成。

（5）大体积混凝土的浇筑宜在气温较低时进行，但混凝土的入模温度应不低于5℃；热期施工时，宜采取措施降低混凝土的入模温度，且其入模温度宜不高于28℃。

（6）大体积混凝土的温度控制宜按照"内降外保"的原则，对混凝土内部采取设置冷却水管通循环水冷却，对混凝土外部采取覆盖蓄热或蓄水保温等措施进行。在混凝土内部通水降温时，进出口水的温差宜小于或等于10℃，且水温与内部混凝土的温差宜不大于20℃，降温速率宜不大于2℃/d；利用冷却水管中排出的降温用水在混凝土顶面蓄水保温养护时，养护水温度与混凝土表面温度的差值应不大于15℃。

（7）大体积混凝土采用硅酸盐水泥或普通硅酸盐水泥时，其浇筑后的养护时间宜不少于14d，采用其他品种水泥时宜不少于21d。在寒冷天气或遇气温骤降天气时浇筑的混凝土，除应对其外部加强覆盖保温外，尚宜适当延长养护时间。

30. 后张法预应力孔道压浆及封锚，压浆过程中及压浆后 48h 内，结构或构件混凝土的温度及环境温度得不低于 5℃，否则应采取保温措施，并应按冬期施工的要求处理，浆液中可适量掺用引气剂，但不得掺用防冻剂。当环境温度高于 35℃ 时，压浆宜在夜间进行。

31. 明挖扩大基础施工的基底处理时，按保持冻结原则设计的明挖基坑的地基，其多年平均地温大于或等于 −3℃ 时，应在冬期施工；多年平均地温低于 −3℃ 时，可在其他季节施工，但应避开高温季节，并应按规定处理。

32. 预应力混凝土箱梁施工，模板的拆除期限除应符合有关规定外，对外侧模和端模，尚应满足箱梁混凝土的表层温度与环境温度之差不大于 15℃ 的要求；当气温急剧变化时，不宜进行拆模作业。

33. 预应力混凝土箱梁施工，箱梁混凝土浇筑完成后，应按现行《公路桥涵施工技术规范》JTG/T 3650 的有关规定及时进行覆盖和养护，并应符合下列规定：

（1）当采取蒸汽养护时，除应符合现行《公路桥涵施工技术规范》JTG/T 3650 的冬期施工规定外，尚宜分为静停、升温、恒温、降温及自然养护五个阶段。静停期间应保持蒸养棚内的温度不低于 5℃；混凝土浇筑完成 4h 后方可升温，且升温的速度应不大于 10℃/h；恒温时应将温度控制在 50℃ 以下，恒温时间宜由试验确定；降温的速度应不大于 5℃/h；蒸汽养护结束后，应立即进入自然养护阶段，且养护时间宜不少于 7d。蒸养期间、拆除保温设施及模板时，梁体混凝土表层的温度与环境温度之差应不大于 15℃。

（2）当采取自然养护时，对暴露于大气环境中的混凝土表面应采用适宜的材料进行覆盖，并洒水养护；拆模后尚未达到养护时间的梁体混凝土表面，宜采用喷淋方式或采用养护剂喷洒养护。当环境相对湿度小于 60% 时，自然养护的时间宜不少于 28d；相对湿度大于或等于 60% 时，宜不少于 14d。

34. 公路隧道模筑混凝土衬砌，混凝土浇筑要求如下：

（1）混凝土浇筑应采用混凝土输送泵送料入模、均匀布料；混凝土入模温度应控制在 5～32℃。

（2）混凝土应从两侧边墙向拱顶、由下向上依次分层、对称、连续浇筑，两侧混凝土浇筑高差不应大于 1.0m，同一侧混凝土浇筑面高差不应大于 0.5m。

（3）拱、墙混凝土应一次连续浇筑，不得采用先拱后墙浇筑，不得先浇矮边墙。

35. 隧道衬砌施工时，确定分段灌筑长度及浇筑速度；混凝土拆模时，内外温差不得大于 20℃；加强养护，混凝土温度的变化速度不宜大于 5℃/h。

36. 标线、突起路标、轮廓标的施工技术要求，喷涂施工应在白天进行，雨天、风天、温度低于 10℃ 时应暂时停止施工。

三、安 全 系 数

1. 拱架设计荷载应根据结构特点和施工荷载特性分析取用，拱圈的自重荷载宜乘以 1.2 倍系数。在计算荷载作用下，应按可能产生的最不利荷载组合验算拱架的强度、刚度和稳定性。

2. 验算模板、支架在自重和风荷载等作用下的抗倾覆稳定性时，其抗倾覆稳定系数应不小于 1.3。

3. 稳定性的验算应包括拱架的整体稳定和局部稳定，抗倾覆稳定系数应不小于1.5。对拱架在拼装过程中的稳定性亦应进行验算，当不能满足拼装要求时，应采取必要的辅助稳定措施。

4. 墩式台座结构——承力台座应进行专门设计，并应具有足够的强度、刚度和稳定性，其抗倾覆安全系数应不小于1.5，抗滑移系数应不小于1.3。

5. 采用架桥机进行安装作业时，其抗倾覆稳定系数应不小于1.3；架桥机过孔时，应将起重小车置于对稳定最有利的位置，且抗倾覆稳定系数应不小于1.5；不得采用将梁、板吊挂在架桥机后部配重的方式进行过孔作业。

6. 桥梁上部结构逐孔施工，用移动支架逐孔现浇施工（移动模架法），移动模架在移动过孔时的抗倾覆稳定系数应不小于1.5。

7. 悬臂拼装施工前应按施工荷载对起吊设备进行强度、刚度和稳定性验算，其安全系数应不小于2。节段起吊安装前，应对起吊设备进行全面安全技术验收，并应分别进行1.25倍设计荷载的静载和1.1倍设计荷载的动载试验。

8. 悬臂浇筑施工要求

（1）挂篮与悬浇梁段混凝土的质量比宜不大于0.5，且挂篮的总重应控制在设计规定的限重之内。

（2）挂篮在浇筑混凝土状态和行走时的抗倾覆安全系数、锚固系统的安全系数、斜拉水平限位系统的安全系数及上水平限位的安全系数均应不小于2。

9. 施工便桥采用悬臂推出法，桥梁推出时的倾覆稳定系数不小于1.2，以防止桥梁尚未推至对岸滚轴之前发生倾倒。

四、吨位要求

1. 综合爆破施工技术中，用药量1t以上为大炮，1t以下为中小炮。

2. 填石路基压实机械宜选用自重不小于18t的振动压路机。

3. 土石路堤施工压实机械宜选用自重不小于18t的振动压路机。

4. 粒料桩可采用振冲置换法，起吊机械可采用履带或轮胎吊机、自行井架式专用平车或抗扭胶管式专用汽车等，吊机的起吊能力宜为10～20t。

5. 预应力混凝土薄壁管桩宜采用静力压桩机施工，也可采用锤击沉桩机施工，施工现场应配有起吊设备，其起吊能力宜大于5t。

6. 无机结合料稳定中、粗粒材料的拌合生产设备，对高速公路和一级公路，混合料拌合设备的产量宜大于500t/h。

7. 下承层为路基时，宜用12～15t三轮压路机或等效的碾压机械碾压3～4遍。采用钢轮压路机初压时，宜采用双钢轮压路机稳压2～3遍，再用激振力大于35t的重型振动压路机、18～21t三轮压路机或25t以上的轮胎压路机继续碾压密实，最后采用双钢轮压路机碾压，消除轮迹。采用胶轮压路机初压时，应采用25t以上的重胶轮压路机稳压1～2遍，错轮不超过1/3的轮迹带宽度，再采用重型振动压路机碾压密实，最后采用双钢轮压路机碾压，消除轮迹。

8. 采用人工摊铺和整形的稳定材料层，宜先用拖拉机或6～8t两轮压路机或轮胎压路机碾压1～2遍，再用重型压路机碾压。

9. 无机结合料基层（底基层）养护、交通管制，限定载重车辆的轴载，应不大于 13t。

10. 无机结合料稳定材料基层与沥青面层之间的处理，沥青洒铺车的容量宜不少于 10t，1 台沥青洒铺车应配备 2 台碎石撒布车。

11. 对无机结合料稳定的半刚性基层喷洒透层油后，如果不能及时铺筑面层时，并还需开放交通，应铺撒适量的石屑或粗砂，此时宜将透层油增加 10% 的用量。用 6～8t 钢筒式压路机稳压一遍，并控制车速。在摊铺上层时发现局部沥青剥落，应修补，还需清扫浮动石屑或砂。

12. 热拌沥青混合料面层施工时，混合料的压实要求如下：

（1）压路机采用 2～3 台双轮双振压路机及 2～3 台重量不小于 16t 胶轮压路机组成。

（2）初压：采用钢轮压路机静压 1～2 遍，正常施工情况下，温度应不低于 120℃ 并紧跟摊铺机进行，当对摊铺后初始压实度较大，经实践证明采用振动压路机或轮胎压路机直接碾压无严重推移而有良好效果时，可免去初压；复压：紧跟在初压后开始，不得随意停顿。密级配沥青混凝土优先采用胶轮压路机进行搓揉碾压，以增加密水性，总质量不宜小于 25t。边角部分压路机碾压不到的位置，使用小型振动压路机碾压。

13. 预应力筋进场时应分批验收，验收时，除应对其质量证明书、包装、标志和规格等进行检查外，尚须按下列规定进行检查：

（1）钢丝：钢丝分批检验时每批质量应不大于 60t，检验时应先从每批中抽查 5% 且不少于 5 盘，进行表面质量检查。如检查不合格，则应对该批钢丝逐盘检查。在每盘钢丝的两端取样进行抗拉强度、弯曲和伸长率的试验。

（2）钢绞线：钢绞线分批检验时每批质量应不大于 60t，检验时应从每批钢绞线中任取 3 盘，并从每盘所选的钢绞线端部正常部位截取一组试样进行表面质量、直径偏差和力学性能试验。

（3）螺纹钢筋：螺纹钢筋分批检验时每批质量应不大于 100t，对表面质量应逐根目视检查，外观检查合格后在每批中任选 2 根钢筋截取试件进行拉伸试验。

14. 隧道通风防尘的水压标准（高压水到达工作面处的压力不小于 300Pa），水量充足（每台风钻不少于 3t/min）。

15. 破碎机的生产能力按每小时产量来确定，根据工程量来配置。最先进的颚式破碎机，其生产能力可达 2000t/h，圆锥式破碎机的最大生产能力已达 4000t/h。

16. 压实机械按工作质量和振动冲击质量来确定压路机的生产能力。按工作质量分为轻型、中型、重型和超重型。主要有 2Y6/8 与 2Y8/10 型二轮轴式压路机和 3Y10/12A 与 3Y12/15A 型三轮轴式压路机。轮胎式压路机最常用的其工作质量为 16～45t，拖式压路机最大工作质量可达 200t。

17. 单钢轮振动压路机工作质量多为 10～25t 或 30～50t 级，随着高速公路的发展，大吨位的振动压路机被广泛使用。

18. 双钢轮振动压路机工作质量主要有轻型（2～4t）、中型（5～8t）和重型（10～14t）三类。

19. 冲击式打夯机可以夯实厚度达 1～1.5m 或更厚的土壤，按其打击能量分轻型（0.8～1kJ）、中型（1～10kJ）、重型（10～50kJ）三类。

20. 振动打夯机：按其质量分为轻型（<2t）、中型（2～4t）和重型（4～8t）三类。

21. 振动压路机应用范围

质量和形式	块石	砂砾石		粉土、粉质土、冰碛土			黏土	
		优良级配	均匀粒级	粉质砂粉质砾石冰碛土	粉土砂质粉土		低、中强黏粉土	高强度黏土
3t 以下光轮		△	△	△	△			
3～5t 光轮		●	●	△	△		△	
5～10t 光轮	△	●	●	●	△		△	△
10～15t 光轮	●	●	●	●	△		△	△
振动凸块式			△	△	●		●	●
振动羊足式			△	△			●	●

注：●——适用；△——可用。

22. 沥青混合料拌合设备的生产能力。生产能力按每小时拌合成品料的数量确定。主要有小型（40t/h 以下）、中型（40～350t/h）和大型（400t/h 以上）三种。间歇式搅拌设备的生产能力最高达 700t/h，连续滚筒式搅拌设备的生产能力最高达 1200t/h。沥青混合料拌合设备的生产率是按每小时拌制混合料的吨数计算。

23. 粉料撒布机由设备装载质量决定生产能力，一般多为 5～6t，撒布宽度小于 3m，撒布厚度在 80mm 以下。适用于道路稳定土路拌施工中撒布粉料。

24. 稳定土厂拌设备分为移动式、固定式等结构形式。其生产的能力分为小型（200t/h 以下）、中型（200～400t/h）、大型（400～600t/h）和特大型（600t/h 以上）四种。

25. 沥青场（站）设备主要有沥青储存设备、沥青加热设备和沥青的脱桶装置，主要用于沥青储存和加热。储存罐一般在 1000m³ 以下，保温层厚度不低于 50mm；沥青脱桶装量，一般生产率为 3～10t/h。

五、强 度 要 求

1. 石质路堑的静态破碎法：将膨胀剂放入炮孔内，利用产生的膨胀力，缓慢地作用于孔壁，经过数小时至 24h 达到 300～500MPa 的压力，使介质裂开。

2. 路基基底的填石渗沟，应采用水稳性好的石料，其饱水抗压强度应不小于 30MPa，粒径应为 100～300mm。

3. 大部分软土的天然含水率 30%～70%，孔隙比 1.0～1.9，渗透系数为 10^{-8}～10^{-7} cm/s，其压缩系数 $a_{0.1～0.2}$ 一般为 0.7～1.5MPa^{-1}，抗剪强度低（快剪黏聚力在 10kPa 左右，快剪内摩擦角 0～5°），具有触变性，流变性显著。

4. 软土地基处理施工技术中，真空预压的抽真空设备宜采用射流真空泵。真空泵空抽时必须达到 95kPa 以上的真空吸力。真空泵的数量应根据加固面积确定，每个加固场地至少应设两台真空泵。

5. 粒料桩可采用振冲置换法或振动沉管法成桩。振冲置换法适用于处理十字板抗剪强度不小于 15kPa 的软土地基；振动沉管法适用于处理十字板抗剪强度不小于 20kPa 的软土地基。

6. 振冲置换法施工可采用振冲器、吊机或施工专用平车和水泵。振冲器的功率应与设计的桩间距相适应，桩间距1.3～2.0m时可采用30kW的振冲器；桩间距1.4～2.5m时可采用50kW的振冲器；桩间距1.5～3.0m时可采用75kW的振冲器。起吊机械可采用履带或轮胎吊机、自行井架式专用平车或抗扭胶管式专用汽车等，吊机的起吊能力宜为10～20t。采用自行井架式专用平车时桩深度不宜超过15m，采用抗扭胶管式专用汽车时桩深度不宜超过12m。水泵出口水压宜为400～600kPa，流量宜为20～30m³/h，每台振冲器宜配一台水泵。

7. 加固土桩适用于处理十字板抗剪强度不小于10kPa、有机质含量不大于10％的软土地基。加固土桩包括粉喷桩与浆喷桩。

8. 水泥粉煤灰碎石桩（CFG桩）适用于处理十字板抗剪强度不小于20kPa的软土地基。

9. 水泥路面改造加铺沥青面层时要求如下：

（1）灌浆：现行《公路水泥混凝土路面养护技术规范》JTJ 073.1—2001规定，灌浆孔布置在四角和板中，不少于5孔，边孔距板边大于50cm。当灌入180℃热沥青，设备灌注压力为200～400kPa，压满后持压半分钟，堵塞。水泥类浆，设备灌注压力1.5～2.0MPa，邻孔出浆后堵孔。

（2）交通控制：压浆完成后的板块，禁止车辆通行，待灰浆强度达到3MPa时可开放交通。

10. 水泥混凝土路面原材料要求中钢纤维：用于面层水泥混凝土的合成纤维可采用聚丙烯腈（PANF）、聚丙烯（PPF）、聚酰胺（PAF）和聚乙烯醇（PVAF）等材料制成的单丝纤维或粗纤维，其质量应符合相关规定，且实测单丝抗拉强度最小值不得小于450MPa。

11. 应先采用切缝机清除接缝中夹杂的砂石、凝结的泥浆等，再使用压力不小于0.5MPa的压力水和压缩空气彻底清除接缝中的尘土及其他污染物，确保缝壁及内部清洁、干燥。缝壁检验以擦不出灰尘为灌缝标准。

12. 水泥混凝土抗压强度压力试验：以成型时的侧面作为受压面，将混凝土置于压力机中心并使位置对中。施加荷载时，对于强度等级小于C30的混凝土，加载速度为0.3～0.5MPa/s；强度等级≥C30时，取0.5～0.8MPa/s的加载速度。当试件接近破坏而开始迅速变形时，应停止调整试验机的油门，直到试件破坏，记录破坏时的极限荷载。

13. 水泥混凝土抗折（抗弯拉）强度试验方法：加载试验。调整万能机上两个可移动支座，使其对准试验机下距离压头中心点两侧各225mm的位置，随后紧固支座。将抗折试件放在支座上且侧面朝上，位置对准后，先慢慢施加一个初始荷载，大约1kN。接着以0.5～0.7MPa/s的加荷速度连续加荷，直至试件破坏，记录最大荷载。但当断面出现在加荷点外侧时，则试验结果无效。

14. 在模板上设置的吊环应采用HPB300级钢筋，严禁采用冷加工钢筋制作。每个吊环应按两肢截面计算，在模板自重标准值作用下，吊环的拉应力应不大于65MPa。

15. 非承重侧模板应在混凝土抗压强度达到2.5MPa，且能保证其表面及棱角不致因拆模而受损坏时方可拆除。

16. 预制构件的吊环，必须采用未经冷拉的热轧光圆钢筋制作，且其使用时的计算拉应力应不大于65MPa。

17. 混凝土抗压强度应为标准方式成型的试件，置于标准养护条件下（温度为 20±2℃ 及相对湿度不低于 95%）养护 28d 所测得的抗压强度值（MPa）进行评定。采用蒸汽养护的混凝土抗压强度，试件应先随构件同条件蒸汽养护，再转入标准条件下养护，累计养护时间应为 28d。当混凝土中掺用粉煤灰等矿物掺合料时，确定混凝土抗压强度时的龄期应符合设计规定。

18. 施工缝处混凝土表面的光滑表层、松弱层应予凿除，凿毛的最小深度应不小于 8mm。对施工缝处混凝土的强度，当采用水冲洗凿毛时，应达到 0.5MPa；采用人工凿毛时，应达到 2.5MPa；采用风动机凿毛时，应达到 10MPa。

19. 在环境相对湿度较小、风速较大的条件下浇筑混凝土时，应采取适当措施防止混凝土表面过快失水。浇筑混凝土期间，应随时检查支架、模板、钢筋、预应力管道和预埋件等的稳固情况，并应及时填写混凝土施工记录。新浇筑混凝土的强度达到 2.5MPa 之前，不得使其承受行人、运输工具、模板、支架及脚手架等荷载。

20. 后张法预应力孔道压浆及封锚，采用胶管抽芯法制孔时，胶管内应插入芯棒或充以压力水增加刚度；采用钢管抽芯法制孔时，钢管表面应光滑，焊接接头应平顺。抽芯时间应通过试验确定，以混凝土抗压强度达到 0.4～0.8MPa 时为宜，抽拔时不得损伤结构混凝土。抽芯后，应采用通孔器或压气、压水等方法对孔道进行检查，如发现孔道堵塞、有残留物或与邻孔有串通，应及时处理。

21. 后张法预应力孔道压浆及封锚，对水平或曲线孔道，压浆的压力宜为 0.5～0.7Mpa；对超长孔道，最大压力宜不超过 1.0MPa；对竖向孔道，压浆的压力宜为 0.3～0.4Mpa。压浆的充盈度应达到孔道另一端饱满且排气孔排出与规定流动度相同的水泥浆为止，关闭出浆口后，宜保持一个不小于 0.5MPa 的稳压期，该稳压期的保持时间宜为 3～5min。采用真空辅助压浆工艺时，在压浆前应对孔道进行抽真空，真空度宜稳定在 −0.06～−0.10MPa 范围内。真空度稳定后，应立即开启孔道压浆端的阀门，同时启动压浆泵进行连续压浆。

22. 采用锚杆挂网喷射混凝土加固坑壁时，各层锚杆进入稳定层的长度、间距和钢筋的直径应符合设计要求。孔深小于或等于 3m 时，宜采用先注浆后插入锚杆的施工工艺；孔深大于 3m 时，宜先插入锚杆后注浆。锚杆插入孔内后应居中固定，注浆应采用孔底注浆法，注浆管应插至距孔底 50～100mm 处，并随浆液的注入逐渐拔出，注浆的压力宜不小于 0.2MPa。

23. 清孔后，泥浆的相对密度宜控制在 1.03～1.10，对冲击成孔的桩可适当提高，但宜不超过 1.15，黏度宜为 17～20Pa·s，含砂率宜小于 2%，胶体率宜大于 98%。孔底沉淀厚度应不大于设计的规定；设计未规定时，对桩径小于或等于 1.5m 的摩擦桩宜不大于 200mm，对桩径大于 1.5m 或桩长大于 40m 以及土质较差的摩擦桩宜不大于 300mm，对支承桩宜不大于 50mm。

24. 桥墩高度小于或等于 10m 时可整体浇筑施工；高度超过 10m 时，可分节段施工，节段的高度宜根据施工环境条件和钢筋定尺长度等因素确定。上一节段施工时，已浇节段的混凝土强度应不低于 2.5MPa。各节段之间浇筑混凝土的间歇期宜控制在 7d 以内。

25. 任一孔梁的混凝土浇筑施工完成后，内模中的侧向模板应在混凝土抗压强度达到 2.5MPa 后，顶面模板应在混凝土抗压强度达到设计强度等级的 75% 后，方可拆除；外模架应在梁体建立预应力后方可卸落。

26. 胶粘剂宜采用机械拌合，且在使用过程中应连续搅拌并保持其均匀性，胶粘剂应涂抹均匀，覆盖整个匹配面，涂抹厚度宜不超过 3mm。对胶接缝施加临时预应力进行挤压时，挤压力宜为 0.2MPa，胶粘剂应在梁体的全断面挤出，且胶接缝的挤压应在 3h 以内完成。当施工时间超过明露时间的 70% 时，在固化之前应清除被挤出的胶结料。胶粘剂在涂抹和挤压时，应采取措施对预应力孔道的端口处进行防护，防止胶粘剂进入孔道内。

27. 对竖向预应力孔道，压浆时应从下端的压浆孔压入，压力宜为 0.3～0.4MPa，且压入的速度不宜过快。

28. 公路隧道超欠挖控制：当岩层完整、岩石抗压强度大于 30MPa，并确认不影响衬砌结构稳定和强度时，允许岩石个别突出部分（每 1m² 内不宜大于 0.1m²）欠挖，但其隆起量不得大于 50mm。拱脚、墙脚以上 1m 范围内及净空图折角对应位置严禁欠挖。

29. 公路隧道模筑混凝土衬砌，仰拱衬砌、仰拱填充和垫层施工要求

（1）仰拱混凝土衬砌应先于拱墙混凝土衬砌施工，超前距离应根据围岩级别、施工机械作业环境要求确定，一般不宜大于拱墙衬砌浇筑循环长度的 2 倍。

（2）仰拱初期支护喷射混凝土及仰拱填充混凝土不得与仰拱衬砌混凝土一次浇筑。

（3）仰拱衬砌混凝土应整幅一次浇筑成形，不得左右半幅分次浇筑，一次浇筑长度不宜大于 5.0m。

（4）仰拱和仰拱填充混凝土应在其强度达到 2.5MPa 后方可拆模。

（5）仰拱、仰拱填充和垫层混凝土浇筑宜采用插入式振捣器振捣密实。

（6）仰拱填充和垫层混凝土强度达到设计强度 100% 后方可允许运渣车辆通行。

30. 防水板的搭接缝焊接质量应按充气法检查，当压力表达到 0.25MPa 时停止充气，保持 15min，压力下降在 10% 以内，焊缝质量合格。

31. 隧道注浆防水，注浆压力应根据水文地质条件合理确定，宜比静水压力大 0.5～1.5MPa。

32. 隧道通风防尘及水电作业时的水压标准（高压水到达工作面处的压力不小于 300Pa），水量充足（每台风钻不少于 3t/min）。

33. 桥梁基础施工机械——旋转钻机：旋转钻机按其钻孔装置可分为有钻杆机和无钻杆机（潜水钻机），按排碴方式可分为正循环钻机和反循环钻机。有钻杆旋转钻机适应性很强，变更钻头类型和对钻杆施加的压力，就可以应付各种覆盖层直到极硬的岩层，但对直径大于 2/3 钻杆内径的松散卵石层却无能为力；潜水钻机可以完成直径 1～3m 桩的施工，施工经济孔深 50m，这种钻机在 25MPa 以内的覆盖层或风化软岩中钻孔，有较大的局限性。

六、术 语 简 称

1. 对产生"弹簧土"的部位，可将其过湿土翻晒，或掺生石灰粉翻拌，待其含水量适宜后重新碾压；或挖除换填含水量适宜的良性土壤后重新碾压。发现"弹簧"现象时，宜采用挖开晾晒、换土、掺石灰或水泥等措施处理。

2. SMA 的碾压遵循"紧跟、慢压、高频、低幅"的原则。碾压温度越高越好，摊铺

后应立即压实，不得等候。SMA 路面碾压宜采用钢轮压路机初压 1～2 遍、复压 2～4 遍、终压 1 遍的组合方式。碾压过程中，压路机应"紧跟慢压"——紧跟摊铺机，缓慢匀速（不超过 5km/h）对路面进行碾压。采用振动压路机时，宜用高频率、低振幅。特别强调的是，在 SMA 面层碾压施工时，还应确保压路机数量充足。初压、复压工作区间严格分开，降低压路机工作区段长度，保证在足够高温度下进行压实作业。同时也要防止过度碾压，破坏结构内部骨架。

3. 大体积混凝土的温度控制宜按照"内降外保"的原则，对混凝土内部采取设置冷却水管通循环水冷却，对混凝土外部采取覆盖蓄热或蓄水保温等措施进行。在混凝土内部通水降温时，进出口水的温差宜小于或等于 10℃，且水温与内部混凝土的温差宜不大于 20℃，降温速率宜不大于 2℃/d；利用冷却水管中排出的降温用水在混凝土顶面蓄水保温养护时，养护水温度与混凝土表面温度的差值应不大于 15℃。

4. 隧道防排水应遵循"防、排、截、堵相结合，因地制宜，综合治理"的原则，保证隧道结构物和营运设备的正常使用和行车安全，并对地表水、地下水妥善处理，形成一个完整通畅的防排水系统。

5. 湿式凿岩即"打水风钻"，根据风钻内的供水方式不同，又分为旁侧供水和中心供水两种。中心供水式是用高压水从机尾进入，经过水针（安在机体的中心）流向钻钎，最后达钻头；钻眼时，破碎的岩粉被湿润成浆，从炮眼流出。

6. 在特别缺水地区，可用"干式捕尘"装置来代替湿式凿岩，但效果欠佳。

7. 所有项目施工顺序均应按照"先地下、后地上，先深、后浅，先主体、后附属，先结构、后装饰"的原则进行安排。

8. 施工方案编制，坚持"谁施工、谁编制、谁负责"的原则。

9. 施工测量是工程建设的重要环节。应遵循"由整体到局部"的测量布局原则；"由高级到低级"的测量精度原则；"先控制后碎部"的测量次序原则。在测量过程中，应遵循"随时检查，杜绝错误""前一步工作未作复核不进行下一步工作"的原则。

10. 仪器设备应实施标识管理，分为管理状态标识和使用状态标识：管理状态标识包括设备名称、编号、生产厂商、型号、操作人员和保管人员等信息；使用状态标识分为"合格""准用""停用"三种，分别用"绿""黄""红"三色标签进行标识。

11. 公路工程安全管理，必须坚持"安全第一、预防为主、综合治理"的方针，强化和落实企业安全生产主体责任，建立生产经营单位负责、职工参与、政府监管、行业自律和社会监督的机制。以安全生产责任制为核心，建立健全本单位安全生产规章制度，落实"一岗双责、党政同责、失职追责"和"管行业必须管安全、管业务必须管安全、管生产经营必须管安全"的"三个必须"原则。体现在计划、布置、检查、总结、评比生产工作的同时，计划、布置、检查、总结、评比安全生产工作，即安全管理"五同时"。落实安全生产组织领导机构、落实安全管理力量、落实安全生产报告制度，推进安全生产标准化建设，确保安全生产责任到位、投入到位、培训到位、基础管理到位和应急救援到位。

12. 公路工程施工安全生产隐患排查的目标是：落实工程项目安全生产主体责任和相关单位的安全管理责任，深入排查治理交通基础设施建设过程中的安全隐患，从而实现"两项达标""四项严禁""五项制度"的总目标。

（1）"两项达标"

① 施工人员管理达标：一线人员用工登记、施工安全培训记录、安全技术交底记录、施工意外伤害责任保险等都要符合有关规定。

② 施工现场安全防护达标：施工现场安全防护设施和作业人员安全防护用品都要按照规定实行标准化管理。

（2）"四项严禁"

① 严禁在泥石流区、滑坡体、洪水位下等危险区域设置施工驻地。

② 严禁违规进行挖孔桩作业，钻孔确有困难的不良地质区，设计单位要进行专项安全设计并按设计变更规定，经批准后实施。

③ 严禁长大隧道无超前预报和监控量测措施施工。

④ 严禁违规立体交叉作业。

（3）"五项制度"

① 施工现场危险告知制度。

② 施工安全监理制度。

③ 专项施工方案审查制度。

④ 设备进场验收登记制度。

⑤ 安全生产费用保障制度。

13. 重大事故隐患必须由项目负责人组织编制"重大事故隐患治理方案"。治理方案应当包括以下内容：

（1）治理的目标和任务。

（2）采取的方法和措施。

（3）经费和物资的落实。

（4）负责治理的机构和人员。

（5）治理的时限和要求。

（6）安全措施和应急预案。

14. 水泥混凝土路面维修、保养或检查清理搅拌系统、供料系统应封闭下料门、切断电源、锁定安全保护装置、悬挂"严禁合闸"安全警示标志，并派专人看守。

15. 特种设备停用后，应将设备的电源断开，在设备显眼的地方张贴"禁止使用"的标志。纳入本单位安全管理重点监控的特种设备，应在设备明显位置，标注"重点监控特种设备"。

16. 触电事故预防要坚持"一机、一闸、一漏、一箱"。配电箱、开关箱要合理设置，避免不良环境因素损害和引发电气火灾，其装设位置应避开污染介质、外来固体撞击、强烈振动、高温、潮湿、水溅以及易燃易爆物等。

17. 公路工程施工合同是公路工程合同体系中的"核心合同"，对工程项目控制目标的实现至关重要。

18. 初始事件原则：在多事件交叉时段中应判断哪一种原因是最先发生的，即找出"初始延误者"，他首先要对延误负责。在初始延误发生作用的期间，其他并发的延误者不承担延误责任。

19. 预制梁场应尽量按照"工厂化、集约化、专业化"的要求规划、建设，每个预制梁场预制的梁板数量不宜少于 300 片。若个别受地形、运输条件限制的桥梁梁板需单独预制，规模可适当减小，但钢筋骨架定位胎膜、自动喷淋养护等设施仍应满足施工生产要求。

20. 预制梁板台座布设，底模宜采用通长钢板，不得采用混凝土底模。推荐使用不锈钢底模板，钢板厚度不小于 6mm，并确保钢板平整、光滑，防止粘结造成底模"蜂窝""麻面"，底模钢板应采取防止变形措施。

21. 总体风险评估工作由建设单位负责组织，专项风险评估工作由施工单位负责组织。组织单位按照"谁组织谁负责"的原则对评估工作质量负责。

22. 事故处理坚持"四不放过"原则，是指在发生安全生产事故时必须坚持的处理原则，即事故原因不查清不放过，事故责任人没受到处理不放过，事故相关人员没受到教育不放过，防范类似事故再次发生的措施没落实不放过。